KB116921

사피엔스가 알아야 할

최소한의 과학 지식

LEWIS DARTNELL

사피엔스가 알아야 할
최소한의 과학 지식

지식은 어떻게 문명을 만들었는가

루이스 다트넬 | 강주헌 옮김

김영사

사피엔스가 알아야 할
최소한의 과학 지식

1판 1쇄 발행 2016. 1. 8.
1판 2쇄 발행 2016. 9. 27.
개정판 1쇄 발행 2021. 7. 30.
개정판 3쇄 발행 2024. 3. 15.

지은이 루이스 다트넬
옮긴이 강주헌

발행인 박강휘
편집 임솜이 디자인 이경희 마케팅 박인지 홍보 장예림
발행처 김영사
등록 1979년 5월 17일(제406-2003-036호)
주소 경기도 파주시 문발로 197(문발동) 우편번호 10881
전화 마케팅부 031)955-3100, 편집부 031)955-3200 | 팩스 031)955-3111

값은 뒤표지에 있습니다.
ISBN 978-89-349-8122-0 03500

홈페이지 www.gimmyoung.com 블로그 blog.naver.com/gybook
인스타그램 instagram.com/gimmyoung 이메일 bestbook@gimmyoung.com

좋은 독자가 좋은 책을 만듭니다.
김영사는 독자 여러분의 의견에 항상 귀 기울이고 있습니다.

이런 조각들로 나는 나의 폐허를 버텨왔다.

_ T. S. 엘리엇, 《황무지》

차례

서문

우리가 지금 알고 있는 세계는 끝났다.

어쩌면 강력한 조류독감의 변종이 결국 종의 경계를 허물고 인간 숙주에 성공적으로 침투하거나, 생물테러bioterrorism라는 의도적 행위로 유포될는지 모른다. 도시마다 인구가 밀집되고, 대륙을 넘나드는 항공 여행으로 인해 조류독감이 무서운 속도로 전염되어, 예방 조치나 격리 명령이 효과적으로 시행되기도 전에 세계 곳곳에서 수많은 사람들이 속절없이 죽음을 맞을 것이다.

혹은 인도와 파키스탄 간의 긴장 관계가 한계점에 이르고, 국경 분쟁이 이성의 한도를 넘어서서 결국에는 핵무기를 사용하는 지경까지 치달을지도 모른다. 핵탄두에서 나온 것이 분명한 전자기파를 탐지한 중국이 미국을 향해 선제공격을 감행하고, 미국과 유럽의 동맹국 및 이스라엘이 보복 공격을 단행하면, 전 세계의 주요 도시들이 방사선에 오염된 잿더미로 변할 것이다. 엄청난 양의 먼지와 재가 대기권을 뒤덮을 것이기에 지상까지 도달하는 햇살 양이 크게 줄어들고, 그로 인해 10년 이상 핵겨울이 지속되며 농업이 붕괴되고 전 세계가 굶주림에 시달릴 것이다.

혹은 불가항력적인 사건이 들이닥칠지도 모른다. 직경 1킬로미터 남짓한 작은 소행성이 지구에 충돌하더라도 대기 환경이 완전히 달라질 것이다. 충돌 지점에서 수백 킬로미터 내에 존재하던 사람들은 어마어마한 열파와 압력파에 순식간에 흔적도 없이 사라질 것이고, 살아남은 사람들도 그때부터는 그야말로 덤으로 주어진 삶을 살아가게 될 것이다. 소행성이 어느 나라에 떨어졌느냐는 그다지 중요하지 않다. 열폭풍에 의해 발화된 불길에서 피어오른 연기만이 아니라, 돌덩이와 먼지까지 대기권에 밀려올라가 바람을 타고 흩어져서 온 세상을 뒤덮어버릴 것이다. 핵겨울이 닥친 것처럼, 전 세계의 기온이 급격히 떨어지며 흉작이 계속되어 온 인류가 굶주림과 싸워야 할 것이다.

많은 소설과 영화에서 종말이 닥친 이후의 세계를 이런 모습으로 묘사한다. 영화 〈매드 맥스〉나 코맥 매카시Cormac McCarthy의 소설 《로드》에 묘사되듯이, 종말적 사건으로 비롯되는 결과는 황량한 자연과 폭력성이다. 떠돌이 무리들이 쓰레기더미를 뒤지며 남은 음식을 비축하고, 상대적으로 덜 조직화된 약한 무리를 무자비하게 약탈한다. 내 생각에도 종말적 사건이 닥친 후 적어도 한동안은 이런 현상이 진실에 가까울 듯하다. 하지만 나는 낙관주의자여서, 도덕성과 합리성이 결국에는 승리하고, 분쟁이 해결되고 재건이 시작될 것이라 생각한다.

우리가 알고 있는 세계는 끝났다. 그럼 중요한 질문이 제기된다. 이제부터 어떻게 할 것인가?

생존자들이 자신들에게 닥친 곤경을 받아들인다면, 다시 말해서 과거에 그들의 삶을 지탱해주던 모든 기반시설이 파괴되었다는 현실을 인정하고 잿더미로부터 다시 일어서서 장기적으로 융성하려면 어떻게 해야 할까? 최대한 신속하게 곤경에서 벗어나 정상 상태를 회복하려면 그들에게 어떤 지식이 필요할까?

이 책은 이런 고민을 할 생존자들을 위한 안내서이다. 종말이 있은 후에도 살아남고 싶은 사람들을 위한 책—사실 생존 기술을 다룬 책은 많다—인 동시에, 기술적으로 발달한 문명을 다시 건설하는 방법을 체계적으로 가르칠 사람들을 위한 책이기도 하다. 예컨대 내연기관이나 시계 혹은 현미경이 우리 문명에서 갑자기 사라진다면, 당신은 그것들을 만드는 방법을 설명할 수 있겠는가? 더 기본적인 차원으로 내려가, 농사를 짓고 옷을 만드는 방법을 설명할 수 있는가? 내가 여기에서 제시하는 종말론적 시나리오는 사고실험의 출발점이며, 점점 지식이 전문화된 탓에 이제 대부분의 사람들에게 아득하게만 여겨지는 과학기술의 기본 원리를 점검하는 수단이기도 하다.

선진국에서 살아가는 사람들의 생활은 문명화의 결과에 의해 지탱되고 있음에도 그들은 그것이 어떻게 이루어졌는지는 전혀 모른다. 예컨대 우리는 의식주와 의약품 등 생명을 유지하는 데 반드시 필요한 물질이 어떻게 생산되는지 기본조차 모른다. 따라서 현대 문명의 생명 유지 시스템이 붕괴되면, 구체적으로 말해서 더 이상 식료품점의 선반에 식량이 공급되지 않거나 옷가게의 옷걸이에 의복이 걸리지 않으면 대다수가 생존하지 못할 정도로, 인류의 생존 기술은 위축되었다. 물론 모두가 땅이나 생산방법과 지금보다 훨씬 밀접한 관계를 맺는, 우리가 '생존주의자survivalist'이던 시대도 있었다. 종말 후의 세계에서 살아남기 위해서는 과거로 돌아가 당시의 핵심 기술을 다시 배워야 한다.•

• 소규모지만 비교적 최근에 유사한 사건이 있었다. 1991년 소비에트 연방이 붕괴되자,

게다가 우리가 당연하게 여기는 현대 테크놀로지 제품도 다른 테크놀로지들의 거대한 지원망이 있어야만 가능하다. 예컨대 아이폰을 만들려면 각 부품의 재료와 쓰임새를 아는 것으로는 충분하지 않다. 그보다 훨씬 많은 것을 알아야 한다. 아이폰은, 관련된 테크놀로지들로 이루어진 거대한 피라미드의 최정점에 있다. 하지만 전화 기능과 텔레커뮤니케이션을 유지하는 데 필요한 기반시설과 무선 안테나는 말할 것도 없고, 터치스크린을 제작하기 위해 인듐이란 희유원소를 채굴해서 제련하는 테크놀로지, 극소형 연산처리장치에 집적회로를 정밀하게 설치하는 기술, 믿기지 않을 정도로 소형화된 마이크로용 부품들이 없다면 아이폰도 존재할 수 없을 것이다. 종말 이후에 태어나는 첫 세대에게 요즘 아이폰의 복잡한 내부 메커니즘은 불가사의하게 여겨질 것이고, 마이크로칩 회로망은 육안으로 보이지 않을 정도로 작을 뿐 아니라 그 존재의 목적조차 불가해하게 여겨질 것이다. 공상과학소설가 아서 클라크Arthur C. Clarke는 1961년에 어떤 분야이든 충분히 발전된 테크놀로지는 마법과 구분되지 않을 거라고 말한 바 있다. 그런 의미에서도 아이폰이라는 기적적인 테크놀로지가 우주를 여행하는 외계인의 것이 아니라, 종말 이전의 인간 세대가 만들어낸 것이라는 것이 납득이 된다.

우리 문명에서는 첨단 기술이 사용되지 않은 일상의 가공물에도, 채굴되거나 수집되어 특수한 공장에서 가공되어야 하는 다양한 원료들이 사용된다. 또한 개별적인 부품들이 제조 시설에서 조립된다. 이 모든 과정

몰도바공화국은 경제에 엄청난 충격을 받아 국민들이 자급자족을 할 수밖에 없었다. 그래서 박물관에나 전시되었던 물레와 베틀, 버터 교반기 등을 꺼내 다시 사용해야 했다.[1]

이 발전소와 장거리 운송 수단에 의존한다. 1958년 레너드 리드Leonard Read가 인간 사회에서 가장 기본적인 도구 중 하나의 관점에서 쓴 논문, 〈나는 연필입니다I, Pencil〉에도 이런 현상이 웅변적으로 묘사되어 있다.[2] 이 논문의 충격적인 결론에 따르면, 원료를 제공하는 곳과 생산 수단이 따로따로 흩어져 있기 때문에, 연필이라는 지극히 단순한 도구를 만들어낼 수 있는 능력과 자원을 동시에 보유한 사람은 지상에 단 한 명도 없다는 것이다.

2008년 토머스 스웨이츠Thomas Thwaites는 영국 왕립예술대학교에서 석사학위를 연구하는 동안 이런저런 재료를 모아 토스터를 만들려고 시도하며 우리가 개인적으로는 뛰어난 능력을 지녔어도 지극히 단순한 장치조차 제대로 만들어낼 수 없다는 걸 설득력 있게 입증해 보였다. 스웨이츠는 싸구려 토스터를 분해해서 필수적인 부품들—철골 뼈대, 운모 절연판, 니켈 가열 필라멘트, 구리선과 플러그, 플라스틱 상자—이 무엇인지 알아낸 후에, 채석장과 철광산에서 광석까지 채굴해가며 모든 원료를 직접 마련했다. 또한 철을 제련하는 기초적인 용광로를 만들려고 16세기 문헌을 참조해 과거의 단순한 야금법을 공부했다. 여하튼 그가 금속 쓰레기통과 바비큐용 석탄 및 정원용 송풍기를 풀무로 사용해서 완성한 토스터의 모양은 무척 원시적이었지만 나름대로 미묘한 아름다움을 뽐내며, 우리가 직면한 문제의 핵심을 여실히 보여주었다.[3]

물론 최악의 종말이 닥친 후에도 생존자들이 곧바로 자급자족을 해야 하는 건 아닐 것이다. 대다수 사람이 악성 바이러스에 쓰러지겠지만 엄청난 양의 자원은 그대로 남아 있을 것이기 때문이다. 예컨대 슈퍼마켓에는 여전히 많은 식품이 보관돼 있을 것이다. 썰렁한 백화점에서 유명

디자이너의 의상을 골라 입거나, 평생 꿈꾸던 멋진 스포츠카를 전시장에서 꺼내 탈 수도 있을 것이다. 또 버려진 대저택을 차지하고, 약간만 뒤적이면 전깃불을 밝히고 난방과 가전제품을 돌리기에 충분한 이동식 디젤 발전기도 어렵지 않게 찾아낼 수 있을 것이다. 주유소 아래에 설치된 지하 연료 저장고 덕분에 상당 기간 동안 생존자들은 편안한 집에서 자동차도 굴리며 살아갈 수 있을 것이다. 실제로 생존자들 중 소수는 종말 직후에 상당히 편안하게 살아갈 수 있을 것이다. 게다가 한동안 문명은 저절로 굴러갈 가능성이 크다. 생존자들은 언제든지 무료로 손에 넣을 수 있는 풍요로운 자원에 둘러싸여 지낼 것이다. 한마디로, 모든 것이 넘쳐흐르는 에덴 동산이 눈앞에 펼쳐질 것이다.

그러나 그 동산은 서서히 썩어간다.

식량과 의복, 의약품과 기계 등 온갖 테크놀로지의 산물은 시간이 지나면 여지없이 분해되고 부식되며 퇴락하고 부패한다. 결국 생존자들에게는 유예 기간이 주어지는 것일 뿐이다. 문명이 붕괴되는 순간, 원료를 수집해서 정제하고 제조하는 과정 및 운송과 유통이란 핵심적인 과정이 중단된다. 모래시계가 뒤집히며 모래가 서서히 빠져나가는 셈이다. 남아 있는 것은 다시 수확과 제조를 시작해야 하는 때까지의 전환을 쉬이 해주기 위한 완충지대 역할밖에 할 수 없다.

리부팅, 다시 시작하려면

생존자들에게 닥칠 가장 중요한 문제는, 인간이 지금까지 축적한 지식들이 집단적인 성질을 지녀 많은 사람에게 골고루 분산되어 있다는 것이다. 한 사람의 지식만으로는 사회가 운영되지 않는다. 주물공장에서 일하던 숙련된 기술자가 살아남는다 치자. 그렇더라도 그는 자신의 업무만을 상세히 알 뿐이다. 주물공장을 운영하는 데 반드시 필요한 다른 노동자들이 하던 일에 대해서는 잘 모른다. 철광석을 어떻게 채굴하고, 공장을 돌리기 위한 전기를 어떻게 끌어와야 하는지에 대해서는 모른다는 것이다. 우리가 매일 사용하는, 흔히 눈에 띄는 테크놀로지들은 빙산의 일각에 불과하다. 그런 테크놀로지들이 생산을 떠받치는 거대한 네트워크의 일원이라는 점에서, 또 성장과 발전이 오랜 역사를 통해 누적되어온 산물이란 점에서도 그렇다. 이런 빙산은 시간과 공간 모두에서 보이지 않는 곳까지 뻗어 있다.

그럼 생존자들은 어떻게 해야 할까? 물론 황량한 도서관이나 서점 혹은 가정집의 책꽂이에서 먼지를 뒤집어쓴 책들에 많은 정보가 남아 있을 것이다. 하지만 이런 정보들이 갓 시작한 사회, 혹은 전문적인 훈련을 받지 않은 개인을 돕는 데 적합한 방법으로 소개되지 않았을 게 문제이다. 당신이 책꽂이에서 의학 교과서 한 권을 꺼내 들고 전문용어와 약품 이름을 훑어본다면 과연 무엇을 이해할 수 있겠는가? 대학에서 사용하는 의학 교과서는 전문의에게 임상적으로 교육받으며 사용하도록 구성되기 때문에 엄청난 양의 사전 지식이 있어야 읽어낼 수 있다. 첫 세대의 생존자 중에 의사들이 있더라도 검사 결과나 현대 의약품의 도움이 없다면 그들이 해낼 수 있는 역할도 크게 제한될 수밖에 없을 것이다. 그들에게 의약품의 존재는 필수적이지만, 의약품마저 약국의 선반이나 병원 냉장고에서 썩어갈 것이다.

텅 빈 도시에서 걷잡을 수 없이 발생하는 화재로 인해 이런 학문적 문헌들도 점점 소실될 것이다. 가까스로 살아남은 과학자들이 맨손으로 연구해서 생산하고 소비하는 것들을 비롯해서, 매년 새롭게 생겨나는 새로운 지식들이 항구적인 매체에 기록되지도 못할 것이다. 따라서 전문 학술지의 웹사이트 서버에 저장된 학술 '논문'과 마찬가지로, 인간이 알아낸 최첨단 지식들은 주로 하루살이 자료로 존재할 것이다.

일반 대중을 겨냥해 쓰인 책들도 크게 도움이 되지는 않을 것이다. 소수의 생존자들이 일반 서점에서 자기계발서가 잔뜩 진열된 곳에만 얼씬거리는 모습을 상상할 수 있겠는가? 비즈니스 경영에서 성공하는 법, 날씬한 몸매를 유지하는 법, 이성異性의 몸짓을 읽어내는 법 등을 다룬 책들에 담긴 지혜들로만 다시 일어서려 한다면, 그 문명이 얼마나 발전할 수 있겠는가? 종말 이후의 사회가 선정적이고 단세포적인 책들을 찾아내서 그런 책에 담긴 지식을 고대인의 과학적인 지혜라 생각하며 동종요법을 사용해서 질병을 억제하고 점성술을 동원해서 수확을 예측한다면, 이는 그야말로 최악의 악몽일 것이다. 요즘의 대중과학 서적은 재밌고 흥미진진하게 쓰인 데다 일상에서 관찰되는 현상들을 교묘하게 이용함으로써 독자들에게 새로운 연구 결과를 효과적으로 전달하지만, 실용적인 지식을 전달하지는 못하는 듯하다. 요컨대 우리가 집단적으로 만들어낸 지혜의 대부분이 적어도 사용 가능한 형태로는 종말의 생존자들에게 전달되지 않는다는 뜻이다. 그럼 생존자들을 돕는 최선의 방법이 무엇일까? 생존을 위한 안내서에 반드시 포함되어야 할 핵심적인 정보는 무엇이고, 그 정보는 어떻게 체계화될 수 있을까?

내가 이런 문제와 처음 씨름한 사람은 아니다. 제임스 러브록James

Lovelock은 동료들보다 훨씬 앞서 이 문제로 고민한 과학자이다. 그가 제시한 유명한 가이아 가설Gaia hypothesis에 따르면, 딱딱한 지각과 바다와 소용돌이치는 대기권의 복잡한 집합체이며 생명체가 표층을 차지한 지구라는 행성은 수십억 년 동안 불안정한 상태를 억누르며 생태계를 스스로 통제해온 하나의 단위체이다. 그런데 가이아라는 시스템을 구성하는 한 요소인 '호모 사피엔스'가 이처럼 균형을 추구하는 자연적인 제어 기능을 방해하며 파괴적인 악영향을 미칠 수 있는 능력을 갖추게 되었고, 러브록은 이런 현상을 크게 우려한다.

러브록은 "탈수의 위험에 직면한 유기체는 자신의 유전자들을 포자에 넣어 보호한다. 그렇게 해서 유기체의 소생에 필요한 모든 정보가 가뭄을 견뎌낼 수 있게 된다"라며 생물학적 비유를 통해서 우리가 과거의 유산을 보호할 수 있는 방법을 설명한다. 러브록이 생각해낸 포자는 사계절의 책이다. 다시 말하면, "뜻이 헷갈리지 않고 명쾌하고 명료하게 쓰인 과학 입문서—지구의 상황에 관심이 있고, 지구에서 살아남아 불편 없이 살아가는 방법에 관심이 많은 사람을 위한 입문서"이다. 러브록은 실로 엄청난 프로젝트를 제안한 것이다. 인간이 지금까지 이루어낸 모든 지식을 집약해서 거대한 한 권의 책에 기록해두자는 것이 아닌가. 게다가 적어도 원칙적으로는, 그 책을 처음부터 끝까지 읽으면, 지금까지 알려진 모든 것의 핵심을 파악할 수 있도록 기록되어야 한다.[4]

실제로 '완전한 책total book'이란 개념은 훨씬 오래전부터 존재했다. 옛날 백과사전 편찬자들은, 위대한 문명이 언제라도 붕괴에 직면할 수 있다는 위험성을 오늘날의 우리보다 훨씬 예민하게 인식하고 있었다. 따라서 사회가 붕괴되면, 인간의 마음속에 존재하는 과학적 지식과 실용적

기술의 소중한 가치가 거품처럼 사라질지도 모른다고 걱정했다. 드니 디드로Denis Diderot는 1751년에 《백과전서》 첫 권을 출간하며, 대재앙이 닥칠 경우에 대비해서 인류가 이룩한 지식을 안전하게 보관하고 보존하는 것이 백과전서의 역할이라고 분명히 말했다.[5] 이집트인과 그리스인과 로마인이 남긴 고대 문화가 완전히 사라지고 그들이 남긴 문헌의 단편적 조각들만이 전해지듯이, 우리 문명은 언제라도 대재앙으로 인해 사라질 수 있었다. 그때부터 백과사전은 모든 지식을 논리적으로 정돈하고 상호적으로 참조해서 축적한 지식의 타임캡슐, 따라서 재앙이 광범위하게 닥치더라도 시간의 침식에 견딜 수 있는 타임캡슐이 되었다.

계몽 시대 이후로 세상에 대한 인간의 이해력은 기하급수적으로 발달했다. 따라서 오늘날 인간의 지식을 완전하게 편찬하는 작업은 어마어마하게 힘들 것이다. '완전한 책'의 편찬은 현대판 피라미드 건설 프로젝트에 비유되는 만큼, 수만 명의 학자가 동원되어 오랫동안 끝없이 작업해야 할 것이다. 이처럼 고생스런 작업을 시도하는 목적은 파라오를 영원히 행복한 사후세계로 안전하게 보내기 위해서가 아니라, 인류 문명을 영원히 보존하기 위해서이다.

엄청나게 힘든 작업이지만, 의지만 있다면 생각하지 못할 것도 아니다. 우리 부모 세대는 열심히 연구하고 일한 끝에 달나라에 처음으로 인간을 보냈다. 아폴로 우주 계획이 한창 진행될 때는 관련된 종사자가 40만 명에 달했고 그 예산은 미국 연방 예산의 4퍼센트를 차지했다.[6] 한편 인간의 지식을 완벽하게 정리하려는 시도는 위키피디아의 편찬에 헌신적으로 참여하는 지원자들의 노력에 의해 이미 시작되었다고 생각할 사람도 있을 것이다. 인터넷 사회학과 경제학 전문가인 클레이 셔키Clay

Shirky의 추정에 따르면, 지금까지 위키피디아에 글을 쓰고 편집하는 데 투자된 노력은 약 1억 인시人時(한 사람이 한 시간에 하는 일의 양—옮긴이)에 달한다.[7] 그러나 위키피디아 전체, 심지어 참조로 쪽 번호만 표시된 하이퍼링크까지 빠짐없이 인쇄하더라도 그 결과물은 우리가 처음부터 문명 세계를 다시 건설할 수 있는 안내서가 되지는 못할 것이다. 위키피디아는 애초부터 이런 목적으로 고안된 것이 아니어서 실생활에 응용할 수 있는 자세한 설명이 부족하고, 기초적인 과학기술부터 첨단 응용기술까지의 발전 과정을 체계적으로 설명하고 있지도 못하다. 게다가 인쇄된 자료가 상상할 수 없을 정도로 엄청난 양일 것이다. 종말 후에 생존자들이 그 엄청난 자료를 어떻게 찾아내서 유지할 수 있겠는가? 따라서 나는 더 품격 있게 접근함으로써 사회가 다시 일어서는 걸 훨씬 효과적으로 도울 수 있으리라 생각한다.

그 해답은 물리학자 리처드 파인먼Richard Feynman의 말에서 찾아낼 수 있을 듯하다. 파인먼은 모든 과학적 지식이 파괴될 가능성과 그런 상황에 대처할 방법을 상상하며, 대재앙 뒤에 나타날 지적인 존재에게 짤막하게 정리한 하나의 이론만을 전달할 수 있다면 그 이론이 무엇이겠느냐고 물었다. 파인먼은 어떤 이론에 가장 중요한 정보가 담겨 있다고 생각했을까? "내 생각에는 모든 물질은 원자로 이루어진다는 원자론에 가장 중요한 정보가 담겨 있다. 원자들은 끊임없이 움직이며, 약간이라도 멀어지면 서로 끌어당기지만 조금이라도 가까워지면 곧바로 밀쳐내는 입자들이다."[8]

이 간단한 주장에 함축된 의미와 검증 가능한 가설에 대해 깊이 생각할수록 세상의 본성이 하나씩 밝혀진다. 예컨대 입자들이 서로 끌어당긴다는 말에서 수면의 표면장력이 설명되고, 원자들이 가까워지면 서로 밀쳐낸다는 말에서는 내가 앉아 있는 카페 의자가 바닥을 뚫고 주저앉지 않는 이유가 설명된다. 원자의 다양성과 원자들의 결합에서 형성되는 화합물은 화학의 핵심 원리이다. 이렇게 정교하게 다듬어진 앞의 문장 하나에만도 엄청난 양의 정보가 압축되어 있어, 이 문장에 담긴 뜻을 연구하면 압축된 정보가 실타래처럼 풀려 나올 것이다.

그러나 단어의 수를 그렇게 제한하지 않으면 어떨까? 지금까지 알려진 지식을 빠짐없이 백과사전처럼 기록해두려는 시도보다, 재앙 이후의 회복을 조금이라도 앞당길 수 있는 핵심적인 지식을 압축적으로 기록한다는 기본적인 원칙을 지키면서 단어의 수에 제약을 받지 않는 사치가 허락된다면, 생존자가 테크놀로지적 사회를 신속하게 다시 일으켜 세우는 데 필요한 지식을 한 권의 책에 담아낼 수 있을까?

파인먼이 제시한 문장을 기초로 더 나은 방향을 생각해볼 수 있을 듯하다. '순수한' 지식을 보유하는 것만으로는 충분하지 않다. 그 지식을 활용할 수단까지 있어야 한다. 햇병아리 사회가 혼자 힘으로 일어설 수 있도록 도우려면, 그 지식을 활용하는 방법, 즉 그 지식을 현실적으로 적용하는 방법까지 제시해주어야 한다. 종말적인 재앙에서 살아남은 사람들에게 절실하게 필요한 것은 당장에 적용할 수 있는 기술이다. 야금술의 기초적인 이론을 이해하는 일과, 죽은 도시에서 금속을 끌어모아 재가공하는 원리를 적용하는 일은 별개의 것이다. 하지만 지식과 과학적 원리의 활용이 테크놀로지의 본질이다. 따라서 뒤에서 다루겠지만, 과학 연구와 테크놀로지의 발전은 불가분하게 뒤얽혀 있다.

파인먼의 주장을 확대해서 해석하면, 종말에서 살아남은 사람들을 돕는 최선의 방법은 모든 지식을 포괄하는 기록을 남기는 게 아니다. 상황에 따라 적절하게 응용되는 기본적인 원리에 대한 설명만이 아니라 중대한 지식을 혼자 힘으로 재발견하는 데 필요한 기법들을 전해주는 것이다. 요컨대 지식을 생성해내는 강력한 시스템, 즉 과학적 방법scientific method을 전해주는 것이다. 문명을 보존하는 열쇠는 거대한 나무의 면면을 세밀하게 기록한 결과물이 아니라, 쉽게 껍질을 열고 지식이란 나무를 활짝 펼쳐 보일 수 있는 농축된 씨앗에 있다. T.S. 엘리엇의 표현을 빌리자면, 우리의 폐허를 지탱하려면 어떤 조각이 가장 필요할까?[9]

이런 책의 가치는 어마어마할 것이다. 고대문명들이 그 시대에 축적한 지식의 씨앗을 남겨놓았다면 인류의 역사가 어떻게 되었을지 상상해보라. 15세기와 16세기에 르네상스가 남긴, 변화의 주된 기폭제는 고대문명의 학문을 서유럽에 전달한 것이었다. 로마제국의 몰락과 더불어 사라졌던 고대문명의 지식은 아랍 학자들에 의해 보존되고 전파되었다. 그들이 고대 문헌을 신중하게 옮겨 쓰고 번역한 덕분이었다. 물론 유럽 학자들에 의해 재발견된 다른 문헌들도 있었다. 그러나 철학과 기하학 및 실용적인 기계장치들에 대한 이런 논문들이 타임캡슐이란 분산형 네트워크에 애초부터 보존되었더라면 어떻게 되었을까? 이런 책을 미리 마련해둔다면, 종말 후의 암흑시대를 피할 수 있지 않을까?*

• 우리 사회가 붕괴된 후 남겨지는 것을 무시하더라도, 생존자의 재건을 돕기 위한 이런 사고실험을 통해, 불시에 시간 왜곡에 빠져 구석기시대에 떨어지거나 생명체는 살지 않지만 지구처럼 기후가 쾌적한 행성에 우주선이 불시착한 후에 맨손으로 테크놀로지 문명을 건설하는 데 필요한 매뉴얼을 마련할 수 있을 것이다. 이런 상황은 로빈슨 크루소나 스위스의 로빈슨 가족이 조난당해 작은 무인도에 도착하는 수준을 넘어서 텅

발전을 가속화하려면

잿더미에서 다시 시작할 때, 과학기술의 발전 과정을 그대로 답습할 이유는 없다. 현재의 수준까지 이르기 위해 인류는 길고 구불구불한 길을 걸어야 했다. 아무런 계획도 없이 비틀거리며 걸었고, 쓸데없는 것을 추적하며 오랫동안 중요한 혁신을 간과하기도 했다. 그러나 때늦은 지혜이지만 우리가 지금 무엇을 알고 있는지 정확히 파악하고 있다면 중대한 발전을 향해 곧장 달려가고, 노련한 항해사처럼 지름길을 택할 수 있을까? 어떻게 하면 그물망처럼 복잡하게 뒤얽힌 과학적 원리들에 길을 잃지 않고 테크놀로지가 최대한 신속한 속도로 발전할 최적의 길을 찾아낼 수 있을까?

결정적인 돌파구는 뜻하지 않게 우연히 발견되는 경우가 적지 않다. 실제로 인류의 역사에서도 결정적인 돌파구가 우연히 발견된 적이 한두 번이 아니었다. 1928년 페니실륨 곰팡이에서 항생적 특성을 발견한 알렉산더 플레밍Alexander Fleming의 업적은 실로 우연의 결과였다. 전류가 흐르는 전선 옆에 놓인 나침반의 바늘이 떨리는 현상, 즉 전기와 자기의 깊은 관련성을 암시하는 현상이 처음 관찰된 것도 우연이었고, 엑스선도 마찬가지였다. 이런 중대한 발견 중 일부가 일찌감치 우연스레 이루어졌듯이, 많은 발견이 훨씬 일찍 이루어질 수도 있었다. 새로운 자연 현상이 발견되면 그 현상을 이해하고 그 영향을 계량화하려는 체계적이고 조직적인 연구가 진행되며 관련된 분야의 발전이 이루어지지만, 종말 직후에

빈 세계에서 처음부터 다시 시작해야 하는 상황이다.[10]

는 소수의 정선된 흔적을 바탕으로 문명의 회복에 초점을 맞추어 어떤 부분을 눈여겨 관찰하고 어떤 연구를 우선적으로 시행해야 하는지 결정해야 할 것이다.

또한 돌이켜 생각하면 많은 발명이 당연하게 여겨지지만, 핵심적인 발전이나 발명은 새로운 가능성을 열어 보인 특별한 과학적 발견이나 유용한 테크놀로지의 뒤를 이어 나타나지 않았던 경우도 흔하다. 문명의 리부팅이란 관점에서, 이런 사례들은 무척 고무적이다. 생존자가 필수적인 테크놀로지를 다시 만들어내는 방법을 정확히 추론해낼 수 있을 정도로 설계에서 중요한 특징들을 집약적으로 설명한 안내서만 있으면 된다는 뜻이기 때문이다. 예컨대 외바퀴 손수레는 누군가 생각해내고 처음 만들어지고 나서도 실제로 수 세기가 지난 후에야 사용되었을 수 있다.[11] 외바퀴 손수레는 바퀴와 지렛대의 원리를 결합한 지극히 사소한 예로 여겨질 수 있지만, 노동량을 크게 덜어주는 도구로 유럽에서는 바퀴가 등장하고 거의 1,000년이 지난 후에야 등장했다.(영어 필사본에서는 외바퀴 손수레가 1250년경에야 처음 언급된다.)

종말 후의 재건에서도 많은 부분을 뒷받침할 수 있는, 우리 사회에 광범위한 영향을 끼친 다른 혁신들에 눈을 돌리고 싶을 것이다. 예컨대 활판 인쇄기는 다른 부분의 발전을 가속화시키며 우리 역사에서 사회적으로 비할 데 없는 영향을 미친 관문 테크놀로지gateway technology였다. 뒤에서 보겠지만, 약간의 도움만 있다면 새로운 문명을 재건하는 초기부터 책의 대량생산이 가능할 수 있을 것이다.

새로운 테크놀로지를 개발할 때에는 발전의 여러 단계가 한꺼번에 생략되기도 한다. 따라서 압축된 안내서는 우리 역사에서 한층 발전된 단계이면서도 여전히 성취해낼 수 있는 시스템에 이르는 중간 단계들을 건너뛰는 방법을 보여줌으로써, 사회 재건에 도움을 줄 수 있을 것이다. 오늘날 아프리카와 아시아의 개발도상국가에서 이런 테크놀로지 도약을 보여주는 고무적인 사례가 적지 않다. 예컨대 전력망이 연결되지 않는 외딴 지역에 태양열 발전시설을 설치함으로써 수 세기 동안 화석연료에 의존하던 서구의 발전 과정을 단숨에 뛰어넘고 있다. 또한 아프리카의 많은 지방에서, 여전히 흙집에 사는 마을 사람들이 신호탑, 전보, 유선전화 등과 같은 중간 단계의 테크놀로지를 거치지 않고 곧바로 휴대폰이라는 통신 수단을 사용하고 있다.[12]

인류의 역사에서 가장 인상적인 도약이라면 일본이 19세기에 이루어낸 도약일 것이다.[13] 도쿠가와 막부 시대에 일본은 거의 2세기 동안 다른 세계와 단절한 상태였다. 일본인이 일본 땅을 떠날 수도 없었고 외국인이 들어갈 수도 없었다. 엄선된 극소수 국가와 최소한으로 교역할 뿐이었다. 그런데 미국 해군이 증기기관을 장착하고 강력한 무기를 탑재한 전함을 앞세우고 에도만(도쿄만)에 도착한 1853년, 일본은 문호를 다시 개방할 수밖에 없었다. 과학기술 분야에서 정체돼 있던 일본이 보유한 어떤 무기보다 월등한 무기를 미국 해군이 과시했기 때문이다. 이런 테크놀로지 격차에 대한 깨달음과 충격에서 메이지 유신이 시작되었다. 외부 세계로부터 고립되고 과학기술이 후진적이던 봉건사회 일본은 일련의 정치적이고 경제적이며 법적인 개혁을 통해 완전히 변모했고, 과학과 공학과 교육 분야로 보자면 외국의 전문가들이 전신망과 철로망을 건설하고 방직공장을 짓는 법을 가르쳤다. 일본은 수십 년 만에 산업화되어, 제2차 세계대전이 시작되었을 쯤에는 자신들에게 문호 개방을 강요했던 미국 해군의 권위에 도전하는 수준까지 올라섰다.

적절한 지식을 보관한 장치가 있다면, 종말 후의 사회도 거의 비슷한 속도로 발전을 이루어낼 수 있을까?

중간 단계를 건너뛰면 문명사회를 원대한 수준까지 밀고 나가는 데는 안타깝게도 한계가 있다. 종말 후의 과학자들이 응용되는 원리를 완전히 이해하고, 그에 따른 설계를 이론적으로 완벽하게 그려내더라도 실제로 작동되는 원형原型을 만들어내지는 못할 수 있다. 나는 이런 현상을 '다빈치 효과Da Vinci effect'라 칭한다. 르네상스 시대의 위대한 발명가, 레오나르도 다빈치는 머릿속으로 상상한 비행기를 비롯해 수많은 기계장치의 설계도를 그렸지만 실질적로 제작된 기계는 극소수에 불과했다. 다빈치가 시대를 지나치게 앞서갔다는 게 가장 큰 문제였다. 다시 말하면, 정확한 과학적 이해와 독창적인 설계로는 충분하지 않다는 뜻이다. 그런 기계를 제작하는 데 필요한 재료와 그 기계를 움직일 수 있는 동력원도 그에 걸맞은 수준으로 있어야 한다.

따라서 오늘날 원조 기관들이 개발도상국의 마을들에 중간 단계의 적절한 테크놀로지를 제공하듯이, 압축된 생존 안내서도 종말 이후의 세계에 적합한 테크놀로지를 제공할 수 있어야 한다. 중간 단계의 테크놀로지가 개발도상국의 현재 상황을 크게 개선할 수 있는 해결책이다. 중간 단계도 기존의 기초적인 테크놀로지를 겨우 벗어난 수준이지만, 실제적인 재주와 도구 및 사용 가능한 재료가 있으면 지역민이 그런대로 수리하고 유지할 수 있기 때문이다.[14] 문명을 신속하게 리부팅하려는 목적은, 기초적인 재료·기술, 그리고 가장 효율적인 중간 단계의 테크놀로지를 사용하는 수준을 달성하면서도 수세기의 점진적 발전이 필요한 수준까지 단숨에 올라서려는 것이다.

논리적으로 생각하면 반드시 필요한 전제 지식이 없이도 새로운 발명과 발견이 느닷없이 이루어졌고, 많은 분야의 발전을 자극하고 중간 단계를 건너뛰는 기회를 제공했다는 게 우리 역사의 특징이다. 따라서 문명을 재건할 수 있게 잘 짜인 집약적인 매뉴얼이라면, 확실한 결실을 얻을 수 있는 연구들만이 아니라 핵심적인 테크놀로지에 관련된 기본 원리들까지 담아낼 수 있다는 낙관적인 생각을 하게 된다. 달리 말하면, 복잡한 과학기술의 세계에서 우왕좌왕하지 않고 최적의 방향을 찾아가며 재건의 속도를 높일 수 있는 집약적인 매뉴얼의 구성이 가능하다는 뜻이다. 예컨대 조상들이 손전등과 대략적인 지도를 남겨놓았기 때문에 적어도 과학에서는 어둠 속을 헤매지 않는다고 상상해보라.

문명을 재건하는 과정에서 우리가 지금까지 발전해온 특이한 과정을 그대로 답습할 이유가 없다면, 문명의 재건 과정은 완전히 다른 발전 과정을 겪게 될 것이다. 오히려 현재의 문명이 밟아온 과정을 그대로 따르는 게 훨씬 더 어려울 것이다. 예컨대 산업혁명은 주로 화석 에너지에서 동력을 얻었다. 그런데 석탄과 석유 및 천연가스처럼 쉽게 접근할 수 있는 화석 에너지가 이제는 거의 채굴되어 고갈 상태에 이르렀다. 이처럼 쉽게 이용할 수 있는 에너지원이 없다면, 우리와 똑같은 발전 과정을 따르려는 문명이 어떻게 제2의 산업혁명을 성공적으로 이끌어갈 수 있겠는가? 뒤에서 다시 살펴보겠지만, 해결책은 재생에너지를 조기에 채택하고, 신중하게 자산을 재활용하는 데 있다. 결국 다음 문명에서는 순전히 필요성 때문에라도 지속가능한 발전을 도모할 수밖에 없을 것이다. 한마디로 요약하면, 그린 리부팅Green rebooting이다.

그 과정에서 시간이 지나면 테크놀로지들의 색다른 결합이 나타날 것이다. 재건을 꿈꾸는 사회가 발전하는 과정에서 다른 방향을 취하는 동시에, 우리가 실패해서 별다른 성과를 거두지 못한 테크놀로지적 해결책을 사용하는 사례들도 면밀히 살펴볼 것이다. 따라서 종말 뒤의 문명, 즉 문명 2.0은 각각 다른 시대에 속한 테크놀로지들이 뒤죽박죽된 시대처럼 여겨지고, 이른바 '스팀펑크steampunk'라 알려진 소설 형식과 크게 다르지 않을 것이다. 스팀펑크 소설은 실제의 역사와 다른 발전 과정을 따르고, 빅토리아 시대의 테크놀로지와 다른 시대의 응용 기술들을 결합하는 특징을 보여준다는 점에서 대체역사소설로 여겨진다. 종말 후에 재건을 모색할 때 과학기술이 분야마다 발전 속도가 다를 것이기 때문에 문명 2.0은 시대적으로 앞뒤가 맞지 않는 쪽모이가 될 가능성이 크다.

어떤 내용을 담을 것인가

리부팅을 위한 매뉴얼은 두 부문에서 확실한 도움을 줄 수 있어야 한다. 첫째로, 더는 후회하지 않고 최대한 신속하게 편안한 삶의 방식과 기본적인 수준의 역량을 회복하려면 상당한 정도의 실질적인 지식이 생존자들에게 수월하게 전달되어야 한다. 둘째로는, 생존자들이 과학적 연구 능력을 회복할 수 있도록 연구를 시작하는 데 가장 필요한 핵심적인 지식도 전달되어야 한다.*

* 한 사회를 구분 짓는 가장 확실한 특징은 위대한 기념물이나 미술과 음악 등과 같은

따라서 기본적인 것부터 시작해서, 편안한 삶을 영위하는 데 반드시 필요한 것들—충분한 식량과 깨끗한 물, 의복과 건축 자재, 에너지와 필수적인 의약품—을 어떻게 맨손으로 준비할 수 있는지에 대해 살펴볼 것이다. 생존자들이 곧바로 해결해야 할 근심거리가 많을 것이다. 예컨대 경작할 수 있는 농작물이 죽어 사라지기 전에 농경지에서 수확하고 씨앗을 거두어야 할 것이고, 기계가 고장 날 때까지 엔진을 돌리는 데 필요한 연료를 바이오연료 작물로부터 뽑아내고 전력망을 복구하기 위한 부품들을 찾아내야 할 것이다. 사라진 문명이 남긴 쓰레기더미에서 적절한 재료를 찾아내고, 부품을 다른 기계로부터 떼어내서 재사용할 수 있는 최적의 방법에 대해서도 살펴볼 것이다. 종말 후의 세계에서는 다른 목적에 맞게 뜯어고치는 임기응변 능력이 필요할 것이기 때문이다.[15]

필수적인 것들이 갖추어지면, 다음 단계로는 농업을 다시 시작하고 식량을 안전하게 비축하며 식물섬유와 동물섬유로 옷을 짓는 법에 대해 살펴볼 것이다. 종이와 도자기, 벽돌과 유리, 연철은 오늘날 너무 흔해서 평범하고 따분하게 여겨질 정도이다. 하지만 당장 이런 것이 필요하다면 어떻게 만들어야 하는지 아는가? 나무는 건축용 목재부터 먹는 물을 정

문화적 산물일 수 있지만, 문명을 떠받치는 기초는 농산물 생산과 하수 처리 및 화학 합성 등과 같은 필수적인 것들이다. 이 책에서는 시대와 장소를 불문하고 보편적이고 반드시 필요한 과학기술에 초점을 맞출 것이다. 예컨대 입자물리학은 시대와 장소에 관계없이 적용될 것이며, 앞으로 1,000년 후의 사회에서도 식량과 의복, 전력과 운송 등과 같은 테크놀로지에 의해 기본적인 욕구가 똑같이 채워질 것이다. 미술과 문학과 음악은 문화적 유산에서 중요한 위치를 차지하지만, 이런 문화적 유산이 없더라도 문명의 회복이 반천년 동안 유예되지는 않을 것이다. 게다가 종말 이후의 생존자들은 자신들과 관련된 새로운 표현 방식을 개발해낼 것이다.

화하는 데 필요한 숯까지 유용한 물건들을 엄청나게 제공할 뿐 아니라, 맹렬한 화력을 지닌 고체 연료까지 제공한다. 많은 중요한 화합물이 숲이 태워질 때 생성되며, 심지어 재에도 비누와 유리 같은 필수적인 물질을 만들 때 필요한 재료뿐 아니라 화약의 주요 성분 중 하나인 원료(탄산칼륨)까지 함유되어 있다. 기본적인 지식과 요령이 있으면 자연환경에서 다른 필수적인 물질들, 예컨대 소다, 석회, 암모니아, 산, 알코올 등을 추출해서 종말 후의 화학산업을 신속하게 재개할 수 있다. 압축적이고 실질적인 매뉴얼이 있다면 이런 역량들을 회복하는 데는 물론이고, 채굴하는 데나 낡은 건물의 폭파에 적합한 폭발물을 개발하고, 사진을 찍을 때 사용되는 감광용 은화합물이나 인조비료를 생산하는 데도 큰 도움이 될 것이다.

그 후에는 의학을 다시 학습하고 동력원을 확보하는 방법, 또 전기를 생산해서 저장하는 방법, 간단한 무선 수신기를 조립하는 방법에 대해서도 살펴볼 것이다. 또 이 책에는 종이와 잉크 및 인쇄기를 만드는 법도 담겨 있기 때문에 책의 재생산에 필요한 정보도 포함되어 있는 셈이다.

한 권의 책이 세상에 대한 이해를 얼마나 활성화할 수 있을까? 물론 과학기술에 대해 우리가 알고 있는 모든 것을 이 한 권의 책에 정리할 수는 없다. 하지만 종말 직후에 생존자들이 굳건하게 견뎌내는 동시에 신속한 회복을 모색하며, 복잡한 과학기술의 세계에서 최선의 방향을 좇아 연구 범위를 확대하는 데 필수적인 것들에 대한 기초 지식은 이 책에서 충분히 제공할 수 있을 것이다. 연구하면 자연스레 풀려가도록 핵심적인 지식을 압축해서 제공한다는 원칙에 따르면, 한 권의 책에 방대한 양의 정보를 압축할 수 있는 게 사실이다. 따라서 이 책을 덮을 때가 되면 당신은 문명화된 생활방식을 위한 하부구조를 어떻게 다시 세워야 하는지 이해할 수 있을 것이다. 또한 과학 자체의 기본적인 원칙들에 대해서도 더욱 확고히 파악할 수 있을 것이다. 과학은 사실 확인이나 수식이 아니다. 과학은 세상이 어떻게 작동하는지 확실하게 알아내기 위해서 적용해야 하는 방법론이다.

압축된 간편 매뉴얼의 목적은 의문을 품고 탐구하려는 호기심의 불길을 계속 맹렬하게 타오르게 하는 데 있다. 대재앙의 충격으로 깊은 구렁에 빠지더라도 문명의 명맥이 끊어지지 않는다면, 살아남은 인간 공동체는 한없이 퇴보하거나 침체 상태에서 허덕이지는 않을 것이다. 우리 사회를 지탱하는 핵심이 보존된다면 재앙 후의 세계에서도 중요한 핵심적인 지식들이 다시 번창하고 꽃피울 수 있을 것이다.

이런 의미에서 이 책은 문명을 다시 세우기 위한 청사진이자 지금 우리 문명을 떠받치는 필수적인 것들에 대한 입문서이다.

01

우리가 지금 알고 있는 세상의 종말

THE KNOWLEDGE

> 이런 종류의 작업이 가장 빛을 발하는 순간은 엄청난 재앙의 영향으로 과학의 발전이 중단되고 장인들의 작업이 멈추며 우리 반구半球가 다시 어둠 속에 떨어지는 순간일 것이다.
>
> _ 드니 디드로, 《백과전서》[1]

도시를 탈출하려는 자동차들로 꽉 막힌 고속도로를 패닝 숏panning shot(카메라를 수평 상태에서 좌우로 움직여 촬영하는 기법—옮긴이)으로 촬영한 장면은 재난 영화에서 어김없이 등장하는 모습일 것이다. 운전자들은 움직이지 않는 자동차 안에서 화를 버럭버럭 내지만 결국에는 자포자기해서 자동차를 버리고 다른 사람들과 함께 갓길과 차로를 따라 걷기 시작한다. 즉각적인 위험이 닥치지 않더라도 유통망이나 전력망이 끊기는 정도의 사건에도 도시는 대혼란에 빠지고, 도시인들은 필사적으로 탈출을 시도한다. 도시인들이 먹을 것을 찾아 대규모로 떼 지어 시골 지역으로 피난을 떠난다.

사회계약의 파기

인간이 선천적으로 악한 존재인지 아닌지, 또 일련의 법을 집행하고 형벌이란 위협을 동원해 질서를 유지하려면 지배적인 권위 조직이 반드시 필요한지 아닌지에 대한 철학적인 문제를 여기에서 따지고 싶지는 않다. 그러나 중앙집권화된 통치조직과 국가 경찰력이 사라지면, 악의적인 사람들이 비폭력적이거나 약한 사람을 예속하거나 착취할 기회를 엿보기 마련이다. 이런 식으로 상황이 악화되면, 전에는 법을 준수하던 시민들도 자신의 가족을 보호하고 부양하기 위해 어떤 짓이라도 시도할 것이다. 따라서 결국에는 약탈이 되겠지만, 점잖게 표현하면, 당신도 살아남기 위해서 필요한 것을 찾아 쓰레기더미라도 뒤적일 수밖에 없을 것이다.

속임수나 폭력으로 얻는 단기적인 이익은 장기적인 결과에 비하면 턱없이 적다는 기대감이 우리 사회를 하나로 결속해주는 중요한 요인 중 하나이다. 단기적인 이익을 추구하는 사람은 사회적으로 믿을 수 없는 사람이란 낙인이 찍히거나, 국법에 의해 처벌받는다. 따라서 속임수와 부정행위가 억제된다. 집단의 이익을 위해 행동하고 협력하며, 국가로부터 보호받는 대가로 개인의 자유를 어느 정도 희생해야 한다는 사회 구성원들 간의 이런 암묵적 합의는 '사회계약social contract'이라 일컬어진다. 사회계약은 모든 집단적 노력의 근거이고, 문명사회가 행하는 경제적 활동과 생산의 출발점이기도 하다. 그러나 구성원들이 속임수를 쓰면 개인적으로 더 큰 이익을 취할 수 있다고 인식하거나, 다른 구성원들이 속인다고 의심하게 되면 사회 구조가 긴장하기 시작하며, 사회적 결속력이 느슨해진다.

중대한 위기가 닥치면, 한순간에 사회계약이 무너지며 법과 질서가 한꺼번에 붕괴될 수 있다. 사회계약이 국지적으로 파기된 결과는 현재 지상에서 테크놀로지적으로 가장 발전한 국가에서 극명하게 확인되었다. 허리케인 카트리나가 뉴올리언스를 휩쓸고 지나간 때였다. 뉴올리언스 시민들은 지방 정부의 공권력이 사라져서 사회질서가 급속히 붕괴되고 무정부 상태가 발발했지만 어떤 지원도 즉시 도착하지 않으리라는 걸 처절하게 깨달았다.

따라서 대재앙이 닥치고 법을 집행하는 공권력이 사라지면, 조직화된 폭력단이 등장해서 권력을 차지하며 자신들의 세력을 주장할 가능성이 크다. 식량과 연료 등 남은 자원을 장악한 사람들이 새로운 세계에서 내재적 가치를 지닌 품목들을 관리할 것이다. 현금과 신용카드는 무용지물이 될 것이다. 보존식품을 은닉한 저장고를 차지한 사람들이 부와 권력을 행사하고, 메소포타미아의 황제들이 그랬던 것처럼 식량을 분배하는 대가로 충성심과 봉사를 원하는 새로운 지배자가 될 것이다. 이런 환경에서, 의사와 간호사처럼 특별한 능력을 지닌 사람들은 고도로 전문화된 노예로서 폭력단을 섬길 수밖에 없겠지만 생존을 위해서라도 그 능력을 남들에게 전해주려 하지 않을 것이다.

경쟁관계에 있는 폭력단의 습격과 약탈을 견제하기 위해 신속히 선제공격이 가해질 수도 있다. 자원이 고갈되면 경쟁은 더욱더 치열해질 것이다. 따라서 '프레퍼prepper'라 불리는, 종말에 능동적으로 대비하는 사람들은 '총이 필요한데도 보유하지 않는 것보다, 당장에 필요하지 않더라도 총을 보유하고 있는 편이 더 낫다!'라고 생각한다.

종말이 닥치고 처음 몇 주, 혹은 몇 달 동안에는 사람들이 서로 돕는 동시에 비축한 소비재를 지키기 위해 소규모라도 한곳에 모이며 수적으로 안전을 확보하려 할 것이다. 이런 소규모 집단은 오늘날의 국가처럼 경계를 순찰하며 지켜야 한다. 얄궂게도 격변의 시기에 한 집단이 가장 안전하게 지낼 수 있는 곳은 곳곳에 흩어져 있는 요새 같은 곳이지만, 존재 목적이 뒤바뀐 곳이다. 예컨대 교도소는 견고한 대문을 가지고 있고 높은 담이 둘러쳐져 있으며, 철조망과 감시탑까지 설치된 자족적인 공간이다. 원래 재소자가 탈출하지 못하도록 지어졌지만, 외부인이 들어오지 못하도록 방어하는 시설로도 훌륭한 역할을 해낼 수 있다.

재앙적인 사건이 벌어지면, 범죄와 폭력이 걷잡을 수 없이 만연하는 게 거의 필연적인 결과이다. 그렇다고 지옥 같은 《파리 대왕》 세계로의 추락을 여기에서 다루려는 것은 아니다. 생존자들이 다시 정착하는 상황에 이른 후 테크놀로지 문명을 신속하게 회복할 수 있는 방법에 대해 살펴보려는 게 이 책의 목적이다.

종말을 맞는 최상의 방법은?

'최상'의 방법을 생각하기 전에 최악의 경우부터 시작해보자. 문명의 재건이란 관점에서 볼 때, 최악의 참사는 전면적인 핵전쟁일 것이다. 표적이 된 도시에서 살다가 목숨을 건지더라도 현대 세계를 떠받치는 대부분이 사라진 상태일 것이다. 게다가 하늘은 흙먼지로 뒤덮이고, 땅은 낙진으로 오염되어 농업의 회복이 쉽지 않을 것이다. 태양에서 어마어마하게 쏟아지는 코로나질량방출coronal mass ejection도 치명적이지는 않지만 낙진 못지않게 나쁘다. 유난히 격렬한 태양 폭풍이 지구 주위의 자기장을 때리면 지구가 종처럼 울리며 전선에 엄청난 양의 전류를 유도해서 지구 전역에서 변압기가 터지고 전력 공급이 중단될 것이다. 이런 정전 사태로 수돗물과 가스의 공급이 중단될 것이다. 물론 연료도 더 이상 정제할 수 없을 것이고, 교체할 변압기도 생산하지 못할 것이다. 이처럼 현대문명을 떠받치는 핵심적인 기반시설이 파괴되면 인간의 생명이 즉각적으로 위협받지는 않더라도 곧바로 사회질서 붕괴가 뒤따르고, 군중들이 이곳저곳을 돌아다니며 남은 물자를 급속히 소비할 것이다. 이에 따라 인구가 급속히 줄어들 것이고, 종국에는 살아남은 생존자들만이 썰렁한 세상을 맞이하게 되겠지만, 세계에는 어떤 자원도 없어서 회복을 위한 유예기간grace period조차 허용되지 않을 수 있다.

종말 후의 세계를 묘사한 영화와 소설에는 이런 극적인 장면이 종종 등장한다. 산업문명이 붕괴하고 사회질서가 파괴되어 생존자들이 점점 줄어드는 자원을 두고 치열하게 다투는 것이다. 나는 여기에서 정반대의 장면을 집중적으로 다루어보려 한다. 다시 말하면, 인구는 급격히 줄어들었지만 현재 테크놀로지 문명의 물질적인 기반시설은 그대로 남겨진 경우를 뜻한다. 대다수의 인간이 죽음을 맞았어도 여전히 모든 물건이 주변이 있는 상황을 상상해보자는 것이다. 이런 시나리오는 문명을 처음부터 다시 시작해서 신속하게 재건하는 방법에 대한 사고실험에서 가장 흥미진진한 출발점이 될 수 있다. 생존자들이 자급자족 사회에 반드시 필요한 것들을 다시 배우기도 전에 급격히 타락하는 걸 방지하는 동시에 다시 일어서기에 충분한 유예기간을 허용하기 때문이다.

이런 시나리오로 세상이 종말을 맞이하는 가장 극적인 방법은 '판데믹 pandemic'(세계적인 유행병)의 공격이 급속히 일어나는 것이다. 높은 전염력, 오랜 잠복기, 거의 100퍼센트에 가까운 치사율이 복합된 전염병이라면 완벽한 바이러스 폭풍이다. 이런 종말의 매개체는 극단적으로 신속하게 전염되지만 증세가 나타나기 시작하는 데는 약간의 시간이 걸리기 때문에 감염된 사람들이 극대화된 상황에서 병원균을 옮기는 숙주 역할을 하며 결국에는 어떤 형태로든 죽음을 맞는다. 2008년 이후로 세계 인구의 절반 이상이 시골이 아니라 도시에 살고 있어, 우리는 어느덧 도시종urban species이 되었다. 대륙을 넘나드는 여행도 빈번해진 데다 과밀한 인구밀도로 인해 전염병이 급속히 확산되기에는 안성맞춤인 조건이다. 예컨대 1340년대에 유럽 인구의 3분의 1과 아시아에서도 거의 비슷한 비율의 인구를 휩쓸어버린 흑사병 같은 역병이 오늘날 다시 닥친다면, 현재의 테크놀로지 문명은 당시만큼 신속하게 회복하지 못할 것이다.•

생존자들이 보여주는 두 극단적인 모습을 〈매드 맥스〉 형과 《나는 전설이다》 형이라고 가정해보자.[2] 코로나질량방출 같은 요인으로 인해 테크놀로지에 의존한 삶의 방식이 무너지지만 인구가 즉각적으로 감소하지 않으면, 살아남은 사람들은 치열하게 경쟁을 벌이며 남은 자원을 급속히 소비할 것이다. 따라서 유예기간이 헛되이 허비되어, 사회는 〈매드

• 하지만 흑사병이 장기적으로 사회에 미친 영향 가운데 어떤 부분은 유익했다. 달리 말하면, 대규모 죽음에는 불행하게도 긍정적인 면이 있었다. 엄청난 인구감소로 인해 노동력이 감소하자, 살아남은 농노들은 영주에 대한 예속에서 벗어날 수 있었다. 따라서 억압적인 봉건제도를 타파하고, 한층 평등한 사회구조와 시장지향적인 경제를 만들어가는 데 큰 역할을 했다.[3]

맥스〉 형 같은 야만적인 상태로 전락할 것이다. 그 결과로 인구가 급격히 줄어들 것이고, 사회질서가 신속히 회복되리라는 희망도 거의 남지 않을 것이다. 반면에 당신이 세상에 살아남은 유일한 생존자('오메가 맨')이거나, 곳곳에 흩어져 서로 마주칠 가능성이 거의 없는 소수의 생존자 중 한 명이라면, 문명을 다시 건설한다거나 원래의 인구를 회복하겠다는 생각 자체가 무의미할 것이다. 만약 그렇다면 인류의 운명은 풍전등화와 같아, 오메가 맨이 남자이건 여자이건 간에, 그가 죽으면 인류도 결국 종말을 맞이할 수밖에 없다. 리처드 매드슨Richard Matheson의 소설 《나는 전설이다》의 상황이 그렇다. 남자와 여자로 구성된 두 명의 생존자가 종의 지속을 위한 최소한의 조건이지만, 겨우 두 명에서 시작되기 때문에 유전적 다양성과 장기적인 생존력은 심각하게 위협받을 수밖에 없다.

그럼 이론적으로 인구가 다시 번성하기 위한 최소한의 조건은 무엇일까?[4] 예컨대 동폴리네시아에서 뗏목을 타고 뉴질랜드에 처음 도착한 개척자는 몇 명이었을까? 현재 뉴질랜드에서 살아가는 마오리족의 미토콘드리아 DNA 서열을 분석하면 그 수를 대략적으로 추정할 수 있다. 유전적 다양성을 분석해보면, 개척단의 실질적인 규모에서 여성은 약 70명에 불과했으리라고 추정된다. 따라서 전체 인원수는 두 배가 조금 넘었을 것이다. 해수면이 지금보다 낮았던 15,000년 전에 동아시아에서 베링육교Bering land bridge를 건너 아메리카 대륙에 들어온 아메리카 원주민의 조상도 거의 비슷한 규모였을 것이라고 유전자 분석을 통해 추정된다. 따라서 종말 후에 세상 곳곳에 사람들이 다시 살 수 있을 만큼 충분한 유전적 다양성을 확보하려면 한 곳에 적어도 수백 명의 남녀가 있어야 한다.

인구가 매년 2퍼센트씩 성장한다면, 이런 규모의 집단이 산업혁명 시대의 인구 규모까지 회복하는 데 무려 8세기가 걸린다는 게 문제이다. 그런데 농업이 산업화되고 의학이 현대 수준으로 발달한 후에도 세계 인구의 증가율은 2퍼센트를 넘지 못했다.(과학기술이 발달하려면 일정한 규모의 인구와 사회경제적인 구조가 필요한 이유에 대해서는 뒤에서 자세히 살펴보기로 하자.) 따라서 수백 명이란 인구는 첨단 테크놀로지 제품의 생산은 말할 것도 없고 안정적인 경작을 유지하기에도 턱없이 부족한 규모이다. 그들은 호구지책에 연연하며 수렵채집 시대의 생활방식으로 서서히 퇴보할 것이다. 하기야 인류는 탄생 이후로 거의 모든 시기를 이런 식으로 살아왔다. 하지만 수렵채집은 많은 인구를 먹여 살릴 수 없는 생활방식이며, 다시 벗어나기 힘든 덫이기도 하다. 그럼 어떻게 해야 이런 지경까지 퇴보하는 걸 피할 수 있을까?

살아남은 집단은 많은 인력을 밭에 투입해서 적정한 농산물을 생산해야 하지만, 다양한 능력을 개발하고 과거의 테크놀로지들을 되살리는 데도 적잖은 사람을 투입해야 한다. 가능한 한 최적의 재출발을 위해서는 원시 상태로 떨어지는 걸 방지하기에 충분한 집단 지식을 형성하고, 다양한 재주를 지닌 생존자들이 있어야 한다. 구체적으로 말하면, 어떤 한 지역에 약 1만 명이 생존해서 한곳에 모여 새로운 공동체를 형성하고 사이좋게 협력해서 살아간다면, 이런 사고실험의 이상적인 출발점이라 할 수 있다.(1만 명은 영국 인구의 0.016퍼센트에 불과하다.)

종말 후에 생존자들이 어떤 세상에 있게 되고, 생존자들이 재건을 시도할 때 세상이 어떻게 변해가는지에 대해 살펴보기로 하자.

다시 세상의 주인이 되려는 자연[5]

일상적인 삶의 방식이 종말을 맞은 직후에는 자연이 도시화된 공간을 원상태로 되돌릴 기회를 놓치지 않을 것이다. 쓰레기와 폐기물이 인도와 차도를 뒤덮으며 배수시설이 막힐 것이고, 물웅덩이가 곳곳에 생기며 여기저기에 쌓인 잔해들이 썩어갈 것이다. 처음에는 잡초들이 곳곳에서 급격히 확산되기 시작할 것이다. 자동차가 다니지 않는데도 아스팔트로 포장된 도로에 균열이 생기고, 그 틈새가 점점 넓어질 것이다. 서리가 내릴 때마다 웅덩이에 고인 물이 얼어붙고 팽창하며, 단단하게 포장된 땅을 안에서부터 깨뜨리기 때문이다. 이처럼 살인적인 동결과 해동이란 순환이 반복되며, 산맥 전체가 서서히 낮아지기도 할 것이다. 이런 풍화작용으로 작은 기회도 놓치지 않는 잡초가 생겨날 틈새가 점점 늘어나고, 얼마 후에는 떨기나무들이 자리 잡기 시작할 것이다. 뿌리를 내릴 곳을 찾아 담을 뚫고 지나가며 물을 향해 다가가는 한층 더 공격적인 식물들도 있다. 덩굴식물의 덩굴은 교통 신호등과 도로 표시판을 금속으로 된 나무줄기라 생각하며 구불구불 휘감고 올라갈 것이고, 널찍한 잎은 절벽처럼 가파른 건물의 벽면을 타고 올라가서는 옥상에서부터 휘늘어질 것이다.

상당한 시간이 이렇게 지나면, 처음에 개척자처럼 자란 식물들로부터 떨어진 낙엽들이 썩어 유기질 부엽토가 된다. 이런 부엽토가 바람에 날려 온 흙먼지, 콘크리트와 벽돌에서 풍화된 가루와 뒤섞이며 도시를 뒤덮는 진짜 토양이 된다. 사무실 건물에 흐트러져 있던 종이와 쓰레기가 깨진 창문을 통해 빠져나와 길거리에 떨어지며 이 흙더미에 더해진다.

뉴저지 캠던 공공도서관 2층 열람실. 건물들이 무너지고, 자연이 도시 공간을 차지하기 시작하면 이곳 뉴저지 도서관 같은 지식 보관소도 예외일 수 없다.

이렇게 흙과 먼지가 상대적으로 큰 나무들도 뿌리를 내리기에 충분할 정도로 두껍게 쌓이며 도시의 도로와 인도, 주차장과 공공용지를 뒤덮는다. 도시 내에서도 아스팔트로 포장된 도로와 광장에서 좀 떨어진 풀로 덮인 공원과 주변의 전원 지역은 금세 삼림지로 되돌아간다. 10년이나 20년쯤이 지나지 않아, 오래된 잡목들과 자작나무들이 굳건히 터전을 잡을 것이고, 종말이 있고 한 세기쯤이 지나면 가문비나무와 낙엽송 및 밤나무가 빽빽이 숲을 이룰 것이다.

이처럼 자연이 주변 환경을 다시 차지하며 숲을 형성해가는 사이에, 인공적인 건물들은 허물어지고 무너질 것이다. 바람에 날려 온 부유물과 나뭇잎이 거리를 뒤덮고, 깨진 창문에서 떨어진 쓰레기들과 뒤섞인다. 따라서 완벽한 불쏘시개들이 도시의 곳곳에 산더미처럼 쌓이며, 맹렬한 화재가 발생할 가능성이 커진다. 건물 옆에 쌓인 불쏘시개가 한여름의 번갯불에 점화되면, 화재가 도로를 따라 걷잡을 수 없이 확산되며 주변 건물들의 내부까지 깡그리 태워버린다.

현대 도시는 목조건물도 없고 도로가 좁지도 않아 1666년의 런던이나 1871년의 시카고처럼 완전히 파괴되지는 않겠지만, 소방관들의 진압이 없는 까닭에 불길의 피해는 실로 엄청날 것이다. 지하에 매립되고, 건물에 설치된 관에 남아 있던 가스가 폭발할 것이고, 길거리에 버려진 자동차의 연료통에 남아 있던 연료들도 지옥불 같은 화재에 열기를 더할 것이다. 인구가 밀집해 살아가던 곳에도 폭발할 기회를 엿보며 불길이 지나가기를 기다리는 폭탄들이 있다. 주유소와 화학물질 창고, 세탁소의 휘발성과 인화성이 강한 용액통 등이 대표적인 예이다. 종말 후의 생존자들에게 가장 가슴 아픈 장면이라면, 정든 도시가 화염에 휩싸이고 매캐한 검은 연기가 굵은 기둥처럼 치솟아 올라 밤마다 하늘을 핏빛으로 물들이는 모습일 것이다. 뜨거운 불길이 지나가면, 현대 건축물에서는 벽돌과 콘크리트와 강철만이 덩그러니 남을 것이다. 가연성 물질로 채워져 있던 내부는 완전히 태워지고, 새까맣게 그을린 그런 뼈대만이 남겨질 것이다.

그렇잖아도 썰렁하게 변한 도시의 곳곳을 불길이 휩쓸며 이곳저곳 파괴하겠지만, 우리가 정성스레 건설한 건물들을 완벽하게 파괴하는 것은 물일 것이다. 종말 후에 처음으로 닥친 겨울에 얼어붙은 수도관들이 녹으면 건물 안이 물바다로 변할 것이다. 게다가 빗물이 깨지거나 유실된 창문으로 들이치고, 떨어져나간 기와의 틈새로 건물 안에 똑똑 떨어지고, 막힌 홈통과 배수관에서 넘쳐흐를 것이다. 페인트가 벗겨진 창문틀과 문틀에 스며든 습기에 목재가 썩고 금속이 부식되어, 결국에는 틀 전체가 벽에서 떨어져나갈 것이다. 마룻장과 들보와 기둥 등 목재 구조물도 습기를 빨아들여 썩어갈 것이고, 부속품들을 결합하는 볼트와 나사와 못은 녹슬고 부식될 것이다.

콘크리트와 벽돌, 그것들 사이에 채워진 모르타르도 온도의 변화에 영향을 받는다. 막힌 홈통에서 똑똑 떨어지는 물이 끊임없이 스며드는 데다, 고위도 지역에서는 반복되는 결빙과 해동에 의해 시멘트가 바스라지기 때문이다. 상대적으로 따뜻한 기후권에서는 흰개미와 나무좀 같은 벌레들이 건물에서 목재로 된 부분들을 먹어치우고, 곰팡이까지 여기에 힘을 보탤 것이다. 오랜 시간이 지나지 않아 도리목이 썩어 내려앉으면 바닥이 꺼지고 지붕이 무너질 것이고, 결국에는 벽이 바깥쪽으로 굽어지며 주저앉을 것이다. 또한 대부분의 단독주택과 아파트 건물은 기껏해야 100년을 견디지 못할 것이다.

철교는 페인트가 벗겨지면 부식되고 약해지며, 물까지 스며든다. 하지만 대부분의 경우, 철교의 종말을 알리는 전조는 바람에 날려와 이음매 사이의 틈새에 축적되는 이물질이다. 이음매 사이의 틈새는 뜨거운 여름에 강철이 팽창하는 걸 허용하도록 설계된 공간이다. 그런 틈새가 뭔가로 막히면 철교는 자체의 무게를 견디다 못해 부식된 볼트를 부러뜨릴 것이고, 결국에는 철교라는 구조물 전체가 무너지고 말 것이다. 따라서 한두 세기가 지나면 대다수의 다리는 무너져 물속에 잠길 것이고, 멀뚱히 남겨진 기둥들을 떠받치는 잔해들은 강물의 흐름을 방해하는 둑 노릇을 할 것이다.

현대식 건물을 짓는 데 사용되는 철근 콘크리트는 경이로운 건축자재이고, 목재보다 내구성이 훨씬 뛰어나지만 전혀 부식되지 않는 것은 아니다. 철근 콘크리트가 약해지는 궁극적인 원인은 얄궂게도 그 기계적인 강도에 있다. 철근은 사방을 에워싸는 콘크리트에 의해 비바람으로부터 보호되지만, 썩는 식물이 분비하는 부식산이나 약산성비가 콘크리트에 스며들면 철근이 구조물 내에서 녹슬고 부식되기 시작한다. 철근이 녹슬 때 팽창하며 안에서부터 콘크리트를 밀어내기 때문에 훨씬 더 많은 표면이 습기에 노출되며 종말을 앞당긴다는 사실이, 철근 콘크리트라는 현대 건축 테크놀로지에게는 치명적인 결정타가 된다. 철근의 이런 속성이 현대 건축의 약점이다. 철근으로 보강하지 않은 콘크리트가 결국에는 내구성이 더 낫다는 게 입증될 것이다. 로마 판테온 신전의 돔은 앞으로 2,000년 후에도 여전히 굳건히 서 있을 것이기 때문이다.

하지만 고층 건물에게 가장 큰 위협은 기초가 물에 잠기는 경우이다. 배수시설을 관리하지 않아 하수관이 막히거나 홍수가 반복되면 건물의 기초가 물에 잠긴다. 특히 강변을 따라 조성된 도시의 경우에도 이런 비극을 피해갈 수 없을 것이다. 건물의 기초가 부식되고 붕괴되거나 가라앉아, 아득히 높은 건물이 피사의 사탑보다 훨씬 위험천만하게 기울어지고 결국에는 무너진다. 토네이도에 딸려와서 폭우처럼 쏟아지는 파편들도 주변 건물들에 큰 피해를 입힐 것이고, 건물들이 거대한 도미노처럼 차례로 넘어지며 하나의 거대한 돌더미로 변하며 결국에는 몇몇 건물만이 나무우듬지 위로 모습을 겨우 드러내게 될 것이다. 지금 하늘을 향해 치솟은 고층 건물들 중에서 수 세기 후에도 굳건히 서 있을 건물은 몇 채나 될까?

한두 세대가 지나지 않아 도시의 지형은 알아보지 못할 정도로 변할 것이다. 운 좋은 실생묘는 어린나무가 되고, 어린나무는 완전히 성장한 나무가 된다. 도시를 종횡으로 가로지른 도로들은 울창한 숲길로 변하고, 고층 건물들 사이를 달리는 인공 협곡처럼 보인다. 한편 그 건물들은 거의 허물어진 데다 뻥 뚫린 창문 아래로 이런저런 식물을 늘어뜨려 수직형 생태계가 된다. 자연이 도시의 소유권을 되찾은 결과인 셈이다. 시간이 지나면서 식물이 분해되어 흙으로 변하는 과정이 되풀이되면, 그에 따라 건물이 무너지며 생긴 돌무더기도 흙으로 뒤덮여 부드러워지고, 싹을 내민 나무들로 뒤덮인 작은 언덕으로 변해갈 것이다. 한때 하늘로 치솟던 고층 건물이 무너진 잔해도 울창한 식물에 완전히 묻히고 감춰질 것이다.

도심에서 멀리 떨어진 곳에서는 유령선들이 바다를 표류하다가 변덕스런 바람과 해류에 떠밀려 종종 해안가에 올라선다. 때로는 불룩한 배를 살짝 열어 유해한 연료유를 바다에 토해내고, 때로는 바람에 흩날리는 민들레 홀씨처럼 컨테이너들을 해류에 쏟아내기도 한다. 그러나 누군가 정확한 시간에 적절한 장소에서 그 장면을 목격할 수 있다면, 가장 극적인 조난 사고는 인간의 가장 야심찬 구조물이 지구로 귀환하는 순간일 것이다.

국제우주정거장International Space Station은 폭이 100미터에 달하는 거대한 구조물로 14년 동안 건조되었고 지구 저궤도를 회전하고 있다. 압력 모듈, 막대기 모양의 받침대, 잠자리 날개 모양의 태양 전지판을 조립한 웅장한 구조물이다. 지상에서 400킬로미터 위에 떠 있고, 감지할 수 없을 정도로 작지만 끊임없이 끌어당기는 인력을 행사하는 대기권의 상층부보다 훨씬 위쪽에 있는 것은 아니다. 이런 구조적 위치로 인해 우주정거장의 궤도 에너지가 약화된다. 따라서 우주정거장이 지상을 향해 조금씩 강하하기 때문에 반복해서 로켓 추력기로 반등시켜야 한다. 그런데 우주 비행사가 죽거나 연료가 떨어지면, 우주정거장은 매달 약 2킬로미터씩 추락할 것이다. 그럼 머지않아, 대기권으로 급속히 추락하며 인공적으로 만든 유성처럼 빛줄기와 불덩이로 종말을 맞을 것이다.

종말 후의 기후[6]

크고 작은 도시가 조금씩 붕괴되는 현상만이 생존자들에게 느껴지는 유일한 변화 과정은 아니다.

산업혁명 이후로, 즉 처음에는 석탄, 다음에는 천연가스와 석유를 개발하기 시작한 이후로, 인간은 아득한 옛날부터 땅속에 축적된 화학 에너지를 파내기 위해서 열심히 땅을 파헤쳤다. 쉽게 불이 붙는 탄소덩어리인 이런 화석 연료들은 오래된 숲과 해양생물이 썩은 잔존물이다. 다시 말하면, 오래전에 지구를 밝게 비춘 햇살을 포획한 결과에서 파생된 화학 에너지이다. 따라서 이 탄소는 원래 대기에서 비롯된 것이지만, 우리가 지하에 매장된 탄소를 워낙에 빨리 태워버린 까닭에 수억 년 동안 축적된 고정탄소fixed carbon가 약 100년이란 시간 만에 공장의 높은 굴뚝과 자동차 배기통을 통해 대기로 되돌아간 것이 문제이다. 행성계가 방출된 이산화탄소를 재흡수할 수 있는 수준을 훨씬 넘어서서, 18세기 초에 비하면 오늘날 공기에는 이산화탄소의 양이 약 40퍼센트나 많은 것으로 추정된다. 이산화탄소 수치가 이처럼 상승한 결과로, 태양열의 상당량이 온실효과 때문에 지구의 대기권에 사로잡혀 지구 온난화를 초래한다. 또 지구 온난화로 해수면이 상승하고 세계 전역에서 기후 패턴이 무너져서, 일부 지역에서는 홍수가 더욱 잦아지고 일부 지역에서는 가뭄이 극심해지며 농업에 심각한 영향을 미칠 것이다.

테크놀로지 문명이 붕괴되면 공업과 집약 농업 및 운송에서 배출되는 배기가스가 하룻밤 사이에 나오지 않을 것이고, 소수의 생존자들이 배출하는 오염물질도 즉각 사실상 제로 상태로 떨어질 것이다. 그러나 내일 당장 배기가스가 나오지 않더라도, 우리 문명은 이미 엄청난 양의 이산화탄소를 토해놓았으므로 지구는 그 후로도 수 세기 동안 이에 대응해야 할 것이다. 대기의 균형 상태에 급작스레 강한 타격이 있었고 지구가 그에 반응하기 시작했기 때문에 우리는 현재 유도기lag phase에 있다고 말할 수 있다.

종말적 사건이 일어난 뒤로는 기존의 상황에서 이미 시작된 현상의 여파로 그 후 수 세기에 걸쳐 해수면이 수 미터가량 상승할 가능성이 크다. 게다가 메탄으로 가득한 영구동토대가 해동되고, 광범위한 지역에서 빙하까지 녹으면서 지구 온난화에 의한 영향까지 더해지면 상황은 더욱 악화될 것이다. 종말 후에 이산화탄소 수치가 떨어지더라도 수만 년 동안 상당히 상승된 수치에 머물 것이며 산업화 이전 상태로 되돌아가지는 않을 것이다. 따라서 현재 문명에서나 다음 문명에서 상승한 지구 온도는 좀처럼 낮아지지 않을 것이고, 결국 무사안일하게 살아가는 현재의 생활 방식은 우리 후손에게 쉽게 사라지지 않을 암울한 유산을 남기게 될 것이다. 세대마다 기후 패턴이 끊임없이 변하기 때문에 한때 비옥했던 농경지가 가뭄으로 황폐화되고, 저지대는 홍수로 침수되며, 열대성 질병이 한층 널리 확산될 가능성이 크다. 따라서 생존자들은 다시 살아남기 위해서도 힘겹게 싸워야 할 것이다. 국지성 기후 변화는 결국 문명의 급작스런 붕괴로 이어졌다는 게 인류의 역사에서 이미 증명되었다. 따라서 세계적으로 기후 변화가 지속되면, 그렇잖아도 취약한 종말 후의 사회가 다시 일어서기는 더욱더 힘들 것이다.

02

유예기간

정반대의 상황이 되어보지 않고서는 자신이 현재 처한 상황이 어떤지 도저히 알 수 없다. 그리고 자신이 누리는 것은 잃어봐야 그 가치를 알 수 있다.

_ 대니얼 디포, 《로빈슨 크루소》[1]

외딴 지역에 항공기가 추락하면, 생존자들에게 가장 필요한 것은 비바람을 피할 피신처와 물과 음식이다. 우리가 존재하던 문명이 붕괴된 뒤에도 마찬가지일 것이다. 먹을 것이 없어도 그럭저럭 몇 주 견딜 수 있고 마실 물이 없어도 며칠을 생존할 수 있지만, 험악한 기후에 완전히 노출되면 죽음은 시간 문제에 불과할 수 있다. 영국 공수특전단Special Air Service, SAS의 생존 전문가, 존 '로프티' 와이즈먼John 'Lofty' Wiseman은 "종말적 재앙이 일어난 다음에도 당신이 두 발로 서 있다면 생존자이겠지요. 하지만 그 후로 얼마 동안 살아남느냐는 당신이 무엇을 알고, 어떻게 행동하느냐에 달려 있습니다"라고 나에게 말했다. 이 책의 목적에 걸맞게, 나 자신을 포함해서 99퍼센트 이상의 사람이 그렇듯이 당신도 프레퍼가 아니어서 식량과 물을 비축해두지도 않았고, 집을 요새처럼 만들지도 않았

으며, 세상의 종말에 대비해서 어떤 준비도 하지 않았다고 가정해보자.[2]

당신이 어쩔 수 없이 모든 것을 다시 만들어야 하기 전, 즉 완충적인 유예기간에 어떤 물건들을 찾아내야 생존을 보장받을 수 있을까? 테크놀로지의 세계가 붕괴되어 남겨진 쓰레기에 의존해서 살아가야 한다면 무엇부터 우선적으로 찾아내야 할까?

대피처

사람은 크게 줄었지만 주변의 건물들은 크게 파괴되지 않은 상황에서는 주거지를 걱정할 필요가 없을 것이다. 종말 직후에는 버려진 건물들이 주변에 얼마든지 있을 테니까. 하지만 곧바로 아웃도어 매장을 샅샅이 뒤져 새로운 옷을 장만하는 게 좋을 듯하다. 종말을 맞은 세상에서의 의상은 실용성이 최고일 테니 말이다. 편하고 질긴 바지, 따뜻한 상의, 방수 재킷이 준비되면, 야외에서나 난방이 되지 않은 건물에서 더 오랜 시간을 보내더라도 조금이나마 편안하게 지낼 수 있을 것이다. 튼튼한 등산화가 투박하게 보일지 모르지만, 종말 후의 세상에서 발을 헛디뎌 발목을 부러뜨리고 싶은 사람은 없을 것이다. 처음 수 년 동안, 벌레에 좀먹지 않고 습기에 눅눅해지지 않은 멀쩡한 옷을 구하기에 가장 적합한 곳은 대형 쇼핑센터일 것이다. 그런 쇼핑센터의 깊은 안쪽까지 들어가기가 쉽지는 않겠지만, 그곳에는 비바람에 영향을 받지 않은 괜찮은 옷들이 적지 않을 것이다.

생존을 위해서는 따뜻한 옷 이외에 불도 필요하다. 불은 추위로부터 우리를 보호하고 밝은 빛을 제공하며 인류의 역사에서도 필수적인 역할을 해왔다. 게다가 불은 음식을 더욱 먹기 좋게 만들고 병원균도 박멸하고 금속을 녹이는 데도 사용되었다. 종말 직후에는 막대기를 문질러서 불쏘시개에 불을 붙이는 생존 기술이 절박하게 필요하지는 않을 것이다. 구멍가게나 집에 얼마든지 성냥갑이 남아 있을 것이고, 휴대용 가스라이터도 상당히 오랫동안 사용할 수 있을 테니 말이다.

성냥이나 라이터를 찾아내지 못하더라도, 약간 불편한 방법이지만 쓰레기더미를 뒤져서 찾아낸 것들로 불을 지필 수 있다. 예컨대 화창한 날에는 돋보기를 사용해서 햇살을 한 지점으로 모으면 된다. 안경이나• 음료수 캔의 굽은 바닥을 초콜릿이나 약간의 치약으로 윤을 내서 돋보기 대용으로 사용할 수도 있다. 버려진 자동차 배터리에 충전용 케이블을 연결해서 불꽃을 일으킬 수도 있다. 또 부엌 찬장에서 찾아낸 쇠 수세미를 연기 감지기에서 떼어낸 9볼트 배터리의 단자에 문지르면 자연스레 점화가 된다. 인간이 살던 곳의 주변에는 불쏘시개로 사용할 만한 것이 무척 많다. 예컨대 면직물, 모직물 등과 같은 직물이나 종이 등을 바셀린이나 헤어스프레이, 페인트 희석제 혹은 휘발유 등으로 흠뻑 적시면 훌륭한 불쏘시개가 된다. 도시에서도 불과 관련된 연료를 찾아내는 건 그다지 어렵지 않을 것이다. 거주 지역은 가구와 목제 창호부터 정원의 땔기나무까지, 난방과 조리에 필요한 불을 얻을 수 있는 가연성 물질들로 가득할 것이기 때문이다.

• 정확히 말하면, 원시 교정용 안경이다. 근시용 오목렌즈는 빛을 모으지 못하고 분산시키기 때문이다. 윌리엄 골딩William Golding은 《파리 대왕》에서 근시인 피기가 자신의 안경을 이용해서 불을 지피는 장면을 묘사하는 크나큰 실수를 저질렀다.

따라서 문제는 불을 지피고 유지하는 게 아니라, 어디에서 불을 지피느냐는 것이다. 최근에 지어진 단독주택이나 아파트에는 벽난로나 화덕이 없다. 여하튼 불이 필요한 경우에는 금속통에 안전하게 불을 보관하거나 바비큐용 석쇠를 실내에 갖고 들어오면 된다. 아파트 바닥이 콘크리트이면 카펫을 걷어내고 콘크리트 바닥에 직접 불을 지펴도 상관없을 것이다. 연기는 창문을 살짝 열어 빠져나가게 하면 된다. 합성섬유나 가구용 발포고무를 태울 때는 유독한 연기가 배출되기 때문에 반드시 환기해야 한다. 그러나 가장 안전하고 확실한 방법은 라디에이터가 아니라 원초적인 불로 적절하게 난방을 할 수 있는 오래된 오두막이나 농가를 찾아내는 것이다. 뒤에서 다시 보겠지만, 최대한 신속하게 도시를 떠나야 하는 이유 중 하나가 여기에 있다.

물

비바람을 피할 피신처를 구했으면, 종말을 맞은 후에 두 번째로 해야 할 일은 깨끗한 음용수를 확보하는 것이다. 도시 급수장이 말라버리기 전에 욕조와 싱크대, 깨끗한 양동이는 물론이고 튼튼한 폴리에틸렌 쓰레기 봉지에도 물을 가득 담아놓아야 한다. 이렇게 물을 담은 통에는 이물질이 들어가지 않도록 덮개를 씌워야 하고, 조류藻類가 번식하지 못하도록 빛을 차단해두어야 한다. 병에 담긴 물은 슈퍼마켓에서, 혹은 사무용 건물의 음료수 냉각기에서 어렵지 않게 찾아낼 수 있다. 호텔과 체육관의 수영장, 대형 건물의 온수 탱크에 담긴 물을 여러 용도로 활용할 수 있을 것이다. 하지만 결국에는 정상적인 경우였다면 거들떠보지도 않았을 물에 의존할 수밖에 없다. 생존자에게는 하루에 적어도 3리터의 깨끗한 물이 필요하며, 고온 기후권에서나 격심한 활동을 한 경우에는 더 많은 물이 필요하다. 몸의 수분 공급에만 그 정도의 물이 필요하다는 것이며, 여기에는 조리와 세탁에 필요한 물은 포함되지 않았다.

밀봉된 병에 담긴 물이 아닌 경우에는 반드시 정수해야 한다. 물을 살균해서 병원균을 확실히 제거하는 방법은 수 분 동안 펄펄 끓이는 것이다.(그렇다고 유해한 화학물질까지 제거되는 것은 아니다.) 하지만 이 방법은 시간이 많이 걸리고, 연료까지 크게 소모한다. 따라서 종말적 사건이 있은 후에 일정한 곳에 정착해서 다량의 물을 정화하려면, 여과와 살균을 결합한 방법이 실질적이고 장기적인 해결책이 된다. 플라스틱 양동이나 드럼통 혹은 깨끗한 쓰레기통처럼 길쭉한 용기에 기초적이지만 적절한 방법을 사용하면, 탁한 호숫물이나 강물에 섞인 유해한 입자들을 거의 완벽하게 걸러낼 수 있다. 바닥에 작은 구멍들을 뚫고 그 위에 숯을 일정하게 깔아라. 숯은 철물점에서 구할 수 있지만, 142~143쪽에서 설명한 방법대로 직접 만들어 사용할 수도 있다. 숯 위에 고운 모래와 자갈을 차례로 깔아라. 이렇게 완성된 용기에 물을 부으면, 물이 자갈층과 모래층 및 숯층을 통과하는 과정에서 대부분의 유해한 입자가 걸러진다.[3]

여과한 물을 소독해서 물속의 병원균을 멸균하는 최우선적인 방법은 캠핑 전문점에서 쉽게 구할 수 있는 알약이나 결정체 형태의 요오드 같은 정수 전용제를 사용하는 것이다. 이런 정수용 정제를 구할 수 없는 경우에는 가정용 세제로 개발된 표백제, 특히 염소를 주성분으로 한 표백제를 대체재로 사용하면 된다. 예컨대 차아염소산나트륨을 주성분으로 사용한 5퍼센트 액상 표백제 몇 방울이면 한 시간 내에 1리터의 물을 살균할 수 있다. 그러나 성분표를 보고, 그 표백제에 독성을 띤 향료나 착색제 같은 첨가물이 포함되지 않았는지 반드시 확인해야 한다. 부엌 싱크대 아래에서 한 병의 표백제를 찾아내면, 약 2,000리터의 물을 정수할 수 있다. 이 정도면 한 사람이 거의 2년 동안 섭취하는 양이다.

염소로 소독하는 수영장에서 사용되거나, 체육관이나 도매상의 창고에서 찾아낸 소독제를 약하게 희석해서 음용수를 살균하는 데 사용할 수도 있다. 이런 차아염소산칼슘, 즉 표백분 한 티스푼이면 약 800리터의 물을 충분히 살균할 수 있다.(하지만 표백분에는 항진균제나 청징제가 포함되어 있지 않다는 사실을 유념해야 한다.) 시간이 흘러서 쉽게 구할 수 있는 염소화제가 전부 소진된 경우에는 바닷물과 백악을 원료로 사용해서 직접 만들면 된다. 이에 대해서는 10장에서 자세히 살펴보기로 하자.

플라스틱 병은 물을 저장하는 용도로는 물론이고, 물을 소독하는 데도 사용할 수 있다. 태양광 식수 살균처리법solar water disinfection, SODIS은 햇살과 투명한 병만을 사용한다. 개발도상국가에서 지역별로 물을 정수하기에 적합한 방법이라고 세계보건기구가 권장하는 방법이기도 하다. 또한 고도의 테크놀로지가 필요하지 않아 종말 후의 세계에서도 사용하기에 적합한 방법이다. 먼저, 깨끗한 플라스틱 병에서 상표를 떼어내고, 소독할 물을 가득 채운 후에 양지바른 곳에 뉘어놓아라. 이때 병이 너무 크면 햇살이 완전히 통과하지 못하기 때문에 2리터보다 큰 병은 사용하지 않는 편이 낫다. 햇살의 자외선에는 미생물을 죽이는 기능이 있다. 특히 물의 온도가 섭씨 50도 이상으로 상승하면 이런 살균 효과가 더욱 커진다. 파형철판을 태양의 각도에 맞추어 비스듬히 세우고, 파형의 홈에 물병을 세워두면 살균효과를 더욱 높일 수 있을 것이다. 또한 철판을 검은색으로 칠하면 태양열에 의한 살균효과를 극대화할 수 있다.

PVC(폴리염화비닐) 같은 플라스틱과 유리는 자외선을 차단한다. 플라스틱 병의 바닥을 살펴보라. 요즘 대부분의 플라스틱 병은 재활용품으로 제작된다. ♲라는 표시가 있는 플라스틱 병을 선택하는 편이 낫다. PET(폴리에틸렌 테레프탈레이트)로 만들어졌다는 표시이기 때문이다. 햇살이 통과하지 못할 정도로 물이 너무 탁하면 먼저 여과할 필요가 있을 것이다. 화창한 날에는 이 방법으로 6시간이면 물을 살균할 수 있지만, 구름이 잔뜩 낀 흐린 날에는 꼬박 이틀을 놓아두어야 살균효과를 거둘 수 있다.

식량

종말 후에 남은 식량으로 우리는 얼마 동안이나 걱정 없이 식사를 계속할 수 있을까? 포장지에 쓰인 유통기한은 일종의 지침에 불과하며, 품질의 안전성을 보장하기 위해 기한을 너무 짧게 표시해둔 경우도 많다. 그럼, 다양한 유형의 식품을 얼마나 오랫동안 실제로 먹을 수 있을까? 소금과 간장, 식초와 (건조된 상태의) 설탕 등이 함유된 식품은 실제로 무한정으로 보존될 수 있을까? 이런 물질이 식품을 보존하기 위해서 어떻게 사용되는지에 대해서는 4장에서 자세히 살펴보기로 하자.

우리 식단을 주로 차지하는 식품들은 슈퍼마켓의 선반에서 금세 상하기 십상이다. 예컨대 신선한 과일과 채소는 수 주 지나지 않아 썩고 시들겠지만, 덩이줄기는 겨울 동안 에너지를 저장하도록 진화했기 때문에 훨씬 오랫동안 신선함을 유지할 수 있을 것이다. 따라서 시원하고 건조한 곳, 특히 햇빛이 비치지 않는 곳에 보관된 감자와 카사바와 얌은 6개월 이상 그런대로 먹을 수 있을 것이다.

치즈를 비롯해서, 간편하게 식탁에 내놓을 수 있도록 이미 조리된 조제식품들은 수 주가 지나지 않아 곰팡이가 피기 시작할 것이다. 또 서너 달이 지나면, 정육점의 포장되지 않은 고깃덩어리들이 부패해서 T 자 형태의 뼈와 갈빗대만이 남을 것이다. 달걀은 놀라울 정도로 강하고 쉽게 손상되지 않아, 냉장하지 않고도 한 달 이상 먹을 수 있다.

생우유는 일주일 이내에 상하겠지만, 초고온 처리되어 테트라팩에 포장된 우유는 수년 동안 유지되고 분유는 훨씬 더 오랫동안 유지된다. 건조식품의 경우에도 산패되면 지방이 먼저 상하기 때문에, 무지방 분유를 가장 오랫동안 먹을 수 있다. 라드(돼지비계를 정제하여 하얗게 굳힌 것—옮긴이)와 버터는 작동이 중지된 냉장고 안에서는 금세 상하고, 조리용 기름들도 시간이 지나면 산패되어 고약한 냄새를 풍길 것이다. 인간이 섭취하기에는 부적절한 상태가 되더라도 조리용 기름의 지방 성분은 비누나 바이오디젤을 만드는 데 사용할 수 있다. 이에 대해서도 뒤에서 자세히 살펴보기로 하자.

흰 밀가루는 수년 동안 보관이 가능하다. 기름 함유량이 훨씬 많아 금세 산패되는 통밀가루보다 더 오랫동안 보관된다. 건조된 국수 같은 밀가루 제품도 수 년 동안 보관된다. 곡물은 빻거나 가루로 만들지 않으면 내부의 미생물이 습기와 산소에 노출되지 않아 영양분이 훨씬 풍부하게 보존된다. 따라서 가루로 빻지 않고 낟알로 보관된 통밀은 수십 년 동안 영양분을 그대로 간직할 수 있다. 옥수수도 알갱이 상태로 보관하면 약

10년 동안 영양분을 유지하지만, 옥수수 가루의 경우에는 보존 기한이 2~3년으로 떨어진다. 쌀알도 건조하면 5~10년 동안 너끈히 보존된다.

따라서 건조된 상태로 시원한 곳에 보존된 식품이 종말 후에도 잔존한다고 추정할 수 있다. 온대지역의 대형 슈퍼마켓 내부를 둘러보면 이런 추정이 불합리한 것은 아니다. 그러나 당신이 후텁지근한 기후권에 살고 있다면 전력망이 끊어져서 에어컨의 작동이 멈추는 순간부터 식품이 부패하기 시작할 것이다. 냉장고와 냉동고가 작동하지 않으면, 식품이 부패하는 시큼한 냄새가 쥐와 벌레 등 많은 약탈자를 유혹하기 마련이다. 물론 애완견을 비롯해서 굶주림에 지친 예전의 반려동물들도 떼 지어 달려들 것이다. 그렇게 되면 잘 포장된 식품들도 날카로운 이빨과 발톱에 여지없이 찢겨날 것이므로, 생존자들에게 남겨진 식량자원은 초기 문명의 곡물 창고처럼 유통기한보다는 유해한 동물에 의해 훨씬 더 많이 사라지게 될 것이다.

압도적으로 막강한 보존식품은 슈퍼마켓의 선반들을 가득 채우며 끝없이 진열된 통조림 식품일 것이다. 장갑차처럼 튼튼한 포장은 종말 후에 들이닥칠 해충과 벌레의 공격을 너끈히 견뎌낼 것이고, 통조림을 만드는 과정에 가해진 열처리로 인해 내부의 미생물이 완전히 살균되어 내용물이 완벽하게 안전하게 보존된다. 겉에 찍힌 '유통기한'은 종말이 일어난 뒤로 2년여에 불과하겠지만, 대부분의 통조림 제품은 그 제품을 제조한 문명이 붕괴된 후로 한 세기까지는 아니어도 수십 년 동안은 너끈히 보관된다. 통조림에 녹이 슬고 움푹 찌그러진 곳이 있다고 해도 내용물이 누출되었거나 부풀었다는 증거가 눈에 띄지 않으면 내용물이 부패했다는 뜻은 아니다.

당신이 널찍한 슈퍼마켓을 독점한 생존자라면 그 물건들로 얼마나 오랫동안 버틸 수 있을까? 부패하는 식품부터 먼저 소비하고, 그 후에는 상대적으로 강한 덩이줄기 식물 및 말린 국수와 쌀에 눈을 돌리고, 가장 확실한 보존식품인 통조림 제품은 마지막에 손을 대는 것이 최상의 전략일 것이다. 또한 비타민과 섬유질을 적절하게 섭취하며 균형식을 꾸준히 유지하려면(건강보조식품이 진열된 곳을 이용하면 된다), 몸집과 성별 및 활동량에 따라 다르겠지만 대략 하루에 2,000~3,000칼로리가 필요하다. 평균적인 규모의 슈퍼마켓 하나를 완전히 독점하고, 개와 고양이 먹이로 개발한 통조림까지 먹는다면 대략 55~63년은 버틸 수 있을 것이다.

슈퍼마켓 한 곳을 독점한 한 명의 개인에서 재앙 후에 전국에서 보존식품에 의존해 살아가야 하는 생존자 전체로 계산을 확대하거나, 작은 구멍가게에서 거대한 유통 창고로 계산을 확대하면 규모가 커지는 건 당연하다. 영국 환경식품농무부Department for Environment, Food and Rural Affairs, DEFRA가 2010년에 발표한 자료에 따르면,[4] '주변 환경에 서서히 반응하는 식료품'(쌀과 말린 국수 및 통조림처럼 부패하지 않는 비냉동식품)이 영국 전역에 11.8일치 비축되어 있다. 재앙으로 인구가 크게 줄어들어 약 1만여 명이 남는다면, 그 비축량으로 생존자들이 50년가량 견딜 수 있을 것이다. 테크놀로지적 문명을 신속하게 다시 시작하기에 충분한 공동체가 되려면, 농업을 회복시켜 식량을 자체 생산하기에 충분한 시간적 여유가 보장되어야 한다.

연료

현대인의 삶을 지탱하는 또 하나의 핵심적인 소비재, 또 재건하는 동안 운송과 농업을 떠받치고 발전기를 돌리는 데도 반드시 필요한 소비재는 연료이다. 생존자들이 사용하기에는 충분한 휘발유와 디젤유가 남아 있을 것이다. 영국을 예로 들면 거의 3,000만 대의 자동차와 오토바이, 버스와 트럭에 있는 연료탱크가 곳곳에 흩어진 작은 연료 창고 역할을 할 것이다. 휘발유는 자동차의 연료탱크에 사이펀을 연결해서 구할 수 있을 것이고, 아예 드라이버로 연료탱크에 구멍을 내어 다른 용기에 쉽게 옮겨 담는 방법도 있다. 주유소 지하에 매립된 저장탱크에는 엄청난 양의 연료가 담겨 있다. 전력이 없으면 주유기가 작동하지 않지만, 5미터짜리 관을 펌프에 연결해서 연료를 뽑아내면 그리 오랜 시간이 걸리지 않을 것이다. 모든 주유소의 지하에는 대략 12만 리터의 연료가 보관된 저장탱크가 있고, 12만 리터면 중형차로 종말 후의 도로를 160만 킬로미터가량 달릴 수 있는 양이다.

연료를 얼마나 잘 보관하느냐가 더 큰 문제이다. 디젤이 휘발유보다 안정적이지만, 1년쯤 지나면 산소와 반응해서 형성되기 시작한 끈적한 침전물 때문에 엔진의 여과장치가 막히고, 응결로 인해 물이 축적되며 미생물이 성장하는 환경이 조성될 수 있다. 따라서 저장된 연료는 잘 보관하고 사용하기 전에 여과장치로 걸러내야 10년 남짓 지난 후에도 원만하게 사용할 수 있을 것이다. 하지만 10년쯤 지난 후에도 저장된 연료를 계속 사용하려면 재처리하는 방법을 찾아내야 할 것이다.

자동차의 경우에는 부품이 마모되거나 망가지면 다른 자동차에서 해당 부품을 떼어내서 교체하거나 임시방편으로 수리함으로써 계속 굴릴 수 있을 것이다. 이와 관련된 좋은 본보기를 쿠바가 보여주었다. 1962년 미국의 급작스런 금수조치로 쿠바는 미국 테크놀로지와 기계의 부품을 수입할 수 없는 처지가 되었다. 오늘날 쿠바의 거리를 달리는 많은 자동차가 당시에 생산되던 고전적인 모델로 '양크 탱크Yank Tank'라고 한다. 50년이 지난 지금도 이런 자동차들이 여전히 굴러가는 유일한 이유는 쿠바 정비공들의 뛰어난 손재주 덕분이다. 그들은 즉흥적으로 수리하거나, 다른 자동차를 완전히 해체해서 교체할 부품을 구한다. 쓸 만한 부품이 점점 줄어들기 때문에, 이런 수리공들은 더 많은 재간을 발휘해야 한다. 문명의 붕괴 이후 유예기간 동안에는 이런 패턴이 반복될 수밖에 없으며, 그 규모도 점점 커진다.

비축된 연료와 다른 것에서 떼어낸 부품으로 자동차와 항공기와 선박을 한동안 운영할 수 있겠지만, 지상의 지휘본부에서 새로운 정보를 정기적으로 인공위성들에 업링크하지 않기 때문에 GPS를 이용한 내비게이션 장치는 제대로 작동하지 않을 것이다. 따라서 재앙이 닥치고 보름쯤 지나면 위치 정확도positional accuracy가 0.5킬로미터, 6개월 후에는 약 10킬로미터까지 떨어지고, 수 년이 지나면 인공위성들이 정확히 조율된 궤도에서 벗어남으로써 GPS 시스템 자체가 완전히 무용지물이 될 것이다.[5]

의약품

의약품도 대재앙 후에 반드시 확보해야 할 대상 중 하나이다. 진통제와 소염제, 지사제(설사약)와 항생제 같은 다양한 종류의 의약품을 확보해야 당신과 주변 사람들이 건강하고 편안하게 지낼 수 있다. 종합병원과 개인병원 및 약국에서만 소중한 의약품을 구할 수 있는 것은 아니다. 반려동물 용품점과 동물병원도 가볍게 넘겨서는 안 된다. 농장 동물과 반려동물, 심지어 관성어류에 사용되는 항생제도 인간에게 사용되는 항생제와 똑같기 때문에 간과해서는 안 된다.

의학용으로 활용할 수 있는 일상용품도 열심히 수집할 필요가 있다. 예컨대 초강력 접착제(시아노아크릴레이트 접착제)는 베트남 전쟁 기간에 미군들이 상처를 신속하게 봉합하는 데 사용한 적이 있었다. 종말적 재앙이 닥친 다음의 세상에서 상처를 봉합할 만한 소독된 바늘과 실을 신속하게 구할 수 없다면, 생명을 위협하는 감염을 예방하기 위한 수단으로 초강력 접착제가 무척 유용하게 쓰일 것이다. 먼저 상처를 깨끗이 물로 씻어내고 소독약으로 세척한다. 이때 당신이 직접 증류해서 정제한 에탄올을 소독약으로 사용할 수 있을 것이다. 다음에는 상처의 양끝을 한곳에 모으고, 선을 따라 초강력 접착제를 바르며 틈새를 메우고는 서로 달라붙도록 꼭 누른다.

하지만 문제는 의약품의 약효가 얼마나 오랫동안 지속되느냐는 것이다.[6] 1980년대 초, 미국 국방부는 표면상의 유효기간이 곧 끝나는 의약품의 재고가 무려 10억 달러어치에 달하고, 그 정도의 재고를 2~3년마다 교체해야 한다는 걸 알게 되었다. 따라서 국방부는 식품의약국Food and Drug Administration, FDA에 100여 종의 의약품이 실제로 얼마나 오랫동안 약효를 유지하는지 시험해달라고 의뢰했다. 놀랍게도, 시험한 의약품의 90퍼센트가 추정된 유효기간을 넘겨서도 약효가 그대로 유지되었고, 대다수의 경우에 실질적인 유효기간이 훨씬 길었다. 특히 시프로프록사신이란 항생제는 10년 후에도 약효가 여전했다. 그 이후의 연구에서도 항바이러스제 아만타딘과 리만타딘은 25년간의 보관 후에도 약효를 안정적으로 유지하며, 만성폐쇄성폐질환Chronic Obstructive Pulmonary Disease, COPD과 천식 같은 호흡기 질환에 처방되는 테오필린 정제는 30년 후에도 90퍼센트 이상 약효를 유지한다는 게 밝혀졌다. 대부분의 의약품이 제약회사에서 표기하는 유효기간보다 수 년을 넘겨서도 약효가 유지되며, 포장이 개봉된 경우에도 크게 달라지지 않는 것으로 추정된다. 습기와 산화로 인해 약효가 떨어지는 걸 방지하기 위해 알약을 개별적으로 포장하는 블리스터팩blister pack을 사용하면, 약효의 유지 기간이 훨씬 길어질 수 있을 것이다. 따라서 생명을 위협하는 병원균에 감염된 경우, 블리스터팩으로 포장된 항생제를 찾아내면 큰 행운을 맞은 것이라 할 수 있을 것이다. 알약에 함유된 유효성분이 화학적으로 분해될 때 알약의 효능은 떨어지겠지만, 그런 알약이 우리에게 해를 끼칠 위험은 거의 없다.

왜 대도시를 떠나야 하는가

당신이라면 도시 생활에서 최악의 것으로 무엇을 꼽겠는가? 도시 생활을 방해하는 최악의 요인이 다른 사람들이라 생각할지도 모르겠다. 하기야, 거리를 꽉 채운 사람들, 자동차를 비롯한 온갖 교통수단의 소음과 씨름하고 지하철에서 서로 거칠게 떠밀며 실랑이하는 사람들이 즐거운 도시 생활을 방해하는 것은 사실이다. 따라서 대재앙이 닥친 후에 인구가 크게 줄어들어 썰렁하게 변한 대도시의 을씨년스런 적막이 처음에는 상당히 으스스하겠지만 무척 즐겁게 느껴질 수 있다. 그런데 죽은 도시는 재건에 필요한 재료를 구하는 데는 보물창고이겠지만, 그곳에서 계속 살기에는 적합하지 않을 것이다.

즉각적인 후유증으로 생존자가 시가지에서 맞닥뜨릴 주된 문제는 재앙으로 죽음을 맞게 된 엄청난 수의 시신일 것이다. 시신들을 위생적으로 처리할 조직된 기관이 없기 때문에 처음 몇 달 동안 시신이 썩는 악취가 천지에 진동할 것이고, 썩고 부패된 물질이 생존자의 건강을 심하게 위협할 것이다. 어떤 재난이 닥쳤을 때와 마찬가지로 오염된 물로 전달되는 질병도 큰 걱정거리이다.

그러나 한두 해쯤 다른 생존자들을 찾아 시골 지역을 돌아다닌 후에 모든 편의시설을 갖춘 소도시에 정착하지 못할 이유가 있을까? 문명의 붕괴와 동시에, 현대 도시의 번쩍이는 마천루와 고층 아파트 단지는 사람이 실질적으로 살 수 없는 공간이 될 것이다. 그런 고층 건물들은 현대적 기반시설이 없으면 제 역할을 못한다. 예컨대 전력과 도시가스가 공급되지 않으면 에어컨이나 난방기가 작동하지 않아 건물 내부의 온도를 쾌적하게 조절할 수 없다. 또한 충분한 수압을 확보할 수 없어 지하수원을 찾아내고, 매일 몇 리터의 물을 길어서는 아파트까지 짊어지고 가야 할 것이다. 물론 전기가 없어 엘리베이터가 가동되지 않을 것이기 때문에 계단을 뚜벅뚜벅 올라가야 할 것이다. 확고한 의지가 있다면 이런 불편함을 그런대로 해결해나갈 수 있을 것이다. 예컨대 디젤 발전기를 정비해서 엘리베이터와 에어컨 장치 및 양수기를 적어도 잠깐 동안은 가동할 수 있을 것이다. 또 최고층의 호화로운 펜트하우스로 이주해서 천장까지 맞닿은 통유리를 통해 적막한 도시를 내려다보고, 먹고 싶은 모든 채소를 옥상정원에서 집약적인 영속농업permaculture으로 재배하는 환상을 잠깐이나마 꿈꾸어볼 수도 있다. 이처럼 종말 후에도 도시에서 살려면, 커다란 공원 바로 옆에 터전을 잡고 잔디밭을 개간해서 곡물을 재배하는 것이 가장 바람직한 형태일 듯하다.

일부 도시에서는 테크놀로지 거품이 꺼짐과 동시에 주변 환경이 급속히 생존에 부적합하게 변해갈 것이다. 예컨대 로스앤젤레스와 라스베이거스 같은 곳은 척박한 사막 지형에 어울리지 않게 건설되었기 때문에, 멀리에서부터 물을 공급하는 송수관을 유지하려는 노력이 중단되면 곧바로 물 부족에 시달릴 것이다. 반면에 워싱턴 D.C.는 과거에 습지대였던 곳에 세워졌기 때문에 배수가 되지 않으면 정반대의 문제에 직면해서, 원래의 상태로 되돌아가기 시작할 것이다.

따라서 내 생각에는 도시를 영원히 떠나 삶을 살기에 더 적절한 곳으로 이주하는 게 훨씬 나을 듯하다. 비옥한 농경지가 있고, 자급자족하기에 적합한 옛날식 주택이 있는 시골 지역이 좋을 것이다. 바다낚시도 할 수 있고 근처에 숲이 있는 해안 지역이라면 더할 나위 없이 좋겠지만 재앙 후의 기후 변화로 해수면이 필연적으로 상승할 거라는 사실을 유념해야 한다. 뒤에서 다시 언급하겠지만, 나무는 땔감이나 건축용 목재로는 물론이고 무척 다양한 용도로 쓰인다. 이처럼 시골 지역에 살면서 때때로 죽은 도시로 파견대를 보내 필요한 물건을 구하는 편이 훨씬 편할 것이다. 이렇게 정착할 곳을 구하면, 기본적인 테크놀로지 기반시설의 복구에 나서야 한다. 이때 국부적인 전기망의 복구부터 시작하는 편이 낫다.

전기의 자급자족[7]

식량이나 연료와 달리, 전기는 저장되지 않는다. 전기는 지속적으로 공급되어야 하는 것이기 때문에, 종말이 있고 며칠 후에 전력 공급이 끊어지면 전기도 사라진다. 따라서 생존자 공동체는 전기를 자체로 생산해야 한다. 오늘날 자급자족하는 삶의 방식을 선택해서 살아가는 사람들을 면밀히 관찰하면, 이런 상황에 필요한 지식을 적잖게 배울 수 있다.

가장 간단한 단기적인 해결책은 도로 공사장이나 건설 현장에서 이동식 디젤 발전기를 찾아내는 것이다. 디젤 연료가 떨어지는 경우에도 재생 가능한 전력을 계속 생산하기 위해서 근처 언덕들에 설치된 높다란 풍력 발전용 터빈들에 접속하는 방법도 생각해볼 수 있다. 하나의 터빈이면 약 1,000가구가 충분히 사용할 수 있는 1메가와트 이상의 전력을 공급할 수 있다. 전용 장비와 정교한 부품이 없어 더 이상 유지하고 보수할 수 없을 때까지 풍력 발전용 터빈을 사용하면 된다.

기계에 밝은 생존자라면 여기저기에서 수집한 재료들로 기초적인 풍력 터빈을 그다지 어렵지 않게 수리할 수 있을 것이다. 얇은 강판을 잘라내서 날개 형태로 구부린 다음, 방사형으로 바퀴의 중심축에 하나씩 조립하고, 회전력은 자전거 기어와 체인으로 전달할 수 있을 것이다.

핵심적인 문제는 그 회전력을 전기로 전환하는 단계이다. 이런 전환에 적합한 발전기를 찾아낼 수 있어야 한다. 현대 세계에는 이런 용도에 쓰이는 편리하고 간편한 발전기가 어디에나 흔하게 있어 못 보고 넘어가기 십상이다. 현재 지상에는 약 10억 대의 자동차가 있다. 미국에 가장 많아, 전 세계에서 굴러다니는 자동차의 약 4분의 1이 미국에 있다. 여하튼 어떤 자동차에나 예외 없이 교류 발전기가 있다. 자동차용 교류 발전기는 무척 정교한 기계장치이다. 축이 회전하면, 축의 회전 속도에 상관없이 단자에서 12볼트의 직류가 안정되게 발생하기 때문에, 자동차용 발전기는 종말 후의 소규모 발전에 사용하기에 안성맞춤이라 할 수 있다. 더 간단한 대안으로는 무선 드릴이나 체육관의 트레드밀에서 떼어낸 영구자석 전동기를 생각해볼 수 있을 것이다. 전동기의 축을 강제로 회전시키면 역회전할 때 단자에서 전류가 발생하지만, 출력은 회전 속도에 따라 달라진다.

태양 전지판solar panel을 이용할 수도 있다. 그런데 디젤 발전기나 풍력 터빈과 달리 태양 전지판에는 움직이는 부품이 없어 정기적으로 보수하지 않아도 상당히 잘 유지되는 편이다. 물론 시간이 지나면서 습기가 틀에 스며들고, 햇살 때문에 실리콘 층의 순도가 떨어지기 때문에 태양 전지판의 성능도 약화된다. 하나의 태양 전지판이 생산하는 전기는 매년 1퍼센트가량 줄어든다. 따라서 두세 세대 후, 태양 전지판은 거의 쓸모없는 수준까지 떨어질 것이다.

이렇게 생산한 전기 에너지를 저장하는 것이 다음 문제이다. 종말적 재앙이 있은 후에 생존자가 가장 먼저 찾아가야 할 곳 중 하나는 골프장이다. 18홀을 돌며 세상의 종말로 인한 스트레스를 해소하려는 목적 때문이 아니라 중요한 자원을 수집하기 위해서 말이다.

자동차 배터리는 무척 믿음직하지만, 시동 전동기를 회전시키는 힘을 만들어내기 위해 순간적으로 높은 전류가 흐르도록 설계한 에너지원이다. 따라서 자급자족을 위한 새로운 삶의 방식에 필요한 전기 에너지를 꾸준히 안정적으로 공급하기에는 적합하지 않다. 실제로 자동차용 배터리는 5퍼센트 이상씩 꾸준히 전류가 흐르도록 해놓으면 금세 못쓰게 된다.

딥사이클deep cycle로도 알려진 충전식 연축전지는 훨씬 느린 속도로 전류가 흐르며, 전체 용량을 거의 사용하고도 충전하는 과정을 문제없이 반복할 수 있다. 따라서 종말 뒤에는 이런 종류의 배터리를 즉각적으로 확보해야 한다. 이동식 주택을 끌고 다니는 레저용 자동차, 전동기가 달린 휠체어, 전동 지게차, 골프장의 카트를 뒤져보라. 축전지에서 얻는 직류로는 소형 냉장고와 전등 같은 많은 가전제품을 가동할 수 있지만, 직류를 교류로 변환하는 인버터(역변환장치)라는 장치도 찾아내면 도움이 된다. 교류를 동력원으로 사용하는 전자제품도 많기 때문이다.

이처럼 전기를 생산하고 저장하는 장치들은 요즘에도 자급자족하는 사람들이나, 문명의 붕괴를 대비해서 살아가는 '프레퍼'들이 이미 사용하고 있다. 그러나 매일 도시에서 살아가는 사람들도 역경의 시기를 맞아서는 전기 공급을 유지하기 위해 기발한 생각을 해낼 수 있다는 흥미진진한 사례가 최근 확인되었다. 구체적으로 예를 들면, 1990년대 중반 보스니아 전쟁이 한창이던 때 고라즈데 시는 세르비아 군에게 3년 동안이나 포위된 채 지내야 했기 때문에 많은 부분에서 자급자족하는 수밖에 없었다. 유엔이 항공기로 식량을 공수해주었지만, 현대적 기반시설의 대부분이 파괴되었고 전력망도 끊어졌다. 고라즈데 시민들은 전기를 생산하기 위해서 임시변통으로 수력발전장치들을 지었다.[8] 드리나 강을 가로지르는 다리들에 묶인 받침대에 설치한 수차水車가 자동차용 교류 발전기를 돌리는 형식이었다. 이 장치들은 중세의 유럽 도시에서 물살이

고라즈데 거주자들. 1990년대 중반 세르비아 군이 이곳의 전력망을 차단했다. 그래서 고라즈데 시민들은 다리에 연결한 기초적인 수력발전기를 통해 임시방편으로 전기를 생산했다.

가장 빠른 강 한복판에서 다리에 계류되어 곡물을 빻는 데 사용되었던 제분선ship mill을 떠올리게 한다. 그러나 당시의 혁신적인 장치는 연결된 케이블을 따라 강둑으로 전기를 공급했다.

다시 움직이는 도시

지금까지 우리는 종말 후에 남은 물건들이 살아남은 사회의 급속한 몰락을 어떻게 완화할 수 있는가를 살펴보았다. 예컨대 식량과 연료 같은 물품들이나, 종말 후에 전기를 생산하는 데 임시방편으로 사용할 수 있는 교류 발전기와 배터리 같은 부품들이 어떻게 완충작용을 할 수 있는가를 살펴보았다. 그런데 죽은 도시는 새로운 재건에 필요한 기본적인 원자재도 제공할 수 있다.

유리나 금속 같은 중요한 원료들은 쉽게 재활용된다. 금속은 오랜 시간이 지나면 녹슬고 부식되지만 금속 자체가 사라지는 것은 아니다. 금속과 결합된 다른 원소—주로 산소—를 분리하면 된다. 강철로 만든 들보는 심하게 녹슬어도 기본적으로 철광이 무척 풍부해서, 역사적으로 철광석에서 철을 제련하는 데 사용하던 기법을 그대로 사용해서 순수한 금속을 뽑아낼 수 있다.(179~181쪽 참조.)

플라스틱을 합성하는 데는 정교한 유기화학과 석유에 기초한 원료가 필요하다. 따라서 회복을 위한 초기 단계에서는 이미 존재하는 것을 다른 목적에 맞게 고쳐 사용하거나 재활용하는 수밖에 없을 것이다. 플라스틱은 분자구조와 열에 대한 반응에 따라 두 종류로 나뉜다. 하나는 열경화성 플라스틱이고, 다른 하나는 열연화성(혹은 열가소성) 플라스틱이다. 열경화성 플라스틱의 재활용은 불가능에 가깝다. 열이 가해지면 열경화성 플라스틱은 복잡한 유기화합물로 분해되고, 유독한 냄새를 풍기는 경우가 많다. 반면에 열연화성 플라스틱은 깨끗하게 처리한 후에 녹여서 새로운 상품으로 다시 만들어질 수 있다. 기초적인 방법으로 재활용하기에 가장 쉬운 열연화성 플라스틱은 폴리에틸렌 테레프탈레이트(PET)이다. 당신이 쓰레기통을 뒤져서 찾아낸 제품에 인쇄된 재활용 표시를 확인하면 그것이 어떤 종류의 플라스틱으로 만들어진 제품인지 간단히 구분할 수 있다. PET는 1로 표기되며, 음료수 플라스틱 병은 거의 대부분 PET이다. 반면에 재활용 표시 안에 2(HDPE, 고밀도폴리에틸렌)와 3(PVC, 폴리염화비닐)으로 표기된 제품도 있다.[9]

유리는 녹여서 무한정으로 재사용할 수 있지만, 플라스틱 제품은 햇빛과 공기 중의 산소에 노출되면 질이 떨어지므로 재활용될 때마다 점점 약해지고 더 잘 깨진다.• 따라서 종말 후의 사회에서 금속과 유리를 충분히 구할 수 있다면, 화학을 다루는 능력이 충분히 재학습될 때까지 플라스틱의 시대는 필연적으로 종말을 맞을 것이다.

문명의 몰락과 더불어 장거리 통신망이 끊어지고 항공여행이 중단되면, 이른바 '지구촌'이 다시 산산이 흩어질 것이다. 인터넷은 핵전쟁의 발발로 많은 접속점이 사라지더라도 금세 회복되는 컴퓨터망이라는 개념에서 출발했지만, 전력망이 전체적으로 끊어지면 다른 테크놀로지보다 나을 것이 없다. 전산실과 송신탑의 예비 발전기에 연료 공급이 끊어지고 전기 공급이 중단되면 휴대폰도 기껏해야 며칠밖에 유지되지 못할 것이다. 따라서 그때까지 따돌림을 받았던 구식 테크놀로지가 갑자기 중요

• 요즘 포장재와 제품들은 한 종류 플라스틱으로만 제작되는 경우는 거의 없다. 예컨대 치약 튜브는 동시에 압출한 다섯 개의 층—선형저밀도폴리에틸렌, 변성저밀도폴리에틸렌, 에틸비닐알코올, 변성저밀도폴리에틸렌, 선형저밀도폴리에틸렌—으로 만들어진다.(플라스틱 튜브 자체도 노즐로부터 압출되며, 튜브에 채워지는 치약도 노즐로부터 압출된다.) 이 때문에 대다수 플라스틱 제품의 플라스틱은 재활용이 실질적으로 불가능하다. 따라서 투명한 PET 물병처럼 단순한 제품을 구해서 쓰는 편이 낫다.

한 위치를 차지하게 될 것이다. 생존자가 가장 먼저 찾아내야 할 통신기기 중 하나는 구식 워키토키, 즉 휴대용 소형 무전기이다. 그래야 같은 무리에 속한 사람들이 필요한 물건을 구하러 흩어지는 경우에도 서로 연락할 수 있지 않겠는가. 다른 곳의 생존자 무리와 접촉하기 위해서는 시민 밴드 라디오Citizens Band라 일컬어지는 생활 무전기나 아마추어 무선장치 같은 장거리 통신장치가 필요할 것이다.

사라지기 전에 수집해야 할 가장 중요한 자원은 지식이다. 책들은 크고 작은 도시들을 무차별적으로 휩쓴 화재로 거의 소실되고, 홍수처럼 불어난 물에 잠겨 도무지 읽어낼 수 없는 곤죽으로 변했거나, 깨진 창문으로 빗물과 습기가 들이닥쳐 선반에서 썩어버렸을 것이다. 우리 문명은 과거 문명에 비해 훨씬 광범위한 지식을 종이에 남겼지만, 종이는 점토판이나 거친 파피루스 두루마리 혹은 양피지보다 수명이 길지 못하다. 그러나 생존자들이 재건을 시작할 때까지 도서관에 책들이 온전히 남아 있다면 그 엄청난 자료들은 지식의 보고가 될 것이다. 예컨대 이 책의 참고문헌에 소개된 책들은 문명을 재건하는 데 실질적으로 필요한 핵심적인 행위와 과정을 자세히 설명하고 있기 때문에 반드시 찾아내서 보관해 둘 가치가 있다. 또한 종말 후의 세계에 적합한 테크놀로지를 개발하기 위해서 방적기와 증기기관처럼 분해해서 모방할 수 있는 기계들, 즉 과거의 테크놀로지가 보관된 곳, 예컨대 과학산업 박물관을 찾아내서 보존할 가치도 있을 것이다.

문명을 재건하는 동안에는 생존자들이 시골 지역의 곳곳에서 무리지어 정착하는 모습을 흔히 보게 될 것이다. 정착지는 닥치는 대로 형성되지 않고, 죽은 도시를 중심에 두고 원형으로 배치될 가능성이 크다. 다시 말하면, 허물어진 고층 건물들을 비롯한 도시의 기반시설을 둘러싸는 형태가 될 것이다. 탐험대만이 죽은 도심으로 들어가 이곳저곳을 뒤지며 유용한 재료들을 찾아내고, 때로는 직접 제조한 폭발물을 이용해서 건물들을 무너뜨리고, 임시방편으로 만든 아세틸렌 토치를 이용해서 금속물을 절단할 것이다. 이런 과정에서 찾아내고 수거한 재료들은 연장이나 쟁기 날, 혹은 재건에 필요한 물건들로 재가공될 것이다.

생존자들이 초기에 직면하게 될 가장 큰 문젯거리 중 하나는 농업의 재개이다. 비바람을 피할 피신처로 삼을 만한 빈 건물이 얼마든지 있고, 자동차를 운행하고 발전기를 가동한 연료도 지하 저장고 충분히 있겠지만, 굶주림에 지쳐 죽는다면 그 모든 것이 무슨 소용이겠는가.

03

농업

우리는 완전히 다른 세계에서 순조롭게 출발한 편입니다. 다행히 처음부터 모든 게 충분히 있었으니까요. 하지만 이런 편안한 상황이 영원히 지속되지는 않을 겁니다. (…) 나중에는 우리가 직접 쟁기질을 해야 할 겁니다. 더 시간이 지나면 보습을 제작하는 법까지 학습해야 할 것이고, 그 후에는 보습을 제작하는 데 필요한 철을 제련하는 법까지 알아내야 할 겁니다. (…) 새로운 세계를 시작한 지금, 가장 중요한 부분은 지식입니다. 지식이야말로 우리의 먼 조상들이 했던 수고를 면할 수 있는 지름길입니다.

_ 존 윈담, 《괴기식물 트리피드》[1]

사회의 붕괴를 촉발한 사건이 무엇이었든 간에, 종말적 사건이 일어난 다음에는 얼마나 많은 사람이 살아남았느냐에 따라 얼마나 빨리 농업을 다시 시작해야 하느냐가 결정된다. 여기에서는 사고실험의 목적에 맞추어, 보존식품의 재고가 충분해서 생존자들에게 어느 정도 숨을 돌릴 여유가 허락된다고 가정해보자. 달리 말하면, 생존자들이 새로운 환경에 적응해서 정착하기에 적합한 땅을 찾아 나서고, 농산물의 수확이 삶과 죽음의 문제를 결정하기 전에 실수를 거듭하며 조금씩 농업에 대해 배워

가는 시간이 허용된다고 해보자.

문명의 붕괴 후에 최대한 많은 농작물을 보존해서 다시 키워내려면 신속하게 움직여야 할 것이다. 현재 논밭에서 경작되는 곡물들은 수천 년 동안 부지런히 품종개량을 시도한 산물이다. 따라서 개량된 품종을 상실한다면, 단기간에 문명의 재건을 이루어내려는 희망도 사라질 수 있다. 품종개량 과정에서 밀과 옥수수 같은 곡물은 영양을 극대화하는 방향으로 개량되었기 때문에, 농부의 도움 없이는 야생의 세계에서 버텨내지 못한다. 따라서 방치된 들판을 다시 차지할 기회를 포착한 야생식물들과의 경쟁에서 많은 곡물이 패해 멸종의 길로 내몰릴 가능성이 크다.

합리적으로 생각하면, 방치되어 잡초에 뒤덮인 시민농장이나 뒷마당의 채마밭은 살아남은 식용작물을 찾아내기에 적합한 곳이다. 채마밭이 방치된 후에도 대황과 감자와 아티초크 등과 같은 작물은 오랫동안 독자적으로 번식할 가능성이 크다. 그러나 우리가 주로 먹는 주식은 곡물이다. 따라서 주도면밀한 생존자라면, 들판에서 곡물이 죽어 썩기 전에 씨앗을 수거하는 원정대를 조직해서 파견할 것이다. 물론 운이 좋으면, 헛간에서 몇 년을 너끈히 버틸 수 있는 서너 자루의 종자를 찾아낼 수 있을 것이다.

그런데 현대식 농법으로 재배되는 곡물의 대부분이 잡종인 것이 문제이다. 달리 말하면, 균일한 수확물을 대량으로 얻기 위해 바람직한 형질을 지닌 두 품종을 근친교배해서 생산되는 곡물들이다. 안타깝게도, 이런 잡종 곡물의 씨앗은 일관성을 보유하지 못해서 똑같은 품종의 씨앗을 다시 맺지 못한다. 따라서 새로운 잡종 씨앗을 매년 새로 구해서 심어야 한다. 결국 생존자가 종말 직후에 서둘러 구해야 하는 것은 여러 세대에

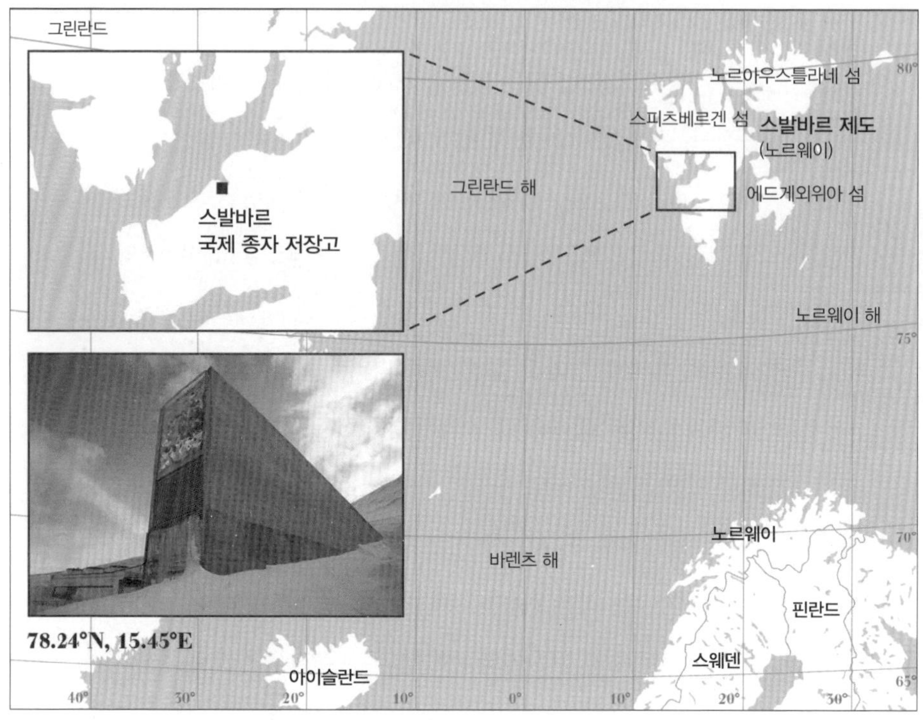

스발바르 국제 종자 저장고 위치.

걸쳐 전해져 내려오는 '가보 농작물heirloom crop', 즉 매년 확실히 번식할 수 있는 전통적인 종자들이다. 많은 프레퍼들이 만일의 사태에 대비해서 가보 농작물 씨앗들을 비축하고 있지만, 미리 준비하지 않은 생존자들은 어디로 눈을 돌려야 할까?

세계 곳곳에는 생물학적 다양성을 보존하는 수많은 종자은행이 있다. 런던 외곽, 웨스트서식스에 있는 밀레니엄 종자은행Millennium Seed Bank이 가장 크다. 이곳에는 수십억 개의 종자가 핵폭탄의 공격에도 안전한 지하 금고에 보관되어 있다. 따라서 종말 후에 생존자들의 존속과 직결된 서고라 할 수 있다. 물론 책이 보관된 서고가 아니라, 다양한 농작물 품

종이 안전하게 보관된 서고이다. 건조하고 시원한 환경에서는 곡물, 완두콩을 비롯한 채소류, 감자와 가지 및 토마토까지 무척 다양한 식물의 씨앗이 수십 년 동안 생명력을 유지한다. 그러나 종말 후에는 이곳의 씨앗들도 얼마 지나지 않아 죽을 것이기 때문에 계속 저장하기 위해서는 발아하고 성장해서 새로운 씨앗을 맺도록 해주어야 한다.

결국 낮은 온도가 종자의 생명 기한을 연장해주기 때문에 문명이 붕괴된 후에 농업의 회복을 뒷받침할 가능성이 가장 큰 곳은 스발바르 국제종자 저장고Svalbard Global Seed Vault이다. 이 저장고는 노르웨이령 스피츠베르겐 섬의 산중턱 125미터 안에 지어졌다. 1미터 두께의 철근 콘크리트 벽과 방폭문 및 공기의 흐름을 차단할 수 있는 기밀장치가 최악의 재앙에서도 이 생물학적 보물들을 안전하게 지켜줄 것이다. 게다가 전기 공급이 끊어지더라도 이 저장고 자체가 북극권에 있어, 주변 영구동토대의 기온이 자연스레 영하를 유지하기 때문에 장기보존이 가능할 것이다. 따라서 발아력을 지닌 밀과 보리 등의 씨앗이 1,000년 이상 안전하게 보존될 것이다.

농업의 원칙

생존자가 스스로에게 제기해야 할 가장 중요한 의문은 이렇게 정리할 수 있을 것이다. 어떻게 해야 내가 한 줌의 씨앗을 쥐고 질퍽이는 밭에 들어가, 겨울이 닥치기 전에 수확할 수 있을까?

별로 중요하지 않고 쉽게 답을 구할 수 있는 질문이라고 여겨질 수도 있다. 인간이 진화하기 전에도 수천 년 동안 씨앗이 저절로 발아해서 문제없이 자라지 않았던가! 그렇다고 경작과 농업이 쉽다는 뜻은 결코 아니다. 식물은 저절로 자라지만, 농사는 극도로 인위적인 행위이다. 예컨대 어떤 밭에서는 다른 모든 품종은 배제한 채 특별히 한 품종만을 집중적으로 재배할 수도 있지만(이때 그 밭에서 자생적으로 자라는 다른 모든 식물은 잡초로 분류되며, 햇볕과 물과 토양 양분을 두고 경작자가 식용으로 선택한 작물과 경쟁을 벌이는 관계에 있게 된다), 경작지에 투자하는 노력과 에너지를 최소화하는 동시에 최대한의 수확을 얻기 위해서 다양한 농작물의 밀도를 최적화하는 방법을 모색할 수도 있다. 그러나 도시가 인간에게 병을 일으키는 병원균들의 완벽한 온상이 되었듯이, 이런 달콤한 목표를 추구하느라 조성된 이상적인 조건에서 벌레와 해충 및 질균성 질병이 날뛰지 않도록 예방하는 조치도 아울러 필요하다. 이처럼 상반된 변수가 존재한다는 것은, 농작물을 경작하는 밭이 무척 인위적인 환경이며 자연이 끊임없이 농부를 밀어내려 한다는 뜻이다. 따라서 농경지라는 불안정한 상태를 안정되게 유지하려면 신중한 관리와 노력이 적잖이 필요하다.

하지만 농업에는 극복해야 할 훨씬 근본적인 문제가 있다. 숲 같은 자연 생태계에서 나무와 덤불은 햇볕으로부터 에너지를 흡수하고, 공기로부터 탄소를 받아들이고, 뿌리를 통해 토양으로부터 다양한 무기영양소를 빨아들이며 성장한다. 생명유지에 필수적인 이런 물질들은 잎과 줄기 및 뿌리에 흡수되고, 결국에는 동물의 몸을 지탱하는 일부가 된다. 그 동물이 배설하거나 죽어 썩으면, 그 영양분들은 다시 땅속에 스며든다. 따라서 자연 생태계는 여러 요소가 많은 계좌 사이를 끝없이 이동하는 건전한 순환경제라 할 수 있다. 하지만 농경지라는 자연은 근본적으로 다르다. 인간이 소비할 농작물을 수확해야 한다는 유일한 목표를 성취하려고, 경작자는 농작물의 성장을 인위적으로 조작한다. 많은 찌꺼기를 밭에 돌려주더라도 실제로 소비된 부분은 사라진 것이기 때문에 땅의 지력은 매년 조금씩 떨어지기 마련이다. 따라서 경작이란 행위 자체로 인해 땅은 점진적으로 무기영양소를 상실하고 생명력을 잃어간다. 또한 현대 하수처리 시스템에서 우리 폐기물은 해로운 박테리아가 박멸된 상태로 강이나 바다에 버려진다. 결국 농업은 땅에서 영양분을 빼앗아 바다에 흘려보내는 효과적인 파이프라인인 셈이다. 인간의 몸과 마찬가지로 식물에도 균형 잡힌 영양이 필요하다. 식물에 필요한 세 가지 주된 영양분은 질소와 인산과 칼륨이다. 인은 에너지의 전달에 반드시 필요한 원소이고, 칼륨은 수분 상실을 줄이는 데 도움을 주지만, 모든 단백질을 형성하는 데 사용되며 수확량을 조절하는 데 가장 흔히 사용되는 원소는 질소이다. 매년 범람해 기름진 침적토로 주변 지역에 새로운 생기를 불어넣어주었던 나일 강 유역의 고대 이집트인들처럼 행운의 여신이 함께하지 않는다면, 농업 활동으로 인한 결손을 보충하는 행동이 더해져야 할 것이다.

산업화된 현대 농업은 100년 전에 비하면 같은 땅에서도 단위 면적당 식량 생산량이 2~4배에 달하기 때문에 놀라울 정도로 성공적이라 할 수 있다. 그러나 오늘날 농장은 하나의 농작물을 집약적으로 재배하며 매년 높은 수확량을 얻어내고 생태계에 대한 절대적인 지배권을 유지하기 위해서 강력한 제초제와 살충제를 살포하고 무지막지하게 화학비료를 사용한다. 요즘 농장을 운영하려면 이런 방법을 사용할 수밖에 없다. 화학비료에 풍부하게 함유된 질소 화합물은 하버보슈법Harber-Bosch process에 의해 산업적으로 만들어진다. 이에 대해서는 11장에서 자세히 살펴보기로 하자. 한편 제초제와 살충제 및 화학비료는 화석연료를 사용해서 합성되며, 화석연료는 농장에서 사용되는 기계들에 동력을 공급하는 원료이기도 하다. 따라서 어떤 의미에서, 현대식 농경은 햇볕의 도움을 받아 석유를 식량으로 전환하는 과정, 더 정확히 말하면 약 10칼로리의 화석연료 에너지를 소비해서 실제로 섭취되는 식량 1칼로리를 만들어낸 과정이다. 문명이 붕괴하고 첨단 화학산업이 사라지면 전통적인 농사법을 다시 배워야 할 것이다. 오늘날 유기농 농산물은 부자들의 전유물이지만, 종말 후에는 유기농 농산물이 모든 생존자에게 유일한 선택일 것이다.

시간이 지나서도 흙의 비옥도를 유지하는 방법에 대해서는 뒤에서 언급하기로 하고, 밑바닥에서부터 농작물을 재배하는 기본적인 원칙에 대해 먼저 살펴보기로 하자.

흙이란 무엇인가?

농부가 자연을 완전히 통제할 수는 없다. 예컨대 농부가 자신의 밭에 내리쬐는 햇빛의 양을 통제할 수 있겠는가? 누구도 주변 지역의 기후를 바꿀 수 없고 계절의 흐름을 바꿀 수 없다. 용수로와 배수로를 적절히 관리해서 밭의 수분 함량을 조절할 수 있어도 강수량을 통제할 수는 없다. 농부가 어떻게든 통제할 수 있는 유일한 것은 흙soil이다. 앞에서 잠깐 언급했듯이 비료를 투입해서 화학적으로 비옥하게 만들 수도 있고, 쟁기 같은 연장을 사용해서 물리적인 형태를 바꿀 수도 있다. 농업에서 농부의 통제하에 있는 가장 핵심적인 요소는 흙이다. 따라서 흙이 무엇이고, 흙이 어떻게 식물의 생장을 돕는지 이해하고 있어야 한다.

인류의 역사에서 모든 문명 세계는 겉흙topsoil을 긁어냄으로써 존재할 수 있었다. 수렵채집사회는 숲에서 먹을거리를 구함으로써 힘겹게 살아가고, 도시와 문명사회는 농작물의 생산성에 크게 의존한다. 농작물은 궁극적으로 뿌리를 얕게 내리는 풀에 불과하므로 철저하게 겉흙에 의존한다. 흙은 지구의 표면, 즉 지각을 구성하는 바위가 잘게 부서진 것이다. 바위는 물리적으로는 물과 바람과 빙하에게 끝없이 공격 받고, 화학적으로는 약산성을 띤 빗물에 시달린다. 빗물이 약산성을 띠는 이유는 구름에서 떨어질 때 약간의 이산화탄소를 용해하기 때문이다. 바위는 부서지는 정도에 따라 자갈, 모래, 진흙이 된다. 이 작은 입자들이 부엽토와 함께 뭉쳐져서 유기물을 형성한다. 이런 유기물 덕분에 흙에는 습기와 무기물이 간직되고, 겉흙이 어두운색을 띠게 된다. 일반적으로 흙에는 1~10퍼센트의 부엽토가 함유되어 있지만, 토탄흙은 거의 100퍼센트 유기물이다. 그러나 흙에는 무척 다양한 미생물이 살고 있다는 사실이 무엇보다 중요하다. 이런 점에서 흙은 물질을 처리해서 식물을 위한 영양소로 재활용하는 보이지 않는 생태계라 할 수 있다.

어떤 특정한 흙의 성격을 결정하는 주된 요인, 즉 그 흙이 어떤 식물의 생장에 적합한가를 결정하는 주요인은 굵은 모래, 고운 점토, 중간 정도의 실트(침적토) 등 크기가 다른 입자들의 비율이다. 흙의 구성은 시각적으로 쉽게 확인된다.[2] 단단한 나뭇잎이나 줄기 등은 골라내며 유리병의 3분의 1을 흙으로 채우고, 물을 거의 윗부분까지 붓는다. 뚜껑을 닫고, 덩어리들이 완전히 부서질 때까지 힘껏 흔들어 균일한 흙탕물을 만든다.

유리병을 그런 상태로 하루 남짓 가만히 놓아두고, 현탁액이 가라앉아 물이 다시 거의 맑아질 때까지 기다린다. 각 알갱이들은 가라앉아 각각 뚜렷한 층이나 띠를 형성하기 때문에 혼합토에서 그 비율을 시각적으로 어렵지 않게 판단할 수 있다. 상대적으로 입자가 큰 모래가 바닥층을 형성하고, 실트가 중간층, 입자가 고운 점토층이 가장 위쪽을 차지한다.

농사에 이상적인 흙은 '양토loam'라 일컬어지는 흙으로, 모래가 대략 40퍼센트, 실트가 40퍼센트, 점토가 20퍼센트로 혼합된 흙이다. 모래가 3분의 2 이상을 차지하는 모래흙은 배수가 잘 된다. 그래서 수렁이 거의 형성되지 않아 가축이 겨울을 나기에 적합하지만, 무기물과 비료가 쉽게 씻겨나가기 때문에 이런 유형의 흙에는 추가로 거름을 더 뿌려야 한다. 반면에 점토 입자가 3분의 1 이상을 차지하고 모래가 절반을 밑도는 차진 흙은 쟁기와 써레로 일하기 힘들고, 잘 부서지는 건강한 토양 구조를 유지하기 위해서는 석회를 상대적으로 더 많이 살포해야 한다.

밀과 콩, 감자와 유채油菜는 잘 관리된 점토 흙에서 잘 자란다. 귀리는 밀이나 보리에 적합한 흙보다 습하고 찐득찐득한 흙에서 잘 자란다. 지난 빙하기에 빙하가 스코틀랜드 지역을 휩쓸고 지나간 덕분에 그곳의 흙은 귀리 농사에 적합하게 변했다. 역사적으로 귀리와 감자는 많이 수확하기 쉬웠기 때문에, 다른 농작물이 자라지 않는 지역에서 주로 재배되었다. 보리는 밀보다 차진 기운이 적고 부드러워서 갈기 쉬운 흙을 선호하며, 호밀은 다른 곡물들에 비해 척박하고 모래가 많은 땅에서도 잘 자란다. 사탕무와 홍당무도 모래흙에서 잘 자란다. 지리적으로 비교하면, 영국 남부는 곡물을 재배하기에 적합한 반면에 북부의 땅은 경작하기에 상대적으로 어렵고 목축에 더 적합하다.

배수가 잘 되는 지역에서 비옥한 양토를 찾아내는 것은 종말 후에 농업을 다시 시작하기 위한 출발점에 불과하다. 농사에서 성공을 거두기 위해서는 땅을 물리적으로 잘 갈아야 한다. 딱딱한 흙을 부드럽게 갈고 잡초를 제거해서 씨앗을 뿌리기에 적합하게 겉흙을 다듬는 모든 물리적인 노력을 '기경起耕, tillage'이라 한다.

작은 규모의 땅에서는 손에 쥐고 사용하는 기초적인 연장으로 시작할 수 있다.[3] 괭이는 겉흙을 잘게 부수고, 식물의 성장시기가 오기 전에 동물의 배설물로 만든 거름이나 풋거름(충분히 썩지 않은 풀로 만든 거름)을 섞는 데 무척 유용하게 쓰이는 연장이다. 씨를 뿌리기 전, 또 작물이 자랄 때 틈틈이 잡초를 제거할 때도 괭이는 유용하게 쓰인다. 모종삽은 땅에 얕

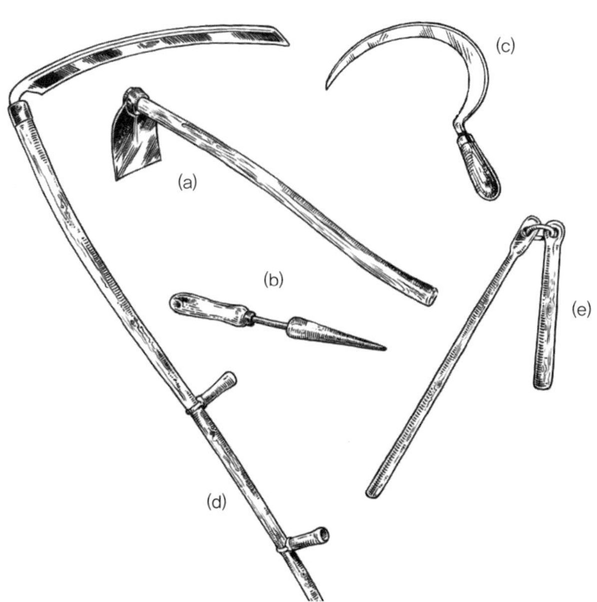

간단한 농기구들. (a) 괭이, (b) 모종삽, (c) 낫, (d) 큰 낫, (e) 도리깨.

은 구멍을 파는 데 쓰인다. 일정한 간격으로 판 구멍에 씨앗을 떨어뜨린 후에 발로 살짝 덮으면 된다. 하지만 이런 농사일은 몹시 힘들고 엄청난 시간이 걸리기 때문에 농사꾼에게 다른 일을 할 여유를 주지 않는다. 따라서 수천 년 동안 지속된 농업의 역사는 노동력의 투입을 최소화하면서도 땅의 생산력을 극대화하는 방법, 즉 농사에 반드시 필요한 기능들을 한층 효율적으로 하도록 농기구를 개선하는 데 초점이 맞추어졌다.

농업을 상징하는 연장은 단연 쟁기이다. 문명의 도래 이후로 쟁기의 역할은 꾸준히 변했다. 메소포타미아, 이집트, 중국 등과 같이 땅이 비옥한 데다 경작하기 쉬워 농업이 처음 발달한 지역에서 사용된 원시적인 쟁기는 땅에 비스듬히 박힌 채 황소나 사람이 끌고 가던, 날카롭게 다듬어진 통나무에 불과했다. 씨를 떨어뜨리고 다시 가볍게 덮으려고 고랑을 얕게 파는 게 쟁기를 사용하는 목적이었다. 하지만 농작물을 경작할 수 있는 땅에서도 대부분의 경우에는 농업의 생산성을 높이기 위한 준비 작업이 필요하다. 요즘 쟁기의 기능은 밭 전체에서 최상층의 흙을 살짝 퍼 올려 바스러뜨린 후에 뒤집어 내려놓는 것이다. 이런 과정의 주된 목적은 잡초 방제이다. 땅에 씨를 뿌리기 전에, 생산성을 방해하는 잡초를 뿌리째 산산조각 내서 인정사정없이 흙으로 덮는다. 그럼 햇살을 받지 못해 잡초 조각들은 시들어 죽을 것이고, 그 씨들은 제대로 발아조차 못할 정도로 땅속에 깊이 묻힌다. 이렇게 땅을 일구면 겉흙의 유기물과 영양소가 뒤섞인다. 특히 거름을 뿌린 후에는 더더욱 효과적이다. 또한 땅의 배수 능력을 높이고, 공기를 통하게 해 토양 미생물에 도움을 주기 위해서도 씨를 뿌리기 전에 땅을 가는 준비 작업이 필요하다.[4]

재앙이 닥친 직후, 운이 좋으면 생존자는 트랙터만이 아니라 트랙터를

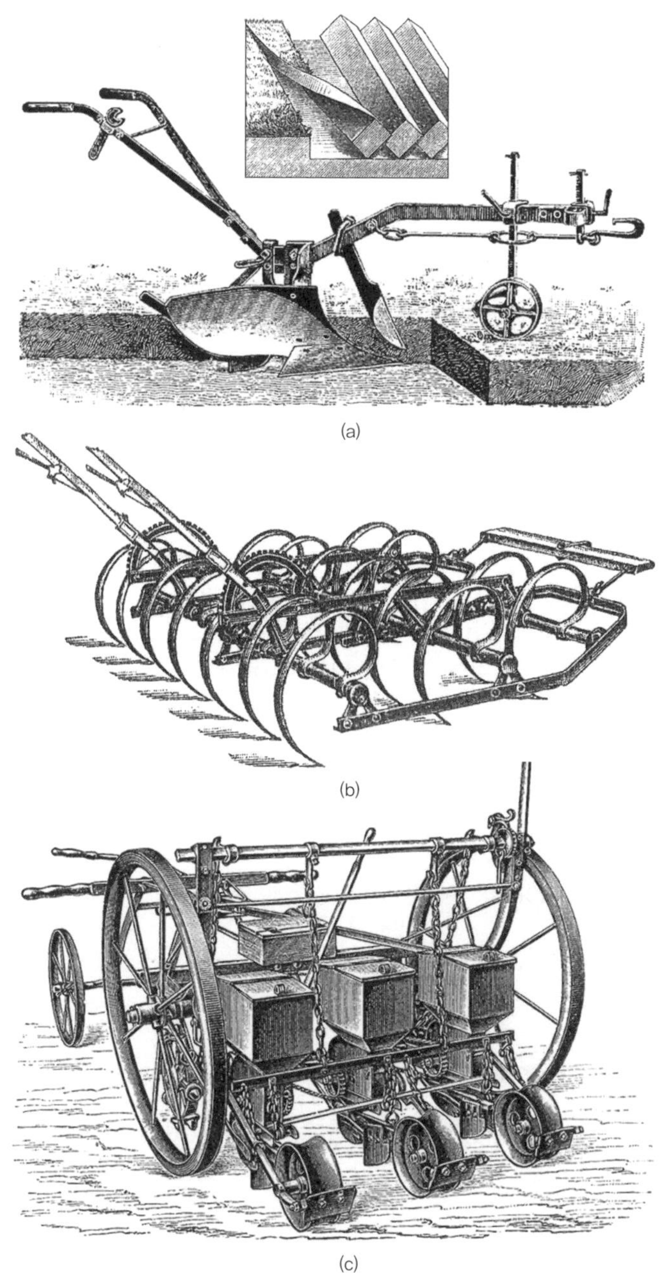

(a)

(b)

(c)

농기구들. (a) 쟁기, (b) 써레, (c) 파종기. 쟁기는 겉흙을 뒤집고 부스러뜨린다.

운행할 연료 및 여러 개의 보습이 끼워진 트레일러까지 어렵지 않게 구할 수 있을 것이다. 그러나 연료가 바닥나거나 부품이 없어 트랙터가 멈추면, 덜 집약적인 농법으로 돌아갈 수밖에 없다. 넓적하고 커다란 보습이 여럿 설치된 현대식 쟁기로 땅을 갈려면 엄청난 견인력이 필요하기 때문에 황소를 찾아내서 황소에 현대식 쟁기를 채울 수도 없는 노릇이다. 근처에 버려진 도시의 박물관을 뒤져서라도 전통적인 쟁기를 찾아내지 못하면 직접 만드는 수밖에 없다. 혹은 트랙터 트레일러에 설치된 쟁기 날을 떼어내서 어떻게든 튼튼한 틀에 다시 조립해 사용하는 방법도 있을 것이다. 그러나 쟁기 날이 녹슬어 부식되면 나무로 쟁기를 만들어 주철을 덧대거나, 쓰레기더미에서 찾아낸 강판을 대장간에서 손질해서 사용하는 수밖에 없다. 한편 보습은 흙을 수평으로 절단해서 발토판moldboard에 끌어올리는 뾰족한 날이며, 발토판은 수평으로 절단된 흙을 살짝 굴리고 뒤집어서 밭에 다시 내려놓을 수 있는 형태를 띤다.

쟁기질이 끝나면, 고랑과 이랑을 매끄럽게 다듬어서 씨가 제대로 뿌려지도록 묘판을 만들어야 한다. 써레는 쟁기만큼이나 오래된 연장이며, 경작을 위해 흙덩이를 얼마나 깊이 파고들어 잘게 바스러뜨리느냐에 따라 모양이 다르다. 요즘의 써레는 여러 열로 똑바로 세워진 금속 원판들을 사용해서 땅을 뚫고 가거나, 위아래로 탄력적으로 움직이는 굽은 형태의 금속 가지를 사용해서 흙을 잘게 부순다. 갈퀴를 손에 쥐고 휘두르는 모습을 그대로 흉내 내는 기계라고 생각하면 된다. 다이아몬드 모양의 나무틀에 대못을 이리저리 박은 간단한 형태의 써레를 만들 수도 있겠지만, 만사가 귀찮아 깊이 생각하고 싶지 않으면 굵은 나뭇가지를 쭉 끌고 가도 상관없다. 농작물에 따라 선호하는 흙의 성격이 다 다르다. 예컨대 밀은 흙덩이가 어린아이의 주먹 크기 정도로 상당히 거친 묘판을 좋아하는 반면에, 보리는 훨씬 가는 흙을 좋아한다. 씨를 뿌린 후에 씨를 덮기 위한 가벼운 써레질이 행해지고, 나중에는 고랑에서 잡초를 제거하기 위해 써레질이 행해지기도 한다.

경작하기에 적합한 흙이 준비되면, 그 다음 단계는 땅에 씨를 뿌리는 것이다. 라디오와 텔레비전이 발명되기 훨씬 전이지만, 요즘 '방송하다broadcast'라는 뜻으로 쓰이는 단어의 원래 의미는, 농부가 밭을 이리저리 돌아다니면서 자루에서 씨를 꺼내 사방팔방으로 널리 흩뿌린다는 뜻이었다. 이런 방법으로는 상대적으로 신속하게 씨를 뿌릴 수 있지만, 씨가 땅에 확실히 뿌리를 내리지 못해 나중에 잡초를 제거하는 김매기가 어려워질 수 있다. 그런데 약간만 독창적으로 생각하면 이 과정을 크게 개선할 수 있다. 파종기는 기계적으로 씨를 뿌리는 연장이다. 가장 단순한 형태로, 씨로 채워진 호퍼hopper(깔때기 모양의 장치—옮긴이)를 위에 설치한 손수레를 생각하면 된다. 손수레의 바퀴 하나에 연결된 체인이 호퍼의 수직관 바닥에 설치된 마개를 천천히 돌리며, 일정한 간격으로 씨 하나를 땅에 떨어뜨린다고 생각해보라. 씨는 좁은 수직관을 구르며 내려와 적절한 깊이로 땅속에 떨어진다. 수직관과 마개의 수를 나란히 배치하면 한 번에 여러 개의 씨를 뿌릴 수 있고, 체인을 조작해서 씨가 떨어지는 간격도 조절할 수 있을 것이다. 작물에 따라 최적의 간격은 경험적으로 터득하게 될 것이다. 최적의 간격을 두고 작물을 심으면 작물들이 서로 경쟁하지도 않고, 과도한 간격으로 공간을 낭비하지도 않는 데다 씨앗까지 절약하게 된다. 게다가 닥치는 대로 씨를 사방팔방으로 뿌리지 않고, 깔끔하게 정돈한 선을 따라 심으면, 나중에 이랑 사이의 잡초를 제거하기도 한결 쉬워진다. 조금만 머리를 쓰면, 씨를 떨어뜨린 곳에 소량의 물거름이나 비료가 흘러내리도록 파종기를 개량할 수 있을 것이다. 이렇게 하면, 모든 싹이 시들지 않고 건강하게 생장하는 데 도움이 될 것이다.

식용식물

농업이란, 우리가 농작물로 선택한 식물의 생명 주기에서 한 단계를 이용하는 것이라 할 수 있다. 많은 식물이 자신의 구조에서 특정한 부분을 이듬해에 사용할 햇빛 에너지의 저장고나 다음 세대, 즉 씨앗에게 물려줄 유산으로 이용한다. 이 부분이 영양분을 잔뜩 담고 있어 슈퍼마켓 선반을 채우게 된다. 우리가 먹는 대부분의 뿌리채소와 줄기채소는 이년생 식물이어서, 두 번째 해에 꽃을 피운다. 이런 식물들의 번식 전략은, 특별한 목적에서 확장된 부분에 한 계절 동안 수집한 에너지를 비축한 채 활동을 중단하고 겨울을 넘기면 이듬해 초봄에 비축한 에너지를 활용해서 경쟁자들보다 앞서 꽃을 피우고 씨앗을 맺는 것이다. 곧은 뿌리 식물의 예로는 홍당무와 순무, 스웨덴 순무, 무와 비트가 있다. 이런 식물을 재배해서 불룩하게 자란 부분을 수확한다는 것은, 그 식물들이 생장기에 조금씩 비축한 에너지를 약탈하는 것과 다를 바가 없다. 엄격히 말해서, 감자는 뿌리채소가 아니다. 우리가 감자라고 먹는 덩어리는 줄기에서 부풀어진 부분이다. 한편 에너지의 저장고로 잎을 사용하는 식물들도 있다. 양파와 리크, 마늘과 쪽파가 대표적인 예로 굵어진 잎들이 촘촘하게 붙어 있는 덩어리라 생각하면 된다. 콜리플라워(꽃양배추)와 브로콜리는 실제로 완전히 개화되지 않은 꽃이며, 일찍 수확하지 않으면 먹을 수 없다. 열매는 해당 식물의 씨앗에게 에너지 저장고와 다를 바가 없다. 자두 씨를 완전히 감싸고 있는 두툼한 과육을 생각해보라. 한편 밀 같은 곡물의 경우에는 낟알이 식물학적으로 일종의 열매라 할 수 있다.

인간이 유목의 생활방식을 버리고 한곳에 정착해서 주변의 농경지를 개간하기 시작한 이후로는 농작물로 선택한 식물의 수확량에 완전히 의존할 수밖에 없게 되었다. 그러나 자연선택이 제공하는 식물의 영양을 우리는 그대로 받아들이지 않았다. 어떤 바람직한 형질을 기초로 번식하는 식물을 선택하는 품종개량을 거듭함으로써 우리는 식물의 생물학적 구조에서 일정한 특성을 강화하고 달갑지 않은 특성을 억눌러왔다. 식물의 번식 전략을 우리 목적에 맞추려고 난도질하는 과정에서 식물의 생물학적 구조는 심하게 왜곡되었고, 이제는 우리가 생존을 위해 식물에 의존하는 만큼이나 식물도 생존을 위해 우리에게 의존하게 되었다. 오늘날 괴물처럼 커다란 토마토부터 성장이 억제된 대신 낟알만 굵어진 벼에 이르기까지, 우리가 재배하는 모든 작물은 그 자체로 테크놀로지의 산물, 즉 유전공학자들의 작품이다.*

지상에는 식용식물의 종류가 무척 다양하다. 문명사회는 지난 수천 년 전부터 극히 일부만 선택해서 품종을 개량해왔다. 현재 인위적으로 재배되는 품종은 7,000여 종으로 추정된다. 하지만 12종만이 현재 전 세계에서 재배되는 농산물의 80퍼센트 이상을 차지한다. 남북아메리카, 아

---

* 요즘 우리에게 당연히 여겨지는 홍당무의 색깔도 인공적인 것이다. 홍당무의 뿌리는 원래 흰색이나 자주색이다. 오렌지색을 띠는 변종은 17세기 네덜란드 농학자들이 오라녜 공 빌럼 1세에게 경의를 표하려고 조작해낸 것이다.

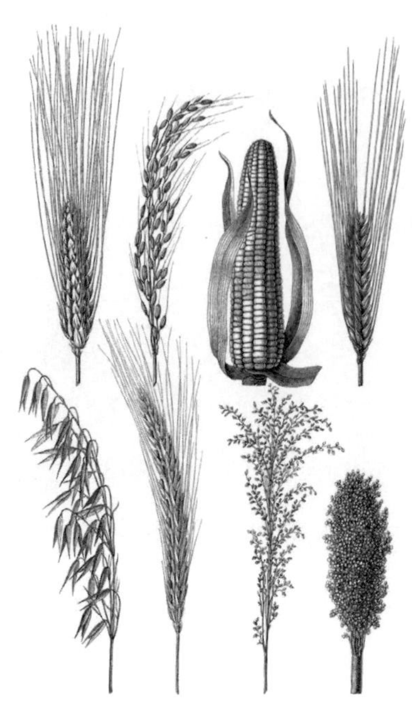

가장 중요한 농작물. 밀, 쌀(벼), 옥수수, 보리, 귀리, 호밀, 기장, 수수.(위 왼쪽부터)

시아, 유럽에서 형성된 주요 문명사회는 세 가지 주된 작물—옥수수와 쌀과 밀—을 기초로 세워졌다. 이 작물들은 종말 이후에 농업을 다시 시작할 때도 중요한 위치를 차지할 것이다.

옥수수와 쌀과 밀은 물론이고 보리, 수수와 기장, 귀리와 호밀도 중요한 곡물이다.[5] 우리가 소비하는 육류의 대부분이 목초지에서 풀을 뜯거나 사료를 먹는 가축에서 얻어진다는 사실과 더불어, 이 곡물들이 우리 식단에서 주된 위치를 차지한다는 사실은 인간이 직접적으로나 간접적으로 풀을 먹으며 살아간다는 뜻이다.[6] 따라서 종말 후의 생존자들도 이 곡물들에 초점을 맞추어야 할 것이다.

감자는 밭에서 파내고 양파는 뽑아내고 사과는 가지에서 따면 된다. 이처럼 많은 농작물의 수확이 복잡하지 않아 특별히 배우지 않고도 가능하지만, 몇몇 곡물의 경우에는 밭에서 수확해서 식탁에 올리려면 약간의 가공이 필요하다. 예컨대 옥수수의 경우에는 수확이 무척 간단해서 자루를 등에 짊어지고 고랑을 따라 걸으며 옥수숫대에서 옥수수를 뽑아내면 그만이지만, 낟알을 수거하기가 상대적으로 성가신 곡물이 적지 않다. 작물을 통째로 베어낸 후에 밭에서 곧바로 낟알을 수거하는 단순한 방법이 사용된다.

수확에 사용되는 연장에는 낫sickle과 큰 낫scythe이 있다. 낫은 짧게 굽은 날이 손잡이에 박힌 연장이며, 간혹 날이 톱니 모양을 띠기도 한다. 낫을 쥐지 않은 손으로 줄기들을 다발로 잡은 후에 단번에 베는 데 쓰인다. 큰 낫은 날이 무척 크며 양손을 사용하는 연장이다. 손잡이가 두 곳에 있는 긴 장대와 완만하게 굽은 날로 이루어진다. 날은 길이가 대략 1미터이고, 장대와 직각을 이룬다. 낫에 비해서 큰 낫을 제대로 다루려면 상당한 연습이 필요하지만, 손잡이를 잡고 두 팔을 쭉 뻗은 자세로 날을 땅과 수평으로 리드미컬하게 움직이면 된다. 이때 몸 전체를 부드럽게 비틀면 한층 더 자연스럽게 큰 낫을 휘두를 수 있다. 쓰러진 줄기는 다발로 묶이고, 그렇게 묶인 다발들은 밭에 차곡차곡 쌓인 채 건조되면 가을비가 내리기 전에 헛간으로 옮겨진다.

수확물을 거둔 후, 다시 말해서 뿌리는 씨를 거둔 후에는 낟알을 분리해내야 한다. 이 과정을 타작 혹은 탈곡threshing이라 한다. 가장 간단한 방법은 수확물을 깨끗한 바닥에 펼쳐놓고 도리깨로 때리는 방법이다. 도리깨는 긴 손잡이의 끝에 하나 이상의 짧은 휘추리를 가죽이나 경첩으로 매단 연장이다. 소형 탈곡기는 쇠못이나 철사 고리로 뒤덮인 회전 원통을 둥근 통의 안쪽에 꼭 맞게 끼운 농기계이다. 이삭이 틈새를 지나갈 때 낟알을 떨어내고 아래쪽에 설치된 철망으로 낟알과 이삭을 분리한다는 점에서, 기본적으로는 도리깨와 똑같은 원리를 사용한 농기계이다.

이런 탈곡이 끝나면 낟알은 빈 껍질과 뒤섞인 상태로 있게 된다. 따라서 낟알과 겉겨를 분리하는 과정이 필요하며, 이 과정은 '키질winnowing'이라 일컬어진다. 탈곡한 곡식을 바람이 부는 날에 공중에 살짝 띄우면, 상대적으로 가벼운 겉겨와 짚은 바람에 살짝 날려가는 반면에 무거운 낟알은 도로 바닥에 떨어진다는 게 키질의 기본적인 원리이다. 현대식 기계장치는 선풍기를 이용해서 인공적인 바람을 일으킨다는 게 다를 뿐, 기본적인 원리는 과거에 사용되던 원시적인 방법과 똑같다.

종말 후에 사회가 다시 세워지고 인구가 증가할 때, 최소한의 노동력으로 최대한의 식량을 생산해서 많은 사람이 도시에 거주할 수 있도록

원시적인 기계식 수확기. 회전하는 갈퀴(a)와 아래쪽에 낫을 모방한 톱니 모양의 칼날(b)이 눈에 띈다.

농업의 효율성을 끌어올리는 방법 중 하나는 이런 다양한 과정들을 통합하는 것이다. 오늘날 콤바인은 단독으로 시간당 20에이커의 밀밭을 처리할 수 있는 농기계이다. 큰 낫보다 거의 100배나 빠른 속도로 수확할 수 있는 셈이다. 수평으로 배열된 톱니 모양의 칼날이 큰 낫의 손동작을 기계적으로 모방해서 좌우로 움직이며, 커다란 원통에 달린 갈퀴들이 회전하며 끌어당긴 곡식 줄기들을 잘라낸다. 기본적인 설계는 거의 두 세기 동안 변하지 않아, 말이 끌던 최초의 기계식 수확기는 요즘의 콤바인과 놀라울 정도로 닮았다. 콤바인은 많은 사람을 힘든 밭일에서 구해주며 복잡한 사회에서 다른 역할을 할 수 있도록 해주었다는 점에서, 근대사에 크게 영향을 준 중요한 발명품 중 하나인 게 분명하다. 이런 발명품들에 대해서는 뒤에서 자세히 살펴보기로 하자.

노퍽의 사포식 농법

혼자 힘으로 곡물을 재배하며 영양의 균형을 맞추고 맛있는 식단을 갖추기 위해 몇몇 과일과 채소까지 재배하는 생존자라면 결코 굶어 죽지는 않을 것이다. 물론 사냥을 하면 육류를 얻을 수 있겠지만, 가축을 기르며 약간의 농경지를 가축들에게 할애하는 방법이 실제로는 농경지의 생산성을 유지하기 위해서도 무척 중요하다. 앞에서 보았듯이 화학적 도움을 받지 않으면 농경지의 비옥도는 떨어지기 마련이지만, 가축의 배설물로 만든 거름은 땅에 영양소를 되돌려준다. 게다가 토양의 질소 수치를 자연적으로 북돋워주는 특별한 종류의 농작물이 있는데, 그

것은 17세기 이후 농업혁명Agricultural Revolution에서 중대한 진전이었다. 종말 직후의 세계에서도 농경과 축산은 떼어놓고 생각할 수 없는 관계, 즉 상호보완적인 관계를 되찾을 것이다.

중세시대에 유럽 농부들은 관례에 따라 일정한 면적의 땅을 휴한지로 남겨두는 전통을 고수했다. 어떤 경우에는 농경지의 절반까지 전혀 경작하지 않고 묵혔기 때문에 비효율적이기 그지없는 관례였다. 중세의 농학자들은 한 농지에서 연이어 농작물을 재배하면 그 땅이 지쳐서 생산성이 급락한다는 걸 알아냈지만, 그 원인이 무엇인지 제대로 파악하지 못한 까닭에 땅을 1년 정도 묵혀두는 방식으로 해결책을 모색했을 뿐이다. 이제 우리는 식물의 성장에 필요한 원소가 부족한 것 때문에 땅의 비옥도가 떨어진다는 걸 알고 있다. 따라서 현대 농업은 화학비료의 자유로운 사용에 크게 의존한다. 하지만 종말의 여파로 생존자들은 화학비료에 의존할 수 없을 것이므로, 이 문제를 해결하려면 과거의 방법으로 되돌아가는 수밖에 없을 것이다.

대부분의 농작물은 땅에서 질소를 얻지만, 일부 식물은 성장하는 과정에서 질소라는 중요한 영양소를 땅에 되돌려준다. 이런 놀라운 속성을 지닌 식물군이 바로 콩과식물이다. 구체적으로 말하면 완두콩과 콩, 토끼풀(클로버)과 자주개자리(알팔라), 편두와 대두, 땅콩 등이 여기에 속한다. 농사철이 끝날 때 콩과식물을 제자리에 갈아 묻거나, 콩과식물을 가축에게 먹인 후에 가축의 배설물을 거름으로 사용하면, 중요한 영양소인 질소가 포획되어 땅에 되돌려진다. 이처럼 땅의 비옥도를 높이는 콩과식물의 속성을 활용함으로써 영국은 농업을 획기적으로 바꿔놓았고, 그 결과로 산업혁명을 향해 나아갈 수 있었다.

따라서 한 땅뙈기에 콩과식물과 다른 농작물을 교대로 재배하면 흙의 생산성이 유지된다. 그러나 두 농작물, 예컨대 토끼풀과 밀을 단순히 교대로 재배하는 방법보다 훨씬 나은 방법은 여러 작물을 돌려가며 재배하는 돌려짓기crop rotation 방법으로, 이를 통해서는 주기적으로 발생하는 병충해까지 예방할 수 있다. 농작물마다 특정한 병충해가 있어 거의 매년 발생한다. 따라서 수년 동안 매년 경작하는 농작물을 바꾸며 한 토지에서 동일한 농작물을 재배하지 않는다면, 살충제를 사용하지 않고 자연스레 농지의 지력을 유지할 수 있다.

이런 돌려짓기 농법에서 가장 크게 성공한 노퍽의 사포식 농법Norfolk Four-Course Rotation은 18세기에 널리 확산되어 영국의 농업혁명을 이끌었다. 노퍽의 경우 각 농지에서 경작된 농작물의 순서는, '콩과식물 → 밀 → 뿌리채소 → 보리' 순이었다.

앞에서 보았듯이, 콩과식물은 땅의 비옥도를 높여 다른 농작물의 생산성을 높여준다. 토끼풀과 자주개자리는 영국의 기후에서 잘 자라지만, 다른 지역에서는 대두나 땅콩을 재배하는 편이 더 낫다. 농사철이 끝난 후에도 소비를 위해 콩과식물을 수확하지 않는다면, 그 작물들은 가축의 먹이로 사용되거나 제자리에서 갈아 묻혀 풋거름으로 사용된다. 콩과식물을 심고, 이듬해에는 땅의 비옥도를 최대한 활용하는 동시에 주된 곡물을 수확하기 위해서 밀을 심는다.

다음해에는 순무와 스웨덴 순무 혹은 비트 같은 뿌리채소를 심는다. 중세시대에 어떤 농지를 봄에 갈고 뒤집은 후에도 휴경지로 1년 동안 방치한 주된 목적 중 하나는, 이듬해에 농작물을 심기 위해 대대적으로 잡초를 제거하려는 것이었다. 그러나 뿌리채소를 심을 때는 다른 작물을 함께 심어도 이랑과 이랑 사이에 돋은 잡초들을 어렵지 않게 제거할 수 있다. 따라서 뿌리채소를 심는 해에는 다른 작물을 수확할 수 있지만, 그 작물이 감자가 아닌 경우에는 농부 자신이 소비하려는 목적이 아니라 가축의 먹이로 재배하려는 것일 수 있다. 이렇게 하면 가축을 한층 신속하게 살찌우는 동시에 더 많은 거름을 얻을 수 있고, 그 거름을 밭에 살포함으로써 밭의 비옥도를 유지하는 데도 도움이 된다. 가축이 힘들게 풀을 찾아다니며 배를 채우게 하는 대신에 일부러 심어 키운 풀을 가축에게 먹인다면, 목초지를 확보해야 한다는 부담감에서 벗어날 수 있다. 게다가 목초지로 사용해야 할 땅까지 농경지로 활용해서 더 많은 농작물을 수확할 수 있을 것이다.

순무를 비롯해 몇몇 뿌리채소를 가축용 사료로 채택한 순간은 중세 농업에서 혁명적 변화의 신호탄이었다. 여름에 단순히 방목하는 것보다 뿌리채소를 먹게 하면 가축을 살찌우는 데도 효과적이었지만, 이는 겨우내 가축에게 먹일 열량이 풍부한 먹이를 확실히 확보하는 방법이기도 했다. 뿌리채소를 가축용 사료로 채택하기 전에는 이듬해 봄까지 가축들을 먹일 사료가 부족했기 때문에 늦가을이면 유럽에서는 가축의 대량 학살이 벌어졌다. 스웨덴 순무, 케일, 콜라비와 마찬가지로 순무도 이년생 식물이다. 요컨대 겨우내 땅속에 남겨져 있기 때문에 필요하면 언제라도 뽑아서 가축들에게 먹이로 줄 수 있다는 뜻이다. 이런 사료 작물들은 영양분이 많아, 건초와 사일리지(매장사료, 발효시킨 풀)처럼 열량이 부족한 섬유질을 보충하기 위해 사용된다. 이런 사료 작물들을 통해 겨울에도 풍부한 영양을 공급받은 가축들은 꾸준히 신선한 살코기를 제공하는 동시에 신선한 젖을 비롯한 여러 유제품까지 공급하며, 어둑한 겨울에는 우리

피부가 햇살로부터 제대로 합성하지 못하는 비타민 D의 중요한 공급원 역할까지 해낸다.

돌려짓기의 네 번째 단계이자 마지막 단계로 보리를 심는다. 보리는 가축의 먹이로도 사용할 수 있지만 맥주를 양조하는 데도 사용할 수 있기 때문에 잊지 않고 일부를 남겨두어야 한다.(맥주 양조에 대해서는 다음 장에서 자세히 살펴보기로 하자.) 보리를 심는 단계가 끝나면 돌려짓기는 다시 콩과식물을 심는 단계로 돌아와서 토양의 비옥도를 회복해야 한다. 그래야 농작물이 질소 부족에 시달리지 않고 제대로 성장할 수 있기 때문이다. 결국 돌려짓기 농법은 식물과 동물이 원하는 것과 생산하는 것을 조화롭게 짝짓는 방법이고, 자연의 방식대로 병충해에 맞서며 영양소를 땅에서 얻는 만큼 땅에 되돌려는 농법이다. 물론 콩과식물 → 밀 → 뿌리채소 → 보리로 돌려짓는 농법이 보편적으로 모든 땅에 적용되는 것은 아니다. 따라서 각자가 자신의 토양과 기후에 알맞은 농작물을 찾아내야 한다.* 그러나 돌려짓기 농법의 두 가지 핵심적 원칙, 즉 콩과식물과 주된 곡식을 번갈아 심고, 인간의 식량이 아니라 가축의 사료로 사용할 뿌리채소를 심어야 한다는 원칙을 생존자들이 지켜야 종말 후에도 안정적으로 식량을 확보하고, 화학비료를 사용하지 않고도 토양의 생산성을 유지할 수 있을 것이다. 소규모 농업으로 전환할 경우, 5에이커(약 2만 평방미터)의 농지이면 10명이 먹기에 충분한 식량을 확보할 수 있을 것이다. 그 정도의 땅이면 밀을 수확해 빵을 만들고, 보리를 심어 맥주를 빚고, 다양한 과일

* 영국 내에서도 노퍽의 사포식 농법은 북부와 서부의 무거운 점질토에서는 덜 효과적이다. 따라서 역사적으로 두 지역에서는 목축업과 제조업에 집중적으로 투자했고, 여기에서 얻는 이익으로 남부 지역의 농작물을 구입했다.

과 채소를 기르고, 소와 돼지, 양과 닭을 키워 고기와 젖, 달걀 등을 얻기에 충분하다.

가축에서 얻은 배설물로 만든 거름을 뿌리면 밭의 비옥도를 높이는 데 도움이 된다. 그런데 종말 후에는 인간의 배설물도 똑같은 방식으로 사용할 수 있을까? 화학비료를 사용하지 않는 경우, 농업에 제기되는 가장 큰 문제는 '어떻게 하면 인분을 최대한 효과적으로 식량으로 바꿔갈 수 있을까?'라는 숙제를 푸는 것이다. 한마디로 '똥을 농작물로!crap into crop'라는 숙제를 풀어야 한다. 이상적으로 생각하면, 인간의 소비에서 순환의 고리가 닫히면서도 소중한 영양소인 질소가 상실되지 않아야 한다.

배설물로 만든 거름

유럽 도시 거리들에 노출된 배수로들이 배설물로 넘쳐흘렀던 때, 중국의 도시들에서는 배설물을 오물통에 부지런히 모았다. 그렇게 수집한 배설물을 지하 하수관으로 흘려보내지 않고, 양동이로 비워내서는 수레에 싣고 주변의 밭에다 뿌렸다. 우리는 1년에 대략 50킬로그램의 대변을 배설하고 소변은 그보다 10배가량 더 배출한다. 이 정도이면 약 200킬로그램의 곡물을 생산하는 농작물에 공급하기에 충분한 질소와 인과 칼륨을 함유한 양이다.

그런데 적절하게 처리되지 않은 오물을 뒤집어쓴 농작물을 나중에 우리가 먹어야 한다는 게 꺼림칙하다. 자칫하면 수많은 병원균의 생활환경을 완벽하게 만들어주며, 광범위한 질병의 발발을 야기할 수 있다. 실제로 산업화 이전에 중국의 농업은 상당히 생산성이 높았지만 위장 계통의 질환이 만성병처럼 만연되어 있었다. 따라서 문명사회를 다시 세우기 시작할 때 건강한 사회를 완성하기 위해서 생존자들이 반드시 고려해야 할 중요한 문제는 인간 배설물의 적절한 처리이다. 종말 후에 정착한 사람들은 적어도 초기에는 배설물을 처리할 웅덩이를 팔 수 있을 것이다. 이때 그런 웅덩이는 식수원으로 사용하는 우물이나 냇물에서 적어도 20미터 이상 떨어진 곳에 있어야 한다.

질병을 일으키는 미생물과 기생충 알은 섭씨 65도 이상으로 가열하면 죽일 수 있다.(이 문제는 식품 보존과 건강을 다루는 곳에서 다시 언급하기로 하자.) 따라서 인간 배설물을 밭의 거름으로 사용하려면 '어떻게 하면 우리 배설물을 대량으로 저온살균할 수 있을까?'라는 문제를 해결해야 한다.

인분에 톱밥이나 밀짚 혹은 잎이 많지 않은 풀을 흩뿌린 퇴비 더미를 수개월에서 1년까지 쌓아두고 주기적으로 뒤집어주면 유해한 미생물을 그런대로 멸균할 수 있다. 톱밥 등을 인분에 더하는 데는 탄소와 질소 수치의 균형을 재조정하는 동시에 수분을 흡수하기 위한 목적도 있다. 우리 몸이 물질대사를 할 때 그렇듯이, 박테리아가 퇴비 더미에서 유기물을 부분적으로 분해할 때도 열을 방출한다. 따라서 퇴비 더미의 온도가 자연스레 상승하며 유해한 미생물을 죽인다. 배설물이 물에 잠기는 걸 피하려면 소변과 대변을 분리해서 처리하는 게 더 낫다. 화장실의 앞쪽에 깔때기 하나를 설치하면 이 문제는 간단히 해결된다. 더구나 소변은 살균된 상태이므로 희석해서 땅에 직접 뿌려도 상관없다.[7]

그러나 약간의 독창적인 생각을 더하면, 인간과 농장이 배출하는 쓰레기를 생물반응기bioreactor가 설치된 훨씬 유용한 것으로 바꿀 수 있다. 퇴비 더미를 주기적으로 뒤집어주는 목적은 산소가 필요한 박테리아와 균류가 쉽게 물질을 분해할 수 있도록 공기를 잘 통하게 하려는 것이다. 그러나 쓰레기가 닫힌 용기 안에 있게 되어 산소의 유입이 차단되면, 혐기성 박테리아가 번성하며 유기물의 일부를 인화성 메탄가스로 바꾼다. 이 메탄가스를 파이프로 연결하면 가스 저장시설에 모을 수 있다. 가스 저장시설이라고 대단한 것은 아니다. 콘크리트로 내벽을 댄 수영장에 물을 채우고 금속 용기를 뒤집어놓으면 충분하다. 메탄이 거품을 일으키며 금속 용기에 들어가면 물이 밀폐된 공기층을 형성하므로 메탄가스가 모인 금속 용기가 떠오르게 된다. 물에 뜨는 금속 용기의 무게가 가스 압력보다 크면, 메탄가스를 파이프로 빼내 난로나 가스등에 공급하거나, 운송수단의 엔진을 가동하는 연료로 사용할 수 있다. 1톤의 유기성 폐기물로 적어도 50입방미터의 가연성 가스를 만들어낼 수 있으며, 이는 40리터의 휘발유에서 얻는 에너지 양과 똑같다. 이런 생물가스 촉진제가 2차대전 당시 독일군에 점령되어 연료 부족에 시달리던 유럽 전역에서 흔히 사용되었다는 사실은 그다지 놀랍지 않다. 미생물의 성장은 낮은 기온에서 무척 느리다. 따라서 생물반응기를 밀폐 상태로 유지하거나, 생산된 메탄가스의 일부를 뽑아내서 생물반응기를 가열하는 데 이용하는 게 중요하다.[8]

종말 후의 사회에서 인구가 증가하기 시작하면, 배설물을 대량으로 처리하는 방법이 필요하게 될 것이다. 장내세균들과 병원균으로 발전할 가능성을 띤 변종들은 따뜻한 인간의 체내에서 번식하지만 외부의 급속한 성장에는 제대로 적응하지 못한다. 따라서 인간의 장내세균이 대변에 존재하는 환경미생물과 경쟁할 수밖에 없도록 유도하는 것이 하수처리의 주된 방법이다. 물론 이 경쟁은 장내세균이 결국 패할 수밖에 없는 생존 투쟁이다. 이런 이유에서 현대 하수처리장은 폐기물에 공기를 주입해서 환경미생물들에게 산소를 공급함으로써 그 과정을 가속화한다.

밭에 인간의 배설물을 거름으로 사용하는 방법을 서구세계 사람들은 거의 절대적으로 반대하지만, 이 방법이 무척 효과적이라는 게 일부 지역에서 입증되었다. 인도에서 세 번째로 큰 도시이며 인구가 850만 명에 달하는 벵갈루루에서는 듣기 좋게 '꿀을 빠는 새'라고 불리는 트럭들이 오수정화조에서 뽑아낸 배설물을 주변의 농촌 지역으로 운반한다. 그 배설물은 공동시설에서 처리된 후에 밭에 뿌려진다.[9] 처리된 인간의 배설물에는 상업적으로 이용할 수 있는 물질들까지 포함되어 있다. 미국 텍사스의 주도, 오스틴 시가 만들어 판매하는 천연비료 딜로 더트Dillo Dirt는 퇴비화 과정에서 폐기물이 자연스레 저온살균 온도까지 상승해서 병원균을 없앤다는 걸 확실히 보여준 실례이다.[10]

식물에는 질소만이 아니라 인과 칼륨도 필요하다. 뼈에는 인이 무척 많이 함유되어 있다. 뼈와 이는 인산칼슘의 생물학적 창고로 불릴 정도이다. 따라서 동물의 뼈를 삶은 후에 빻아낸 골분骨粉을 뿌리는 것도 농경지의 지력을 회복시키는 좋은 방법이다. 골분이 황산과 화학반응을 일으킬 때 인산염이 식물에 훨씬 잘 흡수되어, 훨씬 효과가 뛰어난 퇴비가 만들어진다.(황산을 만드는 법에 대해서는 5장 참조) 실제로 세계 최초의 비료 공장은 런던의 가스공장에서 배출되는 황산을 런던의 도살장에서 구한 골분에 추가함으로써 얻은 '과인산석회superphosphate'를 농부들에게 판매할 목적에서 1841년에 세워졌다.[11] 비료에 쓰이는 칼륨은 칼리, 즉 탄산칼륨에 존재한다. 5장에서 자세히 살펴보겠지만, 칼리는 나뭇재에서 쉽게 추출할 수 있다. 1870년대 캐나다의 드넓은 숲은 유럽에 비료를 제공하는 주된 산지였다.[12] 오늘날 비료에 사용되는 칼륨과 인은 특별한 유형의 암석과 광상鑛床에서 추출한다. 그러니까 종말 후의 세계에서 이런 암석과 광상을 찾아내려면 지질학과 측량학을 되살려내야 할 것이다.

요즘의 비료는 세 가지 필수 영양소의 균형을 최적화한 것이란 점에서 일류 운동선수들의 정교하게 설계한 식단과 크게 다르지 않다. 종말 후에 여기에서 다루어진 기초적인 방법들을 사용하더라도 요즘의 비옥한 토양만큼 많이 수확하지 못하겠지만, 그래도 문명사회를 다시 세우는 기간 동안 상당한 정도로 땅의 비옥도를 유지할 수 있을 것이다.

한 사람이 열 명을 먹여 살린다

종말 후의 사회가 진보하려면 농업의 기반을 확실하게 갖추어야 한다. 잔혹한 재앙이 대다수의 인간만이 아니라 인간이 이루어낸 지식과 기술까지 완전히 파괴한다면, 살아남은 사람들은 겨우 목숨을 연명하는 수준으로 전락해서 벼랑 끝에 손가락 끝을 살짝 올려놓은 꼴일 것이다. 생존자들이 그저 살아남기 위해서 발버둥 친다면, 종말 후에 산업기술이나 과학적 호기심이 얼마나 많이 남아 있느냐는 그다지 중요하지 않다. 잉여 식량이 없다면, 사회가 더 복잡한 단계로 성장하거나 진보할 가능성은 없다. 식량 확보가 무엇보다 중요하기 때문에 삶과 관련된 문제를 새롭게 시도하며 변화를 모색하려는 생존자는 거의 없을 것이다. 이른바 식량 생산의 덫food production trap이란 현상으로, 오늘날에도 많은 가난한 국가가 이 덫에서 벗어나지 못하고 있다.[13] 따라서 종말 후의 사회는 여러 세대 동안, 정확히 말해서 농업의 효율성이 느리게 향상되어 임계점을 지나 마침내 사회가 더 복잡한 수준으로 올라가기 시작할 때까지 정체 상태를 벗어나지 못할 수 있다.

인구 증가는 간단히 생각하면, 주변의 문제를 더 신속하게 해결하는 방법을 찾아내는 두뇌의 증가를 뜻한다. 그러나 효율적인 농업은 성장할 수 있는 중요한 기회들을 제공한다. 어떤 문명이든 효율적인 수단으로 기본적인 식량을 안전하게 확보하면 많은 시민을 힘든 밭일에서 해방시킬 수 있다. 생산적인 영농법이 자리 잡으면 한 사람이 여러 사람을 먹일 수 있고, 덕분에 밭일에서 해방된 사람들은 공예나 무역 같은 다른 일에 자유롭게 전념할 수 있다.•

예컨대 밭에서 일하는 데 당신의 체력을 요구받지 않으면 머리와 손을 다른 일에 활용할 수 있다. 결국 식량 확보라는 기본적인 전제조건이 만족된 후에야 어떤 사회든 경제적으로 발전하고 이런저런 역량과 능력을 복잡한 수준으로 키워갈 수 있다는 뜻이다. 잉여 농산물이 문명의 발전을 끌어가는 근본적인 동력인 셈이다. 그러나 잉여 식량을 안전하게 저

• 이 장에서 다룬 많은 방법들을 활용해서 영국의 농업혁명은 16세기부터 19세기 사이에 식량 생산을 크게 향상시켰고, 그와 동시에 노동집약적인 농법에서 탈피함으로써 농업에 종사하는 노동자 수가 감소했다. 따라서 밭일에서 해방된 노동자들이 대거 도시로 이주할 수 있었다. 1850년경 영국은 세계에서 농업에 종사하는 인구의 비율이 가장 낮았다. 1880년경에는 일곱 명 중 한 명만이 농업에 종사했고, 1910년에는 그 비율이 열한 명 중 한 명으로 떨어졌다. 요즘의 선진국에서는 인공비료와 제초제와 살충제만이 아니라 콤바인같이 효율적인 농기계를 활용함으로써 한 명의 농부가 거의 50명을 먹이기에 충분한 식량을 생산하고 있다.

장해서 썩지 않게 보관할 수 없다면, 농업에서 얻는 생산적 이점을 문명의 신속한 재건으로 구체화할 수 없을 것이다. 따라서 이제부터는 식량 보존이란 문제로 눈을 돌려보자.

04

식량과 옷

도시와 광장이 무너졌고, 거인들의 위업이 허물어졌다.
지붕이 가라앉고 탑이 주저앉았다.
빗장이 걸려 있던 문이 깨지고 회반죽에는 서리가 내려앉았다.
천장이 세월의 무게에
벌어지고 찢어지고 내려앉았다.

_〈폐허〉, 익명의 8세기 색슨족 작가가 폐허로 변한 로마 유적을 한탄하며 [1]

요리는 물질의 화학적 구성을 의도적으로 변형하려는 시도이다. 그런 까닭에, 인류의 역사에서 최초의 화학이라 할 수 있다. 석쇠에 구운 스테이크의 겉면이 갈색으로 변하며 바삭거리는 현상이나, 빵 껍질이 황금색을 띠는 현상은 모두 '마이야르 반응Maillard reaction'이라 알려진 분자 변화에서 비롯된다. 식품에 함유된 단백질과 당분은 함께 반응하며 맛있는 화합물을 많이 만들어낸다. 그러나 요리는 음식을 단순히 더 맛있게 하는 수준을 넘어 한층 근본적인 목적을 지닌다. 종말 후의 생존자들이 적절하게 영양을 공급받으며 건강을 유지하는 데 요리는 가장 중요한 역할을 할 것이다.

요리할 때 사용하는 열은 병을 일으키는 병원균이나 기생충을 죽인다. 구체적으로 말하면, 요리는 음식이 미생물에 의해 독성을 띠는 것을 방지하고, 돼지에 기생하는 촌충에게 우리가 감염되는 걸 막아준다. 또한 섬유질이 많거나 질긴 음식을 부드럽게 해주고, 복잡한 분자의 구조를 파괴해서 쉽게 소화되고 흡수되는, 상대적으로 단순한 화합물로 만든다. 요리를 통해 많은 식품의 영양분이 증가하기 때문에, 우리 몸은 똑같은 양의 식품에서도 더 많은 에너지를 끌어낼 수 있다. 예컨대 토란과 카사바, 야생감자 등과 같은 식물은 오랫동안 열을 가하면 독성을 잃는다. 극단적인 예로 카사바는 열을 가하지 않은 경우, 한 끼만 먹어도 치명적일 수 있다.

요리는 우리가 섭취하기 전에 음식에 가하는 일종의 가공에 불과하다. 식량을 수집한 후 오랫동안 안전하게 저장하는 능력은, 문명사회를 유지하는 기본적인 전제조건이다. 그런 능력을 확보해야 생산물을 밭이나 도축장에서 도시로 운반해서 많은 사람을 먹일 수 있고, 흉작인 때를 대비해서 식량을 비축할 수 있기 때문이다. 미생물, 즉 균류와 세균이 음식의 구조를 분해해서 썩게 하며, 화학적 구조를 바꿔버리거나 역겨운 냄새를 풍기고 인간의 몸에 해로운 폐기물을 방출한다. 식량 저장의 목적은 미생물의 못된 활동을 억제하는 것과 적어도 그런 부패 과정을 최대한 늦추는 것에 있다. 따라서 미생물이 번식하기에 적합하지 않은 환경에서 식품을 저장하는 방식으로 이루어지기 마련이며, 결국 식품 보존은 식품의 미생물학을 인위적으로 통제하겠다는 뜻이다. 예컨대 미생물의 성장을 아예 억제하거나, 특정한 미생물을 이용해서 바람직하지 않은 미생물이 거점을 확보하는 걸 차단한다. 또 미생물의 성장에서 비롯되는 발효를 촉진함으로써 영양소가 한층 쉽게 흡수되도록 식품의 복잡한 구조를 분해하는 경우도 있다.[2] 따라서 생물공학biotechnology은 결코 현대에 이루어낸 혁신이 아니다. 인류의 역사에서 가장 먼저 이루어낸 발명 중 하나이다.

삶고 볶는 방식으로 음식을 요리하고, 발효를 통해 장기적으로 식품을 저장하는 능력은 흙을 불에 구워 토기를 만들어내는 혁신 덕분에 생겨날 수 있었다. 토기의 발명은 우리 인간에게 엄청난 영향을 미쳤다. 예컨대 젖소 같은 반추동물의 소화기관과 달리, 인간의 소화기관은 많은 유형의 음식물을 제대로 분해하지 못한다. 따라서 우리는 몸의 선천적인 기능을 보충하기 위해 테크놀로지를 동원해왔다. 더 많은 영양소를 끌어내려고 발효시키거나 요리하는 동안 음식을 담아두는 용기로 사용되는 도자기 그릇들이 몸 밖에 존재하는 추가적인 '소화기관', 즉 테크놀로지 소화기관 역할을 하는 셈이다.

양념장, 절임, 드레싱 등 복잡한 기법이 사용되는 요즘의 요리법도 결국에는 음식의 독성을 억제하고 영양분을 최대한 끌어내려는 근본적인 욕구를 외형적으로 멋지게 꾸민 것에 불과하다. 이 책은 요리법을 소개하려는 책이 아니므로 요리법을 자세히 설명하지는 않겠지만, 종말 후의 재건을 위해서는 보존과 가공 방법 뒤에 숨어 있는 일반적인 원리를 이해하고 있어야 한다.

식품 보존과 저장

음식을 보존하기 위해서는 미생물을 비롯해 온갖 형태의 생명체가 번성하는 환경 조건을 고려해야 한다. 그러나 우리가 여기에서 살펴보려는 전통적인 기법들은 오랫동안 시행착오를 거듭한 끝에 개발되었고, 부패를 유발하는 보이지 않는 미생물이 발견되기 훨씬 전에 알아낸 기법들이다. 심지어 통조림도 세균설이 증명되기 전에 생겨났다. 이런 전통적인 기법들은 효과가 있었지만 그 이유를 합리적으로 설명해주는 이론은 없었다. 하지만 그 이유의 핵심적인 내용을 알고 있다면, 종말 후에 안전한 식량을 공급하고 감염성 질병을 피하는 데 크게 도움이 될 것이다.(미생물을 관찰할 수 있는 현미경을 만드는 방법에 대해서는 210쪽 참조.) 특히 재앙 후에 인구를 꾸준히 증가시키려면 안전한 식품의 공급과 감염성 질병을 예방하는 게 무엇보다 중요하다.

지구의 모든 생명체는 성장하고 번식하는 데 물이 필요하지만, 유기체는 어느 정도의 물리적이고 화학적인 조건을 견뎌낼 수 있다. 더 구체적으로 말하면, 생명체 내에서 행해지는 거의 모든 생화학적 반응을 유도하는 고분자 화합물인 세포 내의 효소는 특정한 범위의 온도와 염도와 페하pH(수용액의 산성이나 알칼리성의 농도를 나타내는 지표—옮긴이) 내에서만 활동한다. 세 요소 중 어느 것이라도 미생물이 번식할 수 있는 최적 조건에서 벗어나게 하면 보존이 가능해진다.

식품을 보존하는 가장 쉬운 방법은 건조하는 것이다. 충분한 수분이 없으면 미생물은 살아나기 어렵다. 그렇기 때문에 수확한 곡물을 바싹 말린 후에 저장고에 저장해야 하는 것이다. 전통적인 건조 방법은 공기

건조와 햇볕 건조이다. 토마토 같은 열매를 말리거나 다양한 육고기로 육포를 만드는 데 건조법은 적합하지만, 느릿하게 진행되기 때문에 다량의 식품에 적용하기에는 적합하지 않다.

흔히 건조식품으로 여겨지지 않지만 수분을 거의 없앤 식품도 오랫동안 보존된다. 당분처럼 물에 녹는 화합물을 대량으로 사용하면 용액이 무척 진해진다. 이 과정에서 미생물의 균체는 수분을 빼앗기고, 지극하게 강인한 균주를 제외한 모든 균주의 성장이 중단된다. 잼을 만드는 원리가 바로 여기에 있다. 아침에 토스트에 달콤한 잼을 발라 먹으면 무척 맛있지만, 과일로 잼을 만드는 최우선적인 목적은 농축된 당액의 항균력으로 과일을 오랫동안 보존하려는 것이다. 열대지역의 사탕수수나, 온대지역에서 자라는 사탕무의 뿌리를 밀폐된 공간에 쑤셔 넣고 잘게 바순 후에 물을 조금씩 흘려보내 당분을 용해하고, 그 용액에서 수분을 증발시키면 당분 결정체가 남는다. 그 결정체가 바로 설탕이다. 이와 똑같은 이유에서 꿀도 무척 오랫동안 보존된다.

인체의 건강한 기능을 위해서는 염분도 소량 필요하다. 이런 이유에서 우리 미각은 염분을 갈망한다. 한편 식품 보존을 위해서 대량의 염분이 사용된다. 염장한 식품은 농축된 소금물이 세포로부터 수분을 빼앗아 성장을 방해한다는 점에서, 잼과 똑같은 방식으로 보존된다. 생고기는 며칠 동안 소금에 절이거나, 짙은 소금물에 오랫동안 담가두면 효과적으로 보존된다. 1리터의 물에 약 180그램의 소금을 녹이면, 바닷물보다 5배가량 진한 소금물을 만들 수 있다. 염장은 인류의 역사에서 무척 중요한 식품 보존 방법이었다. 따라서 이 방법에 대해서는 더 자세히 살펴볼 필요가 있다.

당신이 바닷가에 산다고 가정해보자. 그렇다면 소금을 만드는 작업은 유치할 정도로 간단하다. 바닷물에는 약 3.5퍼센트의 용해성 물질이 함유되어 있다. 그런데 그 물질의 대부분이 일반 소금, 즉 염화나트륨이며, 바닷물에서 물을 증발시키면 쉽게 얻어진다. 햇살이 많은 지역에서는 바닷물을 얕은 냄비에 넘치도록 받은 후에 뜨거운 햇볕에 증발시키면 딱딱한 침전물로 소금이 남는다. 반면에 한랭지역에서는 바닷물로 채워진 얕은 웅덩이가 꽁꽁 얼면, 농축된 소금물이 바닥에 가라앉는다. 한편 유럽과 북아메리카의 대부분을 차지하는 온대지역에서는 연중 내내 어중간한 기후이기 때문에 바닷물을 담은 큼직한 가마솥을 가열해서 물을 증발시켜야 한다. 지구 표면의 4분의 3이 소금물로 뒤덮여 있다. 소금이 귀중한 물질로 여겨지는 이유는 희귀성 때문이 아니라, 소금을 대량으로 추출하는 데 요구되는 막대한 비용 때문이거나 채굴할 만한 소금 광산을 찾아내기가 쉽지 않기 때문이다.•

염장과 흔히 함께 사용되는 식품 보존 방법이 있다. 자연스레 항균성 화합물이 형성되어 육고기나 생선에 스며들게 하는 훈제smoking라는 방법이다. 5장에서 자세히 다루겠지만, 목재가 불완전하게 연소하면 일련의 화합물을 배출한다. 그중 하나인 크레오소트는 훈제된 식품의 부패를 방지하며 독특한 맛을 풍기게 해준다. 소규모 훈제장은 임시방편으로 쉽게 만들 수 있다. 작은 불을 피울 수 있는 구덩이를 파고 금속 덮개를 준비한다. 또 한쪽으로 1~2미터가량의 얕은 통로를 파고 나무판과 흙 순

• 역사적으로 소금이 항상 중요한 물질로 여겨졌다는 증거는 언어에도 남아 있다. 예컨대 로마 시대에 군인은 소금salarium으로 급료를 받았다. 여기에서 요즘 급료를 뜻하는 'salary'라는 단어가 파생되었다.

으로 덮고, 끝부분은 연기가 빠져나가도록 덮지 않는다. 연기가 빠져나가는 통로의 끝부분에는 사용하지 않는 소형 냉장고를 바닥에 구멍 하나를 뚫고 놓는다. 내장을 제거한 생선, 얇게 썬 육고기, 치즈 등을 냉장고 안의 선반에 올려놓고 서너 시간 동안 훈제한다.[3]

신맛은 미생물의 침략을 견제하는 또 하나의 저항군이다. 식초는 초산acetic acid을 희석한 용액이며, 초절임pickling으로 식품을 보존할 때 무척 효과적이다. 반면에 알칼리성을 이용해 식품을 보존하는 방법이 널리 사용되지 않는 이유는, 알칼리성이 지방을 비누화하며(비누 만드는 법에 대해서는 5장 참조), 식품의 맛과 질감을 크게 바꿔놓기 때문이다.•

초절임으로 식품을 보존하기 위해서 신맛을 다른 곳에서 구하지 않고, 산성을 띤 노폐물을 분비하는 박테리아의 성장을 촉진시킴으로써 식품이 자체로 방부제를 생성하도록 유도하는 방법이 있다. 독일식 양배추 절임인 사워크라우트, 일본의 미소, 한국의 김치가 대표적인 예이다. 이 식품들은 모두 먼저 소금을 사용해서 식물에서부터 수분을 빼내고, 다음에는 소금에 내성이 있는 박테리아로 발효시켜 자연스레 신맛을 높인다. 이는 식품을 극단적인 환경에 몰아넣음으로써 부패나 식중독을 야기할 수 있는 다른 미생물의 침입을 차단하는 방식으로 만들어진 것이다.

• 중앙아메리카의 원주민 문명사회들에서 옥수수를 전통적으로 조리했던 방법은 예외이다. 이곳에서는 소석회나 재를 물에 섞은 알칼리성 용액에서 옥수수를 삶아 '닉스타말화nixtamalization(재와 옥수수의 반죽을 뜻하는 나우아틀어—옮긴이)'했다.[4] 이 조리법은 옥수수의 맛을 더 좋게 할 뿐 아니라, 비타민 B_3가 더욱 쉽게 우리 몸에 흡수되게 해준다. 비타민 B_3의 결핍으로 야기되는 질병, 펠라그라가 두 세기 동안이나 옥수수를 주식으로 하던 유럽인과 북아메리카인을 괴롭힌 적이 있었다. 이들은 옥수수를 주식으로 받아들였어도 어떤 식으로 조리해서 섭취해야 하는지 몰랐다.

요구르트도 비슷한 방법으로 만들어진다. 젖산균(유산균)을 발효시켜 우유를 통제 가능한 범위 내에서 시게 만든다.(일반적으로 산은 혀에서 신맛으로 인식된다.) 이렇게 하면 요구르트의 내부 환경 산도가 높아져서 다른 미생물의 침입을 차단하고, 영양소를 며칠 동안 더 안전하게 보존할 수 있다. 이처럼 우유는 핵심 영양소들의 유용한 공급원이기 때문에 종말 후에도 우유의 보존은 생존자들에게 큰 숙제가 될 것이다.

비타민 D는 음식에서 칼슘을 얻는 걸 지원한다. 그래서 골밀도 저하로 인한 구루병을 예방하는 데 반드시 필요하다. 비타민 D는 피부가 햇빛에 노출될 때 몸에서 형성된다. 그러나 위도가 높은 지역에서는 특히 겨울이 어둡고 긴 데다 추위와 싸우려고 온몸을 감싼 채 지내야 하기 때문에 그곳 사람들은 오랫동안 구루병과 싸워야 했다. 우유는 비타민 D와 칼슘의 훌륭한 공급원이다. 따라서 종말 후에 북부 지역에서 건강하게 살려면 우유의 영영소를 안전하게 보존할 수 있는 방법을 찾아내는 게 가장 중요할 것이다.••

우유에서 수분을 대량 없애 버터를 얻는데, 이는 열량의 대부분을 차지하는 지방을 보존하는 좋은 방법이다. 버터를 만들기 위해서는 먼저 지방이 많은 크림을 추출해야 한다. 우유를 찬 용기에 하루쯤 놓아두면 그런 크림이 위에 자연스레 떠오른다. 이렇게 여유 있게 기다릴 시간이 없으면 원심분리기를 사용해서 그 과정을 앞당기면 된다.(양동이를 빙빙 돌

•• 남반부보다 북반구에서 육지가 극지방까지 훨씬 가까이 뻗어 있다. 예컨대 흔히 뉴캐슬이라 불리는 뉴캐슬어폰타인은 남반부에 있는 아프리카, 오스트레일리아, 남아메리카에 있는 어떤 도시보다 극지방에 더 가까이 있으며, 따라서 겨울에 햇빛을 적게 받는다.

리면 원심분리기를 대신할 수 있다.) 다음 단계로 이 크림을 휘젓는 목적은 지방 방울들이 서로 뭉치며 나머지 부분, 즉 버터밀크buttermilk와 분리되게 하려는 것이다. 크림을 휘젓는 기계가 없으면, 크림을 담은 병을 바닥에 이리저리 굴리거나 손에 쥐고 힘껏 흔들면 된다. 또 물감을 휘젓는 주걱을 설치한 전기드릴을 사용하면 한층 더 효과적이다. 버터밀크를 빼내고 남은 버터에 소금을 첨가해서 주무르고 치댄다. 물기가 완전히 빠지고 소금이 골고루 섞이도록 해야 한다.

요구르트는 며칠 동안, 버터는 거의 한 달 동안 화학적으로 안정성을 유지하는 반면에, 치즈는 우유의 영양소를 무척 오랫동안 안전하게 보존할 수 있다. 치즈는 구루병을 물리치는 완벽한 식품이다. 치즈를 만드는 과정은 버터보다 더 복잡하지만, 요점은 수분을 제거해서 우유의 영양소들을 보존하는 것이다. 송아지의 첫 번째 위에서 얻는 효소, 레닌rennin(응유효소)은 우유에서 단백질을 분해해서, 우유를 응유로 만드는 데 사용된다. 응유는 수분이 제거된 후에 압력이 가해져 단단한 덩어리로 만들어진 상태에서 숙성된다. 숙성 과정에서 어떤 균류가 작용하느냐에 따라 겉모습과 맛이 다른 치즈가 만들어진다.

곡물 조리[5]

이번에는 곡물을 요리하는 방법으로 관심을 돌려보자. 선사시대에 밀과 쌀, 옥수수와 보리, 수수와 호밀을 길들여서 재배하기 시작한 것은 인류가 이루어낸 위대한 업적이다. 이처럼 인간에게 길들여진 재배종들의 번식 전략은 품종개량을 위한 인위선택artificial selection을 통해 쉽게 다루어지는 낟알을 맺는 방향으로 다시 프로그램된다. 이런 변화는 젖소나 양처럼 되새김이란 생물학적 혜택을 누리지 못하는 우리가 뻣뻣한 식물을 소화해야 하는 문제를 극복하기 위해서 찾아낸 해결책이기도 하다.

옥수수의 경우는 옥수숫대에 붙은 알갱이를 그대로 조리해서 먹는다.• 쌀은 껍질을 벗긴 후에 끓이거나 쪄서 먹으면 그만이다. 그러나 일반적으로 재배되는 많은 과일과 채소와 달리, 대부분의 곡물은 낟알이 작고 단단해서 그대로 먹을 수 없다. 따라서 곡물은 먹기 전에 테크놀로지적인 준비가 필요하다.

낟알은 미세한 가루로 분쇄되어야 한다. 낟알을 분쇄하는 가장 간단한 방법은, 매끄럽고 납작한 돌덩이 위에 한 줌의 낟알을 올려놓고 손바닥만 한 돌을 손에 쥐고 온몸으로 부수고 빻는 것이다. 몹시 힘들고 시간도 많이 걸리는 완전한 육체노동이다. 넓적한 원통형 돌이나 금속 원판 두 짝 사이에 낟알을 넣고 빻으면 훨씬 편할 것이다. 가운데 구멍에 낟알을 넣으면, 윗돌의 무게가 낟알에 힘을 가해 분쇄하고, 윗돌이 회전하며 빻아진 가루를 밖으로 밀어낸다. 이른바 맷돌이라는 것으로, 음식물을 잘게 부수고 빻아서 쉽게 소화되게 만드는 어금니의 역할을 확대한 테크놀로지라 할 수 있다. 짐을 끄는 짐승에게 멍에를 씌워서 커다란 맷돌을 천천히 돌리게 하면 힘든 노동력을 크게 줄일 수 있다. 물론 수력이나 풍력

• 약 6,000년 전, 남아메리카 주민들은 옥수수 알갱이에 열을 가해 튀기는 방법을 알아냈다. 이 방법을 근거로 탄생한 팝콘이 현재 미국에서만 영화관을 중심으로 10억 달러의 시장을 형성하고 있다.

을 이용해서 맷돌을 돌리면 훨씬 나을 것이다.(이에 대해서는 8장 참조.) 하지만 종말에서부터 회복을 시작하는 사회에서, 수확한 곡물 전부를 가루로 만들려면 엄청난 양의 에너지가 필요할 것이다.

이렇게 빻은 가루를 가장 간단하게 먹는 방법은 약간의 물에 섞어 걸쭉한 포리지porridge나 죽을 만드는 것이지만 별로 맛이 없다. 그러나 약간의 조리 솜씨를 더하면 그 가루에 담긴 탄수화물이란 영양소를 훨씬 맛있고 다양하게 공급할 수 있다. 예컨대 빵은 조리한 죽에 불과하지만, 문명이 태동한 이후로 영양을 효과적으로 공급하는 통로로써 문명을 떠받쳐왔다. 빵을 만드는 기본적인 조리법은 어이가 없을 정도로 간단한다. 어떤 곡물이든 낟알을 고운 가루로 잘게 빻은 후에 물과 섞어 끈적한 반죽을 만든다. 반죽을 밀어서 펴고, 불에 뜨겁게 달궈진 돌판 위에 얹어 서서히 굽는다. 이렇게 하면 효모균을 넣지 않은 납작한 빵을 만들 수 있다. 요즘 인도의 차파티, 남아시아의 난, 멕시코의 토르티야, 아랍 지역의 쿠브즈, 지중해와 중동 지역의 파타빵 등이 모두 납작하고 원모양을 띠는 빵flatbread이다.

하지만 오늘날 서구 세계에서 가장 흔한 종류의 빵은 부풀어 오른 빵이다. 반죽을 부풀게 하려면 한 가지 재료가 더 필요하다. 이스트라는 효모균이다. 효모균은 썩어가는 나무줄기에 자라는 독버섯과 크게 다르지 않은 단세포 균류이다. 가루 반죽을 발효시킬 때 효모를 더하면, 기포에 사로잡힌 이산화탄소가 발생하며 반죽이 솜털처럼 가볍게 부풀어 오른다. 오늘날 거의 모든 발효빵에는 특별한 효모균, 사카로미세스 세레비시에(맥주효모균)Saccharomyces cerevisiae가 사용된다. 세상의 종말에 따른 혼란 속에서 맥주효모균이 완전히 사라지기 전에 당신이 이 효모균을 황소나

말만큼이나 중요하고 소중한 것이라 생각하며 그 유기체가 보관된 곳부터 침착하게 구해놓는다면 빵을 멋지게 만들어낼 수 있다. 맥주효모균은 건조된 상태로 봉지에 포장되어 슈퍼마켓에서 판매되지만 무한정 효과가 유지되지는 않는다. 게다가 빵을 만드는 미생물을 맨손으로 분리해내야 할 경우는 어떻게 해야 할까?

빵을 부풀리는 데 필요한 효모균은 다른 발효균과 마찬가지로 곡물의 낟알에 본래 존재하며, 따라서 분쇄된 가루에도 당연히 존재한다. 문제는 우리에게 해를 끼칠 수도 있는 많은 균들로부터 이 유익한 균을 분리해내는 것이다. 결국 우리는 초보적인 미생물학자가 되어, 유익한 균에 유리한 선택과정을 만들어내야 한다. 3,500년 전 고대 이집트에서 처음 구워졌고 요즘에도 고급 제과점에서 여전히 인기가 좋은 효모빵, 사워도우sourdough(시큼한 맛이 나는 반죽이나 빵)를 굽는 데 필요한 미생물들을 분리하는 기본적인 방법은 다음과 같다.[6]

한 컵의 가루를 2분의 1 내지 3분의 2 컵의 물에 넣고 잘 섞는다.(처음에는 통곡물을 사용하는 게 좋다.) 그 혼합물을 무언가로 완전히 덮고 따뜻한 곳에 놓아둔다. 12시간 후에 혼합물이 얼마나 부풀고 발효되었는지 확인한다.(기포가 형성되었는지 살펴보면 된다.) 어떤 징조도 분명하게 눈에 띄지 않으면, 혼합물을 휘젓고 12시간을 다시 기다린다. 발효의 흔적이 나타나면, 혼합물의 절반을 버리고 가루와 물을 똑같은 비율로 보충한다. 이런 과정을 하루에 두 번 반복한다. 이 과정을 반복할 때마다 혼합물은 더 많은 영양소를 얻게 되고, 미생물 영역은 두 배로 확장된다. 미생물이란 반려생물이 그릇에 남겨진 먹이를 먹으며 번성하는 것처럼, 보충 과정이 시행된 후에는 건강한 냄새를 풍기는 혼합물이 확실히 기포를 만들며 부푼다면, 일주일쯤 지난 후에는 효모빵을 구울 준비가 끝난 것이 된다. 혼합물(반죽)을 약간 떼어내서 빵을 굽기만 하면 된다.

이런 반복 과정을 직접 실행하는 동안, 당신은 기본적인 미생물 선택 원칙, 즉 가루에 함유된 탄수화물 영양소를 먹고 자라며 섭씨 20~30도의 환경에서 가장 빠른 속도로 세포분열하는 미생물들을 선택하는 원칙을 세운 셈이다. 이 과정에서 만들어진 사워도우는 하나의 미생물만 분리되어 배양된 순수한 결과물이 아니라, 낟알의 복잡한 분자를 분해할 수 있는 젖산간균lactobacillus과 젖산간균의 부산물을 먹고 살아가며 이산화탄소를 배출해서 빵을 부풀게 하는 효모균이 균형 있게 존재하는 결합물이다. 이처럼 여러 종이 서로 도움을 주는 관계는 공생관계로 알려져 있다. 콩과식물의 뿌리에서 주인 노릇을 하며 질소를 고정하는 박테리아부터, 우리 소화기관에 기생하며 소화를 돕는 박테리아까지 생물계에서 나타나는 공통된 특징이다. 게다가 요구르트가 만들어질 때처럼 젖산간균이 분비한 젖산 때문에 사워도우 빵이 시큼하고 싸한 맛이 나지만, 다른 미생물이 반죽에 끼어들지 못하도록 차단하고, 사워도우라는 공생 공간을 안정되게 유지하는 역할을 하는 것도 젖산이다. 물론 다른 미생물들이 침략한 경우에도 사워도우를 신속하게 회복시키는 것도 젖산의 역할이다.

하지만 모든 가루가 발효빵을 만드는 데 사용될 수 있는 것은 아니다. 효모균이 자라며 배출하는 이산화탄소 기포를 가둬둘 수 있는 탄력적인 반죽을 만들려면 글루텐이 필요하기 때문이다. 밀알은 다량의 글루텐을 함유해서 보드라운 빵 덩어리를 만드는 반면에, 보릿가루에는 글루텐이 거의 없다. 하지만 보리는 영양 공급원으로 밀보다 훨씬 많은 부문에 사용된다.

반죽처럼 산소가 많은 환경에서 자라는 효모균은 반죽의 분자를 완전히 분해해서 이산화탄소를 배출한다.(인간의 물질대사도 거의 비슷하다.) 그러나 효모균이 산소가 제한적인 혐기성 조건에서 배양되면 부분적으로만 당분을 분해하며, 에탄올(알코올)을 폐기물로 배출한다. 이것이 양조의 기본 원리이다. 기초적인 양조법이 발견된 이후로 알코올은 술꾼들의 좋은 친구가 되었지만 그 밖에도 무수히 많은 쓰임새가 있다. 따라서 종말 후에 문명을 다시 세우기 위해서라도 알코올을 정제하는 데 노력을 기울일 가치는 충분하다. 농축된 에탄올은 알코올버너와 무공해 자동차에서 사용되는 청정연료와 방부제 및 소독약만큼이나 소중하다. 또한 향수를 제조하려고 식물에서 화학물질을 추출하거나 의약품을 개발할 때, 물에는 녹지 않는 화합물을 녹일 수 있는 용액으로 사용되는 것이 에탄올이다. 알코올은 공기에 노출되면 신맛으로 변한다. 포도주를 즐겨 마시는 사람이라면 포도주 병을 개봉하고 며칠 지나지 않아 맛이 변한 걸 경험했을 것이다. 새로운 박테리아가 포도주에 침입해서 에탄올을 초산으로 바꾸기 때문이다. 조리용이나 식탁용 식초는 물을 섞어 5~10퍼센트로 희석한 초산이며, 이보다 진한 초산은 초절임에 사용된다.

다양한 미생물 공동체인 사워도우와 달리, 양조에 사용되는 순수한 효모균 배양물은 낟알에 함유된 복잡한 녹말 분자를 분해할 수 없다. 따라서 이 분자는 먼저 발효당fermentable sugar으로 전환되어야 한다. 녹말의 생물학적 기능은 발아한 어린 식물이 잎을 맺고 완전히 자리 잡을 때까지 에너지를 공급하는 것이다. 따라서 낟알의 자체 메커니즘이 활성화되어 녹말을 분해한다. 보리알(혹은 모든 곡물의 낟알)을 물에 푹 담근 후에 발아하도록 따뜻하고 습한 방에 일주일쯤 놓아두면, 녹말이 당으로 분해된다.(녹말 분자는 당의 하위 단위들이 서로 연결된 긴 사슬이다.) 그 후에 보리알을 건조로에서 건조하거나 부분적으로 구우면 맥아가 된다. 얼마나 굽느냐에 따라 최종적으로 맥주의 색과 맛이 달라진다. 이렇게 만들어진 맥아에 뜨거운 물을 붓고 모든 당분을 녹인 후에 걸러내면, 단맛이 나는 맥아즙이 만들어진다. 맥아즙을 끓여 수분 일부를 증발시키면, 당분이 농축되는 동시에, 맥아즙이 살균되어 나중에 유익한 발효 미생물을 더할 수 있는 백지 상태가 된다. 끝으로 맥아즙을 차게 식히고, 효모균을 주입한 후에 일주일 동안 발효시킨다.

그럼 효모균은 어디에서 구할까? 종말 후에 최대한 신속하게 슈퍼마켓에서 확보해야 할 유용할 품목 중 하나는 병맥주이다. 병맥주의 바닥에는 활성효모live yeast가 가라앉아 있기 때문에 훗날을 위해 그 유용한 효모균을 확보해두어야 한다. 그러나 맥주 양조에 적합한 효모균은 주변 환경에 널려 있고, 앞에서 설명한 방법과 유사한 선택 방법을 사용해서 분리해낼 수 있다. 오늘날 상업적으로 빵을 만드는 데 사용되는 순수 배양 효모균은 맥주를 양조하는 발효통의 거품에서 처음 발견된 세포의 후손이다. 한천평판agar plate과 현미경이라는 미생물학적인 도구를 이용해서 분리되었다.(이에 대해서는 7장 참조.) 다음에라도 술에 얼큰하게 취하면, 당신 두뇌가 단세포 균류의 배설물에 약간 중독되고 손상되었다고 생각하시라. 여하튼 건배!

거의 모든 당원糖原이 발효되면 알코올 음료가 된다. 당으로 분해된 녹말의 경우도 마찬가지이다. 예컨대 꿀, 포도, 곡물, 사과, 쌀은 발효되면 차례로 봉밀주, 포도주, 맥주, 사과주, 정종(사케)이 된다. 하지만 효모 세포가 자체로 에탄올을 분비하며 알코올 농도를 높이지 않는 한, 영양원과 상관없이 발효 알코올 음료의 농도는 겨우 12퍼센트에 불과하다. 물과 그 밖의 모든 것이 뒤섞여 발효되는 물질로부터 에탄올을 따로 분리함으로써 알코올을 정제해서 농도를 높일 수 있다. 증류distillation라고 불리는 이런 방법은 먼 옛날부터 널리 사용되던 또 하나의 진정한 테크놀로지이다.

염분이 함유된 용액으로부터 소금을 추출할 때와 마찬가지로, 발효액으로부터 알코올을 분리하는 경우에도 두 성분의 다른 속성을 이용해야 한다. 이 경우에는 에탄올이 물보다 비등점이 낮은 속성을 이용한다. 가장 단순한 증류기라면, 몽골 유목민들이 밀주를 담글 때 사용하는 증류기를 언급하지 않을 수 없다.[7] 발효된 혼합물을 담은 그릇이 불 위에 올려지고, 그릇 위쪽에 걸린 선반에는 수집기가 놓인다. 끝으로 바닥이 뾰족한 그릇이 찬물로 채워지고 그 그릇 바로 위에 놓인다. 그러고는 커다란 덮개로 전체를 가린다. 불이 혼합물을 가열하면, 먼저 에탄올이 수증기로 증발한다. 그 증기가 물그릇의 차가운 아랫면에 부딪치면 응결해서 중간에 놓인 수집기에 똑똑 떨어진다. 전용 유리그릇, 혼합물에서 증발한 증기가 섭씨 78도(에탄올의 비등점)를 넘지 않도록 제어하는 온도계, 공기 흡입구가 있는 가스버너를 갖춘 현대 실험실 또한 이런 기본적인 설비에서 따온 것이다. 분별 증류관, 유리구슬로 채워진 직립 실린더를 사용하면 혼합물에서 생겨난 증기가 응결해서 증발하는 과정을 되풀이하고, 그 과정을 반복할 때마다 알코올 농도가 높아지기 때문에 증류의 효율성이 향상될 수 있다.

열기와 냉기를 사용한 식품 보존

끝으로, 온도를 마음대로 조절할 수 있는 능력, 즉 극단적인 열기와 냉기를 사용하는 능력이 어떻게 식품 보존에서 중요한 수단이 되었는지 살펴보자.

건조와 염장, 초절임과 훈제 등 인류의 역사에서 사용된 식품 보존법들은 지금도 여전히 유효하지만, 식품의 맛을 변하게 하는 경우가 있고, 영양분을 완벽하게 유지하지 못한다는 문제도 있다. 19세기 초에 프랑스의 한 제과업자가 새로운 방법을 고안해냈다. 식품을 유리병에 담고 코르크 마개와 밀랍으로 밀봉해서 서너 시간 동안 뜨거운 물에 담가두는 방법이었다. 곧이어 밀폐된 금속 통조림통이 사용되기 시작했다.(오늘날에도 주석 통조림통, 적어도 주석 도금한 금속 통조림통이 사용되는 이유는, 주석이 식품의 산성에 부식되지 않는 극소수 금속 중 하나이기 때문이다.)• 인류의 역사에서 밀봉에 관련된 전제적 테크놀로지가 중간에 사라지는 바람에 통조림 식품이 수세기나 나중에 개발되었지만—솜씨 좋은 고대 로마인들이 그 테크놀로지를 알았더라면 완벽하게 밀폐된 용기를 만들어낼 수 있었을 것이다—이제는 모든 테크놀로지가 순서대로 갖추어져 있기 때문에 생존자들은 종말 후에 곧바로 식품을 통조림으로 가공할 수 있을 것이다.

통조림으로 가공하는 과정의 핵심 원리는 열을 사용해서 기존에 존재하는 미생물의 활동력을 빼앗고, 공기가 들어가지 못하게 밀봉해서 식품

• 프랑스 군대가 통조림 식품을 사용한 지 50년이 지난 후, 1860년대에야 최초의 통조림통 따개가 발명되었다. 군인들은 끌이나 총검을 사용해서 그럭저럭 통조림을 열었지만, 통조림이 민간인들에게도 널리 확산되자 따개가 절실히 필요했다.

이 다시 오염되어 부패되는 걸 예방하는 것이다. 저온살균pasteurization이라 일컬어지는 절차는 식품을 섭씨 65~70도까지 잠깐 가열해서 부패나 병원균의 활동을 멈추게 하는 것이다. 결핵과 소화기 질환이 인간에게 전염되는 걸 예방하는 동시에 영양소를 파괴하지 않고 우유를 처리하는 방법으로는 저온살균이 무척 효과적이다. 신맛을 띠지 않거나 초절임되지 않은 식품을 가장 확실하고 안전하게 보존하는 방법은 일반적인 비등점보다 높은 온도로 가열하고, 공기가 들어가지 못하도록 완벽하게 밀폐된 통조림으로 만드는 것이다. 비등점 이상에서는 내용물이 완전히 멸균되고, 보툴리누스 식중독botulism을 일으키는 미생물처럼 온도에 내성을 지닌 미생물까지 죽는다.

이런 이유에서 중요한 식품을 오랫동안 보존할 때는 고온처리법이 사용된다. 그러면 냉기를 이용한 냉동은 어떤가?

온도가 떨어지면 미생물의 활동과 번식도 느려진다. 저온의 보존효과는 오래전부터 알려진 것이다. 적어도 3,000년 전에 중국인들은 겨울에 얼음을 동굴에 모아두고 1년 내내 식품을 보존했고, 1800년대에 노르웨이는 서유럽에 얼음을 판매한 주요 수출국이었다. 그러나 냉기를 인공적으로 만드는 능력은 현대문명의 성과이다. 게다가 열을 만들어내는 것보다 열을 낮추는 것이 훨씬 더 까다롭다. 기체법칙gas laws을 응용해서 냉각장치를 만들면 신선한 식품이 급하게 상하는 걸 방지하고 냉동해서 오랫동안 보존할 수 있지만, 병원에서 혈액을 안전하게 보관하거나 백신을 안전하게 운송하기 위해서, 또한 건물에 에어컨을 가동하고, 공기를 증류해서 액체산소를 만들어내기 위해서도 기체법칙을 응용할 수 있다. 냉각장치가 어떻게 가동되는지에 대해서 자세히 살펴보자. 냉각은 테크놀로지의 채택과 관련해서 흥미로운 현상을 보여주는 동시에, 종말 후에 재건을 시도하는 사회가 결국 현재와 무척 다른 길을 취할 수밖에 없는 이유를 설명해주기 때문이다.

냉각과 관련된 핵심적 원리는, 액체가 기체로 증발할 때 그런 전환에 필요한 열을 주변에서 빼앗는다는 것이다. 이런 이유에서 우리 몸은 체온을 일정하게 유지하려고 땀을 흘린다. 점토로 만든 발한통은 특별한 과학기술을 동원하지 않고 냉각 문제를 해결한 테크놀로지라 할 수 있다. 아프리카에서 흔히 볼 수 있는 지어 포트Zeer Pot는 이중 점토 그릇으로, 유약을 바르지 않은 커다란 점토 그릇 안에 뚜껑이 있는 작은 점토 그릇이 들어간 형태이다. 두 그릇의 틈새는 젖은 모래로 채워진다. 습기가 증발할 때 안쪽 그릇으로부터 열을 빼앗기 때문에 안쪽 그릇의 온도가 내려간다. 따라서 시장의 상인이 지어 포트를 이용하면, 과일이나 채소가 상하는 걸 일주일쯤 늦출 수 있다.[8]

모든 기계식 냉각장치도 기본적으로는 똑같은 원리로 작동된다. 요컨대 '냉매refrigerant'의 증발과 재응축을 조절하는 것이다. 증발할 때는 열에너지를 필요로 하는 반면에 응축할 때는 그 열에너지를 방출한다. 이런 순환의 증발 부분을 단열 상자 내의 관에서 일어나게 한다면, 그 밀폐된 공간으로부터 열을 빼앗아 내부를 시원하게 할 수 있다. 이때 빼앗은 열을 냉각장치 뒤쪽에 붙은 검은 방열기를 통해 주변 공기에 방출한다.

현대 냉각장치는 한결같이 전기 압축기를 사용해서 응축 단계를 강제로 조절한다. 달리 말하면, 냉매를 강제로 액체로 돌려보내 다시 증발하면서 밀폐된 공간으로부터 열을 빼앗도록 한다. 하지만 대신할 수 있는 방법이 적지 않다. 그중에서 가장 간단한 방법이 '흡수식 냉동기absorption refrigerator'로, 알베르트 아인슈타인도 이런 냉동기를 공동으로 발명한 적이 있다.[9] 이 냉동기에서는 암모니아 같은 냉매가 압력을 받아 응축되는 게 아니라, 그저 물에 용해되고 흡수됨으로써 응축된다. 가스불이나 전기 필라멘트 혹은 뜨거운 태양열을 이용해서 암모니아와 물의 혼합물을 가열해 비등점이 훨씬 낮은 암모니아를 분리해내면, 냉매는 응축 단계로 돌아간다.(앞에서 보았던 증류와 똑같은 원리이다.) 흡수식 냉동기는 이렇게 열을 교묘하게 이용해서 식품을 시원하게 유지한다. 또 압축기를 움직일 전동기가 필요하지 않기 때문에 흡수식 냉동기에서는 움직일수록 마모되는 부품이 사용되지 않는다. 따라서 유지하고 정비할 필요가 거의 없으며, 갑자기 작동이 멈출 위험도 크게 줄어든다. 더구나 흡수식 냉동기는 소음도 거의 없는 편이다.[10]

역사가 지긋지긋한 사건의 반복이라면, 테크놀로지의 역사는 발명의 반복에 불과하다. 유용한 도구들이 연이어 발명되면서 상대적으로 열등한 경쟁 도구들은 역사의 뒤안길로 사라졌다는 게 일반적인 생각이지만, 정말 그럴까? 현실이 그처럼 단순한 경우는 무척 드물다. 또한 테크놀로지의 역사가 승자에 의해 쓰였다는 걸 기억해야 한다. 따라서 패자들은 어둠 속에 사라져 잊히는 동안 성공한 혁신들은 징검돌들이 반듯하게 연이어 놓였다는 환상을 우리에게 안겨준다. 그러나 발명의 성공을 결정하는 요인이 항상 기능의 우월성만은 아니다.

역사적으로 보면 압축식 냉동기와 흡수식 냉동기는 거의 같은 시기에 개발되었지만, 상업적인 성공을 거두고 지금까지 지배적인 위치를 차지하고 있는 것은 압축식 냉동기이다. 당시 갓 태동해서 수요의 확대를 간절히 바랐던 전기회사들이 압축식 냉동기를 적극적으로 지원했기 때문이다. 그러니까 오늘날 흡수식 냉동기가 거의 사라진 이유는, 설계의 본질적인 한계 때문이 아니라, 사회적이고 경제적인 요인 때문이다. 널리 사용되는 제품은 제조업자들의 판단에 가장 큰 이윤을 보고 판매할 수 있는 제품이며, 이윤의 폭은 당시에 갖추어진 기반시설에 크게 영향을 받는다. 따라서 냉장고가 우리 부엌에서 웅웅대는 이유는 소음이 없는 흡수식 설계보다 전기 압축기를 사용하고, 압축식 냉동기의 테크놀로지적 우월성보다 미리 선택 방향이 결정된 것이나 다를 바 없었던 1900년대 초의 이상한 사회경제적인 환경과 관련이 깊다. 따라서 종말 후에 회복을 시도하는 사회는 현재의 냉동기와 다른 길을 택하는 편이 낫다.

옷

앞에서 보았듯이, 요리와 발효를 위해 사용되는 도자기 그릇은 외부의 소화기관처럼 소화를 돕고, 맷돌은 우리 어금니의 확대판처럼 기능한다. 옷의 경우도 우리 몸의 생물학적 역량을 향상시킬 목적에서 테크놀로지가 응용된 대표적인 예이다. 옷을 이용함으로써 체온을 유지하는 능력이 향상된 덕분에 우리 조상은 동아프리카의 열대 초원을 넘어 멀리까지 뻗어나갈 수 있었다.

문명의 시간에서는 눈 깜짝할 시간에 불과한 약 70년 전까지만 해도 우리는 짐승과 식물에서 얻은 것으로 옷을 지어 입었다. 최초의 합성섬유인 나일론은 제2차 세계대전이 발발할 쯤에 개발되었고, 종말 후에 재건하는 사회가 나일론 같은 중합체polymer를 다시 만드는 데 필요한 유기

화학적 지식을 당장에 확보하기는 힘들 것이다. 따라서 우리가 전통적으로 먹던 방법과 입던 방법 사이에는 깊은 관계가 있다. 동물과 식물을 길들여 키우는 농업은 식량을 안정되게 공급할 뿐 아니라, 꼬아서 밧줄을 만들거나 이리저리 엮어서 천을 만들 수 있는 섬유와 무두질해서 가죽을 만드는 생가죽을 제공하기도 한다. 또한 방적과 방직에 관련된 기술은 문명사회에 반드시 필요한 다른 물건—결박을 위한 끈, 건설용 기중기에 사용되는 밧줄, 돛을 만드는 삼베, 풍차의 날개깃—을 만드는 데 응용된다.

과거의 문명이 만들어놓은 옷들이 완전히 낡아 떨어지면, 부활을 꿈꾸는 사회는 다시 자연계로부터 적절한 섬유를 찾아내야 할 것이다. 삼과 황마와 아마의 고갱이(아마포), 사이잘삼과 유카와 용설란의 잎, 목화나 케이폭의 열매를 싸고 있는 보드라운 솜이 식물성 섬유를 제공할 것이고, 지금은 양과 알파카가 가장 흔한 동물성 섬유의 공급원이지만 종말 후에는 모든 모피동물의 털에서 얻게 될 것이다. 또한 곤충인 누에나방Bombyx mori의 고치에서 명주실을 얻을 수도 있다. 이처럼 털실로 짠 모자와 고운 실크 드레스는 스테이크와 크게 다르지 않은 단백질로 이루어진 반면에, 아마포 재킷과 면 셔츠는 근본에서는 신문과 똑같은 재료—당분자들이 결합된 셀룰로오스 식물성 섬유—로 만들어진 것이다.

그럼 목화에서 뽑아내고 양에서 깎아낸 천연섬유 덩어리로 우리 몸을 감싸주는 옷을 만드는 데 필요한 필수적인 지식은 무엇일까? 가장 기본적인 입문 수준의 기술부터 시작해서, 18세기 말 영국의 산업혁명으로 시작된 기계화에 의해 이러한 기술들이 어떻게 정비되었는지에 대해 살펴보기로 하자. 여기에서는 주로 모직에 초점을 맞추려 한다. 대재앙이 일어난 후에는 무명이나 실크보다 모직이 훨씬 넓은 지역에서 쉽게 구할 수 있을 것이기 때문이다.

쓰레기더미에서 양털 가죽을 찾아내면 따뜻한 비눗물로 세탁해서 섬유조직에 낀 기름기를 제거해야 한다. 다음에는 긴 섬유만 골라 가지런하게 다듬는 소모梳毛 작업, 즉 빗질 공정이 필요하다. 양털 뭉치를 팽팽하게 당겨 양쪽 끝을 핀으로 고정한 후에서 빗질을 반복하며 섬유를 솎아내서 반듯하게 정리한다. 이런 소모 작업으로 '조방사roving'를 얻으면 방적spinning이 시작된다.

방적을 하는 목적은 짧은 섬유 뭉치를 긴 가닥의 실로 만들기 위해서이다. 느슨하게 정돈된 섬유 뭉치에서 굵은 조방사를 살살 잡아당겨 엄지와 검지 끝으로 꼬아 가늘게 만드는 작업으로, 특별한 도구 없이도 얼마든지 해낼 수 있다. 이처럼 손가락만을 사용해서도 실을 뽑아낼 수 있지만 시간이 엄청나게 걸린다. 따라서 이 작업을 쉽게 해낼 수 있는 테크놀로지를 사용할 수 있다면 더할 나위 없이 좋을 것이다. 물레spinning wheel가 두 가지 중요한 역할을 해낼 수 있다. 하나는 굵은 조방사를 뽑아서 가는 가닥을 만드는 작업이고, 다른 하나는 가는 가닥을 자아서 튼튼한 실로 만드는 작업이다.[11]

큰 바퀴는 손이나, 발판을 움직이는 발로 작동되며, 끈이나 띠로 연결되어 앞쪽의 굴대를 더욱 빠른 속도로 돌린다. 물레에서 핵심적인 위치를 차지하는 장치인 방추와 플라이어는 레오나르도 다빈치가 1500년경에 고안해낸 것이며, 그 천재적인 발명가가 설계한 아이디어 중 그의 생전에 실제로 만들어진 극소수 발명품 중 하나이다. U 자 모양의 플라이어는 방추보다 약간 더 빠른 속도로 회전하고, 한 줄로 늘어선 고리들 사

물레. 회전하는 방추 위의 플라이어를 통해 계속 공급되는 조방사가 가는 실이 되면서 실감개에 감긴다.

이로 플라이어를 따라 회전하며 지나간 가닥들은 끝부분이 풀리면서 중앙 방추에 감긴다. 한마디로 물레는 섬유를 꼬아서 가닥으로 만드는 동시에 그 가닥들을 실감개에 감아서 나중에 사용할 수 있도록 만든 기발한 발명품이다. 물레로 실을 충분히 만들어내려면 너무 많은 시간이 걸렸다. 그래서 역사적으로 실을 잣는 작업은 어린 소녀나 결혼하지 않은 늙은 여자의 몫이었다.

한 가닥으로 된 실을 다른 가닥과 꼬아서 두 가닥으로 만들면 이른바 겹꼰실(혹은 합연사)이 되어 한 가닥의 실보다 더 튼튼하고 강해진다. 처음 뽑힐 때 회전한 방향과 반대 방향으로 꼬면 두 가닥은 자연스레 서로 맞물려서 풀어지지 않는다. 이런 결합 과정을 반복하면 팔목보다 굵고, 수

톤의 무게를 거뜬히 지탱할 수 있는 밧줄이 만들어진다. 이처럼 모든 섬유는 개별적으로는 무척 약하고 길이도 수 센티미터를 넘지 않는다.

하지만 꼰실(혹은 방적사)은 천을 만드는 데 가장 많이 쓰인다. 지금 당신이 입고 있는 옷이 직조된 방법을 자세히 뜯어보라. 셔츠는 대체로 올새가 무척 가늘다. 따라서 모직 재킷과 티셔츠 혹은 청바지처럼 질긴 바지에서는 직조된 패턴이 뚜렷이 보이는 편이다. 또한 커튼과 담요, 침대 시트와 이불, 소파 커버와 카펫에 사용된 다양한 패턴도 어렵지 않게 확인할 수 있다.

지금 당장 정확한 패턴에 대해 살펴볼 필요까지는 없지만, 천이나 직물은 어떤 경우에나 두 종류의 실, 정확히 말하면 서로 직각을 이루고 위아래로 번갈아 겹쳐지는 두 종류의 실로 짜이는 게 분명하다. 세로 방향으로 놓이는 날실은 천에서 구조적으로 주된 부분을 이루기 때문에 두 가닥이나 네 가닥으로 짜이고, 따라서 씨실보다 더 튼튼하다. 씨실은 날실과 직각으로 교차하며 날실들을 묶는 역할을 한다.

직조는 베틀에서 행해진다. 베틀의 주된 기능은 날실들을 팽팽하고 평행하게 붙잡고 올리거나 내리면서 씨실이 날실들 사이사이로 꿰이도록 하는 것이다. 가장 기본적인 베틀은 날실을 팽팽하게 고정시키는 두 개의 막대기로만 이루어진다. 예컨대 막대 하나는 나무에 고정되고, 다른 하나는 바닥에 고정되어 있으면 충분하다. 하지만 수평틀을 이용해서 날실을 지탱하는 직조기는 구조적으로 훨씬 복잡하고 정교하다.[12]

직조기는 씨실을 연속적으로 팽팽하게 좌우로 움직이며 평행하게 놓인 씨실들과 교차되게 한다. 직조기에서 중요한 부분인 잉앗대는 일부의 날실들을 올리거나 내리며 날실들을 분리하는 장치이다.(잉앗대에 대해서는

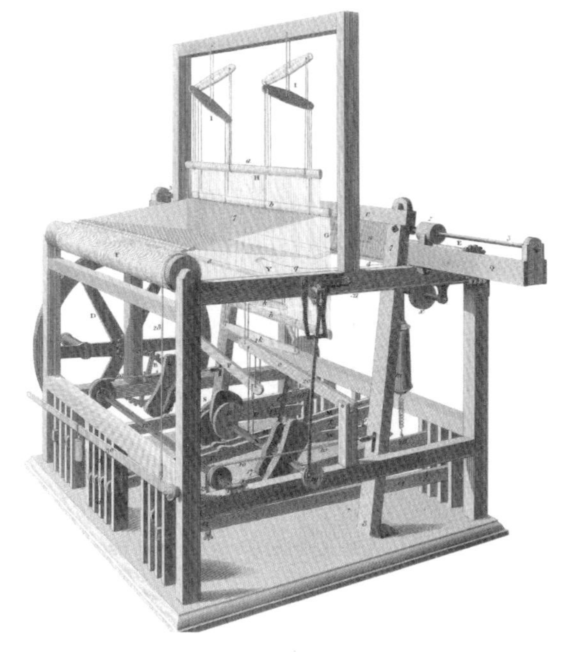

직조기. 잉앗대가 날실의 일부를 끌어올리며 씨실이 그 틈새를 통과하도록 해준다.

바로 뒤에서 자세히 살펴보기로 하자.) 이렇게 날실들이 분리되며 생기는 틈새를 씨실이 통과하고, 끌어올린 날실의 부분이 달라지면 씨실이 다시 틈새를 통과해 되돌아간다. 이런 식으로 한 번에 한 줄씩 천이 만들어진다.

날실의 부분들을 올리는 순서에 변화를 주면 씨실이 끼워지는 패턴이 달라지고, 그에 따라 천의 종류도 달라진다. 가장 기본적인 패턴의 평직平織에서 씨실은 날실을 매번 한 가닥씩 엇바꾸어 짜기 때문에 일정한 격자무늬가 만들어진다. 평직은 아마포를 직조하는 기본적인 방법이다. 평직을 편리하게 직조하기 위해서는 좁고 길쭉한 틈새와 동그란 구멍이 교대로 일렬로 늘어선 긴 판을 잉앗대로 사용하면 된다. 이때 잉앗대의 틈새와 구멍에는 한 가닥의 날실이 꿰어져 있어야 한다. 단단한 잉앗대가 올라오거나 내려갈 때 구멍에 걸린 날실만이 함께 움직이며, 길쭉한 틈새를 꿰는 날실은 잉앗대의 움직임에 영향을 받지 않는다. 따라서 씨실은 날실의 위아래로 번갈아가며 지나가게 된다.

한층 복잡한 직조 무늬를 빚어내려면 잉앗대가 더 복잡해져야 한다. 가로축에 일련의 실이 줄지어 늘어져 있고, 각각의 실이 같은 높이에 있는 잉앗대의 고리 매듭이나 메탈 아일릿metal eyelet(금속으로 주위를 둘러싼 끈 꿰는 구멍—옮긴이)에 끼워져 있어 가로축이 끌어올려질 때 잉앗대의 구멍에 꿰어진 날실만이 따라 올려지는 방법이 가장 흔히 사용된다. 따라서 날실들은 관련된 가로축의 움직임에 영향을 받는다. 직조 무늬가 복잡할수록, 날실이 움직이는 순서를 적절하게 조정해야 하는 잉앗대를 움직이는 가로축의 수가 많아진다. 능직을 예로 들면, 씨실이 한 번에 서너 개의 날실을 건너뛰며 엇갈리게 배열되어 대각선 모양의 무늬가 만들어진다. 날실과 씨실이 이처럼 서로 건너뛰면 엮여 꼬이는 부분이 줄어들기 때문에 능직은 유연하고 편안한 느낌을 주지만, 한층 단단히 실이 맞물리기 때문에 능직으로 짜인 천은 튼튼하고 질기다. 한편 데님은 날실과 씨실이 3 대 1의 비율로 제작된 능직을 가리킨다.

가죽으로 옷을 지어 입든 직물로 지어 입든 간에, 다음 문제는 몸을 단단히 감싸줄 수 있도록 가죽이나 직물을 바느질하는 것이다. 붕괴 직후의 사회에서 지퍼와 벨크로Velcro를 만들기 너무 복잡해서 무시한다면 양면을 쉽게 사용할 수 있는 여밈장치가 별로 없어지게 된다. 특별한 과학기술이 필요 없는 최선의 해결책은 고대 문명이나 고전 문명에서는 전혀 존재하지 않았지만, 요즘에는 어디에서나 흔히 구할 수 있는 것이다. 놀랍겠지만, 단추는 유럽에서 1300년대에야 보편적으로 사용되기 시작했다. 더구나 동양에서는 전혀 개발되지 않은 탓이었던지, 16세기에 포르

투갈 상인들이 입은 옷에서 단추를 처음 보고 일본인들이 무척 반가워했다는 기록이 전해진다. 단추는 구조적으로 무척 단순하지만, 단추에서 비롯된 변화는 어마어마했다. 쉽게 만들 수 있는 데다 양면을 사용할 수 있는 여밈장치인 단추의 등장으로, 더 이상 옷을 헐렁하게 모양도 없이 지어 입을 필요가 없게 되었다. 예컨대 앞을 트지 않고 무조건 머리 위에서부터 끌어당겨 입는 옷에서 벗어나, 훨씬 편안하게 몸을 감싸주도록 앞부분을 트고 단추로 여미는 옷을 지어 입을 수 있었다. 그야말로 단추는 패션에 진정한 혁명을 불러일으켰다.[13]

종말 이후 시간이 지나면서 인구가 조금씩 증가하기 시작하면, 직물 제작처럼 시간을 무진장 소비하는 반복적인 작업을 자동화하려는 압력이 거세질 것이다. 따라서 투입되는 노동량을 최소화하는 동시에 생산성을 극대화하려는 노력이 시작될 것이다. 하지만 소모 작업, 방적과 방직 등 여러 단계를 자동화하려고 기계의 힘을 빌리는 것이, 목재펄프를 두드려서 종이를 만들거나 곡물을 빻는 행위의 자동화보다 훨씬 어렵다. 직물 제작에 관련된 많은 절차가 무척 섬세해서 손가락의 민첩한 움직임에 의존해야 한다. 가느다란 실을 끊지 않고 길게 자아내야 한다고 생각해보라! 직조의 경우에도 일련의 복잡한 행위들이 때맞추어 정확히 순서대로 행해져야 한다. 기초적인 기계장치로 이 모든 것을 만족스럽게 재연해내기는 무척 어렵다.

앞에서 언급한 기본적인 직조를 한 단계 끌어올린 혁신은 '플라잉 셔틀flying shuttle'의 발명이었다. 방추가 방직기의 좌우로 움직이며, 끌어올린 날실과 낮추어진 날실 사이의 틈새로 씨실이 이동한다. 그러나 이 단계가 느릿하게 진행되고, 직조하는 사람이 두 팔을 편하게 뻗을 수 있는 범위로 직물의 폭이 제한된다. 플라잉 셔틀은 배 모양으로 생긴 묵직한 장치 안에 들어 있는 방추로, 연결된 끈을 잡아당겼다가 놓으면 플라잉 셔틀이 직조기의 한쪽 끝에서 반대편 끝으로 총알처럼 미끄러지며 씨실을 풀어낸다. 이런 혁신적인 발명 덕분에 날실 폭을 훨씬 넓혀서 작업할 수 있게 되었고 직조하는 속도도 빨라졌다. 또한 수차水車나 증기엔진 혹은 전동기로부터 동력을 얻음으로써 직조기의 완전 기계화도 가능하게 되었다. 그로 인해 한 사람이 여러 대의 직조기를 동시에 관리할 수 있게 되었다. 초기의 역직기는 씨실이 1회 이동하는 데 거의 1초가 걸렸지만, 요즘의 방직기는 씨실이 시속 100킬로미터 이상의 속도로 움직인다.[14]

종말 후의 문명을 뒷받침하기 위해서는 식량과 옷을 스스로 생산하는 데 그치지 않고, 자연에서 구할 수 있는 물질과 그로부터 파생되는 화학물질들도 모두 되찾아야 한다. 그래야 종말 후의 생존자들이 죽은 도시의 잔존물들을 뒤적거리는 신세에서 벗어나 스스로 뭔가를 만들어낼 수 있는 방법을 하나씩 터득해갈 것이기 때문이다. 따라서 다음 장에서는 화학물질을 맨손으로 다시 만들어내는 방법에 대해 살펴보기로 하자.

05

화학물질

그곳에 둥지를 튼 새들의 날카로운 소리, 그리고 아득히 멀리에서 바닷물이 녹슨 자동차 부품과 벽돌 부스러기와 구색을 고루 갖춘 돌무더기로 이루어진 가짜 모래톱에 부딪히는 소리는 휴일 자동차 소음과 흡사하게 들린다.

_ 마거릿 애트우드, 《인간 종말 리포트》[1]

화학물질은 현대 사회에서 상당히 악평을 받고 있는 게 사실이다. 인공 화학물질이 포함되지 않았다는 이유만으로 건강식품이란 평가를 받는 경우가 비일비재하며, '화학 성분 없음chemical-free'이라 표기된 생수병조차 눈에 띄는 실정이다. 그러나 우리 몸을 구성하는 모든 것이 그렇듯이, 아무것도 섞이지 않는 순수純水도 그 자체로 화학물질이다. 인류가 정착하기 시작해서 메소포타미아에 최초의 도시들이 세워지기 전에도 인간은 자연에서 화학물질을 추출하고 조작해서 삶에 이용해왔다. 그 후에도 우리는 주변 환경에서 쉽게 얻을 수 있는 물질을 조작해서 우리에게 절실하게 필요한 것으로 바꾸는 새로운 방법들을 알아내며, 문명을 건설하는 데 필요한 원자재들을 생산해왔다. 결국 종으로서 인간의 성공은 영농과 축산을 완성하고 연장과 기계를 사용해서 노동의 고단함을 덜어낸 때문만이 아니라, 바람직한 특징을 지닌 화학물질과 재료를 생산해내는 능력에서 비롯된 것이기도 하다.

다양한 종류의 화합물들은 목수의 연장들과 비슷하다. 각각의 연장에는 특정한 용도가 있다. 그래서 우리는 어떤 일을 해내기 위해 이런저런 연장을 사용해서 원자재들에 변형을 가해 우리에게 필요한 물건을 만든다. 화합물도 마찬가지이다. 예컨대 긴 사슬형 탄화수소 화합물은 에너지를 훌륭하게 저장하기도 하지만, 물을 배척하는 특성 때문에 비바람을 견디는 내후성을 지닌 물건을 만드는 데 중요한 역할을 한다. 따라서 이 화합물에 대해서는 물론이고 추출과 정제에 사용되는 다양한 용매들에 대해서도 살펴볼 것이다. 또한 화학적으로 대립쌍을 이루는 알칼리와 산이 많은 중요한 활동에서 어떻게 사용되었는지에 대해서도 알아볼 것이다. 어떤 화학물질은 산소를 빼앗음으로써 다른 물질을 '환원'—순수한 금속을 얻는 기본적인 방법—할 수 있는 반면에, 환원과는 정반대의 행위, 예컨대 연소를 가속화하는 산화제로 쓰이는 화학물질도 있다. 따라서 환원과 산화에 대해서도 살펴보겠지만, 전기를 만들고, 사진에 쓰이는 빛을 포착하며, 폭약에서 에너지를 한꺼번에 방출하는 화학적 특성에 대해서도 살펴보려 한다.

여기에서는 종말 직후에 즉시 유용하게 써먹을 수 있는 물질과 공정의 일부, 즉 화학에서 지극히 적은 부분만을 집중적으로 다룰 것이다. 화학의 세계는 다양한 화합물들이 연결되고 변형되며 전환되는 거대한 네트워크이다. 따라서 종말 후에 화학이란 영역의 많은 특성을 다시 연구할 때 가장 효율적인 방법들을 찾아내고, 반응물질들을 동시에 도입할 때 이상적인 비율을 다시 알아내며, 정확한 화학식과 분자구조를 알아내는 등 신속하게 따라잡아야 할 것이 적지 않다.

열에너지를 만들어내려면[2]

시간이 흐르면서, 불을 다루고 조절하는 인간의 능력은 점점 커져갔다. 한마디로 불을 이용할 수 있는 단계에 이르렀다. 문명사회를 지탱하는 많은 기본적인 영역이 불에서 비롯되는 물리적이고 화학적인 변화에 의존한다. 금속의 제련과 단조와 주조, 유리 제작, 소금 정제, 비누 만들기, 어떤 물질을 공기 중에서 태워 휘발 성분을 없애고 재로 만드는 하소煅燒, 불에 구운 벽돌과 기와와 토관, 직물 표백, 빵 굽기, 맥주 양조와 술의 증류, 뒤에서 자세히 살펴볼 솔베이법Solvay process과 하버보슈법까지, 열이 개입되지 않은 것이 없다. 내연기관의 피스톤에 갇힌 불이 순간적으로 폭발하며 승용차와 트럭에 동력을 공급한다. 또 우리가 집에서 전등불 스위치를 올릴 때마다, 먼 곳에서 붙여진 불이 만들어낸 에너지가 전선을 통해 우리 집의 전구까지 전해지는 것이지만, 역시 불을 사용한다. 현대의 테크놀로지 문명도 우리 조상들이 처음으로 정착해서 화로 옆에서 요리할 때만큼이나 불에 의존하는 삶에서 벗어나지 못하고 있다.

오늘날 우리에게 필요한 열에너지 대부분은 화석연료(석유와 석탄과 천연가스)의 연소를 통해 전기의 형태로 직간접적으로 제공된다. 산업혁명을 가능하게 해준 주된 테크놀로지의 하나가 석탄으로부터 코크스를 얻어내서 앞에서 언급한 많은 공정, 특히 철광석을 제련해서 강철을 생산하는 공정에 적용한 것이다.[3] 그 이후로 우리 문명은 소비한 만큼 재생해내는 지속가능한 수단이 아니라, 지하에 매장된 화석연료—화학적으로 변형된 식물에 수백만 년 동안 축적된 에너지—의 일방적인 약탈에서 동력을 얻어 꾸준히 발전해왔다.

종말 후에 주유소나 가스 저장고에 남겨진 재고가 바닥나면, 기본적인 상태로 돌아간 사회가 열에너지의 수요를 맞추기는 무척 어려울 것이다. 쉽게 채굴할 수 있는 고품질의 화석연료는 지금도 이미 거의 고갈된 상황이다. 쉽게 접근할 수 있던 에너지의 보고는 이미 바닥을 드러낸 지 오래이다. 이제 얕은 유정에는 석유가 남아 있지 않고, 석탄을 캐는 광부들은 더 깊이, 지구의 배꼽까지 파고들어야 할 실정이다. 따라서 배수와 환기 및 붕괴에 대한 대비책에 한층 정교한 기술이 요구된다.• 거대한 석탄 매장지는 지금도 세계 곳곳에 남아 있다. 미국과 러시아와 중국에 매장된 석탄 양도 5억 톤이 넘지만, 쉽게 채굴할 수 있는 매장지는 거의 사라진 상태이다. 종말 후에 운이 좋은 생존자들은 노천굴이 바로 옆에 있어

• 경제학자들은 에너지투자수익률Energy Return On Energy Invested, EROEI을 계산해서 매장된 화석연료의 가치를 평가한다. 달리 말하면, 에너지투자수익률은 어떤 광상에 매장된 에너지를 채굴해서 정제하고 가공하는 데 소요되는 에너지 총량에 비례해서 그 광상으로부터 얻을 수 있는 사용 가능한 에너지 양을 말해준다. 예컨대 1900년대 초 텍사스에서 처음 사업적으로 개발된 유전은 채굴하기 무척 쉬워서 에너지투자수익률이 거의 100에 가까웠다. 채굴에 소요된 에너지보다 100배나 많은 에너지를 생산해낸 것이다. 하지만 요즘에는 공급량은 줄어든 반면 해양굴착시설에서 보듯이 석유를 끌어올려 가공하는 데 투자되는 비용은 점점 커져서 에너지투자수익률이 거의 10으로 떨어졌다.

쉽게 석탄을 채굴할 수 있겠지만, 그래도 종말 후의 문명은 '녹색 에너지'로 시작할 수밖에 없을 것이다.

1장에서 보았듯이, 대재앙 뒤로 처음 수십 년 동안 시골 지역과 버려진 도시에서는 숲이 형성된다. 따라서 소수로 이루어진 생존자 무리라도 나무가 빨리 자라도록 윗부분을 부지런히 잘라주면 땔감이 부족하지 않을 것이다. 또 물푸레나무나 버드나무는 잘려나가더라도 그루터기에서 다시 싹이 돋아 5~10년 후에는 다시 잘라낼 수 있다. 따라서 1헥타르의 숲을 잘 관리하면 매년 평균 5~10톤의 목재를 얻을 수 있다.[4] 집을 따뜻하게 만드는 벽난로 땔감으로는 통나무가 적합하지만, 오랜 재건 기간 동안에는 여러 곳에 사용하기 위해서라도 나무보다 훨씬 뜨거운 열을 발산하는 연료가 필요할 것이다. 이를 위해서는 숯을 만들던 과거의 방식을 되살려내야 한다.

공기 흐름을 제한해서 태우면 산소가 부족하기 때문에 나무가 완전히 연소되지 않고 탄화되어 숯이 된다. 물을 비롯해 작고 가벼운 분자로 이루어져 쉽게 기체로 변하는 휘발성 물질들이 나무에서 밀려나가면, 나무를 구성하는 착화합물complex compound들이 열에 의해 분해된다. 즉, 나무가 열분해되며 거의 순수한 탄소로 이루어진 검은 덩어리를 남긴다. 이렇게 만들어진 숯은 수분을 완전히 상실하고 순전히 탄소 연료로만 이루어지기 때문에 원래의 나무보다 훨씬 뜨겁게 타오르며, 무게도 절반가량으로 줄어들고 부피도 작아 운반하기에 편리하다.[5]

이처럼 산소의 유입을 제한해서 나무를 변형하는 데 사용된 전통적인 방법은 과거에 '석탄 상인collier'이라 불리던 사람들이 독점으로 사용하던 기술이었다. 중앙에 위로 열린 구멍 하나를 두고 사방에 통나무를 쌓은 후에 전체를 진흙이나 뗏장으로 덮는다. 위쪽 구멍으로 통나무 더미에 불을 붙인다. 불완전연소로 불꽃 없이 서서히 타는 통나무 더미를 며칠 동안 면밀히 관찰하며 관리한다. 하지만 커다랗게 판 웅덩이에 나무를 채우고 활활 태우기 시작한 후에 파형 철판으로 웅덩이를 덮고 그 위에 흙을 쌓아 산소 유입을 차단하는 방법을 사용하면, 비슷한 결과를 훨씬 쉽게 얻을 수 있다. 연기를 피우면 완전히 타게 한 후에 식힌다. 숯은 종말 후에 중요한 산업을 다시 일으키는 데 반드시 필요하며, 연소 잔류물이 거의 발생되지 않는 연료로 자리 잡을 것이다. 다음 장에서 다루겠지만, 도기와 벽돌, 유리와 금속 등을 만들 때 숯은 반드시 필요하다. 가령 당신이 있는 곳에 쉽게 접근할 수 있는 탄전이 있다면 그 탄전은 열에너지의 완벽한 공급원이 될 것이다. 석탄 1톤은 1에이커의 숲에서 구한 땔감으로 1년 동안 만들어낸 열에너지를 생산할 수 있다. 다만 석탄의 문제는 숯만큼 뜨겁게 타지 않는다는 것이다. 게다가 지저분하기도 해서, 석탄을 태운 열로 만든 상품들, 예컨대 빵이나 유리가 연기로 더럽혀질 수 있다. 유황 불순물이 정밀한 단조를 방해해서 강철이 부러지는 경우가 많다.• 따라서 석탄을 사용하는 요령은 석탄을 먼저 코크스로 만드는 것이며, 이 방법은 나무를 숯으로 만드는 방법과 유사하다. 산소 유입이

• 숯은 석탄보다 많은 점에서 월등한 연료이며, 역사책에만 등장하는 연료가 결코 아니다. 예컨대 브라질은 풍부한 목재자원을 지녔지만 탄광은 거의 없는 편이다. 달리 말하면, 숲이 곳곳에서 다시 형성되는, 종말 후의 세계와 무척 유사한 상황이다. 따라서 브라질은 세계에서 숯을 가장 많이 생산하는 국가이다. 숯은 선철을 만드는 용광로에 사용되고, 그 선철은 미국을 비롯한 여러 나라에 수출되어 자동차나 주방용품의 재료인 강철로 만들어진다. 이런 숯의 대부분이 잘 관리되는 숲으로부터 얻어진다는 점에서 '녹색 강철Green steel'의 탄생을 기대해봄 직하다.[6]

제한된 가마에 석탄을 넣고 가열함으로써 불순물과 휘발성 물질을 몰아내는 방법이다. 그런데 목재를 건류乾溜, dry distillation할 때 생기는 부산물과 마찬가지로, 석탄 건류의 부산물들도 다양한 용도를 지니므로 응축해서 모아두어야 한다.

연소에서 빛도 만들어진다. 종말 뒤 재건을 모색하는 사회가 전력망을 회복하고 전구를 다시 발명할 때까지 생존자들은 등잔불과 촛불에 의존할 수밖에 없을 것이다.• 식물성 기름과 동물성 지방은 고유한 화학적 특성 때문에 조절 가능한 연소의 에너지원으로 적합하다. 이런 화합물들의 구조적인 주된 특징은 길게 이어진 탄화수소 사슬이란 점이다. 요컨대 탄소 원자의 양옆에서 수소 원자들이 뭉툭한 애벌레 다리처럼 옆구리를 장식하며 긴 사슬을 이룬다. 에너지는 다른 원자들의 화학결합에 내포되기 때문에, 긴 사슬 탄화수소는 빗장이 풀리기를 기다리는 응축된 저장고라 할 수 있다. 연소하는 동안, 긴 사슬 탄화수소는 가리가리 찢어져서 모든 원자가 산소와 결합한다. 수소는 산소와 결합해서 H_2O(물)를 형성하고, 탄화수소의 뼈대를 이루던 탄소는 파편처럼 조각나서 이산화탄소로 공기 중에 사라진다. 산화하는 동안 긴 지방 분자가 신속하게 분해되

• 오늘날 허리케인 램프(바람이 불어도 불꽃이 꺼지지 않게 유리 갓을 두른 램프—옮긴이)와 양초는 반드시 비축해두어야 할 테크놀로지로 여겨진다. 다시 말하면, 한층 발전된 빛을 선택할 수 없는 경우에 쉽게 유지할 수 있는 대안으로 믿을 만하다는 뜻이다. 그러나 말이 끄는 장례용 마차, 촛불을 밝힌 낭만적인 식탁처럼 기초적인 테크놀로지가 지금도 때로는 특별한 느낌을 자아낸다. 이런 점에서 과거의 테크놀로지가 결코 완전히 사라진 것은 아니다. 여전히 존재하지만 일차적으로 다른 역할을 하고 있을 뿐이다. 따라서 종말 뒤에는 이런 방법들이 생존자들에게 희망적인 대비책이 될 수 있을 것이다.[7]

면서 에너지를 연속적으로 방출하며, 그 에너지가 바로 촛불의 따뜻한 빛이다.

등잔은 뾰족한 주둥이가 달린 토기나 커다란 고둥 껍데기만큼이나 기초적인 테크놀로지일 수 있다. 아마나 골풀 같은 식물성 섬유로 만들어진 심지가 용기에서 빨아들인 액체 연료는 불꽃의 열기에 증발되고 연소된다. 파라핀유(등유)는 1850년대부터 유리 램프에 주로 쓰인 액체 연료였고, 요즘에도 구름 위를 비행하는 여객기에 동력을 공급하는 연료로 쓰인다. 그러나 파라핀유는 원유를 분별 증류해야 얻어지기 때문에, 현대 테크놀로지 문명이 붕괴된 후에는 생산하기 어려울 것이다. 하지만 유채씨유와 올리브유, 심지어 정제 버터clarified butter의 일종인 기ghee 버터까지, 미끌미끌한 액체 연료는 충분하다.

초는 불꽃 주변에 촛농을 형성하며 녹을 때까지는 연료 자체가 단단한 고체이기 때문에 따로 용기가 필요하지 않다. 초는 심지가 중간을 관통하는 원통형 고체 연료에 불과하다. 초가 태워지면 심지가 점점 드러나기 때문에 심지를 주기적으로 잘라내지 않으면 불꽃이 커지는 만큼 연기도 많이 난다. 이런 골칫거리를 단번에 해결한 혁신이 1825년에 등장했다. 심지를 가늘게 꼬아 납작한 띠 모양으로 만든 것이었다. 심지는 자연스레 감겼고, 남는 부분은 불꽃에 태워졌다.

요즘의 초는 원유에서 추출한 파라핀 왁스로 만들어지며, 봉랍은 지금도 그렇지만 앞으로도 얻기 힘들 것이다. 하지만 동물성 지방을 녹여 정제하면 완벽한 초를 만들 수 있다. 고기에서 잘라낸 기름 조각들을 소금물에 넣고 끓이면 지방이 표면에 뜨며 딱딱한 층을 이룬다. 이 층을 국자로 걷어내면 초의 재료가 된다. 돼지 지방으로 만든 초는 악취와 연기가 풍기지만, 우지(쇠기름)나 양의 지방으로 만든 초는 그런대로 쓸 만하다. 녹인 우지를 틀에 붓거나, 뜨겁게 끓인 우지에 일렬로 심지를 떨어뜨린 다음 식히면 상온에서 초가 완성된다. 이런 작업을 반복하면 초를 충분히 확보할 수 있을 것이다.

석회

종말 뒤 재건을 시도하는 사회가 가장 먼저 채굴해서 가공해야 할 물질은 탄산칼슘이다. 문명사회를 끌어가는 데 반드시 필요한 부분에 탄산칼슘이 다양하게 쓰이기 때문이다. 탄산칼슘은 물론이고, 이 단순한 화합물로 쉽게 만들어지는 파생물들은 농업 생산성을 향상하고, 위생을 유지하며 음용수를 정화하고, 금속을 녹이고 유리를 만드는 데 사용된다. 또한 탄산칼슘은 건물을 다시 세우는 데 필요한 건축자재의 원료가 되고, 화학산업을 다시 시작하는 데 필수적인 시약試藥의 원료로도 사용된다.

산호와 조가비는 백악과 마찬가지로 탄산칼슘의 중요한 공급원이다. 백악도 생물체로 이루어진 암석인 것은 사실이다. 온통 백악으로 이루어진 도버의 흰 암벽White Cliffs of Dover도 본질적으로는 해저에서부터 100미터 두께로 조가비가 빽빽하게 겹쳐진 층이다. 또 하나 탄산칼슘의 가장 흔한 공급원은 석회암이다. 다행히 석회암은 상대적으로 무른 편이어서, 망치와 끌과 곡괭이를 사용해서 크게 힘들이지 않고 채석장에서 캐낼 수 있다. 이런 연장이 없는 경우에는 버려진 자동차에서 강철 차축을 뜯어내 한쪽 끝을 뾰족하게 다듬은 후에 석회암의 표면을 때려서 많은 구멍을 내고, 이 구멍들에 나무 마개를 하나씩 밀어 넣는다. 그 후에 나무 마개가 부풀도록 습기를 유지하면 석회암이 쪼개진다. 하지만 이처럼 힘든 노동을 요구하는 번거로운 작업 대신에 일찌감치 폭약을 다시 발명해서 사용하면 훨씬 편할 것이다.

일반적으로 탄산칼슘 자체는 밭의 산성도를 조절해서 생산성을 극대화하기 위해 농업용 석회로 사용된다. 산성화된 밭의 페하 지수를 중성으로 되돌리려면 잘게 부순 백악이나 석회석을 밭에 골고루 뿌려야 한다. 토양이 산성화되면 식물에 중요한 영양소들, 특히 인의 함량이 크게 떨어져서 곡물이 제대로 성장하지 못한다. 그러니 토양의 산성화를 막기 위해 석회를 뿌리면 밭에 살포하는 퇴비나 화학비료의 효율성을 더욱 높일 수 있다.

석회석은 가열되면 화학변화가 일어나고, 화학변화의 산물들은 문명사회의 다양한 분야에서 무척 유용하게 쓰인다. 예컨대 탄산칼슘이 충분히 뜨겁게 달구어진 가마—적어도 섭씨 900도로 가열된 가마—에서 구워지면 산화칼슘으로 분해되며 이산화탄소를 배출한다. 산화칼슘은 흔히 생석회burnt lime, quicklime라고도 불린다. 생석회는 부식성이 무척 강한 물질이어서, 질병의 확산을 예방하고 악취를 억제하기 위해 공동묘지에서 사용된다. 이런 점에서 종말 후에 반드시 필요한 화학물질인 듯하다. 생석회와 물 사이의 화학반응을 신중하게 조절하면 또 하나의 다용도 물질이 만들어진다. 'quicklime'(생석회)라는 단어의 어원은 고대 영어에서 '활기찬', '살아 있는'을 뜻하는 'cwic'이다. 실제로 생석회는 물과 격렬하게 반응하며 비등열을 발산하기 때문에 마치 살아 있는 것처럼 보인다. 화학적으로 말하면, 산화칼슘은 물분자를 둘로 쪼개며 수산화칼슘을 만들어낸다. 수산화칼슘은 수산화석회 혹은 소석회slaked lime라고도 일컬어진다.[8]

수산화석회는 알칼리성을 강하게 띠고 부식성이 강하며, 무척 다양한 용도로 쓰인다. 예컨대 무더운 기후권에서 건물을 하얗게 칠해서 시원하게 보이고 싶을 경우, 소석회와 백악을 혼합해서 백색 도료를 만들면 된다. 소석회는 폐수를 처리하는 데도 사용된다. 작은 부유 입자들이 서로 달라붙어 가라앉게 함으로써 맑은 물을 따로 처리할 수 있게 해주기 때문이다. 다음 장에서 다시 다루겠지만, 소석회는 건축에서도 빼놓을 수 없는 자재이다. 따라서 소석회가 없다면 우리가 알고 있는 도시는 존재할 수 없다고 해도 과언이 아니다. 그러나 먼저, 어떻게 해야 석회암이란 암석을 생석회로 바꿀 수 있을까?

요즘에는 두꺼운 철판으로 만든 드럼통에 생석회를 넣고 석유로 가열하지만, 종말 후의 세계에서는 더 원시적인 방법을 사용할 수밖에 없을 것이다. 만약 당신이 혼자만의 힘으로 해내야 한다면, 일단 웅덩이에 피운 커다란 장작불로 석회석을 가열해서 석회를 얻는다. 이 석회를 잘게 부수고 물을 더하면 수산화칼슘을 만들 수 있지만, 이 석회를 이용해서 모르타르를 만들어 벽돌을 안쪽에 댄 한층 효과적인 가마를 짓는다면 석회를 더욱 효과적으로 생산해낼 수 있을 것이다.

특별한 테크놀로지를 사용하지 않고 석회를 가열하는 최선의 방법은 세로 가마shaft kiln이다. 기본적으로 세로 가마는 연료와 석회석을 번갈아 쌓아놓고 가열하는 길쭉한 기둥이라 할 수 있다. 세로 가마는 구조적인 이유와 단열 효과 때문에 가파른 언덕 옆에 주로 세워진다. 원료 투입구를 통해 석회석이 투입되고 채워지면, 먼저 뜨거운 열풍으로 예열되고 건조된 후에 연소 지역에서 태워져 생석회가 된다. 생석회는 바닥에 가라앉혀 식히고, 잘게 부서지기 때문에 추출구를 통해 그러낼 수 있다. 연료가 태워져서 재가 되고 생석회를 아래쪽에서 그러낼 수 있다면, 원료와 석회석을 계속 공급할 경우 가마를 무한정으로 가동할 수 있을 것이다.

생석회를 소석회로 만들려면 얕은 물웅덩이가 필요하다. 물론 쓰레기장에서 구한 욕조를 사용해도 상관없다. 방출된 열을 이용해서 화학반응이 신속히 진행되게 하려면, 생석회와 물의 혼합물이 비등점 바로 아래에 맴돌도록 둘의 양을 적절하게 조절하는 게 요령이다. 이때 생성되는 미세한 입자들 때문에 욕조의 물이 뿌옇게 변한다. 그 입자들은 점점 바닥에 가라앉아 서로 달라붙어 덩어리가 되고, 그 덩어리는 점점 많은 물을 흡수한다. 석회가 섞인 물을 욕조에서 비워내면, 소석회라는 끈적한 침전물이 남는다. 석회가 섞인 물, 즉 석회수가 화약을 제조하는 데 어떻게 사용되는지에 대해서는 11장에서 살펴보기로 하고, 여기에서는 소석회를 사용해서 미생물 약탈자들에 맞서 싸울 화학무기를 어떻게 만들어 낼 수 있는지 살펴보기로 하자.

비누

비누는 주변의 자연세계에 존재하는 기본적인 재료로 쉽게 만들 수 있으며, 질병을 예방하고 피하기 위해 반드시 필요한 물질이다. 개발도상국의 건강 교육에 대한 연구에서 밝혀졌듯이, 규칙적으로 손을

씻는 단순한 행동만으로도 소화기 감염과 호흡기 감염의 절반가량을 피할 수 있다.[9]

기름과 지방은 모든 비누의 원료이다. 약간 얄궂지만, 당신이 아침식사를 준비하는 과정에서 부주의하게 셔츠에 베이컨 지방을 떨어뜨렸다면, 그 얼룩을 씻어내려고 사용하는 물질 자체도 돼지 지방에서 얻은 것일 수 있다. 지방 화합물과 물은 서로 잘 섞이지 않지만 비누는 이 둘과 잘 섞이기 때문에 옷에서 지저분한 얼룩을 지워주고, 세균이 득실대는 개기름을 피부에서 씻어낸다. 이처럼 사교적으로 필요한 행위를 하려면 특별한 종류의 분자가 필요하다. 비유해서 말하면, 지방과 기름과 섞이는 긴 탄화수소 꼬리long hydrocarbon tail와 물에 잘 녹는 머리를 가진 분자이다. 기름이나 지방 분자는 하나의 연결체에 달라붙은 세 개의 지방산 탄화수소 사슬로 이루어진다. 비누를 만드는 과정에서 핵심적인 단계, 즉 비누화 반응saponification reaction은 세 지방산을 연결하는 화학 결합을 끊는 것이다. 알칼리에 속하는 모든 화학물질은 연결장치의 결합을 '가수분해'함으로써 이 역할을 해낼 수 있다. 알칼리는 산의 반대되는 화학물질이어서, 두 물질이 만나면 서로 중화해서 물과 염을 형성한다. 예컨대 염화나트륨을 주성분으로 하는 일반적인 식탁용 소금은 알칼리성인 수산화나트륨과 염산의 중화로 형성된다.

비누를 만들기 위해서는 돼지기름을 알칼리로 가수분해하여 지방산염을 추출해야 한다. 기름과 물이 섞이지 않는 건 사실이지만, 이 지방산염은 긴 탄화수소 꼬리를 기름에 단단히 박아둔 채 머리만 살짝 내밀고 주변의 물을 녹일 수 있다. 기름 자체는 물을 배척하지만, 작은 기름방울이 이런 길쭉한 분자들로 뒤덮이면 물속에서 안정된 위치를 차지하게 되고,

그 결과로 기름 얼룩이 피부나 천에서 떨어져 씻겨나간다. '심해의 맑은 물로 기운을 북돋워주고 활력을 되찾게 해주며 온몸에 수분을 공급해준다'라며 내 욕실에서 한자리를 차지하고 있는 남성용 샤워젤의 성분은 거의 30가지에 이른다. 그러나 발포제, 안정제, 방부제, 겔화제와 농화제, 방향제와 착색제 이외에 주된 성분은 야자유나 올리브유, 종려유와 피마자유를 기반으로 한, 비누처럼 부드러운 계면활성제이다.

따라서 종말 후에 당면할 문제는 시약 공급처가 없는데 어디에서 알칼리를 얻느냐는 것이다. 좋은 소식은 생존자들이 과거의 화학적 추출법으로 돌아가면, 겉으로는 전혀 그럴듯한 공급원으로 보이지 않는 재灰에서 알칼리를 얻을 수 있다는 것이다.

장작불이 타고 남은 마른 잔류물은 주로 불연성 무기화합물들로 이루어져 있으며, 그 화합물들 때문에 재가 흰색을 띤다. 기초적인 화학산업을 다시 시작하기 위한 첫 단계는 정말 간단하다. 이런 재를 물이 담긴 통에 넣기만 하면 된다! 그럼 타지 않는 검은 숯가루가 수면으로 떠오르고, 나무에 함유된 많은 무기물이 물에 녹지 않기 때문에 침전물처럼 바닥에 가라앉을 것이다. 그런데 생존자가 추출해야 하는 것은 물에 녹은 무기물들이다.

수면에 뜬 숯가루를 말끔히 걷어내고, 물에 녹지 않는 침전물만을 남겨두고 용액만을 다른 그릇에 옮긴다. 새로운 그릇에 담긴 용액을 끓여서 수분을 완전히 증발시키거나, 만약 뜨거운 기후권에 산다면 널찍하고 얕은 팬에 용액을 옮겨 담고 햇살에 증발되도록 내버려둔다. 수분이 모두 증발하면 소금이나 설탕처럼 보이는 하얀 결정체, 칼리(혹은 탄산칼륨 potash)가 남는다. 탄산칼륨에서 주된 성분을 차지하는 금속 원소의 화학적 명칭인 포타슘potassium은 'potash'라는 단어에서 생겨났다. 여하튼 자연스레 태워지고 불이 꺼진 후에 물이 뿌려지지 않거나 빗물을 맞지 않은 잔존물에서 칼리를 추출하는 게 중요하다. 그렇지 않으면, 우리에게 중요한 무기물, 즉 물에 녹는 무기물이 이미 씻겨 내려갔을 수도 있다.

수분이 증발되고 남겨진 하얀 결정체에는 실로 여러 화합물이 뒤섞여 있지만, 나뭇재의 주된 화합물은 탄산칼륨이다. 나무 대신에 마른 해초를 태운 후에 똑같은 추출 과정을 시행하면 소다회soda ash, 즉 탄산나트륨을 얻을 수 있다. 스코틀랜드와 아일랜드의 서부 해안지역에서는 과거에 해초를 수거해서 태우는 일이 수세기 동안 그 지역의 주된 산업이었다. 해초에 많이 함유된 짙은 자줏빛을 띤 원소, 요오드는 상처 소독제로는 물론이고 사진 화학에서도 유용하게 쓰인다. 사진 화학에 대해서는 뒤에서 자세히 살펴보기로 하자.

앞에서 설명한 과정을 따르면, 1킬로그램의 나무나 해초를 태워서 약 1그램의 탄산칼륨이나 탄산나트륨을 얻을 수 있다. 따라서 수확되는 양이 투입되는 원료의 0.1퍼센트에 불과하다. 그러나 칼리와 소다회는 무척 유용한 화합물이어서, 힘들게 추출하고 정제할 가치가 있다. 또한 장작불의 열은 다른 용도로도 사용될 수 있다는 걸 기억하라. 목재가 탄산칼륨 등과 같은 화합물들이 저장된 창고 역할을 하는 이유는, 거미줄처럼 뻗은 나무뿌리가 수십 년 동안 방대한 양의 토양으로부터 물을 흡수하고 무기물들을 용해한 때문이다. 이런 무기물들이 불에 의해 농축되는 것이다.

탄산칼륨과 소다회는 알칼리성이다. '알칼리alkali'는 '불에 탄 재'를 뜻하는 아랍어 '알-칼리'에서 파생된 단어이다. 기름이나 지방을 끓이는 통에 탄산칼륨 같은 추출물을 넣고 혼합하면, 지방을 비누화해서 세탁비누를 만들 수 있다. 요컨대 돼지기름과 재 같은 염기성 물질과 약간의 화학적 지식이 있으면, 종말 후의 세계를 청결하게 유지하면서 전염병의 확산을 막을 수 있다.

강알칼리 용액, 예컨대 잿물을 사용하면 가수분해가 더욱 활발하게 일어난다. 이런 이유에서 소석회, 즉 수산화칼슘으로 되돌아간다.

그런데 칼슘 비누는 녹지 않으므로 멋진 비누 거품 대신에 더러운 성분이 모인 거품을 수면에 형성하기 때문에 비누화 반응을 유도하기 위해서는 소석회를 사용하지 않는 편이 낫다. 하지만 수산화칼슘(소석회)은 탄산칼륨이나 소다에 반응해서, 수산화물이 짝을 바꾸어 수산화칼륨(가성칼리)이나 수산화나트륨(가성소다)을 생성한다. 이 둘은 모두 잿물lye이라 일컬어진다. 가성소다는 강알칼리여서 비누화 과정에서 이상적인 역할을 하며 고형固形 비누를 만들어낸다.* 또한 가성소다는 피부의 기름기까지 가차 없이 가수분해하기 때문에 무척 조심해서 다루어야 한다.

쉽게 만들어낼 수 있는 또 하나의 알칼리 물질은 암모니아이다. 모든 포유동물의 몸이 그렇듯이, 인간의 몸도 잉여 질소excess nitrogen를 '요소'라는 수용성 화합물로 처리하며 소변으로 배출한다. 특정한 박테리아가 번성해서 개입하면 요소는 암모니아로 변한다. 제대로 청소되지 않은 공중 화장실에서 우리가 흔히 경험하는 악취가 암모니아 냄새이다. 따라서 암모니아 같은 중요한 알칼리 물질도 특별한 과학기술의 도움을 받지 않

---

* 비누를 만들 때 알루미늄 통을 사용해서는 안 된다. 알루미늄과 강알칼리가 격렬하게 반응해서 폭발성을 띤 수소 가스를 배출한다.

고 만들어낼 수 있다. 소변을 모아 발효시키는 통을 준비하면 그만이다. 역사적으로 소변의 발효는 쪽풀을 이용해 옷감을 푸른색(전통적으로 청바지의 푸른색)으로 염색하는 데 중요한 과정이었다. 암모니아의 다양한 용도에 대해서는 뒤에서 다시 다루기로 하자.

지방 분자의 비누화로 비누만이 아니라 또 하나의 유용한 부산물을 얻을 수 있다. 돼지기름이 비누로 변형되면, 세 개의 지방산을 움켜잡는 연결체 역할을 하는 지질脂質의 화학성분인 글리세롤이 남겨진다. 글리세롤은 그 자체로 무척 유용하고, 비눗물에서 쉽게 추출된다. 비누 자체를 구성하는 지방산염은 소금물보다 담수에서 더 잘 녹는다. 따라서 소금물에 소금을 더하면, 지방산염이 고체 입자로 침전되고 글리세롤은 소금물에 그대로 남겨진다. 글리세롤은 플라스틱과 폭발물을 만드는 핵심적인 원료이다.(이에 대해서는 11장을 참조.)

동물성 지방을 비누로 바꾸는 가수분해 반응은 접착제를 만드는 데도 이용된다. 가죽과 힘줄, 뿔과 발굽에는 콜라겐이 주성분인 결합조직이 있다. 따라서 가죽이나 힘줄 등을 삶으면 콜라겐이 분해되어, 접착제의 원료인 젤라틴으로 변한다. 젤라틴은 물에 녹기 때문에, 물과 섞이면 점착성을 지닌 끈적끈적한 반죽을 형성한다. 물론 이 반죽은 마르면 단단하고 딱딱해진다. 콜라겐의 가수분해는 강알칼리성 물질(예컨대 잿물)이나 산성을 띤 물질에서 훨씬 빨리 진행된다.[10]

나무의 열분해

나무는 탄소 연료에 그치지 않고 훨씬 많은 것을 우리에게 제공할 수 있다. 나뭇재에서 추출되는 알칼리도 나무가 제공하는 많은 용도 중 하나에 불과하다. 실제로 나무는 과거에 유기화합물의 주된 공급원이었지만, 19세기 말부터 콜타르를 비롯한 석유화학제품에 그 자리를 물려주었다. 따라서 종말 후의 세계에서는 석탄이나 석유를 지속적으로 공급받기 힘들기 때문에 화학산업의 재건을 위해서는 과거의 방법에 의존할 수밖에 없을 것이다.

숯을 만드는 데 중요한 점은 나무의 휘발성 물질을 제거하는 것이다. 그래야 순전한 탄소로 이루어져서 고온으로 타는 연료인 숯을 얻을 수 있기 때문이다. 하지만 숯 이외에 다른 부산물들도 실제로는 무척 유용하다. 숯 생산 과정을 약간만 개선하면 밖으로 새어나가는 증기를 포획할 수 있다. 17세기 후반기에 화학자들은 밀폐된 공간에서 나무를 태우면 방출되는 가연성 가스와 증기가 액체로 응축될 수 있다는 걸 알아냈다. 이것이 목초액pyroligneous liquor(불을 뜻하는 그리스어 'pyro'와 나무를 뜻하는 라틴어 'lignum'이 합성된 단어)이며, 여러 화합물이 복잡하게 결합된 물질이다. 이상적인 경우라면, 종말 후에 재건을 시도하는 사회가 금속으로 만든 밀폐실에서 나무를 굽는 과정으로 곧장 도약할 수 있을 것이다. 밀폐실에서 방출되는 연기를 관으로 뽑아내 찬물이 담긴 양동이에 연결해서 식혀 응축하면 목초액이 된다. 반면에 방출되는 가스를 응축하지 않고 밀폐실 아래에 놓인 버너의 연료로 사용할 수도 있다. 목초가스를 자동차 연료로 사용하는 방법에 대해서는 9장에서 자세히 다루기로 하자.[11]

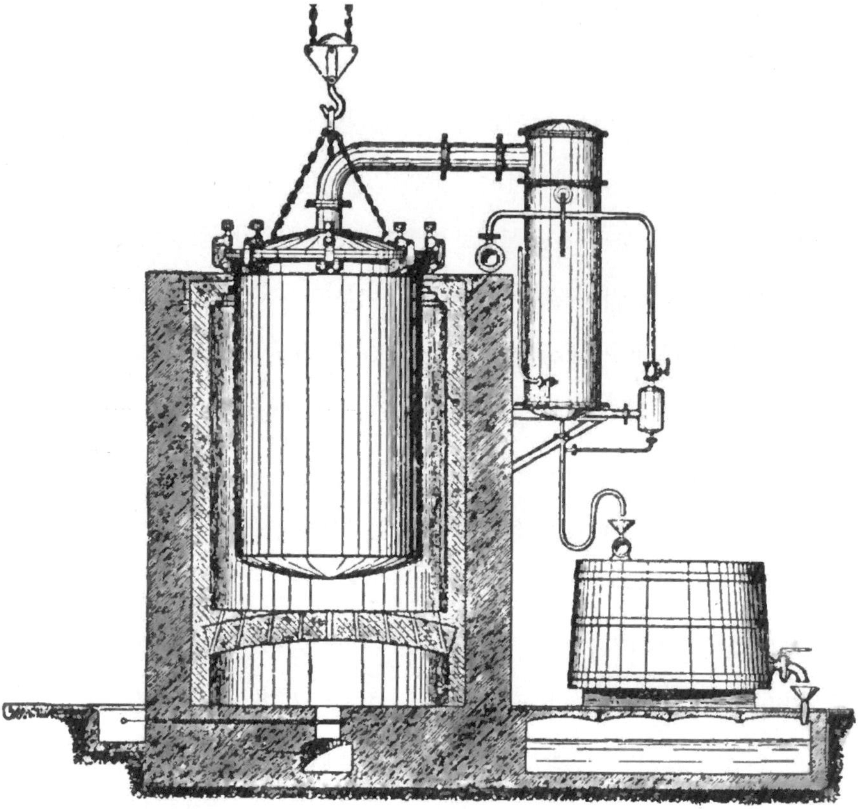

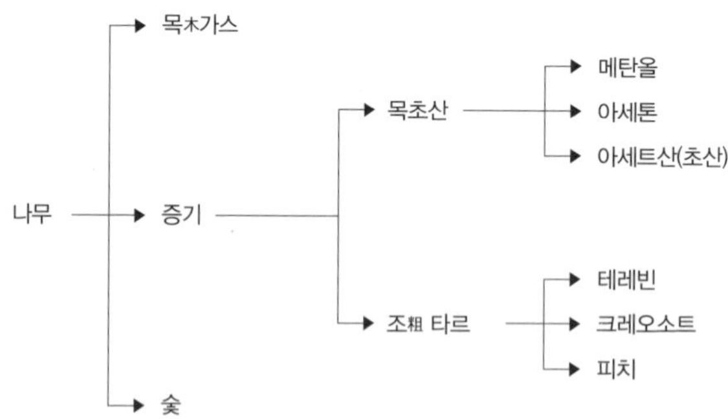

나무를 열분해할 때 방출되는 증기를 수거하는 개략적인 방법(위)와 열분해를 얻을 도출할 수 있는 다양한 물질들(아래).

수집된 응축물은 수용액과 걸쭉한 타르성 잔류물로 쉽게 나뉜다. 둘 모두 복잡한 혼합물이지만, 앞에서 설명한 증류를 통해 분해된다. 수용액은 처음에 목초산이라 불렸지만, 주된 성분은 아세트산과 아세톤과 메탄올이다.

아세트산(초산)은 식품을 초절임하는 데 사용할 수 있다. 앞에서 말했듯이 식초는 기본적으로 아세트산의 희석액이다. 아세트산은 알칼리성 금속 화합물과 반응해서 유용한 염鹽을 적잖게 만들어낸다. 예컨대 소다회, 즉 가성소다와 반응할 때 생성되는 아세트산나트륨은 물감을 옷감에 고착시키는 매염제로 유용하게 쓰인다. 아세트산구리는 곰팡이의 생육을 억제하는 살진균제로 쓰이며, 청록색 염료로는 먼 옛날인 고대부터 쓰였다.

아세톤은 훌륭한 용제溶劑여서 페인트를 지우거나 기름을 제거하는 데 사용된다. 예컨대 독특한 냄새가 나는 매니큐어 제거제 또한 아세톤의 일종이다. 아세톤은 플라스틱을 만드는 데 중요한 역할을 하고, 제1차 세계대전 동안에는 탄환이나 포탄에 사용된 폭약, 코르다이트를 제조하는 데도 쓰였다. 실제로 영국은 아세톤의 부족으로 전쟁에서 패할지도 모른다는 두려움에 떨기도 했다. 미국처럼 목재가 풍부한 국가들에서 아세톤을 수입했지만, 코르다이트에 대한 수요가 엄청나서 나무를 건류해서 생산해낼 수 있는 양을 훌쩍 넘어섰다. 발효하는 동안 아세톤을 분비하는 특별한 박테리아와 학생들이 군것질거리로 수거한 막대한 양의 마로니에 열매를 이용한 새로운 방법이 개발된 덕분에 코르다이트를 그런대로 생산해낼 수 있었다.[12]

메탄올은 원래 목정木精이라 알려졌던 것이다. 나무를 건류해서 대량으로 만들어낼 수 있다. 정확히 말하면 1톤의 나무에서 약 10리터의 메탄올이 만들어진다. 메탄올은 가장 단순한 알코올 분자여서 탄소 원자가 하나에 불과하다. 반면에 사람들이 마시는 술인 에탄올은 두 개의 탄소 원자를 중심으로 이루어진다. 메탄올은 연료와 용제로도 사용되고, 액체의 빙점을 낮추고, 바이오디젤을 합성하는 데도 중요한 역할을 한다.

나무에 열을 가할 때 얻어지는 조粗 타르crude tar도 증류를 통해 세 가지 성분으로 분리된다. 첫째는 수면에 뜨는 묽은 유체인 테레빈(유)이고, 둘째는 걸쭉하고 밀도가 높아 물에 가라앉는 크레오소트이며, 셋째는 검은색을 띠고 끈적거리는 피치이다. 테레빈은 중요한 용제이며, 역사적으로 물감의 원료로 사용되었다. 테레빈유에 대해서는 10장에서 더 자세히 살펴보기로 하자. 크레오소트는 환상적인 방부제여서, 나무에 흠뻑 칠해지면 비바람과 부식으로부터 나무를 거의 완벽하게 보호한다. 크레오소트는 미생물의 생육을 억제하고 육고기를 보존하는 소독제로도 사용된다. 훈제한 육고기나 생선에서 독특한 냄새를 풍기는 이유가 크레오소트에 있다. 피치는 가장 끈적거리는 추출물로 긴 사슬 분자들의 혼합물이다. 또한 가연성을 띠기 때문에 횃불을 만들기에 안성맞춤이다. 피치는 물이 스며들지 않기 때문에 양동이와 물통의 틈새를 막는 데 유용하게 쓰인다. 실제로 피치는 수천 년 전부터 선체에서 나무판들의 이음새를 메우는 데 사용되었다.

어떤 나무든 건류하면 앞에서 언급한 화학물질을 얻을 수 있지만 나무의 종류에 따라 추출되는 양이 다르다. 예컨대 소나무와 가문비나무와 전나무 같은 구과 식물, 즉 수지를 함유하고 목질이 단단한 나무에서 상대적으로 많은 피치를 얻을 수 있다. 특히 자작나무 껍질은 피치의 훌륭한 공급원이어서, 석기시대부터 화살깃을 화살에 고정시키는 데 사용되었다. 피치만이 필요한 경우에는 수지성 나무를 가마나 주석통에 넣고 가열하면, 그 나무에서 피치가 새어나오기 때문에 어렵지 않게 피치를 수거할 수 있다.

증류는 액체마다 비등점이 다르다는 사실을 이용해서 여러 혼합물이 뒤섞인 유체를 분리하는 데 보편적으로 사용되는 방법이다. 따라서 종말 후에 재건을 시도하는 사회는 가능하면 일찍 증류법을 습득하는 편이 나을 것이다. 증류는 열에 분해되는 나무의 부산물들을 분류하고, 앞에서 보았듯이 발효된 식품들로부터 농축된 알코올을 추출한다. 또한 원유를 찐득하고 끈적거리는 아스팔트부터 가벼운 휘발성 물질인 휘발유까지 다양한 물질들로 분류하는 것도 증류이다. 산업 역량이 일정한 수준에 이르면, 공기도 증류할 수 있다. 공기를 팽창하고 냉각하는 과정을 반복해 섭씨 영하 200도까지 낮춘 후에, 산보할 때 마시려고 차를 담는 커다란 보온병처럼 단열처리된 진공 용기에 담을 수 있다. 이 액체 공기가 데워져서 분리되는 기체가 증발할 때, 병원의 인공호흡기에 사용되는 순수한 산소가 수집된다.

산

지금까지 우리는 주로 알칼리에 대해 다루었다. 알칼리성을 강하게 띠는 물질을 만들기가 상대적으로 쉽기 때문이다. 화학적으로 알칼리와 짝을 이루는 산은 자연 세계에 알칼리만큼이나 흔하지만, 잿물에 비하면 강산성 물질은 별로 눈에 띄지 않기 때문에 인류의 역사에서 도 비교적 최근에야 본격적으로 이용되기 시작했다. 앞에서 보았듯이, 식물로 만든 다양한 생산물이 발효되어 알코올을 만들어내고, 이런 에탄올이 공기와 접촉하며 산화되어 식초를 만들어낸다. 아세트산이 인류가 이용한 최초의 산이었고, 인류의 역사에서 오랫동안 유일한 선택이었다. 알칼리의 경우, 문명사회에서는 탄산칼륨, 소다회, 소석회, 암모니아 등에서 선택할 수 있었지만, 산의 경우에는 약한 아세트산이 전부여서 인류의 화학적 기량은 수천 년 동안 답보 상태에서 벗어날 수 없었다.

인류가 이용한 두 번째 산은 황산이었다. 처음에 유산硫酸, vitriol이라 불리던 유리 같은 무기물을 가열해서, 안쪽에 납을 덧댄 상자에 질산칼륨을 함유한 노란 유황을 넣고, 증기로 가열함으로써 대량으로 황산을 얻었다. 요즘에는 석유와 천연가스에서 황산 오염물을 제거하는 과정에서 부산물로 황산이 얻어진다. 따라서 종말 후의 세계에서 생존자들은 어정쩡한 위치에 놓이게 된다. 다시 말하면, 천연 상태의 황산은 먼 옛날부터 화산 퇴적물의 표면에서 채취되었기 때문에 더 이상 전통적인 방법으로 수거할 것이 남아 있지도 않겠지만, 필수적인 촉매가 없어 첨단 과학기법을 동원해서 추출할 수도 없을 것이다.[13]

이런 난국을 해결할 묘책이 있다. 발전 과정에서 산업적으로 한 번도 사용된 적이 없었던 화학적 방법을 동원하는 것이다. 황철석을 가열하면 아황산가스가 발생한다.(황철석은 누런빛을 띠기 때문에 황금과 혼동되어 '바보의 황금'이라고 불리며, 황철석에는 납과 주석도 많이 함유되어 있다.) 활성탄(구멍이 많은 숯)을 촉매로 사용하면, 아황산가스는 염소가스와 반응한다. 염소가스는 소금물을 전기분해해서 추출할 수 있다.(301쪽 참조.) 이런 화학반응에서 얻어지는 결과물은 염화설퍼릴sulphuryl chloride이라 일컬어지는 액체이며, 증류를 통해 농도가 진해질 수 있다. 염화설퍼릴은 가수분해되어 황산과 염화수소 가스를 형성하고, 이 염화수소 가스를 포집해서 더 많은 물에 용해하면 염산을 만들어낼 수 있다. 그러니 황철석을 찾아내는 것이 문제이다. 다행히 어떤 암석이 황철석(금속 황화물)인지 아닌지를 화학적으로 판별하는 방법이 있다. 물을 타서 묽게 만든 희산稀酸을 약간 떨어뜨렸을 때 그 암석이 쉬익 하는 소리를 내며 썩은 달걀 같은 악취를 풍기면, 황화물 성분을 지닌 암석이다. 하지만 악취의 주성분인 황화수소는 유독한 기체이므로 너무 많이 마시지 않도록 주의하라!

요즘에는 황산이 어떤 화합물보다 많이 제조되고 있다. 실제로 황산은 현대 화학산업의 중추이며, 종말 후의 세계에서 재건을 앞당기는 데도 중요한 역할을 할 것이다. 황산이 이처럼 중요한 이유는 다양한 화학적 기능을 능숙하게 해내기 때문이다. 황산은 강산성 물질일 뿐 아니라, 강력한 탈수제인 동시에 산화제이다. 오늘날 합성되는 황산의 대부분은 인공비료를 생산하는 데 사용된다. 황산이 인회토나 인산골骨을 용해해서 식물의 중요한 영양분인 인을 뽑아내기 때문이다. 그러나 황산의 용도는 실질적으로 거의 무한하다. 예컨대 철염과 타닌산으로 만드는 검은색 계열의 잉크iron gall ink를 제조하고, 면직물과 아마포를 표백하며, 세제를 만들고, 윤활유와 합성섬유를 제조하는 데 쓰이며, 전지의 전해액으로 사용된다.

종말 후에 황산을 어떻게든 다시 얻어내면, 황산을 매개체로 사용해서 다른 산들을 만들어낼 수 있다. 예컨대 황산과 일반적인 식탁용 소금(염화나트륨)이 반응하면 염산이 생성되고, 질산은 황산과 초석의 반응에서 생성된다. 질산은 강력한 산화제로도 쓰이기 때문에 무척 유용하다. 정확히 말하면, 황산이 산화시키지 못하는 것들을 질산이 산화시킬 수 있다. 또한 질산은 폭약만이 아니라 사진용 은화합물을 제조하는 데도 사용된다. 이 두 과정에 대해서는 뒤에서 자세히 살펴보기로 하자.

06

건축자재

이 대륙에는 세상 사람들이 지금 알고 있는 것보다 훨씬 발전된 문명이 있었다. 누구도 부인할 수 없는 사실이다. 잔해와 녹슨 금속을 눈여겨보면 그 사실이 확인된다. 길쭉하게 모래로 덮인 곳을 파면 파괴된 도로가 나온다. 그러나 그 시대 사람들이 당시에 가졌다고 역사학자들이 주장하는 기계들의 존재를 증명할 만한 근거는 어디에 있을까? 혼자서 움직이는 자동차나 하늘을 나는 기계의 잔해는 어디에 있을까?

_ 월터 밀러Walter M. Miller Jr., 《리보위츠를 위한 찬송》[1]

앞의 장에서 보았듯이, 목재의 유용성은 아무리 강조해도 지나치지 않다. 화학적 유용성을 제외하더라도 목재는 먼 옛날부터 건축자재 중 하나로 들보와 기둥, 널빤지 등에 사용되었다. 나무마다 특성이 달라 무척 광범위하게 쓰인다. 따라서 종말 후의 문명이 회복을 시도할 때 필요한 엄청난 양의 지식이 지금까지 축적되었다. 예컨대 느릅나무의 섬유조직은 질긴 데다 서로 맞물려 있어 쪼개지지 않아 수레바퀴의 재료로 적합하고, 히커리는 무척 단단해서 풍차와 수차의 동력장치 톱니용으로 안성맞춤이다. 소나무와 전나무는 유난히 똑바로 높이 자라기 때문에 배의

돛대를 만들기에 최적이다.[2]

나무에는 이런 물리적인 속성 이외에, 난방 시스템이 끊어지면 불을 지펴 추위를 차단하고 식품을 가열해서 미생물의 증식을 차단하는 동시에 영양분의 원활한 배출을 돕는 화학적인 속성도 있다. 따라서 밀폐된 공간에서 나무를 가열해 얻은 증기로부터 중요한 물질들, 즉 종말 후에 화학산업을 다시 일으키는 초석이 될 만한 물질들을 뽑아내는 방법을 앞 장에서 대략적으로 살펴보았다. 또한 수도꼭지가 마르고, 생수가 슈퍼마켓 선반에서 완전히 사라진 후에는 나무를 구워 얻어낸 숯을 이용해서 식수를 여과하는 방법에 대해서도 살펴보았다. 나무는 도기와 벽돌을 굽고, 유리를 제작하고 철강을 녹이는 데 적합한 뜨거운 열을 제공하는 연료이기도 하다.

종말 직후, 생존자들은 기존의 건물을 차지하고 각자의 능력을 최대한 동원해서 그런대로 수선하며 살아갈 수 있을 것이다. 그러나 사람이 북적거리지 않아 관리를 안 하는 건물은 수십 년 지나지 않아 필연적으로 붕괴되고 무너지기 마련이다. 또한 인구가 점점 증가해서 새로운 집이 필요해지면 과거 문명이 남긴 썩어가는 건물을 복구하는 것보다 아예 집을 새로 짓는 편이 훨씬 더 쉬울 것이다. 그렇게 하려면 집을 짓는 기본적인 방법을 알아야 한다. 벽돌과 유리, 콘크리트와 철강은 우리 문명에서 집을 짓는 데 반드시 필요한 기본적인 자재들이다. 그러나 이 모든 것들은 인류의 역사에서 초창기부터 존재해왔다. 우리 조상들은 땅을 파서 얻은 지저분한 흙과 부드러운 석회석, 모래와 광석에 열을 가해 집을 짓는 데 유용한 자재들로 바꾸어왔다. 점토를 이용하면 이 과정이 한층 쉬워진다. 점토는 가마에 넣고 열을 가해 단단한 도기로 변하기 전에는 부드러워 어떤 형태든 취할 수 있다. 또한 우리는 어떤 물질의 속성에 의도적으로 변화를 가함으로써 목적에 알맞은 물건으로 바꿔갈 수 있다.

점토

요즘 점토의 효용성을 의식하며 살아가기는 무척 힘들다. '점토' 하면 대부분 학창 시절의 미술 시간을 떠올릴 것이다. 그러나 토기는 문명의 성립에 필요한 선결 조건들을 형성하는 데 중추적인 역할을 했다. 뚜껑이 달린 용기를 점토로 빚어낸 덕분에 식량의 보관과 저장이 가능했고, 유해한 동물과 벌레로부터 식량을 지켜낼 수 있었다. 또한 요리와 보존과 발효가 가능해지고, 멀리 여행을 떠날 때 식량을 휴대할 수 있게 된 것도 뚜껑이 있는 토기가 발명된 덕분이었다. 게다가 점토를 사각형 덩어리로 빚어 불에 구워낸 벽돌은 기막힌 건축자재가 되었다. 그야말로 도시와 제분소와 공장의 뼈대가 만들어진 셈이었다.

점토층은 무척 광범위하게 분포되어 있으며, 많은 지역에서 겉흙 바로 아래에 존재한다. 점토는 알루미노 규산염aluminosilicate이란 무척 미세한 입자로 이루어져 있다. 알루미노 규산염 광물은 각각 산소에 구속된 알루미늄과 규소가 결합된 광물로, 암석이 풍화되어 강물이나 빙하에 의해 멀리까지 운반된 후에 퇴적되는 경우가 많다. 따라서 웅덩이를 파면 다양한 종류의 점토가 채굴되고, 맨손으로 모양을 빚을 수 있을 정도로 부드럽다. 축축한 점토 덩어리의 중간쯤에 엄지를 밀어 넣고 주변을 둥그렇게 다듬으면 가장 기초적인 점토 그릇을 만들어낼 수 있다. 그러나 이 과정을 세련되게 다듬으려면 녹로라 일컬어지는 돌림판potter's wheel을 다시 고안해내야 한다. 가장 원초적인 형태의 돌림판은 도공이 작업할 때 점토를 올려놓는 회전하는 원판이었다. 회전하는 플라이휠(회전력을 일정하게 유지하며, 도공이 작업하는 동안 점토가 매끄럽게 회전하도록 해주는 묵직한 둥근 돌판)을 사용하는 '현대식' 돌림판은 500년 전, 어쩌면 그보다 훨씬 전에 만들어졌을 것이라 추정된다. 때때로 손이나 발로 동력을 전달해서 돌림판의 회전력을 유지할 수 있지만, 운이 좋으면 쓰레기더미에서 찾아낸 전동기를 이용할 수도 있다.

점토는 건조되면 상대적으로 내구성을 지니지만, 불에 구워 도기로 만드는 편이 더 낫다. 섭씨 300도와 800도 사이의 온도에서 수분이 점토 구조로부터 빠져나가고, 입자들이 서로 엉기지만 본래의 작은 구멍들은 그대로 유지된다. 그런데 점토를 더 높은 온도, 예컨대 섭씨 900도 이상으로 가열하면 점토 입자들이 융합되기 시작하고, 점토 내의 작은 불순물들이 녹는다. 이렇게 유리처럼 용화된 화합물들이 점토로 만든 작품에 골고루 스며들고, 냉각되면 굳어져서 유리 같은 물건이 된다. 다시 말하면, 점토 결정체들이 단단히 융합하며 모든 구멍이 완벽하게 채워져서 물이 새지 않는 단단한 물질로 변한다. 고온으로 굽기 전에 점토 작품의 표면을 방수 처리할 목적에서 그에 합당한 물질에 일부러 담그는 과정을 유약칠glazing이라 한다. 가마에 약간의 소금을 뿌리는 방법으로도 똑같은 효과를 기대할 수 있다. 고온의 열이 소금이란 화합물을 분해해서, 나트륨 증기가 점토 내의 규소와 섞여 유리 같은 피막을 형성하기 때문이다.(하지만 유독한 염소가스가 그 과정에서 배출된다.) 역사적으로 이 방법은 배수로나 하수도에 사용된 방수 토관을 제작하는 데 주로 사용되었다.

불에 구워진 점토는 단단한 데다 물이 새지도 않지만 극단적인 열에도 견디는 '내화물refractory material'이다. 알루미노 규산염의 융해점은 무척 높다. 게다가 구성성분들이 이미 산소와 결합되어 있기 때문에 알루미노 규산염은 뜨겁게 달궈져도 연소되지 않는다. 이런 내화벽돌은 가마와 용광로의 내벽 재료로 완벽하다. 불을 이겨내고, 불을 과학기술적인 관점에서 활용하기 위해서는 내부의 열을 단열하는 동시에 그 열의 온도에 견딜 수 있는 물질이 필요하다. 바로 그 물질인 내화물은 종말 후에 문명의 재건을 시도하는 사회가 자력으로 이루어내야 할 대표적인 과제인 셈이다. 생존자들이 점토를 뜨거운 불로 구워서 내화물을 만들어내야 더 많은 가마를 지어 더 많은 벽돌을 구워낼 수 있을 것이다. 문명의 역사 자체가 불을 점점 높은 온도까지 끌어올리면서도 능숙하게 억제하고 활용해온 이야기였다. 요리하기 위한 모닥불부터 도공의 가마까지, 또 청동기시대의 용해로와 철기시대의 용광로부터 산업혁명기의 제철소 용광로까지, 이 모든 것을 가능하게 해준 것이 내화벽돌이었다.

불에 구워진 점토는 건축물의 뼈대를 이루는 구조재構造材로도 흔히 사용된다. 건조한 기후권에서는 햇볕에 말린 흙벽돌, 즉 어도비 벽돌로 기초적인 벽을 쌓더라도 큰 문제가 없지만, 폭우에는 그런 벽이 허물어질 가능성이 크다. 하지만 상당한 양의 점토를 더해서 직육면체의 틀에 넣고 찍어낸 후에 가마에 구워 내구성이 있는 단단한 도기로의 화학적 변화를 유도하면 훨씬 복원력이 뛰어난 벽돌을 만들어낼 수 있다. 그러나 문명의 재건을 위해서는 점토만 필요한 것이 아니다. 튼튼한 벽을 쌓기 위해서는 차곡차곡 올라가는 벽돌들이 야무지게 달라붙어야 한다. 그렇게 하려면, 다시 석회에 눈을 돌려야 한다.

석회 모르타르

5장에서 말했듯이, 현재 사회가 남겨놓은 상품들이 고갈된 뒤에 생존자들은 건축자재로 석회석을 가장 먼저 채굴할 가능성이 크다. 문명사회에 필요한 많은 물질을 화학적으로 합성하는 데 석회석이 중요한 역할을 한다는 것은 이미 앞에서 살펴보았다. 이번에는 이 경이로운 재료가 종말 후의 사회에서 물리적인 기초를 놓는 데 어떤 역할을 하는지 살펴보자. 땅속 깊은 곳의 압력과 열에 의해 석회암이 변성된 암석인 대리석과 마찬가지로 석회석도 건축자재로 무척 유용하지만, 재건축에 정말 유용하게 쓰이는 것은 석회석에서 얻을 수 있다.

소석회는 일정한 형태가 없는 반죽 상태에서 돌처럼 단단한 재료로 변할 수 있다. 소석회는 모래와 물과 혼합되면 모르타르가 된다. 수천 년 전부터, 모르타르는 벽돌들을 단단히 달라붙게 해서 건물 무게를 지탱하는 튼튼한 내력벽으로 만드는 데 사용되었다. 모래를 덜 혼합하고, 말 털 같은 섬유질 재료를 넣고 섞으면, 벽에 말끔하게 칠해서 마무리하는 회반죽이 만들어진다.[3]

석회 모르타르는 수천 년 전부터 사용되었지만, 로마인들이 처음으로 대량생산한 새로운 재료는 건물의 성격까지 바꿔놓았다. 로마인들은 소석회와 '화산회pozzolana'로 알려진 화산재, 혹은 잘게 부순 벽돌이나 도기를 혼합해서 만든 '세멘툼'이 석회 모르타르보다 훨씬 빨리 굳는 데다 강도도 몇 배나 강하다는 걸 알게 되었다.[4] 강력한 무기물 접착제, 시멘트가 반듯하게 놓인 벽돌들만 단단히 달라붙게 하는 것은 아니다. 무질서하게 뒤섞인 골재들까지 한 덩어리로 만들 수 있다. 다시 말하면, 시멘트를 이용해서 콘크리트를 만들 수 있다. 콘크리트라는 혁명적인 건축 테크놀로지를 개발함으로써 로마인들은 콜로세움처럼 경외심을 불러일으키는 건축물을 짓고, 로마의 판테온에 거대한 둥근 지붕을 올릴 수 있었다. 특히 판테온의 둥근 지붕은 단일체로는 지금도 세계에서 가장 큰 콘크리트 둥근 지붕이다.

시멘트에는 로마제국이 해군력과 무역의 힘을 구축하는 데 크게 일조한 또 하나의 거의 마법적인 속성이 있다. 화산회나 잘게 부순 토기와 섞어 만든 콘크리트는 물속에 완전히 잠긴 상태에서도 굳는다. 석회 모르타르와 달리, 시멘트는 물속에서 굳는 수경성水硬性 물질로 여겨지며 화학적인 특성도 다르다. 화산재에는 알루미나(알루미늄의 산화물)와 이산화규소(앞에서 언급한 점토의 성분 중 하나인 규소의 산화물)가 함유되어 있다. 두 물질은 소석회와 화학적으로 반응해서 무척 강한 화합물을 만들어낸다.

수경성 자재들이 과학기술적인 측면에서 큰 진전을 이루었다. 화산재가 섞인 시멘트pozzolanic cement가 로마제국의 해상 공사에 혁명을 불러일으켰다. 바다 속에 커다란 돌덩어리를 가라앉히는 단순한 방법에서 벗어나, 독립적인 구조물에 직접 콘크리트를 쏟아붓는 방식으로 부두, 방파제와 방조제, 등대의 기초를 놓을 수 있었기 때문이다. 이런 테크놀로지 덕분에 로마는 군사적으로나 경제적으로 필요한 곳이면 어디에나 항구를 건설할 수 있었고, 심지어 자연항이 거의 없던 북아프리카 해변에도 항구를 건설해냈다. 따라서 로마 선박이 지중해 지역을 지배한 것은 당연했다.

강한 시멘트, 다목적 콘크리트, 물이 스며들지 않는 회반죽 등에 대한 소중한 지식들이 로마제국의 몰락과 더불어 인류의 역사에서 거의 사라져버렸다. 따라서 중세의 문헌에서는 시멘트가 전혀 언급되지 않는다. 아름다운 고딕 성당들이 석회 모르타르로만 지어졌다. 하지만 중세시대에도 항구가 건설되고, 수경성 시멘트가 많은 요새에서 사용되었듯이, 그 지식들은 몇몇 곳에 보존되었던 듯하다.

시멘트를 생산하는 현대식 방법이 발명된 때는 1794년이었다. 보통 포틀랜드 시멘트Ordinary Portland cement는 로마의 시멘트처럼 화산재를 사용하지 않고, 석회석과 점토를 혼합해 특수한 가마에서 약 섭씨 1,450도로 가열해 만든다. 이렇게 생산된 클링커에 석고를 약간 섞고 부순 것이 보통 포틀랜드 시멘트이다. 석고는 소석고燒石膏나, 팔다리가 부러진 경우에 석고 붕대로 사용되는 부드럽고 색이 엷은 광물로, 양생 과정을 늦추어 작업자에게 젖은 상태의 시멘트에서 여유 있게 작업할 시간을 제공해준다.

이제 콘크리트는 잿빛의 따분한 건축자재로 취급받으며, 언제인가부터는 콘크리트로 지어진 건물에 대한 혐오감마저 팽배한 실정이다. 그러나 한 걸음쯤 물러나서, 콘크리트가 실제로는 얼마나 경이로운 건축자재인가를 잠깐 생각해보자. 콘크리트는 기본적으로 인간이 만든 암석이라 할 수 있고, 만드는 방법도 신기할 정도로 간단하다. 포틀랜드 시멘트와 모래나 자갈을 1 대 2의 비율로 혼합하고 물을 적절하게 넣어 걸쭉한 반죽을 만들면 된다. 나무로 멋지게 짠 거푸집에 그 걸쭉한 반죽을 붓고, 믿기지 않을 정도로 단단하고 내구성이 뛰어난 이 재료가 굳기를 기다린다. 제2차 세계대전 후에 콘크리트가 파괴된 도시를 신속하게 되살려냈고, 지금도 도시의 건물을 짓는 데 가장 중요한 자재로 군림하는 이유가 어렵지 않게 이해된다. 이처럼 콘크리트는 현 시대의 아이콘이지만 기본적인 제조법은 2,000여 년 전에 발명된 것이다.

콘크리트는 기초나 기둥에 압축적으로 사용되면 엄청나게 튼튼하지만 장력張力에는 무척 약하다는 게 문제이다. 예컨대 잡아당기는 힘이 가해지면 콘크리트에는 치명적인 균열이 일어난다. 따라서 요즘에는 고층건물의 바닥이나 다리 혹은 대들보 등과 같이 대형 구조물을 짓는 데는 콘크리트가 사용되지 않는다. 해결책은 콘크리트 안에 철근을 넣는 것이다. 철근과 콘크리트라는 두 재료의 속성은 완벽할 정도로 상호보완적이다. 콘크리트의 압축 강도가 철근의 인장 강도와 결합하기 때문이다. 이런 철근 콘크리트는, 1853년 한 미장공이 콘크리트 바닥판에 술통의 테두리 쇠를 곧게 펴서 쑤셔 넣고는 굳기를 기다린 데서 시작되었다. 한마디로 철근 콘크리트는 종말 후의 재건에서 콘크리트가 떠맡아야 할 가능성을 활짝 열어놓은 최후의 혁신이라 할 수 있겠다.[5]

콘크리트는 용도가 무궁무진한 건축자재이지만, 열에 견디는 속성을 지닌 세라믹 벽돌이라 할 수 있다. 따라서 종말 후의 생존자는 고온을 조절할 수 있는 능력, 결국 야금술을 갖추어야 한다.

금속

금속에는 다른 어떤 건축자재에도 없는 일련의 속성이 있다. 유난히 단단하고 강해서 연장과 무기, 못 혹은 철제 들보 같은 구조재를 만드는 데 이상적인 금속이 있는 반면, 도기처럼 쉽게 깨지지 않고 가소성可塑性을 과시하는 금속도 있다. 예컨대 압력을 받으면 부서지지 않고 가는 철사로 형태로 바뀌는 금속이 있다. 이런 철사는 뭔가를 묶거나 울타리를 만들기에 적합하고, 전기를 전도하는 데 사용된다. 또 고온을 너끈히 견디기 때문에 고성능 기계류를 제작하는 데 이상적인 금속도 많은 편이다.

종말 후에 생존자들이 최대한 신속하게 다시 확보해야 것은 철을 다루는 능력만이 아니라, 철과 탄소의 합금인 강철을 다루는 능력이다. 강철은 철 원자와 탄소 원자의 결합체이며, 전체가 부분의 합보다 훨씬 크다는 대표적인 증거이다. 탄소가 섞이면서 철이란 금속의 속성이 크게 변한다. 합금에 흡수되는 탄소의 비율을 달리해서 강철의 용도에 따라 강도와 경도를 조절할 수 있다.

종말 직후에는 철과 강철을 쉽게 구할 수 있을 것이기 때문에 이 둘 자체를 만드는 법에 대해서는 나중에 살펴보기로 하자. 대장장이의 전통적인 기술을 다시 습득하면, 쓰레기더미에서 구한 철이나 강철을 다른 목적에 맞게 고쳐 사용할 수 있기 때문이다. 대장간에서, 즉 덮개가 없는 가마에서 땀을 뻘뻘 흘리며 뜨겁게 달군 쇠를 모루에 올려놓고 망치로 때려 모양을 바꾸는 기술을 다시 터득해야 한다. 문명의 역사에서 단단한 쇠가 줄곧 사용된 이유가 무엇이겠는가? 쇠가 뜨겁게 달궈지면 일시적으로 물리적인 속성이 바뀌고 부드럽게 변하기 때문이다. 따라서 쇠를 망치로 두드려서 널찍한 판이나 파이프 혹은 가는 철사 등 여러 형태로 바꿀 수 있다. 달리 말하면, 철제 연장으로 철을 다루어서 더 많은 연장을 만들어낼 수 있다는 뜻이다.[6]

연장을 만들기 위해 철을 다루는 데 필요한 핵심적인 지식은 철을 단단하게 만드는 원리에 대한 지식, 즉 담금질quenching과 뜨임tempering이다.

강철은 철-탄소 결정체들의 내부 구조가 경직되어 자성조차 갖지 않을 정도로 새빨갛게 가열함으로써 단단해진다.(자성 여부는 가열하는 동안에도 확인된다.) 하지만 그 후에 천천히 식히면 그 결정체가 원래의 형태로 되돌아간다. 따라서 원하는 구조를 유지하려면 빠르게 식혀야 한다. 달리 말하면, 뜨겁게 달궈진 쇠를 물이나 기름에 담가 지글지글하는 소리가 날 정도로 신속하게 식히려면 담금질을 해야 한다. 하지만 단단한 물질은 잘 부러진다. 강철로 만든 망치와 칼, 용수철이 산산조각 나면 아무짝에도 쓸모가 없다. 따라서 담금질한 강철은 뜨임의 과정을 거쳐야 한다. 결정체의 구조가 부분적으로 이완되도록 상대적으로 낮은 온도에서 일정한 시간 동안 강철을 다시 가열하는 과정이 '뜨임'이다. 요컨대 강철의 강도를 낮추고, 탄력성을 높이기 위한 의도적인 과정이라 생각하면 된다. 뜨임을 통해 강철의 재료적 속성이 조절된다. 따라서 목표로 하는 작업에 적합한 금속을 만들어내기 위해서는 뜨임이란 과정이 필수적이다.[7]

또 하나의 핵심적인 테크놀로지는 용접이다. 용접이란 어떤 금속을 녹여 다른 금속을 접합하는 작업을 뜻한다. 아세틸렌은 지금까지 알려진 연료 가스 중 가장 뜨거운 불꽃을 내며, 산소가 공급되면 불꽃의 온도가 섭씨 3,200도까지 올라간다. 불꽃이 나가는 노즐을 통해 산소와 아세틸렌의 분출량을 따로따로 조절하는 방식으로 용접 토치를 만들 수 있다. 순수 산소는 물을 전기분해해서 얻을 수 있지만(302쪽 참조), 종말 후에는 액화공기를 증류해서 얻으면 된다.(156~159쪽 참조.) 아세틸렌은 물이 탄화칼슘 덩어리와 반응할 때 생기는 기체이며, 탄화칼슘은 생석회와 숯(혹은 코크스)을 한꺼번에 용광로에 넣고 가열하면 발생한다. 산소 아세틸렌 불꽃은 금속을 용접하는 데도 유용하게 쓰이지만, 분사된 산소가 뜨겁게

달궈진 금속을 태우며 절단하는 데도 쓰인다.[8]

전기 아크 용접기electric arc welder는 훨씬 높은 온도인 섭씨 6,000도에 달하는 불꽃을 만들어낸다. 그야말로 번개의 위력을 발휘하는 셈이다. 여러 개의 배터리를 직렬로 연결하거나 발전기 하나를 준비하면, 불꽃, 즉 아크가 용접하거나 절단할 금속과 탄소 전극 사이에 지속적으로 발생하기에 충분한 전압을 만들어낼 수 있다.[9] 임시방편으로 만든 산소 아세틸렌 용접 토치나 아크 절단기는 죽은 도시로 들어가 폐허를 해체해서 중요한 물건들을 수거하려는 생존자들에게는 반드시 필요한 장비이다. 재활용할 고철을 가장 효과적으로 녹이는 방법은 전기 아크로electric arc furnace를 이용하는 것이다. 전기 아크로는 커다란 탄소 전극들 사이에 높은 전압의 전류를 흐르게 해서 고철을 녹이고, 석회석 융제를 사용해서 제련 뒤에 남는 찌꺼기 같은 불순물을 제거하고, 강철이 녹은 쇳물을 쏟아내는 용광로이다. 그러니 기본적으로 거대한 아크 용접기라 생각하면 된다. 재생 가능한 전기를 이용해서 아크로를 가동하는 방법은 반드시 습득해야 할 중요한 테크놀로지이다. 종말 후의 세계에서는 열에너지를 얻기 위한 연료의 수요를 조금이라고 줄여야 할 것이기 때문이다.

그러나 금속을 재료로 확보한다고 해서 문제가 해결되는 것은 아니다. 우리가 원하는 형태로 금속을 능숙하게 바꿔낼 수 있어야 하기 때문이다. 이런 작업을 해내기 위한 기본적인 공작기계를 찾아내지 못한다면, 어떻게 해야 그런 기계를 밑바닥에서부터 만들어낼 수 있을까?

1980년대에 점토와 모래, 숯과 약간의 고철로 시작해서 결국에는 선반과 형삭반, 천공반과 프레이즈반(밀링머신) 등 금속 작업에 필요한 모든 공작기계를 갖춘 작업장을 마련한 기계제작 기술자들이 좋은 예이다.[10]

알루미늄은 융해점이 낮아 주조하기가 쉽고, 더구나 부식에 대한 저항성이 뛰어나 종말이 닥치고 오랜 시간이 지난 후에도 어렵지 않게 찾아낼 수 있을 것이기 때문에 공작기계를 만들기에 적합한 재료이다.[11]

이런 멋진 프로젝트를 완성하기 위해서는 작은 주물공장이 중심에 있어야 한다. 금속 들통을 구해서 열에 견딜 수 있도록 점토로 내벽을 덧대고, 숯을 연료로 사용하면 그럴듯한 주물공장이 완성된다. 이때 들통의 한쪽에 구멍을 내어 공기를 흐르도록 하면 금상첨화일 것이다. 이런 뒷마당 가마로 알루미늄을 녹인 후에 거푸집에 부으면 다양한 형태의 기계 부품을 주조해낼 수 있다. 거푸집은 고운 모래에 결합재로 점토와 약간의 물을 섞어 만들 수 있다. 조각된 모양 주위를 이 혼합물로 채운 후에 두 짝의 나무틀로 감싼다.[12]

가장 먼저 만들어야 할 공작기계는 선반이다. 간단한 선반은 '베드bed'라 일컬어지는 길고 평평한 받침으로 이루어진다. 이 받침의 한쪽 끝에는 고정된 주축대가 있고, 반대편 끝에는 고정장치를 풀어 베드의 궤도를 따라 좌우로 움직일 수 있는 심압대가 있다. 가공물은 면반에 볼트로

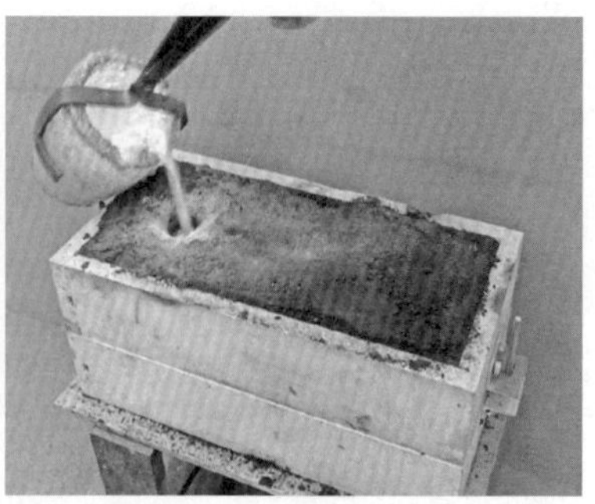

기초적인 주물공장의 모습. 여기저기에서 수거한 알루미늄을 작은 가마(왼쪽)에서 녹인 후에 모래 거푸집(오른쪽)에 부어 주조한다.

고정되거나 가동턱에 물린 상태로 주축대의 회전축에 연결된다. 수차나 증기기관 혹은 전동기 등 생존자가 어떤 원동력을 사용하느냐에 따라 톱니바퀴나 도르래로부터 동력을 받은 회전축이 회전하면, 여기에 연결된 가공물도 당연히 회전한다. 심압대는 베드의 궤도를 따라 미끄러지며 길이를 조절할 수 있기 때문에 가공물의 반대편 끝을 지탱하는 데 사용될 수 있지만, 가공물이 회전할 때 그 중앙에 구멍을 뚫기 위해서 드릴(천공기) 같은 연장을 고정하는 데도 사용된다. 왕복대도 베드를 따라 움직인다. 가로 이송대에 절삭 도구를 설치한 왕복대를 가공물 가까이에 놓은 후에 절삭 도구를 전후좌우로 움직이며 가공물을 원하는 모습으로 깎아낼 수 있다. 놀랍겠지만 선반은 자체의 모든 부속품을 그대로 복제해낼 수 있어 더 많은 선반을 만들어낼 수 있을 뿐 아니라, 생존자들은 선반을 처음 만들어가는 초보적 단계에서도 완전한 선반을 갖추기 위해 빠진 부품들을 별다른 사전 지식 없이도 그럭저럭 만들어낼 수 있다.

가공물에서 나삿니를 정밀하게 파내려면 긴 엄지나사lead screw가 왕복

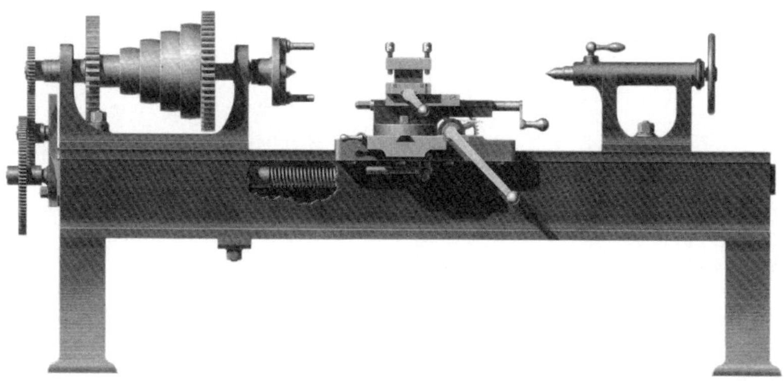

선반. 왼쪽에는 가공물을 고정하는 주축대와 회전축, 오른쪽에는 심압대, 그 사이에는 절삭 도구를 갖추고 이동 가능한 왕복대가 있다.

대를 부드럽게 움직일 수 있도록 선반의 베드에 나란히 놓여야 한다. 이상적인 경우라면, 엄지나사의 톱니가 추축대 회전축의 톱니와 맞물려서 둘의 움직임이 완벽하게 맞아떨어질 것이다. 나삿니를 일정한 폭으로 깎아내기는 무척 어렵기 때문에 종말 후의 세계에서 살아남은 생존자라면 이미 만들어진 길쭉한 나사를 찾아낼 수 있기를 한없이 바랄 것이다. 인류의 역사에서도 최초로 정밀한 금속 나삿니를 만들어내기 위해서는 개선을 거듭하는 오랜 과정이 걸렸고, 이런 과정을 바탕으로 그 후로 다양한 형태의 나사가 개발되었다. 따라서 종말 후의 생존자라도 이처럼 번거로운 과정을 되풀이하고 싶지는 않을 것이다.

어떻게든 선반을 마련하면, 선반을 이용해서 밀링머신처럼 훨씬 복잡한 공작기계의 부품을 만들어낼 수 있다. 선반은 회전하는 가공물을 절삭하는 공작기계인 반면에, 밀링머신은 회전축에 고정한 절삭기로 공작물을 절삭하는 공작기계여서 다목적 기능을 하는 도구이다. 밀링머신이 있으면 거의 어떤 것이든 만들어낼 수 있다. 실제로 이렇게 해낸다면, 단순한 도구로 자신의 복사판뿐만 아니라 훨씬 복잡한 도구까지 정밀하게 만들어내며 수준을 조금씩 향상시켜나가므로 이러한 면에서 테크놀로지 역사의 축소판이라 할 것이다.

그러나 단조하거나 주조하기에 적합한 이미 정제된 금속을 찾아내지 못하거나 쓰레기더미에서 찾아낸 금속을 모두 사용한 후에는 어떻게 해야 할까? 암석에서 금속을 어떻게 추출해낼 수 있을까? 일반적인 원칙에 따르면, 제련은 광석에서 금속을 구성하고 있는 산소와 황 등 여러 원소를 제거하는 작업이다. 제련을 위해서는 고온을 발생하는 연료, 환원제와 융제가 필요하다. 숯(혹은 코크스)은 연료와 환원제로서 뛰어난 역할을 해낸다. 요컨대 숯은 맹렬하게 타기도 하지만, 용광로에서 연소할 때 일산화탄소를 배출하는데, 일산화탄소는 산소를 빼앗으며 순수한 금속만 남겨두는 강력한 환원제이다. 철을 제련하는 기초적인 용광로의 전반적인 설계는 석회를 태우기 위한 가마의 설계와 유사하다.[13] 용광로를 잘게 부순 철광석과 숯을 켜켜이 채운다. 철광석에 함유된 약간의 석회석이 융제 역할을 하며, 경제적 가치가 별로 없는 맥석의 용융점을 낮추고, 용광로에서 유체로 변해 금속의 불순물들을 흡수한다. 융제는 결국 용재鎔滓(제련한 후에 남은 찌꺼기—옮긴이)가 되기 때문에 용광로 밖으로 배출된다. 이렇게 하면 당신이 원하는 금속만이 용광로에 남게 된다.

당신이 선택한 용광로가 철을 녹일 수 있을 만큼 충분하게 고온에 이르지 못하면, 그 단단한 금속이 흐물흐물한 상태에 이르렀을 때 용광로에서 꺼내 모루에 올려놓고 두드리고 때려서, 철의 내부 구조가 철저하게 결합되고 남은 용재를 밀어내야 한다. 순수한 연철을 연장 제작에 적합할 정도로 단단하게 만들려면, 숯으로 한 번 더 뜨겁게 가열한 후에 다시 모루에서 단조하는 단계를 거쳐야 한다. 약간의 남은 탄소까지 흡수해서 강철을 만들어내는 절차이다. 뜨겁게 달궈진 철을 모루에 올려놓고 접고 펴며 두드리기를 반복하는 행위는, 궁극적으로 속이 꽉 찬 물질을 휘저어서 균일한 강철로 만들기 위한 과정이다. 이렇게 만들어진 강철이라야 나중에 최종적인 형태로 주조될 수 있다. 이 과정은 대장장이에게 등뼈가 부러질 정도로 힘든 작업이어서, 강철 생산율은 무척 제한적일 수밖에 없다. 현대문명을 가능하게 해준 열쇠는 강철을 대량으로 만들어 내는 능력이었다. 이제 그 방법에 대해 살펴보자.

해결책은 용광로에 켜켜이 쌓은 철광석과 숯에 강력한 공기 바람을 불

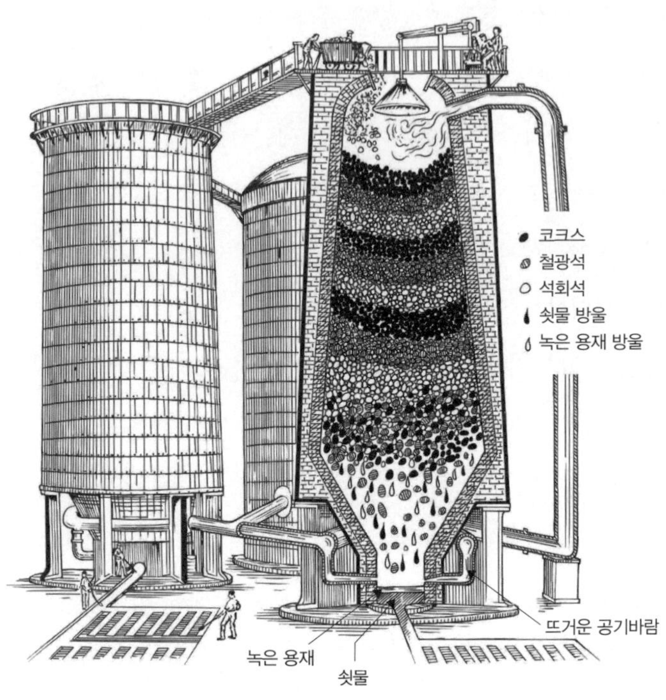

철을 제련하는 고로. 철광석과 연료와 융제를 위쪽에 켜켜이 쌓은 후에 뜨거운 공기바람을 아래에서 강력하게 불어 올린다.

어넣어 강하게 연소하는 것이다. 중국인들은 기원전 5세기쯤에 고로高爐, blast furnace를 발명했다. 유럽보다 1,500년 이상 앞선 시기였고, 그 후에는 수차로 움직이는 피스톤식 풀무를 사용해서 효율성을 한층 높였다.[14] 고로의 굴뚝으로 빠져나가는 뜨거운 가연성 폐기물 가스를 이용해서 유입 공기를 예열하면, 훨씬 효과적으로 고온에 이를 수 있다. 고로에서 처음 제련되는 철은 많은 탄소를 흡수하는데, 탄소는 철의 용융점을 섭씨 1,200도까지 낮춘다. 철은 액화되어 고로의 아래쪽으로 흘러내리고 바닥에 파놓은 통로를 따라 빠져나와 일렬로 늘어선 잉곳 거푸집에 들어가 식혀진다. 이것이 선철pig iron이다. 중세 주물공장에서 일하던 인부들이 일렬로 늘어선 거푸집들이 마치 갓 태어나서 암퇘지의 젖꼭지를 빠는 새끼 돼지들처럼 보인다고 해서 그렇게 이름이 붙여졌다.

이처럼 탄소 함유량이 많은 철은 용융점이 낮기 때문에 다시 제련되어 거푸집에 부어질 수 있다. 따라서 고탄소철에 속하는 주철은 조리용 솥이나 파이프 혹은 기계 부품 등과 같은 품목들을 신속하게 제작하기에 편리해서, 빅토리아 여왕 시대에는 많은 들보가 주철로 만들어졌다. 그러나 주철에는 결정적인 약점 하나가 있다. 탄소 함유량이 많아 부러지기 쉽다는 것이다. 따라서 주철로 지은 다리는 구조와 관련된 부분들이 구부러지거나 늘어지면 여지없이 붕괴되기 십상이다.

산업혁명의 후반기를 진정으로 가능하게 한 혁신은 고로의 선철을 강철로 쉽게 바꾸는 방법이었다. 탄소 함유량으로 보면 강철은 순수한 연철과 잘 부러지는 선철이나 주철(3~4퍼센트)의 중간쯤이다. 따라서 기계의 톱니와 구조용 강재에 쓰이는 경강硬鋼의 경우에는 탄소 함유량이 약 0.2퍼센트인 반면에, 볼베어링과 선반용 절삭기에 쓰이는 특별히 단단한 강철의 경우에는 탄소 함유량이 약 1.2퍼센트이다. 그럼, 선철에서 어떻게 탄소를 제거할 수 있을까?

베서머 전로Bessemer converter는 커다란 조롱박 모양의 통이다. 내벽에는 내화벽돌이 둘러지고, 한쪽으로 젖힐 수 있도록 중심축 위에 올린 형태이다. 녹은 선철을 용광로에 넣고, 수족관의 기포 발생기와 유사한 장치로 아래쪽 구멍을 통해 공기를 주입한다. 과도한 탄소는 산소와 반응해서 이산화탄소 형태로 빠져나가고, 다른 불순물들도 산화되어 결국에는 용재의 형태로 씻겨나간다. 탄소가 탈 때 충분한 열을 발산해서 철을 줄

곧 녹은 상태로 유지할 수 있다면 운이 좋은 편이다.[15]

하지만 탄소를 거의 제거하고 1퍼센트 이하로만 남겼는지 정확히 판단하기 어렵다는 게 문제이다. 이 문제는 거꾸로 생각하면 간단히 해결된다. 요컨대 모든 탄소가 완전히 제거되었다고 확신할 수 있을 때까지 철의 전환을 계속하고, 원하는 함유량에 도달한 철을 순철純鐵에 섞으면 궁극적으로 원하는 구성비를 지닌 철을 얻을 수 있다. 베서머 법은 강철을 적은 비용으로 대량생산한 최초의 방법이었다. 따라서 종말 뒤의 생존자들도 가능하면 신속하게 이 수준까지 도약할 수 있기를 바랄 것이다.

유리

철과 강철은 산업화된 현대 세계에서 유명한 건축자재인 반면, 유리는 지금까지 간과되고 변변찮게 취급받아왔음에도 인류의 발전에서 중요한 역할을 해왔다. 유리는 인류가 최초로 개발한 합성물질 중 하나로, 문명의 요람인 메소포타미아에서 기원전 세 번째 천년 시대에 발명되었다. 유리가 고유한 속성들을 어떻게 결합했기에 과학에서 가장 중요한 재료가 되었는지에 대해서는 뒤에서 살펴보기로 하고, 유리를 만드는 기본적인 방법부터 시작해보자.

유리가 녹은 모래, 정확히 말하면 정제한 이산화규소(실리카)로 만들어진다는 건 많은 사람이 알고 있다. 그러나 모래 몇 덩어리를 불 속에 던져 넣는다고 어떤 결과물이 얻어지는 것은 아니다. 불이 꺼지지 않으면 다행일 것이다. 이산화규소의 용융점이 무척 높아, 거의 섭씨 1,650도에

달한다는 것이 문제이다. 이 온도는 간단한 가마로는 결코 다다를 수 없는 온도이다. 따라서 유리의 주성분이 무엇인지 안다고 해서 유리를 만들어내는 데 실질적인 도움이 되는 것은 아니다. 유리는 때때로 자연에서 형성된다. 예컨대 사막의 모래를 파낼 때 운이 좋으면 길쭉하고 속이 빈 관을 발견할 수 있다. 실리카가 용융된 것으로 생김새가 이리저리 복잡하게 뻗은 나무뿌리와 유사하다. 이런 구조물은 '풀구라이트fulgurite' 혹은 '섬전암petrified lightning'이라 일컬어지고, 번개가 마른 모래밭을 때릴 때 형성된다. 전류가 지하에 급격하게 파고들어 높은 온도를 발생하며 실리카 알갱이들을 용융해서 유리관으로 만들어낸다.[16]

하지만 직접적으로 번개의 힘을 이용할 수는 없다. 그러므로 유리를 만들어내려면 적절한 융제 첨가물을 사용해서 실리카의 용융점을 가마가 감당할 수 있는 수준으로 낮추어야 한다. 유리 제조에서 실리카의 융제로는 탄산칼륨과 소다회가 제격이지만, 약간의 화학적 지식을 더하면 대량으로 소다를 생산하기가 훨씬 더 쉽다. 따라서 요즘 창유리나 병을 만드는 데 쓰이는 유리는 주로 소다석회유리soda-lime glass(모래 속에서 용해된 소다와 석회의 용액이 상온에서 굳은 것)이다.

불에 구운 점토로 만든 세라믹 도가니에 실리카 알갱이와 소다 결정체를 가득 담는다. 가마의 열에 탄산나트륨이 분해되어 이산화탄소를 배출하고, 실리카에 용해되며 가마의 온도로도 유리를 성공적으로 형성할 수 있을 정도로 실리카의 용융점을 낮춘다. 이산화탄소는 배출되는 과정에서, 최초의 혼합물에 포획된 산소와 질소와 결합해서 거품이 많은 포말성 용해물을 형성한다. 따라서 유리가 녹아서 계속 흐르도록 높은 온도를 낼 수 있는 가마가 사용되어야 하고, 도가니는 그 거품들이 모두 빠져나가고 맑은 유리를 만들어낼 수 있도록 충분히 오랫동안 가마 안에 남겨져 있어야 한다. 안타깝게도 실리카와 융제로만 만들어진 유리는 물에 녹기 때문에 사용 범위가 무척 제한적이다. 해결책은 유리를 물에 녹지 않도록 하기 위해서 도가니에 또 하나의 첨가물을 더하는 것이다. 앞 장에서 다루었던 산화칼슘, 즉 생석회가 이 목적에는 안성맞춤이다.

유리의 원료, 실리카는 지구의 지각과 맨틀에서 40퍼센트 이상을 차지한다. 지구의 암석에서 압도적으로 많은 양을 차지하는 화합물이기도 하다. 그러나 실리카는 주로 다른 물질들과 혼합되어 있다. 금속도 그중 하나여서, 실리카는 제련 후에 버려지는 용재의 주된 성분이기도 하다. 무색의 맑은 유리를 만들려면 되도록 실리카가 순수해야 한다. 예컨대 대부분의 모래는 산화철 때문에 옅은 갈색을 띤다. 따라서 모래가 많이 섞인 실리카로 만든 유리는 초록색을 띤다. 포도주병으로는 알맞겠지만, 창유리나 망원경 유리로는 적합하지 않다. 맑은 유리를 만들기에 적합한 최고의 재료는 밝은 흰모래이다. 유명한 베네치아 '크리스털' 유리를 제작하는 데 사용되는 하얀 석영이나, 영국의 '리드 크리스털lead crystal'(산화납이 24퍼센트 이상 함유된 유리)을 제작하는 데 사용하려고 백악에서 추출한 부싯돌도 맑은 유리를 만들기에 좋은 재료이다. 여하튼 유리의 원자들은 무질서하고 엉망진창인 비결정질non-crystalline로 배열되어 있기 때문에 '크리스털'과 '리드 크리스털'은 부적절한 명칭이라 할 수 있다.[17]

물론 종말 후에도 현대문명이 남겨놓은 엄청난 양의 유리가 있을 것이다. 온전하게 보존된 유리는 재사용되겠지만, 깨진 유리들은 깨끗하게 세척한 다음 다시 녹여 사용하면 된다. 실제로 유리는 요즘에도 가장 쉽게 재활용할 수 있는 재료 중 하나이다. 유리는 용광로에 넣고 녹여서 다시 사용하면 그만이다. 이렇게 반복해서 활용해도 품질이 떨어지지 않는다. 이런 점에서 플라스틱과는 완전히 다르다. 하지만 문명을 재건하는 과정에서 나중에는 유리를 처음부터 만드는 방법을 알아야 할 것이다. 배가 난파되어 무인도에 홀로 남겨진 경우에도 마찬가지이다. 열대 해변은 맑은 고급 유리를 만드는 데 필요한 세 가지 재료인 철분이 없는 밝은 흰모래, 소다회를 추출할 해초, 태워서 생석회를 만들 수 있는 조가비나 산호를 구하기에는 안성맞춤인 곳이다.

유리는 녹으면 곧바로 도가니에서 거푸집으로 부을 수 있다. 그런데 유리의 재밌는 속성 중 하나를 활용하면 제조 과정이 훨씬 편리해진다. 유리는 특이하게도 용융점을 하나만 갖고 있는 게 아니다. 유리는 온도의 범위에 따라 점도粘度(혹은 점성도)가 크게 달라진다. 따라서 유리가 연화점에 도달해서 낭창낭창해지더라도 지나치게 흐물거리지 않는 최적의 상태에 있을 때 작업하여 '유리 불기glass blowing'를 시도할 수 있다. 긴 금속관이나 도자기 담뱃대 끝에 유리 방울 하나를 묻히고, 바람을 세게 불어넣어 유리를 팽창시킨다. 이때 팽창된 유리를 허공에 돌리면서 원하는 모양으로 성형하거나, 유리를 거푸집에 불어넣어 유리병과 같은 물건들을 신속하게 제작할 수 있다.

오늘날 창유리는 햇살을 인공 동굴 같은 실내까지 스며들게 함으로써 단독주택과 고층건물을 밝히는 역할뿐 아니라, 비바람을 막는 장벽 역할까지 해낸다. 기원후 1세기경, 로마인은 주조 기법으로 만든 유리cast glass를 사용해서 창문에 유리를 끼운 최초의 종족이었다. 한편 기원후 첫 번째 천년 시대가 끝날 쯤에도 중국의 창문에는 기름을 발라 반투명하게 만든 종이가 끼워져 있었다. 오랫동안 창유리는 입김을 불어 평평하게 만든 것이었다. 따라서 요즘에도 오래된 시골집이나 술집의 창문에 끼워진 창유리의 가운데에는 옴폭 들어간 곳이 눈에 띈다. 유리 직공이 입김을 불어넣는 금속관을 떼어놓은 지점을 뜻한다. 오늘날 흠잡을 데 없이 매끄러운 커다란 창유리는 용융된 주석이 담긴 통에 유리를 붓는 방식으로 만들어진다. 통에서 유리가 위쪽에 뜨며 균일한 두께로 퍼지고는 식으면서 굳는다. 하지만 종말 뒤 재건을 모색하는 세계에서 유리는 창窓 이외에 다른 용도로도 중요하게 쓰일 것이다.

물론 유리가 창문의 편리한 재료로 쓰이는 주된 이유는 투명하다는 속성 때문이다. 투명함은 그 자체로 무척 희귀한 물질적 속성이다. 그 외에도 유리에는 다른 물질에서 발견되지 않는 중요한 속성들이 적지 않다. 다시 말하면, 유리는 과학에서 무척 중요한 물질이란 뜻이다.[18] 유리 덕분에 자연현상들의 영향을 측정함으로써 인류에게 필요한 테크놀로지는 꾸준히 발전되어왔다. 예컨대 기압계와 온도계는 액체 기둥의 수준이 변하는 정도를 보여주는 과학적 도구로, 유리가 있었기에 발명될 수 있었다. 유리라는 투명하고 단단한 물질이 없다면 이런 변화를 육안으로 확인하는 건 불가능할 것이다.

현미경의 깔유리 덕분에 얇은 표본이 놓인 배양액에 빛이 통과할 수 있다. 또 유리는 밀폐된 공간을 진공으로 유지할 수 있을 정도로 상당히 강하다. 엑스선이 발생하려면 진공관이 필요했다.(7장 참조.) 진공관은 전자를 비롯해 원자보다 작은 입자들을 발견하는 데 결정적인 역할을 해냈다. 밀폐된 유리관은 특별한 내부 환경을 제어하는 동시에 발생된 빛을 외부로 퍼져나가게 함으로써 필라멘트 전구나 형광등의 작동에도 중요한 역할을 한다.

유리는 투명하고 내열성을 지니는 데다 얇은 그릇으로 만들어질 정도로 강하지만 다른 화합물과 쉽게 반응하지 않는 편이다. 이런 이유에서 유리는 화학 연구의 모든 부분에서 중요하게 쓰였다. 예컨대 유리로는 주형을 사용하거나 입김을 불어서, 시험관과 플라스크, 비커와 뷰렛, 피펫과 상대적으로 굵은 관, 냉각기와 분별 증류관, 주사기와 액량계, 시계접시 등 온갖 형태의 실험기구를 만들어낼 수 있다. 다른 화합물과 쉽게 반응하지 않으면서 투명한 물질, 따라서 색을 입히지 않고도 어떤 반응이 일어나는지 관찰할 수 있게 해주는 물질이 없었다면, 화학이 어떻게 지금 수준까지 발전해왔을는지 상상하기 힘들다.

그러나 유리를 이용해서 빛을 통제하고 조작할 수 있다는 것만큼, 유리가 우리에게 안겨준 멋진 선물은 없는 듯하다. 유리의 이런 속성 덕분에 우리는 자연의 작은 부분을 따로 떼어내 별개로 연구할 수 있었을 뿐 아니라 우리의 감각 자체를 크게 확장할 수 있었다.

유리 제조의 달인이었던 로마인들은 유리로 만든 구체의 뒤에 놓인 물건이 확대되어 보인다는 걸 어렵지 않게 알아챘다. 그러나 로마인들은 유리 덩어리를 곡면으로 갈아서 렌즈를 만들어야겠다는 개념적 도약은 이루어내지 못했다. 광선이 한 투명한 매질에서 다른 매질로 들어갈 때 경계면에서 구부러진다는 굴절 원리에서 렌즈가 탄생했다. 예컨대 곧은 막대기를 연못에 밀어 넣으면, 막대기가 수면 아래에서 구부러져 보인다. 광선이 수면, 즉 물과 공기의 경계면에서 굴절하기 때문에 나타나는 현상이다. 따라서 유리를 특정한 모양으로 만들면, 구체적으로 말해서 양쪽이 볼록한 볼록렌즈 모양으로 만들면, 렌즈를 통과하는 광선의 굴절을 통제할 수 있다. 렌즈의 테두리 부근에 도달한 빛은 광각으로 표면을 때리기 때문에 안쪽으로 급격하게 방향을 바꾼다. 반면에 렌즈의 중앙 근처를 통과하는 빛은 상대적으로 완만한 각도로 꺾인다. 렌즈의 정중앙을 똑바로 통과하는 빛은 곡면을 정면으로 때리기 때문에 꺾이지 않고 일직선으로 계속 진행한다. 모든 광선은 하나의 점, 초점에 모인다. 확대경이라 일컬어지는 돋보기의 원리가 바로 여기에 있다.

최초의 광학 테크놀로지는 1285년경 이탈리아에서 처음 모습을 드러낸 안경이었다. 볼록렌즈를 사용한 안경 덕분에 원시를 지닌 사람들이 많은 혜택을 누렸다. 원시는 일반적으로 노년에 나타나며, 가까이 있는 물체에 초점을 제대로 맞추지 못한다. 반면에 근시를 교정하는 데는 오목렌즈가 사용된다. 오목렌즈는 볼록렌즈와는 반대 방향으로 유리를 깎아야 하기 때문에 약간 더 까다로운 편이다. 다시 말하면, 오목렌즈는 양면이 중앙을 향해 굽은 모양이고 광선을 발산한다.

렌즈를 통해 사물을 확대해서 볼 수 있다면, 렌즈를 정교하게 배열함으로써 아득히 멀리 떨어진 것도 볼 수 있다는 깨달음을 통해 진정한 돌파구가 생겨났다. 이런 깨달음에서 탄생한 것이, 바로 망원경이다. 망원경은 처음에 선박의 선장들이 사용했지만, 곧바로 하늘로 향하며 우주에 대한 이해에 혁명적인 변화를 불러일으켰고 우주에서 우리의 위치를 새롭게 깨닫게 해주었다. 유리 렌즈에는 무척 작은 것을 확대하는 기능도 있었다. 이 원리를 통해 탄생한 현미경은 미생물학과 세균론의 연구에도 필수적인 도구이지만, 결정체와 광물의 구조를 이해해서 야금술의 발전을 모색하는 데도 없어서는 안 될 도구이다.

인류가 5,500년 전에 인공적으로 합성한 최초의 물질 중 하나인 유리 덕분에, 우리는 자연을 연구하고, 글을 읽기 위한 안경부터 허블 우주망원경까지 새로운 테크놀로지를 개발해낼 수 있었다. 17세기에 개발되어 현대 과학의 발전에서 중대한 역할을 해낸 여섯 가지 기구인 진자시계, 온도계와 기압계, 망원경과 현미경, 진공펌프 중에서 진자시계를 제외하고 다섯 가지 기구 모두가 유리의 속성들을 독특하게 결합해서 만들어낸 것이다.

우리 시야를 우주까지 넓혀준 망원경이나, 물질의 미세한 구조를 탐구하는 도구인 현미경이 결국 곡면으로 깎아낸 모래 덩어리에 불과하다고 생각하면, 놀랍기만 하다. 유리는 그야말로 세상을 보는 우리 눈을 바꿔놓았다. 종말 후에 문명을 성공적으로 다시 세우기 위해서 유리는 건축 자재로서만이 아니라, 과학 발전을 위한 관문 테크놀로지로서도 무척 중요하다. 특히 온도계와 기압계 및 현미경은 인체를 연구하는 데 무척 중요하다. 이런 의미에서 이번에는 의약품과 의학으로 눈을 돌려보자.

07

의학과 의약품

도시는 적막했다. 이 종족의 흔적은 폐허지 부근에 전혀 남아 있지 않았다. 아버지에게서 아들로, 세대에서 세대로 전해졌을 전통도 찾기 어려웠다. (…) 세련되고 문명화된 특별한 사람들이 국가의 흥망성쇠를 겪으면서 남긴 유산들, 황금 시대를 구가한 후에 덧없이 사라진 사람들이 남긴 유산들이 우리 눈앞에 있었다. (…) 한때 위대한 문명을 누렸을 아름다운 도시, 그러나 전복되어 버려지고 잊힌 채 반경 수 킬로미터의 숲에 감추어진 도시, 심지어 이름조차 남기지 못한 이 도시만큼 내게 깊은 감명을 준 곳은 세계 어디에도 없었다.

_ 존 로이드 스티븐스(마야 문명의 유적을 발견한 탐험가)[1]

테크놀로지 문명이 붕괴되면, 현대 의학이 지금까지 이루어낸 업적도 덩달아 거의 완전히 사라지고 말 것이다. 전화 한 통화면 구급차가 쏜살같이 달려오는 선진국에서 살았던 사람들에게, 의료체계가 사라지면 그야말로 악몽일 것이다. 더구나 그런 의료체계에서 얻던 마음의 평안도 물거품처럼 사라지며, 작은 상처도 치명적으로 여겨질 것이다. 황량한 도시에서 돌에 걸려 넘어져 다리가 부러지고 주변 혈관과 신경이 손상되더라도 적절한 치료를 받지 못할 것이기에 치명적일 수 있다. 결국 사소한 사고도 사형선고를 뜻할 수 있다. 예컨대 뭔가에 손가락이 찔려 패혈증을 일으키는 병원균에 감염된다고 생각해보라. 대재앙이 있은 직후에는 부상과 질병에 의한 사망률이 출생률을 훨씬 웃돌 것이기 때문에 인구가 꾸준히 줄어들 가능성이 크다. 항생제도 없고 외과적 처치도 받지 못하는 까닭에, 더구나 노령화로 인해 병약해지는 몸을 돌볼 의약품도 없을 것이기에 생존자들의 기대수명은 오늘날 선진국의 75~80세에서 급전직하로 추락할 것이다. 많은 간호사와 의사 및 외과의사가 살아남더라도, 진단장치를 사용할 수 없고 혈액검사도 할 수 없으며 의약품도 없어 그들의 전문 지식과 경험은 금세 무용지물이 될 것이다. 게다가 시간이 지난 후에 그들의 전문화된 의학지식마저 사라지면 어떻게 해야 할까? 오랫동안 축적해온 의학적 전문지식을 하루라도 앞당겨 회복할 수 있는 방법은 무엇일까?

이 책에서 다루는 대부분의 주제가 그렇듯이, 현재의 의학지식을 작은 조각까지 유의미하게 설명하는 것은 불가능하다. 건강한 신체를 떠받치는 기관과 조직의 복잡한 시스템과 분자 메커니즘을 어떻게 빠짐없이 설명하고, 어떤 특정한 질병이나 부상이 닥치면 인체가 어떻게 교란되는지를 무슨 수로 설명할 수 있겠는가. 또, 오늘날 우리가 사용하는 무수한 의약품과 그 의약품들을 합성하는 방법, 까다롭기 그지없는 외과수술법을 이 책에서 어떻게 설명할 수 있겠는가? 하지만 종말의 악몽을 딛고 일어서려는 생존자들에게 작은 희망을 줄 수 있는 기본적이고 핵심적인 지식을 설명하고, 밑바닥에서부터 모든 것을 회복하는 속도를 높이는 데 반드시 필요한 도구들과 방법들을 간략하게나마 알려주고 싶다.

지금 서구 세계에서 살아가는 사람들은 나이를 먹어감에 따라 신체 기관이 제대로 기능하지 않아 결국 심장병과 암 같은 만성질환에 쓰러질 것이다. 그러나 인류의 역사에서 항상 그랬고, 지금도 개발도상국가에서 간혹 그렇듯이 종말 후의 세계에서도 인류에게 가장 큰 골칫거리는 감염성 전염병일 것이다.

많은 전염병이 문명 자체에서 직접적으로 비롯된 결과물이다. 특히 동물을 가축화해서 지근거리에서 함께 살기 때문에 동물의 질병이 종의 장벽을 건너뛰어 인간까지 감염시키는 결과를 낳았다. 예컨대 소는 결핵과 천연두를 인간에게 옮겼고, 말은 리노바이러스(일반적인 감기)를 우리에게 옮겼다. 홍역은 개와 소로부터 비롯된 질병이다. 돼지와 가금은 아직도 우리에게 자기들의 인플루엔자를 옮기고 있다.[2] 게다가 도시 생활이 질병의 확산을 조장하는 원인이기도 하다. 인구밀도가 높기 때문에 접촉이나 공기에 의한 전염이 급속히 진행되며, 열악한 위생과 불결한 환경은 수인성 질병의 팬데믹을 야기한다. 비교적 최근까지도 도시의 사망률이 무척 높았던 까닭에, 시골에서 끊임없이 이주민이 유입해도 도시 인구는 겨우 유지되는 실정이었다. 이런 위험에도 불구하고, 함께 모여 살면 장사를 하는 데도 유리하지만, 그보다 훨씬 중요한 상품, 즉 아이디어를 신속하게 교환할 수 있다. 종말 뒤로도 인구가 다시 회복되기 시작하면 도시화로 인해 다양한 재능과 전문지식을 갖춘 사람들 간의 협력과 자극이 활성화될 것이고, 테크놀로지의 재발전도 가속화될 것이다.

하여 살아남은 사회가 질병의 공격을 차단하며 건강을 유지하는 방법과 최대한 빠른 속도로 인구 증가를 꾀하기 위한 한 방편으로, 안전하게 분만하는 방법부터 먼저 살펴보자.

감염병

당신이 세상에 종말을 안겨준 대재앙에도 살아남는 행운을 누렸는데, 그로부터 수개월 후에 쉽게 예방할 수 있는 전염병에 걸려 죽는다면 얄궂은 운명이 아닐 수 없다. 항생제나 항바이러스제가 없는 세상에서는 누구나 감염되지 않기를 필사적으로 바랄 것이다. 병원균의 침략에 몸의 면역력이 압도되면 전염병에 걸린다. 종말 직후에는 기본적인 위생과 보건에 대한 지식이 다른 어떤 정보보다 소중할 것이다.

콜레라의 메커니즘에 대해서는 오래전에 밝혀졌다. 비브리오 박테리아Vibrio bacterium가 영양분이 풍부한 작은창자에서 급속히 증식해 그 병원균이 발생한 독소로 장벽을 공격한다. 그 독소가 설사를 유발하며 비브리오 박테리아가 새로운 숙주를 찾아 확산되는 걸 지원한다. 많은 장내 감염병이 비슷한 증상을 보이며, 의사들이 '배설물–구강 경로fecal-oral route'라 칭하는 방식으로 확산된다. 따라서 예방법은 이 연결 고리를 끊는 것이다.

개인적인 차원에서, 목숨을 위협하는 질병과 기생충을 가장 효과적으로 예방할 수 있는 방법은 습관적으로 손을 씻는 것이다.(5장에서 만드는 법을 배운 비누를 사용해서 씻어야 한다.) 손 씻기는 현대문명의 따분한 유물도 아니고, 당신의 손을 예쁘게 보이려는 예의 바른 행동도 아니다. 기본적인 생존 기술이며, 혼자 힘으로 해낼 수 있는 건강관리 비법이다. 한편 사회적 차원에서는 식수가 배설물에 오염되지 않도록 주의를 기울여야 한다. 요컨대 손 씻기와 깨끗한 식수가 현대 공중위생의 핵심 원칙이다. 많은 질병이 미생물에서 비롯되고 사람 사이에 전염된다는 세균론의 기본 원리를 잊지 않는다면, 종말 이후의 사회는 우리 조상의 시대, 더 나아가 1850년대보다 더 건강하게 지낼 수 있을 것이다.[3]

설령 당신이 어떤 장내 감염병에 걸리더라도 얼마든지 생존할 가능성이 있다. 실제로 콜레라처럼 역사적으로 엄청난 충격을 남겼던 전염병도 곧바로 목숨을 빼앗아가지는 않는다. 콜레라 환자는 주로 급격한 탈수로 인해 죽는다. 콜레라균에 의한 설사로 하루 만에 20리터의 체액이 빠져나가기 때문이다.[4] 치료법은 의외로 간단한데도 1970년대에야 널리 채택되었다. 경구수분공급치료법Oral Rehydration Therapy, ORT은 1리터의 깨끗한 물에 1테이블스푼의 소금과 3테이블스푼의 설탕을 넣고 잘 섞어 마시는 것이다. 이것만으로도 용존물질들이 올바른 균형을 되찾고, 질병으로 잃어버린 수분을 보충할 수 있다.[5] 요컨대 콜레라에서 살아남기 위해서는 특별한 약이 필요한 것은 아니다. 정성 어린 간호만 있으면 충분히 콜레라를 이겨낼 수 있다.

분만과 신생아 간호

현대 의학이 개입하지 않으면, 분만은 다시 산모와 아기에게 위험한 일이 되기 쉽다. 요즘에는 분만 과정에서 발생할 수 있는 심각한 문제가 제왕절개수술로 해결되는 경우가 적지 않다. 복벽근을 절개해서 자궁에 손을 넣고 태아를 인공적으로 꺼내는 수술이 제왕절개수술이다. 지금은 통상적인 수술로 여겨지고, 의학적인 필요성이 없을 때도 산모가 요구하는 경우가 있지만, 제왕절개수술은 산모가 이미 사망한 경우나 생존할 가능성이 거의 없는 상황에서 아기라도 살리기 위한 최후의 수단으로 시도되었던 방법이다. 실제로 산모가 제왕절개수술로 살아남은 사례는 1790년대에야 조금씩 알려지기 시작했고, 1860년대에도 제왕절개수술을 받은 산모의 사망률은 80퍼센트를 넘었다. 제왕절개수술은 지금도 여전히 무척 까다롭고 정신적 외상을 초래할 정도의 수술이기 때문에, 종말 다음의 세계에서 자연분만의 안전한 대안으로 추천하고 싶지는 않다.

까다로운 과정이지만 태아를 안전하게 꺼내는 비수술적 방법인 겸자분만은 1600년대 초에 개발되었다. 분만용 겸자를 이용해서 산파나 의사가 산도産道를 넘어가 태아의 두개골을 조심스럽지만 확실히 움켜잡고 아기를 꺼내거나 아기의 머리 위치를 조정할 수 있었기 때문에, 겸자의 발명은 산과학産科學에서 중대한 발전을 뜻했다.• 겸자의 두 팔이 중심축에서 분리되어 독립적으로 알맞은 위치에 미끄러져 들어갈 수 있는 새로운 겸자가 개발된 것도 중대한 발전이었다. 시간이 지나면서 겸자의 모양도 점점 개선되어, 결국 두 팔은 산모 골반의 해부학적 모습대로 굽은 형태를 띠고, 끝부분은 아기의 두개골을 감싸는 형태를 띠게 되었다.

미숙아와 저체중 출생아는 스스로 자신의 체온을 조절할 수 있을 때까지 병원 인큐베이터에서 온기를 유지하지 않으면 사망할 가능성이 크다. 현대 인큐베이터는 고가의 정교한 의료 장비이다. 그런데 다른 많은 의

• 분만용 겸자를 발명한 의사들의 가족은 다른 산과의사들이 갖지 못한 이점을 활용해서 큰돈을 벌려고 겸자의 존재를 한 세기 이상 동안 비밀에 부쳤다. 겸자의 존재를 세상에 알리지 않으려고 그들은 겸자를 상자에 담아 분만실에 들어갔고, 참관인들을 모두 내보내고 산모에게도 눈가리개를 씌운 후에야 상자를 열고 겸자를 꺼냈다.[6]

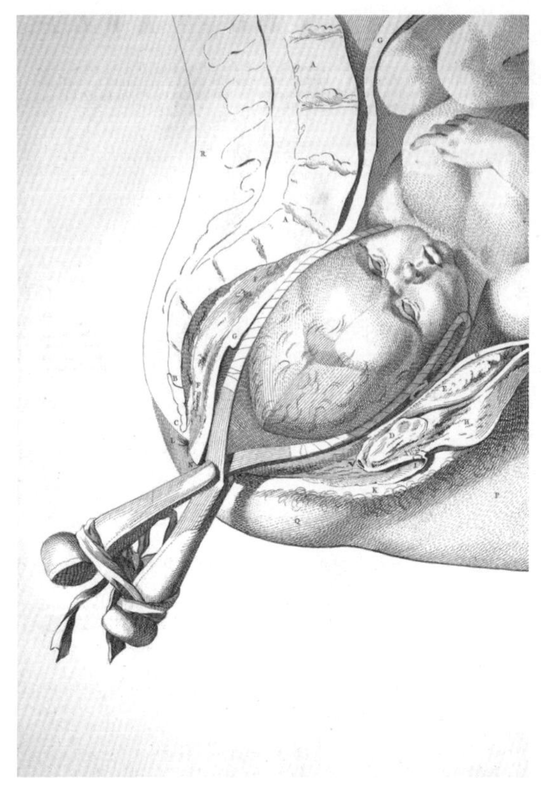

분만용 겸자.

료 장비와 마찬가지로 개발도상국의 병원에 기증되더라도 불안정한 전기 공급과 예비 부품의 부족, 혹은 장비를 수리할 만한 전문 기술자의 부족으로 인큐베이터가 사용되지 않는 경우가 많다. 몇몇 연구에 따르면, 개발도상국의 병원에 기증된 의료 장비의 95퍼센트가 5년 후에는 운영이 중단된다. 디자인댓매터스Design that Matters라는 비영리기업이 이 문제를 해결하려고 나섰다. 그들이 내놓은 기발한 해결책은 종말 후에도 반드시 있어야 할 대표적인 테크놀로지 제품이라 할 수 있다. 그들이 설계한 인큐베이터는 일반적인 자동차 부품을 이용한다. 렌즈와 반사경을 용접하여 안에 필라멘트를 넣고 밀봉한 일반적인 전조등은 발열체로 사용되고, 계기판 팬은 여과된 공기를 순환시키며, 문을 열어두면 땡땡 거리는 소리 장치는 경보 장치로 사용되고, 정전되거나 인큐베이터를 옮길 때는 예비 전원으로 오토바이용 배터리를 사용한다.[7] 종말 후에도 이 모든 것은 쉽게 구할 수 있을 것이고, 기계를 잘 아는 생존자의 도움을 받으면 얼마든지 수리할 수 있을 것이다.

진찰과 진단

의사에게 가장 필요한 능력은 진단하는 능력이다. 다시 말하면, 환자가 어떤 질병이나 문제로 고통받는지 알아내서 적절한 치료법이나 수술법이 무엇인지 판단하는 능력이다. 의사는 환자에게 어떻게 어떤 이유에서 증상이 시작되었는지 자세히 말해달라고 요구한다. 진찰하는 동안 찾아낸 징후에 이 정보를 더해서, 통증의 원인을 짐작하고, 후속 조치로 혈액검사와 병리조직검사 같은 검사를 요청한다. 물론 엑스선이나 컴퓨터단층촬영 같은 영상의학에 도움을 받기도 한다. 이런 임상검사의 결과에서 의사는 정확한 진단을 내리기 위한 단서를 찾아낸다.

종말을 맞은 세계에서는 첨단 임상검사가 가능하지도 않고 영상 시설도 사용할 수 없을 것이다. 물론 많은 의료 전문가도 사라지고 없을 것이다. 이 책에서 다루는 어떤 분야보다 의학과 외과학은 경험적이고 암묵적인 지식implicit knowledge—배우더라도 말이나 그림만을 사용해서는 다른 사람에게 만족스럽게 전달하기 무척 힘든 지식—에 크게 의존한다. 영국에서는 의과대학에 입학해서 졸업한 후에 수련의로서 병원에서 임상훈련을 받아 전문의가 되려면 꼬박 10년이 걸린다. 이 모든 훈련 과정이 숙달된 경지에 이른 의사가 직접 해 보이는 실연을 보고, 모방하는 방식으로 이루어진다. 그런데 이런 지식의 순환 고리가 문명의 붕괴로 끊어지면, 교과서만으로 실질적인 능력과 전문적인 지식을 스스로 터득한다는 것은 거의 불가능하다. 의학과 외과학의 근본까지 내려가서, 전문의와 의료 장비가 모두 사라지면 어떻게 해야 병의 진단에 반드시 필요한 지식과 능력을 되찾을 수 있을까?

요즘 정밀한 진단은 다양한 검사에 의존하지만, 19세기 초까지만 해도 의료인에게는 인체의 내부 상태에 접근할 수 있는 도구가 하나도 없었다. 당시의 의사들은 눈에 보이는 외적인 징후에만 의존해서, 부어오른 기관이나 덩어리를 손가락 끝으로 눌러보거나 복부와 가슴을 가볍게 톡톡 때려서 다르게 들리는 소리로 병을 진단했다. 이처럼 환자의 신체를 두드려 병세를 진단하는 타진법打診法은 술통을 두드려서 포도주가 얼마나 남았는지 판단하던 술집 주인의 아들이 처음 발명한 것으로 전해진다.

의학적 진단 방법을 바꿔놓은 도구인 청진기는 단순하기 그지없는 장비이다. 한쪽 끝을 귀에 꽂고, 반대편을 환자의 몸에 대고 밀 수 있는 속이 빈 나무관을 사용해도 되고, 종이를 원통 모양으로 돌돌 말아서 사용해도 된다. 청진기는 실제로 1816년에 이런 식으로 발명되었다. 르네 라에네크René Laennec(1781년~1826년)는 유난히 가슴이 풍만한 여성 환자의 가슴에 귀와 뺨을 대는 게 거북하게 느껴져서 즉흥적으로 기발한 생각을 해냈다. 임시변통으로 관을 만들어 사용하면 심장 소리를 완벽하게, 그것도 증폭된 소리를 들을 수 있다는 걸 깨달았다. 이 청진기로는 체내의 소리를 통해, 심장 소리의 이상 징후부터 폐 질환을 뜻하는 쌕쌕거리고 탁탁거리는 소리까지, 심지어 장폐색의 징후도 알아낼 수 있었다. 또, 태아의 희미한 심장박동도 들을 수 있었다.

19세기가 저물어갈 쯤에는 청진기만이 아니라 체온을 측정하는 체온계, 혈압을 측정하기 위한 눈금표와 연결된 가압대가 의사들의 가방에 든 기본적인 의료 장비였다. 체온계로는 감염과 관련된 열병을 밝혀낼 수 있다. 체온을 규칙적으로 측정해서 찾아낸 패턴이 어떤 특정한 질병을 암시할 수 있기 때문이다. 그러나 종말 후의 문명이 고에너지 형태의 빛을 발생하는 법을 다시 알아낼 때까지 인체의 내부 형편을 가늠하는 핵심적인 도구로는 청진기가 쓰일 수밖에 없을 것이다.

19세기가 끝나기 수십 년 전에 두 개의 흥미로운 에마나치온emanation(방사성 물질에서 방출되는 기체 원소의 고전적 호칭—옮긴이)이 발견되었다. 첫 번째 것은 높은 전압이 두 금속판 사이에 가해질 때 음극에서 흘러나오는 것이어서 음극선cathode ray이란 이름이 붙여졌지만, 지금은 전자로 알려진 것이다. 전선을 흐르는 전류를 만들어내는 힘인 전자는, 전압에 의해 형성된 전기장에서 멀어진다. 자유롭게 떠다니는 전자는 공기처럼 희박한 물질에도 순식간에 흡수되기 때문에, 음극선은 진공으로 만든 용기 내에서 짧은 거리만을 이동할 수 있다. 따라서 과학자들이 밀폐한 유리 용기 내의 공기를 완전히 빼낼 수 있는 진공펌프를 제작할 수 있게 된 후에야 음극선은 발견될 수밖에 없었다.

초기의 진공관에 남아 있던 소량의 기체는 빨리 움직이는 전자와 충돌할 때 섬뜩한 빛을 발산했다.(이 효과를 이용해서 네온사인이 만들어진다.) 독일 물리학자 빌헬름 뢴트겐Wilhelm Röntgen(1845년~1923년)은 음극선이 진공관

벽을 관통하는 경우를 연구하려고 어떻게든 그 빛을 제거하고 싶었다. 그래서 진공관을 검은 판지로 둘러쌌다. 그 순간, 연구실 작업대의 맞은편에 놓인 형광판이 옅은 녹색으로 빛나는 게 눈에 들어왔다. 형광판은 음극선이 닿기에는 너무 먼 거리에 있었다. 따라서 뢴트겐은 그 보이지 않는 새로운 방사선을 엑스선X-ray이라 명명했다. 그 방사선의 미스터리한 속성을 강조하려는 의도에서였다.[8] 지금은 그 엑스선이 가속전자가 진공관의 양극에 부딪힐 때 방출되는 고에너지 전자파라는 걸 모두가 알고 있다.

뢴트겐은 엑스선을 이용하면 고체 물건을 관통해서 볼 수 있다는 걸 알아내고는 놀라지 않을 수 없었다. 그건 닫힌 나무상자의 내용물을 알아낼 수 있다는 뜻이었다. 마침내 1895년, 섬뜩하게도 뢴트겐은 엑스선을 이용해서 자기 부인의 손뼈를 사진으로 찍었다. 부드러운 조직이 뼈처럼 밀도가 높은 구조물보다 엑스선을 더 쉽게 흡수하므로, 엄격히 말하면 뢴트겐의 엑스선 영상은 에너지 빛이 부인의 손을 관통하며 만들어낸 그림자였다. 엑스선은 돌연변이를 일으키고 암을 유발할 정도로 강력한 에너지를 지녀서 위험하다. 따라서 환자는 순간적으로만 엑스선에 노출되어야 하고, 촬영기사는 납으로 된 보호막 뒤에 서 있어야 한다. 엑스선 촬영이 이처럼 건강에 위험을 야기하는 건 사실이지만, 인체 내부를 들여다보며 중요한 기관을 검사하고 뼈의 골절 여부를 판단하거나 종양의 위치를 확인할 수 있다는 점에서 엑스선은 최초의 진찰 도구인 청진기에 비해 훨씬 확실한 진단 능력을 우리에게 안겨주었다.

그러나 인체 내부의 상태를 외부에서 검사할 수 있느냐는 생존자들이 종말 후에 직면하게 될 문제의 절반 정도에 불과하다. 환자의 검사는 우리 인체가 실제로 어떻게 이루어졌는가에 대한 정확한 지식과 관련되어 있다. 요컨대 문자 그대로 반대 방향에서도 우리 자신에 대해 알아야 한다는 뜻이다. 그런데 인체의 복잡한 내부 구조에 대한 자세한 지식이 사라진다면, 어떻게 해야 그 지식을 되찾아내서 무엇이 정상이고 무엇이 비정상인지 구분할 수 있을까?

종말 후에도 짐승의 내부 구조는 도축으로 그런대로 알아낼 수 있을 것이다. 그러나 인체 구조는 짐승과 상당히 다르다. 따라서 인체 해부를 통해 해부학적 지식을 다시 확보하는 게 시급할 것이다. 해부와 부검은 질병의 근원을 알아내려는 병리학의 부활을 위해 반드시 필요하다. 살아 있는 환자의 외적인 증상과 질병 징후는 사후에만 평가되는 내부의 해부학적 결함과 상관관계가 있기 때문에 부검이 필요하다. 과거에는 체액—혈액, 점액, 흑담즙과 황담즙—의 불균형이 질병의 원인이라 생각했지만, 특정한 기관에 발생한 문제가 특정한 질병을 일으킨다는 인식이 병리학의 출발점이다. 단순히 질병의 증상을 치료하는 데 만족하지 않고 질병의 근원을 해결하려 한다면 이런 인식이 반드시 필요하다.

질병의 근본적 원인이 확인되면, 다음 단계는 약의 처방이나 외과적 수술이다.

의약품

특정한 질병을 치료하는 데 효과가 있는 것으로 알려진 의약품을 확보할 수 있어야만, 질병의 올바른 진단도 온전한 효과를 발휘하는 법이다. 인류의 역사에서 의약품의 개발은 항상 커다란 걸림돌이었다. 20세기 전까지 의사의 약 주머니는 그다지 쓸모가 없었다. 환자를 고통스럽게 하는 질병이 무엇인지 알지만 그 고통을 줄여줄 방법이 없어 무력하게 앉아 있는 의사의 좌절감을 상상해보라.

많은 현대 의약품과 치료약은 식물에서 파생된 것이다. 민간에서 전승된 전통적인 약초학은 문명만큼이나 오랜 역사를 지녔다. 약 2,500년 전, 의사들의 윤리강령인 히포크라테스 선서로 유명한 히포크라테스는 버드나무를 씹으면 통증을 완화할 수 있다고 말했다. 고대 중국의 한의학에서도 열을 낮추는 약으로 버드나무 껍질을 추천한다. 라벤더에서 추출한 방향유芳香油에는 균을 죽이고 염증을 억제하는 성분이 있어, 찢어지고 부딪쳐 생긴 상처에 바르는 외용약으로 쓰인다. 반면에 차나무에서 추출한 기름은 예부터 살균제와 항진균제로 쓰였다. 디기탈리스에서 추출한 디기탈린은 맥박이 빠르고 불규칙하게 뛰는 사람의 심장 박동을 늦추어준다. 한편 기나나무 껍질에 함유된 말라리아약인 키니네가 더해진 탄산수가 토닉 워터이고, 이 때문에 토닉 워터에서 씁쓰레한 맛이 난다. 식민지에 정착한 영국인들은 말라리아를 예방하는 차원에서 진에 토닉 워터를 섞어 마셨다.

종말 후에 우리가 한동안 보유해야 할 약은 통증을 완화하는 데 사용되는 진통제이다. 진통제는 병의 원인보다 증상의 완화에 초점을 맞춘 임시방편에 불과하지만, 간단한 두통부터 격심한 통증까지 모든 통증에 효과를 발휘하기 때문에 현재 세상에서 가장 흔히 복용되는 약이다. 통각 상실은 외과학의 부흥에 필요한 필수 조건이다. 버드나무 껍질을 씹으면 한정적이나마 통증이 완화되는 효과가 있다. 종기를 잘라내는 정도의 사소한 시술이나 깊지 않은 상처에 적합한 국소 마취에는 매운 고추가 사용된다. 매운 고추에 함유되어 입 안에 불이 난 듯한 느낌을 주는 캡사이신 분자는 반反각성제로 알려져 있다. 박하에서 추출한 멘톨을 피부에 문지르면 시원한 기분이 느껴지는 반면에, 캡사이신을 피부에 문지르면 통증이 잊힌다. 캡사이신과 멘톨은 근육통을 완화하는 습포제나 호랑이 연고Tiger Balm 같은 연고에도 사용된다.

먼 옛날부터 사용된 보편적인 진통제는 양귀비에서 추출한 아편이라 할 수 있다. 아편은 양귀비 열매에서 추출한 분홍색의 끈적한 유액으로 진통 효과가 상당히 뛰어난 것으로 알려져 있다. 덜 익은 골프공 크기의 꼬투리 곳곳에 얕게 상처를 내면 유액이 흘러내린다. 이 유액을 매일 수거해서 말리면 고무 같은 검은 외피가 생긴다. 이튿날 아침 그 외피를 벗겨내면 아편이 손에 쥐인다. 아편에 함유된 주된 진통제는 모르핀과 코데인이다. 건조된 유액에는 모르핀이 20퍼센트까지 함유되는 경우도 있다. 아편은 물보다 에탄올에 훨씬 더 잘 녹는다. 강력하지만 중독성을 지닌 아편제, 로드넘laudanum은 아편 가루를 알코올에 녹여 만든 것이다. 1930년대에는 양귀비를 일반적인 곡물과 마찬가지로 수확해서 타작하고 키질한 후에 양귀비로부터 아편을 추출하기 위해서, 가용성可溶性을 높이려고 약간 산성을 띤 물에 몇 번이고 씻어내는 훨씬 덜 노동집약적인 방법이 개발되었다. 양귀비 씨는 이듬해에 다시 심거나 식용으로 보관되었다. 요즘에도 의료용 아편제의 90퍼센트가 양귀비에서 추출된다.

하지만 식물을 달인 탕약이나 식물 추출물을 알코올에 혼합한 약제는 종말 후의 세상에서 화학적으로 분석할 수 없는 까닭에 유효성분의 농도를 알아낼 방법이 없고, 너무 많이 섭취하면 위험할 수 있다. 특히 디기

탈린처럼 심장박동과 관련된 약물의 경우에는 신중해야만 한다. 따라서 적정한 양을 복용할 가능성이 낮을 수 있다. 운이 좋으면 충분한 효과를 거둘 만큼의 양을 먹겠지만, 자칫하면 치명적인 결과를 초래할 가능성도 적지 않다.

침투성 감염증과 패혈증부터 암에 이르는 심각한 질병, 결국 목숨과 관련된 질병은 단순히 식물에서 추출한 약물로는 효과적인 치료를 기대하기 힘들다. 제2차 세계대전 이후에 약학적 화합물을 분리해서 조작하는 유기화학 분야가 혁명적으로 발전하기 시작했다. 오늘날 모든 의약품의 농도는 정확히 밝혀져 있다. 또한 인공적으로 합성된 의약품이 대부분이고, 식물 추출물은 화합물의 효능을 높이고 부작용을 줄이기 위해서 유기화학적으로 조정된다. 예컨대 버드나무 껍질에 함유된 유효성분인 살리실산에 상대적으로 단순한 화학적 변형을 가해 해열진통제로서의 효능을 유지하면서도 복통을 유발하는 부작용을 줄인다. 그 결과가 역사상 가장 광범위하게 사용되는 알약, 아스피린이다.[9]

생존자가 반드시 회복해야 할 중요한 관습은, 특정한 화합물이나 치료제가 참으로 효과가 있는지 객관적으로 검증할 수 있는 증거에 기초한 의학이다. 객관적인 검증을 통과하지 못한 약물은 가짜 약, 주술사의 엉터리 약, 동종요법의 혼합물로 취급하여 폐기되어야 한다.* 이상적인 경우, 임상실험을 통해 효능을 객관적으로 시험하려면 많은 수의 환자를 두 집단—치료를 받는 집단과 비교 대상이 되는 대조군—으로 나눈 후에 개발 중인 약이나 위약僞藥을 주고 그 결과를 비교해야 한다. 성공적인 임상실험을 위해서는 두 가지 조건이 필요하다. 하나는 실험 대상자를 무작위로 두 집단 중 하나에 배치해서 선입견을 배제하는 것이며, 다른 하나는 이중맹검법double blind test을 사용하는 것이다. 달리 말하면, 결과가 분석될 때까지 자신이 어떤 집단에 속해 있는지 환자도 의사도 몰라야 한다는 뜻이다. 의학이 부흥하는 과정에서, 치밀하고 조직적인 작업을 대신할 지름길은 없을 것이다. 결국 인간의 고통을 덜기 위해서 동물실험처럼 달갑지 않은 관례를 되풀이해야 할지도 모른다.

외과 수술

외과적 수술이 최선의 치료 방법인 경우가 있다. 외과적 수술은, 몸이란 기계장치에서 고장 나서 골치를 썩이는 부분을 물리적으로 바로잡거나 제거하는 것이다. 그러나 환자를 되살려낼 믿을 만한 방법으로 수술의 시도를 고려하기 전에, 혹은 일부러 상처를 내서 몸을 열어 안을 들여다보며 자동차 정비공처럼 어설프게 만지작거리며 땜질하기 전에, 종말 후의 사회가 먼저 지적으로 확보해야 할 전제조건이 있다. 세 가지 A라 일컬어지는 해부학anatomy, 무균법asepsis, 마취법anaesthesia이다.

앞서 말했듯이, 생존자는 병든 기관과 건강한 기관을 구분하기 위해서라도 인체가 어떻게 형성되어 있는지 알아야 한다. 해부학적 지식이 없으면 외과의사는 그야말로 어둠 속에서 뒤적거려야 할 것이다. 요컨대 외과의사라면 인체의 내부에서 각 기관이 차지하는 정상적인 위치와 형

• 감귤류에 괴혈병을 예방하는 성분이 함유되어 있다는 걸 입증하기 위해, 1747년에 역사상 최초의 임상실험이 괴혈병 환자들을 대상으로 실시되었다.[10]

태 및 구조를 훤히 꿰뚫고 있어야 한다. 또한 각 기관이 어떤 기능을 하고, 주된 혈관과 신경이 어떤 경로를 따라 이어져 있는지 알아야 뜻하게 않게 절단하는 사고를 방지할 수 있다.

무균법은 수술하는 동안 세균이 인체에 침범하는 걸 예방하기 위한 조치를 뜻한다. 달리 말하면, 사고가 있은 후에 요오드나 에탄올 같은 소독제로 상처를 깨끗이 하는 과정이 아니다.(여하튼 종말 후의 사회에서 사고로 생긴 더러운 상처에는 소독제가 유일한 선택일 수 있다.) 무균 상태를 유지하기 위해서는 수술실을 꼼꼼하게 청소하고, 유입되는 공기까지 정화해야 한다. 수술 부위는 절개 전에 70퍼센트 농도의 에탄올로 깨끗이 닦이고, 환자의 몸은 살균한 천으로 덮여야 한다. 외과의사는 살균한 수술복을 입고 얼굴을 거의 덮는 마스크를 써야 하며, 양손과 팔뚝을 깨끗이 씻고 열로 살균된 수술 도구로 수술해야 한다.[11]

세 번째로 중요한 조건은 마취이다. 마취제는 질병을 치료하지는 않지만 그에 못지않게 중요한 약물이다. 통증에 대한 모든 감각을 일시적으로 잃게 하거나 의식을 완전히 잃게 하기도 한다. 마취제가 없으면, 수술은 끔찍할 정도로 고통스런 경험이 되므로 최후의 수단으로나 시도되어야 한다. 게다가 외과의사는 신속하게 작업해야 한다. 외과의사가 근육조직을 가르는 순간, 환자는 고통에 몸부림치며 경련을 일으킬 것이기 때문이다. 따라서 마취제가 없으면 간단한 시술만을 고려할 수밖에 없을 것이다. 신장에 생긴 결석을 제거한다거나, 괴저에 걸린 팔다리를 푸주한의 톱으로 절단하는 수술은 생각조차 할 수 없다. 하지만 마취제로 환자가 감각을 상실하면 외과의사는 천천히 한층 신중하게 작업할 수 있어, 가슴이나 복부에 칼을 대는 침습수술invasive operation만이 아니라 어떤

질병의 근원을 탐색수술exploratory operation까지 해낼 수 있다.[12]

감각을 잃게 하는 마취력을 지닌 것으로 인정받은 최초의 기체는 '웃음 가스laughing gas'로 알려진 아산화질소였다. 충분한 양의 아산화질소를 흡입하면 기분이 들뜨다 못해 결국에는 감각을 완전히 상실해서 외과수술이나 치과치료를 할 수 있을 정도가 된다. 아산화질소는 질산암모늄이 열분해될 때 발생한다. 하지만 질산암모늄은 불안정한 화합물이어서, 섭씨 240도 이상으로 가열되면 폭발할 수 있으므로 조심해야 한다. 따라서 물을 통과하게 함으로써 아산화질소를 냉각시키고, 동시에 불순물까지 제거할 수 있다. 질산암모늄 자체는 암모니아와 질산의 반응으로 생성된다.(11장 참조) 아산화질소는 통증을 누그러뜨리는 데는 탁월한 효과를 갖지만 그다지 강력한 마취제는 아니다. 하지만 아산화질소는 다른 마취제의 효능을 배가하는 역할을 하기 때문에, 에테르라고도 불리는 다이에틸에테르 같은 다른 마취제와 함께 사용된다.[13] 에테르는 에탄올과 황산 같은 강한 산성 물질이 섞여 반응할 때 증류해서 얻어낼 수 있으며, 믿을 만한 흡입 마취제이다. 에테르는 상대적으로 느리게 효과를 발휘하고 구역질을 유발할 수 있지만 의학적으로는 안전하다. 에테르는 환자의 의식을 잃게 할 뿐 아니라 수술 받는 동안 근육을 이완시켜 통증을 완화하는 효과까지 있다는 게 큰 장점이다.

미생물학

종말이 있고 여러 세대가 지난 후 사회가 한없이 퇴보해서 세균론에 대한 기본적인 지식조차 상실한 탓에 역병의 원인을 다시 '나쁜 공기mala aria'나 신들의 분노로 해석하는 지경까지 떨어지면 어떻게 될까? 어떻게 하면 음식을 상하게 하고 상처를 곪게 하며 시체를 썩게 만들고 병을 전염시키는 원인인, 눈에 보이지 않고 상상조차 할 수 없는 작은 생명체의 존재를 우리 문명이 다시 생각해낼 수 있을까?

박테리아를 비롯한 단세포 기생생물은 아주 간단한 장비로도 관찰이 가능하다. 원시적인 현미경은 별다른 준비도 없이 쉽게 만들어낼 수 있다. 양질의 맑은 유리만 있으면 충분하다. 그런 유리를 가열해서 가는 가닥으로 뽑아내고, 그 끝부분을 뜨거운 불꽃으로 녹여서 방울방울 떨어뜨린다. 작은 방울은 식으면서 떨어지고, 운이 좋으면 완벽한 구체球體를 이룬 아주 작은 유리구슬이 만들어진다. 가느다란 띠 모양의 금속이나 판지의 중앙에 구멍을 뚫는다. 그 구멍에 공 모양의 구슬을 렌즈처럼 끼우고, 표본을 아래에 두고 관찰한다. 작은 유리구슬이 공처럼 완벽한 곡선을 이루기 때문에, 유리구슬을 통과하는 빛들을 수렴하는 효과를 갖는다.[14] 따라서 아주 간단하게 제작한 현미경이지만 그런대로 표본을 확대해서 보여주는 기능을 해낸다. 하지만 이 현미경은 초점 거리가 짧다. 따라서 렌즈와 관찰자의 눈을 표본 가까이에 두어야 한다.•

• 1681년, 안토니 판 레이우엔훅Antoni van Leeuwenhoek(1632년~1723년)은 이런 방법을 사용해서 역사상 처음으로 세균을 관찰한 학자가 되었다. 레이우엔훅이 어느 날 설사병에 걸렸는데, 자신이 물처럼 쏟아낸 배설물을 직접 제작한 현미경으로 관찰하고 싶었다. 그는 "무척 귀엽게 움직이는 극미동물들"을 보았다며 "생김새는 폭보다 길이가 약간 더 길었고, 배에는 여기 개의 작은 발들이 달려 있었다"라고 보고했다. 요즘 학자들이 람블편모충속Giardia이라 칭하는, 설사의 주된 원인이 되는 원생동물을 보았던 것이다. 그로부터 얼마 후, 레이우엔훅은 물방울에서 미생물을 관찰했고, 박테리아가 대

이처럼 기구를 사용해서 시력을 높이면, 눈에 보이지 않는 작은 유기체가 바글거리는 세계가 있다는 걸 깨닫게 된다. 어쩌면 종말 후에 미생물을 추적하는 학자들이 서로 관련된 것들을 하나로 묶고 확인해 분류해야 할 새로운 야생생물이 놀라울 정도로 다양하고 많을지도 모른다. 과학적 증거에는 엄격성이 요구되기 때문에, 감염된 상처나 상한 우유에는 세균이 존재하지만, 세균이 존재하지 않으면 식품이 오랫동안 보존된다는 걸 훗날의 미생물학자들이 입증하게 될 것이다. 만약 당신이 밀폐된 그릇에 영양분이 많은 수프나 상한 육류를 밀봉한 후에 기왕에 존재하는 미생물마저 활동하지 못하도록 가열하면, 어떤 분해나 부패도 일어나지 않을 것이다. 요컨대 어떤 식품도 자연발생적으로 상하지는 않는다. 렌즈를 적절하게 조합해서 망원경과 마찬가지로 현미경의 성능이 점점 나아지면, 훗날의 미생물학자도 특정한 미생물의 존재를 특정한 감염병에 결부시킬 수 있을 것이다.**

미생물들을 포획해서 키우며 연구할 수도 있다. 달리 말하면, 플라스

변과 충치에서 헤엄치는 것도 관찰했다. 또 자신의 정액을 관찰함으로써 모든 동물의 유성생식을 가능하게 해주는 정자들이 힘차게 꼼지락거리는 걸 발견했다.(하지만 레이우엔훅은 '죄가 되는 행위'로 정액 샘플을 구한 것은 아니며, '부부관계에서 자연에서 나에게 허락한 초과분'이었다고 주장했다.)[15]

** 최초의 현미경이 발명되기 오래전부터 눈에 보이지 않는 작은 유기체의 존재 가능성은 추정되고 있었다. 기원전 36년 로마의 학자, 마르쿠스 테렌티우스 바로Marcus Terentius Varro는 "눈에 보이지 않지만 공중에 떠다니며 입과 코를 통해 인체에 들어가 심각한 질병을 일으키는 미세한 생명체가 있는 게 분명하다"고 자신의 생각을 밝혔다. 바로가 유리구슬로 원시적인 현미경을 만들어서 자신의 예감을 증명했더라면 역사가 완전히 다른 방향으로 전개되었을지도 모른다. 예수 그리스도가 탄생하기 전에 세균론이 개발되었더라면 얼마나 많은 역병과 질병이 예방되었을지 상상해보라.[16]

크에 담은 액체 상태의 배양액에서, 혹은 고체 상태의 영양분 표면에서 집락集落, colony을 배양하는 것이다. 유리로 페트리 접시를 만들어, 영양분이 풍부한 세균 배양액을 접시에 가득 붓고 오염을 방지하기 위해서 뚜껑으로 덮은 뒤에 배양액이 굳기를 기다리면 된다. 세균 배양액은 붉은말이나 해초를 삶아서 추출한 겔 형태의 물질이다. 특히 아시아 요리에서 소뼈를 고아 굳힌 젤라틴과 유사하지만 대부분의 미생물은 소화해내지 못한다.

앞에서 우리는 발효한 빵을 만들고 맥주를 양조하며 식량을 보존하고 아세톤을 만들어내는 과정을 최적화하기 위해서도 이런 기본적인 미생물학이 필요하다는 걸 보았다. 종말 이후 인간의 삶을 조금씩 개선해나가기 위해서는 미생물학에 대한 지식이 가장 중요한 듯하다. 박테리아를 죽이고 감염을 치료하기 위해서 무차별적으로 적용되는 소독제와 달리, 미생물학은 일정한 범위를 해결하는 방법에 들어맞는 지식을 제공하기 때문이다.

1928년 스코틀랜드의 세균학자, 알렉산더 플레밍Alexander Fleming(1881년~1955년)은 콧물의 점액과 피부의 농양처럼 감염된 유체에서 추출한 박테리아를 배양하던 중에 휴가를 떠났다. 휴가에서 돌아온 플레밍은 실험실 작업대를 청소하며, 오래된 페트리 접시들을 하나씩 씻어내기 시작했다. 플레밍은 살균제로 아직 처리하지 않고 개수대에 차곡차곡 쌓아둔 페트리 접시들에서 하나를 별다른 생각 없이 집어 들었다. 그런데 페트리 접시 전체가 박테리아로 가득했지만, 이상하게도 자그맣게 형성된 곰팡이 군체 주위로는 박테리아가 전혀 없었다. 곰팡이가 분비한 어떤 물질이 박테리아의 성장을 억제한 게 분명했다. 나중에 밝혀졌듯이, 그

물질이 페니실륨(푸른곰팡이)이었다. 푸른곰팡이가 분비한 화합물, 페니실린을 비롯해서, 그 이후로 발견되거나 합성된 많은 항생제는 세균 감염을 치료하는 데 뛰어난 효과를 발휘하며 매년 수백만 명의 목숨을 구하고 있다.[17]

공상과학 소설가, 아이작 아시모프Isaac Asimov(1920년~1992년)는 "과학계에서 새로운 발견을 세상에 알리는 가장 흥미진진한 말은 '유레카!'가 아니라 '흠…… 재밌는걸……'이다"라고 말했다. 플레밍의 우연한 발견은 물론이고, 뜻하지 않은 많은 발견에 정확히 해당되는 지적이지만, 그 발견에 담긴 뜻을 파악한 경우에만 결실로 이어질 뿐이다. 페니실륨이 박테리아의 성장을 억제한 현상을 플레밍보다 50년이나 일찍 발견한 미생물학자가 적지 않았다. 그러나 그들은 푸른곰팡이가 의학에 미칠 영향을 추적하며 그 관찰을 바탕으로 개념적 도약을 이루어내지 못했다.

하지만 이제는 페니실륨의 효과가 밝혀진 마당에, 종말 후에 재건을 시도하는 사회라면 일부러 푸른곰팡이를 찾아내서 신속하게 항생제를 재발견해내려는 일련의 유사한 실험을 해볼 수 있지 않을까? 기본적인 미생물학은 그다지 복잡하지 않다. 해초에서 얻은 세균 배양액을 더해 딱딱하게 굳힌 쇠고기 진액으로 페트리 접시를 채우고, 당신 콧물에서 뽑아낸 포도상구균을 페트리 접시에 마구 문지른다. 이런 식으로 여러 개의 페트리 접시를 준비해서, 공기여과기나 토양시료 혹은 썩은 과일과 채소 등 진균포자가 있을 만한 곳에 뚜껑을 덮지 않은 채 둔다. 1~2주 후, 자신의 주변에서 박테리아의 성장을 억제한 곰팡이를 면밀하게 살펴보라.(혹은 다른 박테리아 콜로니도 살펴보라. 실제로 많은 항생물질이 진화를 위해 서로 경쟁하는 박테리아에 의해 생성되기 때문이다.) 그런 곰팡이를 골라 분리해 다른 배양액에서 키우면, 분비된 항생물질을 더 쉽게 수거할 수 있다. 이런 방법을 사용해서 과학자들이 곰팡이류와 박테리아로부터 이미 많은 항생물질을 발견했지만, 페니실륨, 즉 푸른곰팡이는 우리 주변 환경에서 무척 흔하기 때문에 종말 후에도 가장 먼저 분리될 곰팡이 중 하나일 가능성이 무척 크다. 푸른곰팡이는 음식을 상하게 하는 주된 원인 중 하나이다. 실제로 오늘날 세계 전역에서 생산되는 페니실린 항생물질과 관련된 푸른곰팡이는, 일리노이의 한 시장에서 팔리지 않아 곰팡이가 핀 칸탈로푸 멜론(껍질은 녹색이고, 과육은 오렌지색인 멜론—옮긴이)에서 분리한 것이었다.

그렇지만 종말 후, 아무리 급하더라도 항생물질이 함유되어 있다는 이유로 '곰팡이 액mold juice'을 무작정 주입할 수는 없다. 정제하지 않으면 곰팡이 액의 불순물들이 환자에게 과민성 충격anaphylactic shock을 유발할 것이기 때문이다. 1930년대 말 하워드 플로리Howard Florey(1898년~1968년) 연구팀은 페니실린 분자가 물보다 유기용매에서 더 잘 녹는다는 사실을 이용해서, 배양액에서 페니실린을 정제해내려고 했다. 곰팡이와 유기 폐기물을 제거하기 위해 배양액을 여과하고, 이렇게 여과된 액체에 약간의 산을 첨가하고, 에테르를 섞어 흔든다.(이처럼 다용도에 쓰이는 용매를 만드는 방법에 대해서는 앞에서 이미 다루었다.) 대부분의 페니실린은 배양액을 통과해서 에테르에 섞인다. 이 혼합물을 분리해서 페니실린이 위쪽에 뜨도록 한다. 아래쪽의 액체를 빼낸 후에, 에테르에 약간의 알칼리수를 섞어 흔들며 항생물질 혼합물이 다시 수용액으로 되돌아가도록 한다. 이 수용액은 배양액에 있던 불순물이 대부분 제거된 상태이다.

요즘에도 한 사람에게 처방되는 페니실린 하루 복용량을 생산하려면

2,000리터의 곰팡이 액을 가공해야 한다. 따라서 종말 후에 항생제를 생산하려면 엄청난 수준으로 조직화된 노력이 필요할 것이다. 1941년쯤 플로리의 연구팀은 임상실험 하기에 충분한 정도로 페니실린 생산 규모를 확대했지만, 전쟁이 일어나자 설비 부족으로 임시방편을 동원하지 않을 수 없었다. 예컨대 얕은 환자용 변기까지 동원해서 곰팡이를 배양했고, 대학 도서관에서 버린 나무 책꽂이로 만든 상자에 낡은 욕조와 빈 통 조림통, 큰 우유 용기, 쓰레기통에서 찾아낸 구리 파이프와 초인종 등을 모아두고 이것들을 이용해서 즉흥적으로 페니실린을 추출하는 장비를 만들어냈다. 종말 후에 쓰레기통에서 적절한 재료를 찾아 임시방편으로 뭔가를 만들어야 하는 생존자들이 본받아야 할 자세이다.

별다른 노력도 없이 페니실린이 우연히 발견된 것이라고 종종 설명되지만, 플레밍의 관찰은 '곰팡이 액'에서 페니실린을 추출해 정제해서 안정하고 믿을 만한 약으로 만들어내기 위한 연구와 개발, 실험과 최적화를 향한 기나긴 여정의 첫걸음이었을 뿐이다. 결국 미국이 대규모 발효 시설을 제공한 덕에 플로리 연구팀은 페니실린을 광범위한 치료제로 충분히 공급할 수 있게 되었다.[18] 말하자면 종말 후의 문명이 기초적인 과학을 이해하더라도, 어느 정도 정교한 수준에 이른 뒤라야 생존자들의 삶에 영향을 주기에 충분한 항생제를 생산할 수 있을 것이다.

08

동력과 전력

남동쪽에서 하얀 불빛이 번쩍이고는 붉은 불덩어리로 변했다. 그들은 모두 그것이 무엇을 뜻하는지 알았다. 올란도이거나 맥코이 공군기지, 아니면 두 곳 모두였다. 티무쿠안 카운티에 공급되는 전력이었다. 따라서 전원이 끊어졌고, 그 순간 포트 리포즈의 문명은 100년쯤 후퇴했다. 그렇게 그 시대는 끝났다.

_ 팻 프랭크, 《아아, 바빌론》[1]

런던 북쪽에 위치한 내 아파트에서 지금까지 납부한 가스요금 청구서와 전기요금 영수증들을 하나하나씩 넘기며, 나는 작년에 에너지를 얼마나 사용했는지 계산해보았다. 내가 작년에 사용한 총에너지 소비량은 14,000킬로와트시에 조금 못 미쳤다. 화석연료가 없어 이 모든 에너지를 숲에서 공급받아야 한다면, 나는 매년 거의 3톤의 마른 목재, 혹은 양질의 숯 1.7톤을 태워야 한다. 달리 말하면, 2~3년의 짧은 기간에 수확이 가능한 단벌기 맹아림short rotation coppice 0.5에이커 이상이 필요하다는 뜻이다. 통나무에 잠재된 에너지를 우리 집의 콘센트에서 흘러나오는 전기로 100퍼센트 완전히 전환하는 게 가능하다고 가정했을 때의 계산이다.

하지만 연료를 연소해서 전기를 생산할 때까지의 많은 단계가 원천적으로 비효율적인 게 사실이다. 요즘의 첨단 발전소도 연료에 잠재된 에너지를 기껏해야 30~50퍼센트 정도만 전기로 전환할 수 있을 뿐이다.

물론 앞에서 제시한 에너지 소비량은 내가 아파트에서 난방과 조명, 또 가전제품을 사용하려고 직접 쓴 에너지 양을 계산한 것에 불과하다. 따라서 내가 산업화된 문명에서 차지하는 몫을 지원하기 위해서 소모된 에너지—예컨대 도로 건설에 사용한 에너지, 나에게 제공된 종이와 가루비누를 만드는 데 투자한 에너지, 내가 입은 옷이나 내가 편하게 앉은 소파를 제작하고 운송하는 데 사용한 에너지, 내가 먹는 식사를 마련하려고 비료를 합성하고 밭을 경작하는 데 필요한 에너지, 또 내가 출근하려고 탄 기차를 운영하려고 태운 연료—는 계산에서 빠졌다. 따라서 국가에너지소비량을 인구수로 나누면, 미국의 경우에는 일인당 에너지 소비량이 연간 거의 9만 킬로와트시에 달하는 반면에 유럽의 경우에는 4만 킬로와트시를 조금 넘는다.

중세시대에 기계혁명이 있었던 덕분에 수차와 풍차가 폭넓게 사용되고, 나중에는 화석연료를 이용한 산업화까지 가능할 수 있었다. 기계혁명이 있기 전까지, 농업과 제조업 및 운송에 필요한 에너지는 전적으로 인력에 의존했다. 현대의 에너지 소비량을 이런 관점에서 계산할 경우, 모든 미국인이 각각 9만 킬로와트시를 얻으면 저마다 14마리의 말이나 100명이 넘는 노예에게 혼신을 다해서 하루도 빠짐없이 1년 내내 일하게 해야 한다.

산업화된 문명이 붕괴하고 이런 에너지 공급망이 와해되면, 재건을 시도하는 사회는 에너지를 공급하는 방법을 다시 터득해야만 한다. 문명의 발전은 점점 커져가는 에너지 소비량을 해결하는 능력, 특히 에너지 유형 간의 전환을 효율적으로 해내는 방법, 예컨대 열을 기계력으로 전환하는 방법을 습득하는 능력에 달려 있기 때문이다.

기계력

문명사회를 유지하기 위해서는 5장에서 보았듯이 열에너지만이 아니라, 기계력을 이용할 수 있어야 한다. 그래야 인력만을 사용하는 제약으로부터 벗어날 수 있기 때문이다.

로마인이 이루어낸 핵심적인 혁신 중 하나는 톱니바퀴를 이용한 수직형 수차의 개발이었다. 물받이판들이 달린 커다란 바퀴의 아랫부분이 강물에 잠기면, 흐르는 물이 갈퀴에 힘을 가함으로써 바퀴가 돌아가는 원리였다.[2] 고대 세계에서 이런 수력은 주로 곡물을 빻기 위해 맷돌을 돌리는 데 사용되었다. 이런 테크놀로지를 가능하게 해주었던 결정적인 기계장치는, 수차의 수직적 회전을 맷돌의 수평적 회전으로 운동 방향을 바꿔주는 직각 톱니바퀴(기원전 270년경 발명)였다. 톱니로 원통형 기둥이 사용된 랜턴 기어lantern gear에 연결된 관상 톱니바퀴(한쪽 면이 평평한 톱니바퀴)를 수차의 구동축으로 사용하고, 다시 랜턴 기어를 맷돌에 연결하면 이런 장치를 간단히 만들 수 있다. 관상 톱니바퀴와 랜턴 기어의 상대적 크기에 변화를 주면, 곡물을 빻는 속도를 강물의 유속에 맞출 수 있다. 이런 물레방아는 동력을 전달하는 톱니바퀴를 사용한 최초의 사례로 기계화의 원조라 할 수 있다.

상사식 수차. 직각 톱니바퀴가 수직적 운동을 수평적 회전으로 바꿔주기 때문에 맷돌이 회전하며 곡물을 빻을 수 있다.

아래쪽에 수류水流를 받아 회전하는 하사식 수차undershot wheel는 실질적으로 어떤 형태의 강둑에나 물이 흐르는 곳에는 설치될 수 있고, 강의 한복판에 닻을 내리고 제분 시설을 갖춘 배의 옆에도 설치될 수 있지만, 무척 비효율적인 데다 단순한 형태는 수위의 변화에 따라서도 골머리를 앓아야 한다. 다행히 특별한 기술적인 지식 없어도 훨씬 효율적이고 강력한 수차를 어렵지 않게 만들어낼 수 있다. 로마 제국이 몰락한 이후로 모든 것이 쇠퇴하고 정체된 시대로 알려진 암흑시대에도 유럽 전역에서 상사식 수차overshot wheel가 광범위하게 이용되었다. 전반적인 겉모습에서는 비슷하지만, 상사식 수차는 원시적인 하사식 수차와 완전히 다른 원리로 작동된다.

상사식 수차는 수류의 힘에만 의존하지 않는다. 따라서 수차의 아랫부분이 방수로放水路로 잠겨 있지 않고, 물이 홈통에 의해 수차의 위쪽으로 유도된다. 상사식 수차를 움직이는 동력은 수류의 힘이 아니라, 물이 낙하하며 제공하는 에너지이다. 이런 설계는 무척 효율적이어서, 물이 처음에 제공하는 에너지의 75퍼센트까지 활용할 수 있다. 홈통에 수문을 설치해서 바퀴로 떨어지는 물의 흐름을 통제한다. 또 강을 둑으로 막아 물방아용 저수지를 만들면, 에너지양을 적정한 정도까지 채울 수 있다.(이 방법은 기원후 6세기, 즉 수직형 수차가 처음 개발되고 거의 500년이 지난 후에야 시도되었다. 하지만 종말 후에 문명을 다시 시작할 때는 곧바로 이 방법으로 넘어갈 수 있다.)[3]

수력보다 풍력을 이용하는 게 기술적으로 훨씬 까다롭다. 테크놀로지의 역사에서도 풍력의 이용이 훨씬 나중에 도래했다.(하지만 바람을 추진력으로 이용하려고 돛을 사용한 배는 기원전 3000년까지 거슬러 올라간다.) 물은 공기보다 훨씬 밀도가 높은 매질이다. 따라서 천천히 흐르는 물도 엄청난 양의 에너지를 운반하기 때문에 비효율적인 나무 톱니바퀴를 이용하고 불완전하게 설계된 장치로도 물을 쉽게 에너지원으로 활용할 수 있다. 또 수문으로 물의 흐름을 조절할 수 있지만, 바람의 세기를 조절할 방법은 없다. 더구나 바람이 거세게 불기 시작하면, 풍차 날개는 물론이고 바람의 힘으로 움직이는 기계조차 망가질 수 있다. 하여 풍차에는 돛의 크기를 줄이는 방법처럼 날개의 움직임을 통제하는 방법과 제동장치가 필요하다. 풍차가 극복해야 할 가장 근원적인 문제는 끊임없이 변하는 바람의 방향이다. 따라서 풍차의 방향도 바람의 방향에 따라 신속하게 재조정되어야 한다.[4]

원시적인 풍차는 기둥에 설치해서, 구조물 전체를 인력으로 돌려서 바

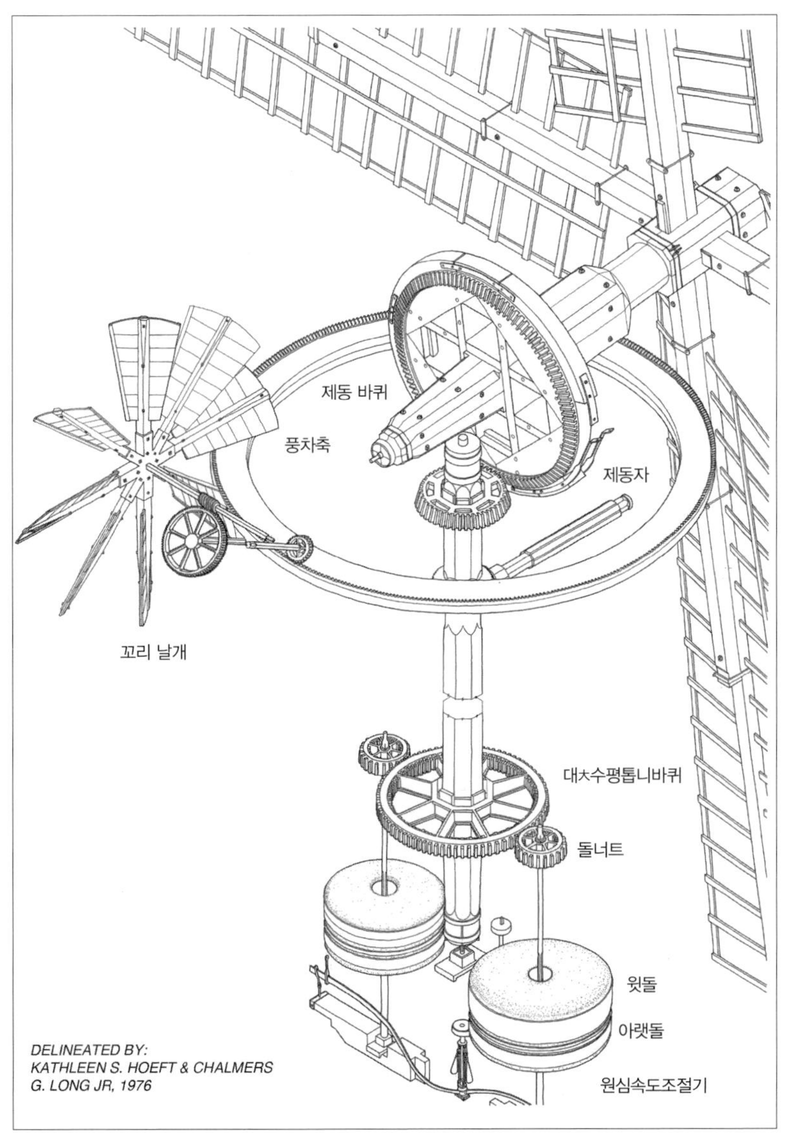

스스로 방향을 조정하는 탑형 풍차. 꼬리 날개가 주된 날개들을 바람의 방향으로 향하게 하며, 회전하는 중심축이 두 짝의 맷돌에 동력을 전달한다.

람의 방향을 향하게 하면 된다. 하지만 규모가 훨씬 크고 에너지 생산량이 큰 고정식 풍차의 경우에는 바람의 방향에 따라 자동으로 중앙 구동축을 따라 회전하는 꼭대기의 탑에 날개들이 탑재되어야 한다. 여기에서 사용되는 메커니즘은 의외로 간단하다. 주된 날개들과 직각으로 이루며 뒤쪽에 설치된 꼬리 날개가 탑의 위쪽에서 톱니로 된 궤도를 따라 움직인다. 따라서 바람의 방향이 바뀌며 꼬리 날개를 때리면, 꼬리 날개가 바람의 방향과 완전히 일직선이 될 때까지 회전하며 탑을 돌린다.•[5]

이런 풍차를 만들려면 가장 큰 수차보다 기계적으로 훨씬 발달한 수준에 올라서야 한다. 그러나 풍력을 지배하는 수준에 올라서면, 수로水路의 존재에 얽매이지 않고 네덜란드처럼 평평한 평지에서나 스페인처럼 충분한 수자원이 없는 지역에서, 심지어 스칸디나비아처럼 거의 모든 땅이 얼어붙은 곳에서 에너지를 생산해낼 수 있다.

9장에서 다루겠지만, 짐의 운반에 짐승을 효율적으로 이용하는 능력과 더불어, 자연력에 속한 바람과 물의 힘을 조절하는 능력의 향상은 우리 사회에 엄청난 영향을 미쳤다.[6] 따라서 종말 후에 사회를 재건하는 과정에서도 가능한 한 신속하게 풍력과 수력을 다스리는 능력을 현재의 수준까지 회복해야 할 것이다. 중세 유럽은 인류의 역사에서 막노동꾼이나

• 19세기 말 풍차는 상당히 인상적인 수준까지 발전한 까닭에, 변덕스러운 바람의 속도에 맞추어 두 맷돌 사이의 간격을 자동으로 조절한 원심속도조절기centrifugal governor에 의해 제어되었다. 제임스 와트가 원심속도조절기를 발명한 데다, 증기기관이 빠른 속도로 회전하기 시작하면 스로틀 밸브throttle valve가 닫히면서 고압증기를 실린더에 밀어 넣었기 때문에, 요즘 과학자들은 이런 제어 시스템을 증기기관과 관련시켜 생각하는 경향이 있다. 오히려 와트는 증기기관의 개념을 풍차 테크놀로지에서 빌려왔다.

노예의 인력이 아니라 자연력을 활용해서 생산을 시작한 최초의 문명이 되었다. 11세기부터 13세기까지의 발전을 바탕으로 이루어낸 이런 기계 혁명은 수확한 곡물을 가루로 빻는 제분소에만 적용되는 게 아니었다. 수차와 풍차의 강력한 회전력은 어디에서나 사용되는 동력원이 되었다. 예컨대 올리브, 아마씨 혹은 유채씨를 압착해서 기름을 짜내고, 목재 시추기를 돌리고, 유리를 연마하고, 명주실과 무명실을 뽑아내고, 쇠막대를 눌러 형태를 바꾸는 금속 롤러에 동력을 전달하는 데 쓰였다.[7] 크랭크암이란 기계 부품이 회전운동을 왕복운동으로 바꾸었다. 제재소에서 목재를 톱질하고, 수직갱도를 환기하며, 광산이나 범람한 저지대에서 물을 퍼내기 위해서는 왕복운동을 하는 기계가 필요했다.(특히 네덜란드에서 저지대 물을 퍼내는 데 큰 효과를 보았다.) 그러나 가장 다방면에서 쓰인 기능은 캠을 회전시켜 기계 해머를 올리고 내리는 행위를 반복하는 것이었다. 금속 광석을 분쇄하거나 연철을 단련하는 데, 석회암을 바스러뜨려 농업용 석회나 모르타르 재료를 만드는 데, 더러운 양털을 두드리고 세탁해서 올을 촘촘하게 하는 데, 또 맥주를 만들기 위한 맥아 혼합물이나 종이를 만들 펄프, 무두질용 나무껍질이나 푸른색 염료를 만들기 위해 대청 잎을 두드리는 데는 상하운동만큼 적합한 것이 없다.

캠 장치는 거의 7세기 동안 기계 해머를 들어 올리는 데 사용된 뒤에야 산업혁명기에 증기를 동력으로 한 기계장치로 대체되었지만, 오늘날에도 승용차와 트럭의 보닛 아래에서, 엔진 밸브들을 올바른 순서로 열고 닫는 데 사용되고 있다.(9장 참조.)

이런 까닭에 회전운동을 왕복운동이나 상하운동으로 전환하는 적절한 내부 기계장치를 갖춘 중세의 수차와 풍차는 최초의 동력기라 할 수

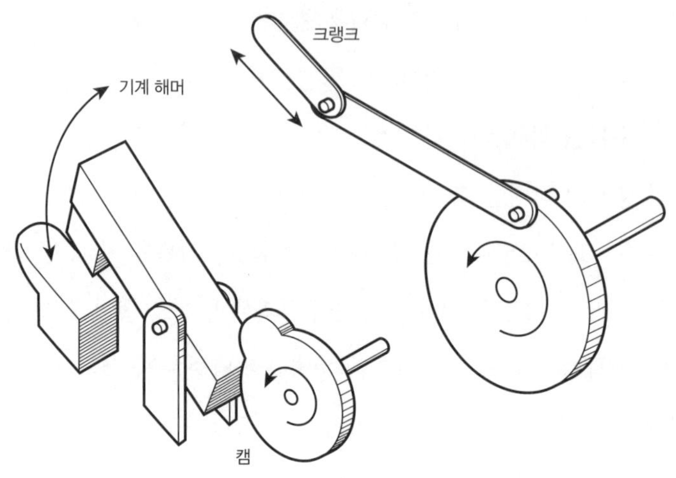

﹀ 기본적인 기계장치. 크랭크(오른쪽)는 회전운동을 톱질에 적합한 왕복운동으로 바꿔주는 반면에, 캠(왼쪽)은 기계 해머를 반복해서 올리고 내리기 위해서 사용된다(상하운동).

있다. 중세 세계가 산업화되지는 않았지만 근면한 세계였던 것은 분명하다. 우리 문명이 대재앙으로 붕괴되더라도 이런 테크놀로지를 사용해서 신속하게 기본적인 수준의 생산성에 도달할 수 있을 거라는 희망은 있다.

문명사회라면 열에너지와 기계 에너지를 성공적으로 확보할 수 있어야 한다. 어떻게 해야 열에너지를 기계 에너지로, 또 기계 에너지를 열에너지로 전환할 수 있을까? 기계 에너지를 열로 전환하는 건 별로 어렵지 않다. 추운 날, 손바닥을 비비면 따뜻해지는 경우를 떠올려보자. 또한 마찰을 최소화해서 유용한 에너지가 열로 상실되는 걸 줄이는 것이 엔진 윤활유와 볼베어링의 존재 이유이기도 하다. 하지만 반대 방향으로의 전환, 즉 열에너지를 기계 에너지로 바꾸면 많은 면에서 유용하다. 열에너지는 언제라도 공급이 가능하다. 쉽게 생각해서, 연료를 태우면 열에너지가 만들어진다. 이런 열을 기계력으로 전환할 수 있을 때 생존자는 변덕스런 바람과 물에 대한 의존에서 해방되고, 운송 기계의 동력 장치도 꿈꿀 수 있을 것이다. 역사상 이런 변화를 최초로 이루어낸 기계가 바로 증기기관이었다.

증기기관의 기본 원리는 예부터 전해 내려오는 미스터리까지 거슬러 올라간다. 그것은 빨펌프가 파이프로는 10미터 이상으로 물을 끌어올리지 못한다는 것으로, 1500년대 말의 갈릴레이도 알고 있던 미스터리였다.[8] 이 미스터리를 설명해보면, 공기 자체가 압력을 행사하기 때문이다. 또한 압력은 물기둥을 비롯해서 지상에 존재하는 모든 것을 짓누르는 힘이다. 따라서 대기를 우리에게 유리한 방향으로 작용하도록 조작할 수 있다는 뜻이다. 안쪽이 매끄러운 실린더에서 피스톤이 자유롭게 움직이며 진공을 만들면, 외부 기압 때문에 피스톤이 아래로 떨어진다. 이런 움직임을 기계장치에 적용할 수 있다면, 인간은 힘들이지 않고 일할 수 있을 것이다. 여기서 문제 하나. 어떻게 해야 실린더 내부에 진공을 반복해서 만들어낼 수 있을까? 답은, 증기를 이용하는 것이다.

보일러에서 얻은 뜨거운 증기를 실린더에 보내고, 증기를 식힌다. 증기가 액체로 응결할 때, 증기가 가하는 압력이 급격히 떨어지며 대기의 압력과 균형을 이루지 못한다. 그럼 피스톤이 바깥 공기압에 의해 안쪽으로 움직인다. 밸브를 열어 피스톤이 원래 위치로 돌아가게 한 후에 다시 증기를 실린더에 보내면 이런 순환이 되풀이된다.[9] 18세기에 처음 제작된 '불 기관fire engine'의 기본적인 작동 원리가 이런 식이었다. 응축기를 별도로 덧붙이면, 실린더를 식혔다가 재가열하는 행위를 반복할 필요가 없기 때문에 효율성이 한층 개선된다. 그러나 쓰레기더미에서 적절한 자재를 구하거나, 야금술을 다시 회복함으로써 한층 튼튼한 실린더와 보일러를 만들어낼 수 있다면, 훨씬 나은 기관을 만들어낼 수 있다. 증기가 실린더 내에서 응결되는 빨대효과를 이용하지 않고, 증기를 더 높은 압력으로 높여 고압가스의 팽창력—에스프레소 기계에서 쉬익 하고 김이 빠지는 소리—을 이용해서 피스톤을 실린더 내에서 먼저 한쪽 방향으로 움직이게 한 후에 다시 반대 방향으로 되돌아오게 하는 것이다.

9장에서 다시 다루겠지만, 자동차 내연기관처럼 피스톤을 이용한 열기관과 마찬가지로, 증기기관의 주된 출력은 피스톤을 앞뒤로 반복해서 움직이는 것이다. 이런 증기기관은 광산에서 물을 퍼내는 역할도 훌륭하게 해내지만, 이런 왕복운동을 매끄러운 회전운동으로 바꿔야 하는 대부분 경우에도 적용된다. 풍차의 경우에서 보았듯이 크랭크가 이런 전환에 필요한 장치이며, 자동차 바퀴처럼 운전장치에 적합한 움직임을 만들어낸다.

종말 후의 생존자들이 내연기관이나 증기터빈으로 직행하며, 증기기관이란 과도기적 수준을 건너뛰는 편이 낫다고 생각할 사람도 적지 않을 것이다. 내연기관과 증기터빈에 대해서도 뒤에서 자세히 살펴보겠지만, 증기기관에는 테크놀로지 측면에서 발달한 두 원동기에 비해 두 가지 중요한 이점이 있다. 따라서 테크놀로지의 발전에서 증기기관의 단계를 반복하는 편이 나을 수 있다. 첫째, 증기기관은 외연기관이어서 정제된 휘발유나 디젤 혹은 가스를 사용할 필요가 없다. 따라서 증기기관은 훨씬 덜 까다로워 보일러의 연료로 나뭇조각이나 농업 폐기물을 비롯해 연소되는 것이면 무엇이든 사용할 수 있다. 둘째, 단순한 형태의 증기기관은 기초적인 공작기계와 자재로 만들어낼 수 있으며, 상대적으로 복잡한 기계장치에 비해서 제작 과정에서 허용되는 오차 범위도 훨씬 넓다. 기계력에 대해서는 잠시 후에 다시 살펴보기로 하고, 현대 세계의 주된 특징 중 하나인 전기를 되살려내는 방법을 먼저 살펴보자.

전기

전기, 더 정확히 말하면 전자기로 뭉뚱그려지는 현상 전체는 무척 중요한 관문 테크놀로지이다. 문명을 재건하는 과정에서 곧장 되찾으려 애써야 하는 것이다. 전자기의 발견은 우연히 알게 된 완전히 새로운 과학 분야가 관련된 현상들을 어떻게 이용할 수 있는지를 보여준 대표적인 예이다. 그 새로운 현상들을 다양한 테크놀로지에 응용하는 방법이 연구되었고, 그 결과 과학 연구에 새로운 길을 활짝 열어주었다.

최초의 전기는 건전지로 만들어진 에너지의 지속적인 흐름으로, 실용적인 목적에 이용하기에 적합했다. 건전지는 놀라운 정도로 간단히 만들 수 있다. 두 종류의 금속을 전해질electrolyte이란 전도성을 띤 액체나 반죽에 담그면, 두 금속 사이에 일정하게 흐르는 전류를 만들 수 있다.• 모든 금속은 전자라는 입자와 유별난 친화력을 갖는다. 따라서 성격이 서로 다른 두 금속이 접촉할 때 한쪽이 전자를 더 탐내는 금속에게 자신의 전자를 양도하며, 둘을 연결하는 철선을 따라 전류가 발생된다. 휴대폰이

• 구식 치아 충전재로 충치 치료를 받은 사람은 자신의 입 안에서 전류의 흐름을 직접 느껴볼 수 있다. 알루미늄 포일 조각을 씹어, 충치를 충전한 은아말감과 반응하는 금속을 뽑아내고, 침을 전해질로 삼는다. 하지만 생성된 전류가 충전된 치아에 감추어진 신경종말까지 전달되므로 이 실험을 할 때에는 조심해야 한다.

나 손전등 혹은 심장박동 조율기 등에 사용된 건전지는, 그런 연결이 완료되어 소용돌이꼴로 감긴 전선을 따라 전자가 흐를 때에만 화학반응이 일어나 우리를 위해 뭔가를 하도록 제어된 테크놀로지이다. 두 금속 간의 반응도 차이가 생성되는 전위電位, 즉 전압을 결정한다.

은이나 구리를 반응도가 상대적으로 높은 금속, 예컨대 철이나 아연과 짝지으면 그런대로 상당한 전압이 생성된다. 1800년에 등장한 최초의 건전지, 볼타전지voltaic pile는 은판과 아연판을 염수로 적신 판지로 분리하며 교대로 포개놓은 것이었다.[10] 은과 구리 및 철은 볼타전지가 발명되기 수천 년 전부터 세상에 알려진 금속이었다. 아연은 상대적으로 분리하기 어렵지만, 오래된 청동 합금에 존재했고, 1700년대 중반부터 순수한 형태로 구할 수 있었다. 전선은 부드러운 구리를 둥그렇게 말거나 길게 잡아당겨 비교적 간단히 만들어낼 수 있었다. 따라서 고대 그리스·로마 시대에도 전기를 발견하려고 마음만 먹었더라면 극복하지 못할 장애물은 없었던 듯하다.

어쩌면 전기가 정말로 발견되었을지도 모른다.

이라크의 바그다드 부근에 있던 고고학 발굴지에서 1930년대에 희한한 유물들이 발견되었다. 모두 점토로 만든 항아리로 높이가 약 12센티미터였고, 파르티아 왕국(기원전 200년~기원후 200년) 시대의 것이었다. 하지만 과학자들의 눈길을 사로잡은 것은 항아리의 내용물이었다. 모든 항아리 안에 원통형으로 말린 구리판에 둘러싸인 쇠막대가 있었고, 항아리에는 식초 같은 산성 물질을 담은 흔적이 있었다. 따라서 이 고대 유물이 전지電池로 장신구에 황금을 전기도금하는 데 사용되었거나, 따끔따끔한 전류가 의학적 속성을 지닌 것으로 여겨졌을 것이란 가설이 존재한다.

바그다드 전지Baghdad Battery를 본떠 만든 모형은 약 0.5볼트의 전압을 성공적으로 만들어냈지만, 전기도금된 유물로 제시된 증거가 확실하지 않다고 말하는 게 올바른 듯하다. 실제로 이 미스터리한 항아리에 대한 해석은 아직도 논란이 분분하다. 하지만 그 항아리들이 실제로 전기를 생산할 목적에서 만들어졌다면 볼타전지보다 적어도 1,000년 앞선 것이다.[11]

전자를 음극 단자로부터 빼앗아 양극 단자로 보내는 화학반응을 뒤집으면 무척 유용한 충전지rechargeable battery를 만들 수 있다. 밑바닥에서부터 가장 쉽게 만들 수 있는 충전지는 요즘 자동차에서 흔히 사용하는 납축전지이다. 납판이 각 전극으로 사용되고, 황산 전해액에 담가진다. 두 전극이 황산과 반응해서 황산연을 만들어내지만, 충전하는 동안 양극은 산화납으로 전환되고 음극은 금속납으로 전환된다. 그런데 전지가 전기를 방출할 때는 그 관계가 뒤집어진다. 이런 전지는 2볼트를 발생시킨다. 따라서 6개의 전지를 직렬로 연결하면 자동차에 사용할 수 있는 12볼트의 전지를 만들어낼 수 있다.•

전지는 노트북과 휴대폰 등 첨단 휴대 장치에 전력을 공급하지만 서로 다른 금속에 이미 함유된 화학 에너지를 끌어내는 것일 뿐이다. 예컨대 통나무를 태우는 행위는 산소와 반응하는 탄소의 화학 에너지를 끌어내려는 노력에 불과하다. 따라서 반응하는 금속들에 많은 에너지를 미리 주입하거나, 콘센트를 통해 다른 전기원으로부터 충전지를 채워야 한다.

• 전지를 연결하는 방법에 대한 명칭은 군사용어에서 나왔다. 여러 문의 중포中砲를 사격 대형으로 정렬한 시설물을 포대artillery battery라고 한다.

한마디로 전지는 전기를 저장한 곳이지, 전기를 만들어내는 곳이 아니다.

현대인의 삶에서 떼어놓고 생각할 수 없는 전기의 특징들은 1820년대 이후로 우연히 발견된 현상들과 밀접한 관련이 있다. 전지에서 흘러나오는 전류를 운반하는 전선 옆에 나침반을 놓으면 바늘이 방향을 바꾼다. 전선이 형성한 자기장이 지구 전체의 자기장을 국지적으로 압도하기 때문에 나침반 바늘이 방향을 바꾸는 것이다. 쇠막대를 전선으로 촘촘하게 감으면 이런 효과를 극대화할 수 있다. 전선이 만든 작은 자기장들이 결합되어 강력한 전자석을 만들어내기 때문이다. 이때 스위치로 전류의 흐름을 잇거나 끊어서 전자석의 기능을 조절할 수 있고, 전자석을 이용하면 다른 철 조각들이 영구히 자기를 띠게 할 수도 있다.

따라서 전기가 자기magnetism를 만들어낼 수 있다면, 그 역도 성립할까? 다시 말하면, 자석이 전류가 전선에 흐르게 할 수 있을까? 실제로 가능하다. 자석을 앞뒤로 움직이거나 빙빙 돌리면, 혹은 전자석을 잇거나 끊으면, 전류가 근처의 철사 뭉치에 유도된다. 자기장이 전선 주변에서 움직이는 속도가 빠를수록 유도되는 전류량이 많아진다. 따라서 전기와 자기는 밀접하게 얽힌 대칭적인 힘이다. 비유해서 말하면, 전자기란 동전의 양면이다.[12]

자기가 전류를 유도하는 현상의 관찰로 현대 테크놀로지를 향한 문이 활짝 열렸다. 자석을 이용하면 운동 자체가 전기 에너지로 전환될 수 있기 때문이다. 따라서 값비싼 금속들이 필요하고 결국에는 고갈되는 전지에 연연할 필요가 없었다. 전선을 감은 자석을 빙빙 돌리면 원하는 만큼의 전기를 만들어낼 수 있다. 그 역도 성립해서, 전자기가 운동을 유도해낼 수 있다. 예컨대 강력한 자석을 전선 옆에 두고, 전선에 전류가 흐르게 하면 전선이 씰룩거린다. 이른바 운동효과motor effect라는 것이다. 조금만 실험해보면, 빠르게 회전하는 축을 움직이려면 전류를 운반하는 전선과 자석(혹은 전자석)을 어떻게 배열해야 하는지 알아낼 수 있다. 요즘에는 전동기가 산업계에서 사용되는 기계들에 동력을 공급하며, 목재를 톱질하고 곡물을 가루로 빻는다. 진공청소기, 욕실의 환풍기, DVD 플레이어를 돌리는 데도 전동기가 사용된다. 오늘날에는 전동기가 어디에나 있고 실질적으로 눈에 띄지 않을 정도로 소형화됨으로써 우리 삶이 한결 편안해졌다.

전자기가 운동을 유도하는 원리를 이용하면, 전기의 기본적인 속성을 정확히 측정할 수 있는 도구를 제작할 수 있다. 쉽게 말하면, 전류가 몇 볼트로 얼마나 많이 흐르는지 측정할 수 있다.(초창기의 전기 전문가들은 자신의 혀에 전달되는 충격의 고통을 평가함으로써 전류와 전압을 측정하려 했다!) 13장에서 다시 보겠지만, 전기라는 새로운 현상을 정확히 계량화하는 능력은 전기를 올바로 이해하기 위해서, 따라서 전기를 테크놀로지에 활용하기 위해서도 중대한 첫 단계였다.

전광電光 또한 언제라도 우리에게 조명을 주어 우리 삶에서 큰 역할을 하고 있다. 조명 덕분에 우리의 수면과 노동 양상이 달라졌고, 건물과 길거리가 수많은 작은 태양으로 환히 밝혀지고 있지 않은가. 가장 단순한 형태의 전기 조명은 아크등이다. 1800년대 초에 발명된 아크등은 볼타 전지로부터 전력을 공급받는다. 아크등은 기본적으로 두 탄소 전극 사이에서 발생하는 연속적인 불꽃—인공적으로 만든 번개—에 불과하다. 아크등은 빛이 견디기 힘들 정도로 강렬해서 실내 조명에는 적합하지 않다는 문제가 있다. 전기를 이용해서 빛을 만들어내는 건 간단하지만, 전기를 이용해서 실용적인 불빛을 만들어내는 건 극도로 까다롭다.

전구가 궁극적으로 이용하는 물리적인 현상은 무척 간단하다. 전기저항이란 물질적 속성을 이용하면, 가느다란 필라멘트에 전류를 강제로 통과시킴으로써 필라멘트를 가열할 수 있다. 많은 물질이 점점 뜨거워지면 자체의 빛으로 환히 빛나기 시작한다. 백열incandescence이라 하는 것으로, 불길에 쑤셔 넣어진 쇠막대가 선홍색에서 오렌지색과 노란색으로 변했다가 결국에는 눈부시게 흰빛을 띠는 경우를 생각해보라. 그런데 악마는 사소한 곳에 있다. 탄화된 가느다란 가닥이나 금속으로 된 필라멘트가 공기 중에서 백열 상태로 빛나면 산소와 신속하게 반응해서 완전히 타버린다. 물론 밀폐된 유리 전구로 필라멘트를 감싸고 진공펌프로 유리 전구 안의 공기를 전부 빼낼 수 있지만, 뜨겁게 달궈진 물질은 진공 상태에서 쉽게 증발한다. 질소나 아르곤 같은 불활성 기체로 전구를 낮은 압력으로 채우면 효과는 있지만, 확실하게 필라멘트로 작용하는 것을 찾아내기 위해서는 탄화된 다양한 물질로 만든 가닥이나 가느다란 금속선을 실험해가며 많은 연구개발과 시행착오를 거쳐야 할 것이다.

발전과 배전

발전기가 운동을 전기로 변환하는 방법에 대해서는 앞에서 보았다. 그런데 애초에 그 회전운동을 어떻게 만들어낼 수 있을까? 생존자들이 힘겹게 세운 원시적인 풍차나 수차에 발전기를 설치하면 간단히 해결된다. 발전기는 분당 회전수가 높을수록 효율성도 더 높다. 따라서 구동축이 느리더라도 회전력을 강하게 높이려면 톱니바퀴나 도르래와 벨트를 이용한 시스템이 필요할 것이다. 재건을 시도하는 문명이 증기로 작동하고 앞뒤가 맞지 않는 테크놀로지들이 뒤죽박죽된 세상과 비슷할 것은 당연하다. 예컨대 4개의 날개를 가진 전통적인 풍차나 수차가 자연력을 이용해서 곡물을 가루로 빻는 게 아니라 전기를 만들어서 지역 전력망에 공급한다고 생각해보라.

2005년에 실시된 한 타당성 조사에 따르면, 4개의 날개를 지닌 전통적인 풍차에서 맷돌을 차량용 변속장치와 발전기로 교체하면, 연간 5만 킬로와트시의 전기를 생산할 수 있다는 게 밝혀졌다.[13] 내가 지금 살고 있는 규모의 아파트 네 곳에 공급하기에 충분한 생산양이다. 그러나 기초적인 방법으로 이루어낸 가장 흥미진진한 사례는 미국 발명가, 찰스 프랜시스 브러시Charles Francis Brush(1849년~1929년)가 보여주었다. 1887년 브러시는 자신의 땅에 직경이 17미터에 달하는 둥그런 날개를 지닌 풍차를 세웠다. 삼나무를 가늘게 다듬은 144개의 회전날개로 이루어진 큰 날개였다. 브러시는 이 풍차로 만들어낸 1킬로와트의 전기로 자신의 저택 곳곳에 설치된 100개 남짓한 백열전구—당시만 해도 첨단 테크놀로지였다—에 전력을 공급했고, 남은 전기는 지하실에 마련한 약 400개의 축전지에 저장했다.[14]

브러시 풍차는 느릿한 회전을 높이는 데 필요한 톱니바퀴 시스템이 너무 많은 에너지를 소모한다는 게 구조적인 문제이다. 따라서 풍차의 문제를 해결하려면 근본적으로 설계를 바꿔야 한다. 날개가 널찍하면 많은 양의 바람을 포획하는 장점이 있지만, 적잖은 난류와 항력을 발생시키므로 결코 날개가 빨리 돌지 못한다. 따라서 요즘의 풍력 터빈은 널찍한 날

찰스 브러시가 1887년에 제작한 풍차. 직경이 17미터로, 전기를 만들어내는 발전용 풍차였다.

개를 사용하지 않고, 길쭉하고 날렵하게 생긴 세쌍둥이 날개를 멋지게 드러내 보인다. 이런 구조적 변화는 항공기 프로펠러를 개발하며 얻게 된 공기역학에 근거한 것이다. 표면적이 크게 줄었기 때문에 풍속이 느리면 날개가 회전력을 얻기가 힘들지만, 상당히 강한 바람에는 엄청나게 빠른 속도로 회전하며 된바람의 많은 에너지를 전기로 전환할 수 있다.

수차가 만들어내는 전력량도 제한적이다. 물줄기에서 얻어낼 수 있는 에너지 양은 물의 배출량과 낙차로 결정된다. 배출량은 유량流量인 반면에, 낙차는 물이 떨어지는 총높이를 뜻한다. 상사식 수차의 경우로 말하면, 낙차는 물이 떨어지는 홈통과 수로 사이의 거리를 가리킨다. 수차가 이용할 수 있는 최대 낙차가 수차의 직경에 의해 제한되기 때문에 수차가 만들어내는 전력량은 무척 한정될 수밖에 없다. 그렇다고 직경이 20미터가 넘는 수차를 제작할 수는 없다. 회전할 때 지나치게 무거워서 비효율적이기 때문이다.

하지만 수력 터빈water turbine은 이런 제약을 받지 않는다. 양쯔 강 중류에 세워진 삼협댐은 발전 능력이 세계 최대인 수력발전소답게, 저수조 꼭대기부터 아래에 설치된 터빈까지의 낙차 거리가 80미터에 달하기 때문에 엄청난 에너지를 생산할 수 있다.[15]

종말 후의 생존자가 높은 낙차와 적은 유량을 최적으로 활용해서 만들어낼 수 있는 터빈은 펠턴 수차Pelton turbine이다. 좁은 관을 통해 고압으로 물을 뿜어내는 방식을 활용한 펠턴 수차는, 중심축의 바깥 둘레에 컵 모양의 물받이들이 고정되어, 전체적으로는 숟가락들을 둥그렇게 벌려놓은 것처럼 보인다. 중요한 것은 분사된 물이 각 컵에서 멈추지 않고, 빠른 속도로 되돌아와서 다시 컵의 전면을 때리게 하는 것이다. 컵은 매끄럽게 굽은 버킷이 둘로 쪼개지고 중앙에서 두 곡면이 만나는 모양을 띠고 있다. 따라서 컵을 전면에서 때리는 분사된 물은 중앙의 융기선에 의해 깔끔하게 갈라지며 두 컵의 곡면을 따라 소용돌이치고는 다시 전면으로 빠져나간다. 이런 방향 전환이 컵에 강력한 힘을 행사하며 터빈을 돌린다. 이렇게 분사된 물이 컵 하나하나를 차례로 때릴 때 터빈의 중심축이 빙글빙글 돌아간다.

정반대의 상황, 즉 생존자가 확보한 물의 상황이 낙차는 낮지만 유량은 많은 경우에는 횡류 터빈cross-flow turbine이 더 낫다. 이 경우에는 물이 수차의 윗부분에 방사상으로 배열된 짧게 굽은 날개들을 통해 유입된다. 날개들이 물의 흐름에 옆으로 밀려나지만, 물이 아래쪽에서 배출되면 날

펠턴 수차.

개들은 다시 제자리로 돌아온다. 겉보기에 횡류 터빈은 전통적인 수차와 유사하게 생겼지만, 버킷에 떨어지는 물의 무게 때문이 아니라, 굽은 날개의 뒷면을 때리는 물의 압력에 의해 회전한다.

펠턴 수차와 횡류 터빈은 기본적인 금속 가공 도구로도 어렵지 않게 만들 수 있어, 개발도상국에서는 지역 공장에서 사용하기에 적합한 테크놀로지로 추천되기도 한다. 따라서 두 터빈은 종말 후의 사회를 재건하는 데 큰 역할을 할 수 있는 테크놀로지이다.

풍력 터빈과 수력 터빈은 재생에너지를 활용하면서 상당한 효율성을 띠지만, 오늘날 대부분의 전기는 이런 방식으로 생산되지는 않는다. 그렇다고 증기의 시대가 완전히 종식된 것은 아니다. 기계장치나 자동차의 주된 원동기로 증기기관이 사용되지는 않지만, 세계 전역에서 생산되는 전기의 80퍼센트 이상이 증기를 이용해서 만들어진다. 다시 말하자면, 석탄이나 천연가스가 연소될 때, 혹은 불안정한 무거운 원자들이 핵분열 원자로에서 붕괴될 때 방출되는 열로 보일러를 가열해서 전기를 생산한다.

앞에서 보았듯이, 열을 만들어내는 건 쉽지만 열에너지를 운동을 바꾸는 건 무척 어렵다. 증기기관이 있으면 그 역할을 해낼 수 있지만, 피스톤의 느릿한 움직임을 전기 발전에 적합한 빠른 회전운동으로 전환하는 데는 효과적이지 않다.

해결책은 증기 터빈이다. 수력 터빈의 성공적인 설계에 기반을 두었지만, 고압 증기에 최적화된 것이다. 맹렬한 증기의 흐름에 동력을 얻는 원동기로, 펠턴 수차나 횡류 수차처럼 날개의 뒷면을 따라 흐르는 증기를 포획해서 날개가 밀려나도록 충동을 가하거나, 증기가 부딪히는 표면을 곡선으로 처리함으로써 증기의 흐름을 바꾸고 굽은 표면이 비행기 날개처럼 반작용력에 의해 앞쪽으로 당겨지도록 한다. 증기는 팽창하고 더 낮은 압력에서도 더 빠른 속도로 이동한다는 게 물과의 결정적인 차이이다. 따라서 대부분의 증기터빈은 고압증기에서 움직이는 반동단反動段과, 증기가 팽창할 때는 구동축의 아래쪽으로 이동하는 충동단을 결합한 형태로 만들어진다. 이런 다단 증기 터빈 덕분에 엄청난 양의 전기를 무척 효율적으로 생산하며 지금의 전기 시대에 들어설 수 있었다.

하지만 어떤 유형의 터빈이든 제 역할을 온전히 해내려면, 생산한 전기를 원하는 곳에 분배할 수 있어야 한다.

발전기를 임시변통으로 만들어 안정된 직류(전기가 발생하는 전기도 직류)를 공급할 수도 있겠지만, 회전자가 회전할 때 신속하게 순환하는 교류를 발생시키는 교류 발전기를 만들기가 더 쉽다. 둥그렇게 감은 철선에서 발생하는 전압은 양극에서 음극으로, 다시 음극에서 양극으로 왕복한다. 따라서 전압에 따라 움직이는 전류도 빠른 조류처럼 철선 내에서 왕복운동을 반복한다. 전기를 발전소에서부터 수요처인 산업단지나 도시까지 운반하는 문제를 깔끔하게 해결하려면 직류보다 교류가 훨씬 유리하다.

금속 케이블로 짜인 배전망을 따라 전자를 이동시키려고 하는 순간, 생존자들은 근본적인 문제에 부딪히기 마련이다. 전기가 전달하는 동력양은 전압에 전류를 곱한 값이다. 만약 당신이 많은 전류를 사용한다면, 불가피한 전기저항으로 인해 전선이 뜨거워지며, 당신이 생산한 소중한 에너지 가운데 상당한 양이 쓸데없이 허비될 것이다.(반면에 전기저항은 주전자, 토스터, 헤어드라이어의 발열체에서는 의도적으로 극대화된다. 완전히 타지 않고도 밝게 빛날 수 있을 정도로만 뜨거워지는 가느다란 필라멘트를 구할 수 있다면, 전구의 기본 원리를 해결한 것이 된다.) 따라서 높은 전력을 공급하는 유일한 대안은, 낮은 전류량을 유지하면서 전압을 높이는 것이다. 이 경우에는 전압이 높아지면 점점 위험해진다는 게 문제이다. 시골에서 군데군데 우뚝 서 있는 송전탑들 사이에 늘어선 전선들은 받아들일 수 있겠지만, 그런 고압 전선이 자기 집까지 이어지는 걸 원하는 사람은 없을 것이다. 교류는 변압기를 사용해서 전압을 쉽게 올리고 내릴 수 있다는 게 크나큰 장점이다.

기본적으로 변압기는 버클 모양인 하나의 철심에 나란히 놓인 두 개의 커다란 코일에 불과하다. 이때 한쪽 코일에서 발생한 자기장은 반대편 코일에 영향을 미친다. 앞(232쪽)에서 보았던 유도 원칙에 따라, 일차 코일을 흐르는 교류는 급격히 요동하는 전자기장을 만들어낸다. 달리 말하면, 전자기장이 1초에 100번 이상 팽창하고 수축한다. 그런데 이 전자기장이 이차 코일에서 교류를 유도한다. 여기에 기막힌 비밀이 숨어 있다. 일차 코일보다 이차 코일을 더 촘촘하게 감으면, 전압은 올라가고 전류는 줄어든다는 것이다. 변압기는 전류와 전압을 서로 주고받는 전기 교환소라 할 수 있다. 따라서 변압기를 사용해서 배전하는 과정에서 여러 단계로 전압을 낮춘다면, 대大전류의 비효율적인 저항과 고전압의 위험을 낮추는 두 마리 토끼를 잡을 수 있다.

우리 조상들이 19세기를 맞기 전에 그랬던 것처럼, 생존자들이 바람이 부는 언덕 꼭대기나 유속이 빠른 강가에, 혹은 숲이나 탄전으로부터 멀지 않은 곳에 공장을 세울 필요가 없다는 것이, 전기를 확보할 때 얻는 이점이다. 그런 곳에는 발전소를 세우고, 전기 에너지가 필요한 곳까지 전선을 가설하기만 하면 된다. 지금은 이런 현상이 당연하게 여겨지지만, 한 세기 전만 해도 각 가정은 모든 에너지를 몸으로 운반해야만 했다. 등불을 밝히는 기름, 조리와 난방을 위한 숯이나 석탄을 직접 운반해야 했다. 실제로 빅토리아 시대에는 가정마다 겨울에 난방용 연료를 저장하기 위해 작은 방 크기의 석탄 창고를 집 밖에 두고 있었다. 요즘에는 전기를 운반하는 전선이 집안까지 연결되어, 필요한 곳이면 어디라도 깨끗하게 소리 없이 에너지를 공급해주기 때문에 굳이 저장할 필요가 없다.

대재앙이 닥친 직후, 사회가 모든 것을 자립해야 하는 상황에서 풍차로 전기를 만들어 짧은 거리에 있는 가정에 전기를 공급하고 남은 전기를 축전지에 저장하려면 직류가 적절한 선택이다. 그러나 종말 뒤 문명의 재건을 시작하며 상당한 규모의 발전소를 경제적으로 운영하려면, 교류 배전망을 개발해야 한다. 구성원들이 에너지 부족을 절감하는 사회에서는 연료부터 얻는 열을 최대한 활용할 수 있어야 한다. 발전소가 냉각탑을 통해 막대한 양의 열을 버리는 데도 주변 도시들은 난방을 위해 또 다른 연료를 태워야 하는 모순이 있었지만, 열병합 발전소combined heat and power plant가 이런 모순을 해결했다. 스웨덴과 덴마크는 터빈을 돌려 전기를 생산하지만, 뜨거운 증기를 다른 목적, 예컨대 주변 지역의 건물들을 난방 하는 데 사용하며 열병합 발전에서 세계적인 모범을 보여주고 있다. 더구나 터빈을 돌리는 연료도 천연가스만이 아니라, 임목 폐기물과 농업 폐기물 및 지속가능한 숲에서 구한 목재 같은 바이오 연료이며, 발전량과 열생산을 합하면 효율성이 90퍼센트에 이른다.

문명의 재건 과정에서는, 가축이 끄는 수레나 가스로 굴러가는 트럭이 주변의 시골 지역에서 열병합 발전소까지 농업 폐기물이나 잡목을 잔뜩 싣고 오가는 모습을 흔히 보게 될 것이다. 열병합 발전소는 주변 공동체와 산업체에 공급할 전기와 열을 생산하기 위해서 에너지원이 될 만한 것이면 무엇이든 사용할 것이다. 다음으로는 운송 테크놀로지에 대해 살펴보기로 하자.

09 운송

휘발유로 움직이는 엔진은 정말 기가 막히게 멋지지. 수천 개의 서로 다른 금속 조각들을 가지고 정해진 일정한 방법대로 조립해서 (…) 윤활유와 휘발유를 약간 넣은 다음 작은 스위치를 켜면 (…) 갑자기 금속 조각들이 살아나서는 거르릉, 윙윙, 부릉부릉 하고 소리를 내면서 (…) 자동차 바퀴를 윙하고 놀라운 속도로 돌아가게 만들거든.

_ 로알드 달, 《우리의 챔피언, 대니》[1]

도로망을 유지하려면 비용도 많이 들고 시간도 엄청나게 든다. 따라서 종말 후의 세계에서는, 도로에 굴러다니는 자동차와 트럭이 없다 해도 놀라울 정도로 신속하게 도로가 파손될 것이다. 예컨대 온대 지역에서는 동결과 해동이란 가혹한 순환이 반복되면 작은 틈새와 균열이 점점 넓어질 것이고, 바람에 날려 틈새에 들어간 씨앗들이 금세 떨기나무들로 튼튼하게 자랄 것이고, 좌우로나 아래로 뻗는 뿌리들로 인해 얇게 덮인 아스팔트는 바스라질 것이다.

아스팔트로 덮인 간선도로는 시속 110킬로미터로 질주할 수 있을 정도로 매끄럽지만, 표면의 내구성은 고대 로마 시대에 건설된 도로보다 못하다. 단단한 포장용 돌이 두텁게 깔린 많은 공공도로viae publicae들은 로마 문명이 붕괴되고 1,000년이 지난 후에도 그런대로 통행할 수 있을 정도였다. 현재 존재하는 운송망은 그럴 가능성이 전혀 없다. 종말이 닥치면, 현 문명의 동맥이라 할 수 있는 주된 고속도로조차 오래잖아 통행할 수 없는 지경에 떨어질 것이다. 죽은 도시를 탐사하는 데는 오프로드 차량도 필요할 것이다. 따라서 도심을 돌아다니려면 스포츠 유틸리티 자동차sport utility vehicle, SUV가 필수품이 될 것이다.

철로는 도로보다 훨씬 내구성이 강하겠지만, 결국에는 녹의 공격에 굴복할 것이다. 하지만 종말이 일어난 뒤로도 철로변의 풀을 제거한다면, 처음 수십 년 동안에는 장거리를 이동하기에 철로가 가장 편리한 운송도구가 될 것이다.

현대 운송도구의 대부분을 움직이는 기계장치는 내연기관이다. 자가용에는 물론이고 기관차와 경비행기에도 내연기관이 원동기로 사용된다. 기계화된 차량은 사회를 지탱하는 데 중요한 역할을 한다. 예컨대 트랙터와 콤바인, 낚싯배와 화물 트럭이 우리 사회에서 해내는 역할을 생각해보라. 따라서 종말 후에도 이런 차량들이 가능한 한 오랫동안 굴러다닌다면 더없이 바람직할 것이다. 이런 이유에서, 기계화된 차량을 운영하는 데 필요한 기본적인 소모품, 예컨대 연료와 타이어를 마련할 방법을 먼저 살펴보고, 사회가 기계장치를 유지할 수 없을 정도로 퇴보하는 경우에는 어떤 대비책을 동원해야 할지도 생각해보자.

차량을 계속 사용하려면

휘발유 엔진과 디젤 엔진의 약간 다른 기능 방식에 대해서는 잠시 후에 다시 살펴보겠다. 당장에는 두 엔진이 다른 연료를 사용한다는 걸 아는 것만으로도 충분하다. 휘발유와 디젤은 둘 다 탄화수소 혼합물이며, 분자 구조는 5장에서 보았던 식물성 기름들과 유사하다. 휘발유, 즉 가솔린은 5~10개의 탄소로 이루어진 등뼈를 지닌 탄화수소 화합물인 반면, 디젤은 10~20개의 탄소를 지닌 화합물로 이루어져서 약간 더 무겁고 더 끈적거리는 연료이다. 앞에서 보았듯이, 종말 후에도 이런 액체 연료는 주유소와 저장고 및 버려진 자동차들의 연료통에 상당히 남아 있을 것이다. 그러나 기계화된 영농이나 운송을 유지하려면, 얼마 지나지 않아 생존자들은 자체적으로 연료를 생산해낼 준비를 시작해야 할 것이다.

현대 사회에서 휘발유와 디젤은 원유를 가공해서 만들어진다. 원유를 가공해서 휘발유와 디젤을 생산하는 방법은 상대적으로 간단한 편이고, 소규모로도 시도될 수 있다. 분별증류fractional distillation는 액체 혼합물을 분리하는 데 사용되는 방법으로, 발효 후에 물에서 알코올을 증류하는 원리와 기본적으로 똑같다. 분별증류는 분자가 큰 탄화수소를 알루미나 촉매(예: 잘게 부순 속돌)로 가열함으로써 더 유용하고 분자가 더 작은 연료들로 분해한다.

꾸준히 연료 공급을 유지할 수 없는 이유는 화학적 공정이 어려워서가 아니다. 정교한 시추장비나 해양 굴착장비가 없어 지구의 창자에서 원유를 끌어올릴 수 없기 때문일 것이다. 하지만 자동차 연료는 원유를 원료로 사용하지 않고도 만들 수 있다. 이런 점에서 종말 후의 사회는 요즘의 '녹색운동'으로부터 배워야 할 것이 많다. 디젤 엔진을 발명한 루돌프 디젤Rudolf Diesel(1858년~1913년)도 1900년대 초에 이미 이렇게 말했다. "동력은 태양열로 생산할 수 있다. 액체 형태나 고체 형태로 존재하는 모든 자연 연료가 고갈된 후에도 태양열은 농업용 목적에서 언제라도 이용할 수 있다."[2]

휘발유를 동력원으로 사용하는 차량의 경우에는 에탄올로 대신할 수 있다.(4장에서 이미 보았듯이 에탄올은 발효를 통해 생산할 수 있다.) 브라질은 차량 연료로 에탄올을 사용하는 부문에서 선두 국가이다. 도로 위를 달리는 모든 승용차가 휘발유에 에탄올을 20퍼센트 정도 혼합한 경우부터 100퍼센트 에탄올까지 다양한 에탄올 혼합물을 연료로 사용한다. 미국에서도 많은 주가 10퍼센트까지 알코올을 휘발유에 혼합하는 걸 허용하고 있다. 이 정도 연료는 엔진에 변경을 가하지 않고도 사용할 수 있기 때문이다. 최초로 대량생산된 승용차, 포드의 모델 T가 화석연료인 휘발유만이 아니라 알코올을 연료로 사용할 수 있도록 설계된 것도 사실이다. 따라서 미국에서 적잖은 증류주 공장이 곡물로 자동차 연료를 만들었지만, 금주법이 시행되며 이 연료가 완전히 자취를 감추고 말았다.

운송도구의 연료로 에탄올을 대량생산할 경우에, 문제는 발효균을 활성화하기에 충분한 정제 설탕refined sugar을 확보할 수 있느냐는 것이다. 브라질의 지속가능한 바이오연료 경제를 뒷받침해주는 사탕수수 같은 농작물은 열대 지역에서나 재배될 수 있다.[3] 당糖은 식물이 골격을 유지하는 데 필요한 섬유소 가닥들을 형성하기 때문에 모든 식물에 존재하지만, 섬유소는 질긴 데다 화학적으로 안정된 구조여서 당도 단단히 갇혀 있어 추출하기가 쉽지 않다. 따라서 그런 생물량을 가공해서 자동차용 엔진에 적합한 정제 연료를 만들려고 애쓰기보다, 생물 소화조biodigester에서 생물량을 썩혀 메탄가스를 만들어내거나(100~102쪽 참조), 발전소의 보일러를 가열하는 연료로 사용하는 편이 훨씬 더 현실적일 수 있다.

한편 종말 후에는 디젤 엔진이 쿵쾅대는 소리가 사방에서 들릴 것이 거의 확실하다. 디젤 엔진은 상당히 다용도로 쓰이며, 식물유를 가공한 바이오디젤로도 가동된다. 식물유가 가장 단순한 형태의 알코올인 메탄올과 알칼리성 조건에서 화학반응하면 바이오디젤이 얻어진다.(가성소다, 즉 수산화나트륨이나 수산화칼륨을 더하면 알칼리성이 된다. 5장 참조) 에탄올도 식물의 발효로 얻을 수 있지만, 메탄올은 목재를 건류해서 얻을 수 있다.(155~158쪽 참조) 메탄올이 가성소다와 글리세린 및 비누와 함께 물에 섞여 용해되고 화학반응하면 바이오디젤이 만들어진다. 그러나 바이오디젤은 수분을 철저히 제거한 상태에서 사용해야 하기 때문에 사용하기 전에 가열해서 수분을 없애야 한다.

실질적으로 어떤 식물유라도 사용할 수 있다. 유채는 브라질에 알맞은 작물이어서 에이커당 상당히 많은 양의 기름을 생산해낸다.(해바라기나 대두 같은 작물보다 효율성이 높다.) 기름은 씨를 압착하고 가공해서 쉽게 얻을 수 있으며, 남은 잔재물인 줄기는 영양이 풍부한 사료의 재료가 된다. 필요한 경우에는 동물성 지방도 사용할 수 있다. 죽은 동물이나 버려진 고깃덩이를 물에 넣고 뭉근히 가열하면 지방이 녹아 분리되어 수면으로 떠오른다. 이것을 식힌 후에 걷어낸 것이 동물성 기름, 즉 수지獸脂이다. 동물성 지방도 식물유와 마찬가지로 바이오디젤로 가공되지만, 동물성 기름으로 만든 바이오디젤은 분자 구조가 상대적으로 길기 때문에 추운 날

씨에 연료통 안에서 응고될 가능성이 커진다.[4]

이런 바이오연료들은 농작물을 연료로 변형해 사용하는 게 관건이다. 소형 자동차 한 대를 굴리려면 적어도 0.5에이커에서 생산된 농작물을 사용해야 한다. 종말 후에 재건을 시도하는 사회의 상황에 따라 다르겠지만, 살아남은 사람들에게 식량이 부족할 수 있다. 이런 경우에 다른 데서 차량 동력원을 구할 수 있을까?

엄격히 말하면, 모든 내연기관은 액체연료로 가동되는 게 아니라 가스로 가동된다. 휘발유나 디젤은 미세 입자로 변하고 실린더에서 증발된 후에 연소하기 시작한다. 따라서 가연성 가스를 가압 실린더에 직접 보내는 방법을 찾아내면, 기계를 이용한 운송을 유지할 수 있다. 실제로 요즘 적잖은 차량이 이 방법을 활용해서 압축천연가스compressed natural gas, CNG(메탄)나 액화석유가스liquefied petroleum gas, LPG(프로판과 부탄의 혼합물)를 연료로 사용하고 있다.

대재앙이 일어난 다음에는 가스를 수배 기압의 압력으로 밀폐된 연료통에 주입하기가 무척 어려울 것이다. 그러므로 특별한 기술을 동원하지 않고, 자동차에 저장용 가스통을 설치하는 방법을 사용할 것이다. 제1차 세계대전과 제2차 세계대전 당시 연료가 부족하던 때, 고무로 밀봉한 부직포 기구에 석탄가스나 메탄가스를 싣고 다니던 자동차들을 생각해보라. 2~3입방미터의 가스가 휘발유 1리터의 효과를 발휘했다.[5]

약간 덜 거추장스런 방법으로는, 목탄을 연료로 사용하는 자동차를 만들어 운전하며 연료 가스를 직접 생산하는 방법도 생각해봄 직하다.

여기에서 알아야 할 핵심적인 원리는 가스화gasification이다. 이 원리가 무엇인지 알아보자. 성냥에 불을 붙이고 불을 자세히 들여다보라. 노란

제1차 세계대전 동안 가스 주머니로 연료를 공급 받은 런던 버스.

불꽃이 활활 타오르며 나무 막대를 태운다. 나무 막대는 까맣게 변하지만, 불꽃과 까맣게 변한 나무 막대 사이에는 분명한 간격이 있다. 실제로 불꽃은 성냥개비를 연료를 사용하는 게 아니라, 나무의 복잡한 유기 분자들이 열에 의해 분해될 때 발생하는 가연성 가스들이 불꽃에 연료를 공급하는 것이기 때문이다. 물론 가연성 가스는 공기 중의 산소와 만날 때에만 강한 불꽃으로 점화된다. 이런 점에서 나무의 가스화는 나무를 건류해서 증기를 여러 유용한 액체로 응축하는 상황을 공부했던 열분해 과정(155~158쪽 참조)과 다를 바가 없지만, 엔진에 동력을 공급하려면 가연성 '발생로'가스producer gas로의 전환을 극대화하여 성냥개비의 경우로 말하자면 열분해하는 나무와 불꽃 간의 간격을 훨씬 멀리 떼어놓아야 한다. 가연성 가스는 엔진에 유입되기 전까지는 점화되지 않고, 결국 실린더에서 산소와 만나 유익한 방향으로 폭발해야 하기 때문이다.[6]

목재 가스발생장치로 동력을 공급 받은 자동차.

제2차 세계대전 동안 가스를 연료로 사용한 거의 100만 대의 차량이 유럽 전역에서 운행되며 시민들의 주된 교통수단으로 사용되었다. 독일은 목재 가스화 장치를 차체 안에 깔끔하게 설치한 폴크스바겐 비틀을 생산했다. 보닛에 구멍을 뚫어 더 많은 나무를 적재했다는 사실에서 비틀의 동력원이 얼마나 강력했는지 짐작할 수 있다. 1944년 독일 육군은 목재 가스발생장치를 동력원으로 삼은 50대가량의 터거 탱크를 선보이기도 했다.[7]

가스발생장치는 기본적으로 위쪽에서 덮개로 밀폐되는 원통이며, 여기저기에서 주워 모은 재료로 만들 수 있다. 예컨대 아연 도금한 철제 드럼통과 배관작업에 일반적으로 쓰이는 부품들이 있으면 만들 수 있다. 나무를 드럼통의 위쪽에 쌓는다. 나무가 천천히 내려가는 과정에서 먼저 건조되고, 다음에는 밀폐된 상태에서 열에 의해 열분해된다. 그리고는 불완전하게나마 한정된 산소와 접촉해서 연소하며 전반적인 과정을 작동하는 데 필요한 온도까지 끌어올린다. 드럼통의 바닥에 놓인 뜨거운 숯불이, 열분해에 의해 발생한 증기와 가스와 반응하며 그것들의 화학적 변환을 마무리짓는 게 무엇보다 중요하다. 이렇게 최종적으로 얻어진 발생로가스, 즉 연료가스가 60퍼센트까지 불활성 질소와 함께 아래쪽으로 추출된다—이 연료가스에는 가연성을 띤 수소와 메탄 및 일산화탄소가 많이 함유되어 있고, 독성을 띠기 때문에 환기가 잘 되는 곳에서만 사용해야 한다. 연료가스를 식혀서 증기를 응결한 후에 실린더에 공급해야 한다. 그렇지 않으면 엔진이 더러워지고 막힐 수 있다.

나무의 밀도와 건조된 정도에 따라 약간의 차이는 있지만, 약 3킬로그램의 나무는 1리터의 휘발유에 해당되는 효과를 발휘한다. 따라서 발생로가스를 사용하는 자동차의 연료 소비량은 갤런당 마일이 아니라 킬로그램당 마일로 측정된다. 예컨대 제2차 세계대전 시기의 가스발생장치는 킬로그램당 약 1.5마일이란 연비를 기록했다.

연료가 있다고 자동차가 굴러갈 수 있는 것은 아니다. 연료 이외에 다른 소모품이 필요하다. 예컨대 운행 과정에서 끊임없이 닳기 마련인 타이어와 도넛 모양의 풍선처럼 생겨서 운행 중의 충격을 줄여주는 튜브를 만들려면 고무가 필요하다.

생고무의 물질적인 속성은 실용적인 목적에서 가황加黃, vulcanization을 통해 바뀌가야 한다. 생고무를 약간의 황으로 녹인 후에 거푸집에 붓고 굳힌다. 이 과정에서 황이 개입되어 고무의 실로 감은 모양의 분자 사슬들이 서로 연결되어 질기고 탄력적인 그물망 모양으로 변한다. 그 결과 천연고무보다 더 탄력적이고 거의 파괴할 수 없는 물질, 뜨거워져도 끈적거리지 않고 차가워져도 깨지지 않는 물질이 만들어진다.

고무는 일단 가황되면 다시 녹여서 새로운 제품으로 재성형되지 않는다는 게 문제이다. 따라서 종말 후 세상에서는 고무의 잔존물을 재활용하는 방식으로는 푹신푹신한 접지면을 지닌 타이어를 적절하게 공급하지도 못하고, 밸브와 튜브 같은 다른 용도에도 대비할 수 없을 것이다. 결국 고무의 새로운 공급원을 찾아내야 한다.

전통적으로 고무는 파라고무나무(학명: Hevea Brasiliensis)의 껍질에 흠집을 내고 추출한 우윳빛 액체, 즉 라텍스로부터 얻어냈다. 그런데 파라고무나무는 적도를 중심으로 습한 열대지역에서만 자란다. 대안으로는 과율guayule의 줄기와 가지 및 뿌리에서 추출하는 방법이 있다. 파라고무나무와 달리, 과율은 작은떨기나무로 텍사스와 멕시코의 반건조 고원지역이 원산지이다. 제2차 세계대전 당시, 일본이 동남아시아를 침략한 여파로 연합군이 고무 공급원의 90퍼센트를 상실했을 때 과율이 고무의 대체 원료로 유명세를 얻었다. 합성고무를 만들어내는 화학적 원리를 회복 단계의 초기에 적용하기는 무척 어려울 것이다. 따라서 유예기간 이후에 기존의 고무 공급원이 사라지면, 자연 공급원 옆에 살지 않는 한 장거리 무역을 재확립하는 게 생존자들에게는 최우선 과제 중 하나가 될 것이다.[8]

설령 연료와 고무의 공급을 준비해두었더라도, 자동차를 무기한으로 굴릴 수는 없을 것이다. 기계장치의 부품들이 무정하게도 닳아 마모될 것이다. 따라서 한동안은 다른 자동차에서 부품을 떼어다 재사용할 수 있겠지만, 결국에는 직접 부품을 만들기 시작해야 할 것이다. 요즘 엔진의 대체품을 만들려면 합금을 적절하게 혼합하는 높은 야금학적 지식과 오차 없이 정확히 부품을 만들어낼 수 있는 공작기계가 필요하다.(6장 참조) 따라서 마지막으로 작동하는 엔진이 고장 나서 멈추기 전에 이런 역량을 갖추지 못한다면 사회는 기계화를 포기하고 하염없이 퇴보하고 말 것이다. 이런 상황에서도 운송과 농업의 핵심적인 기능을 계속 유지하려면 어떤 준비가 있어야 할까?

기계가 사라지면 어떻게 해야 할까?

기계가 조금씩 사라지면 축력畜力, 즉 가축의 노동력을 되살려야 한다. 인류의 역사에서 수레로 짐을 실어 나르고, 쟁기와 써레와 파종기를 끌며 농사일에 동원된 역축으로 쓰인 첫 동물은 황소(거세한 수소)였다. 기계화된 트랙터가 서서히 멈추면 역축을 다시 사용할 수밖에 없을 것이다. 샤이어처럼 역축으로 사용할 수 있는 말들은 완전무장한 기사를 태우고 중세 유럽의 전쟁터를 돌아다니던 말들의 후손이어서, 황소보다 더 빠르고 튼튼하며 쉽게 지치지도 않는다. 그러나 황소를 말로 대체하려면, 동양의 고대문명에는 있었지만 유럽의 고대문명과 그리스·로마 문명에는 없었던 중요한 마구를 다시 발명해야 할 것이다.

황소에게 채워지는 멍에는 비교적 간단하다. 긴 나무를 황소의 목 위에 얹고 양쪽에 말뚝을 꽂아 나무를 고정시키거나, 머리 멍에를 뿔 앞에 메우면 된다.[9] 하지만 말은 체형에 따라 끈을 조절해서 마구가 채워져야 한다. 가장 단순한 형태인 '목과 뱃대끈 마구throat-and-girth harness'는 목을 두르고 어깨 위쪽으로 지나는 띠와 아래쪽부터 배를 감은 띠가 등 한가

운데에서 만나며 짐을 싣는 수레 등과 연결된 장치와 이어졌다. 이런 형식의 마구는 고대에 널리 사용되었고, 아시리아와 이집트, 그리스와 로마에서 수세기 동안 전차로도 이용되었다. 하지만 이 마구는 말의 해부학적 구조에 전혀 어울리지 않는다. 더구나 쟁기를 끌어당기는 힘든 일을 하는 데도 적합하지 않다. 앞쪽의 띠가 말의 목정맥과 호흡기관을 누르고 있어, 말이 힘껏 짐을 끌어당기면 자신의 목을 조르는 꼴이 된다는 게 문제이다. 해결책은 말이 자신에게 어떤 피해도 가하지 않으면서 힘을 쓸 수 있도록 띠의 위치를 재설계하는 것이다.

말의 목사리horse collar는 금속이나 나무로 말의 목을 포근하게 감싸도록 만든 고리이다. 안쪽에는 폭신한 것이 덧대져 있다. 또한 짐과 연결되는 지점이 목 뒤에 있지 않고, 양옆구리의 아래쪽에 있어 짐의 무게를 가슴과 양어깨에 고르게 분배할 수 있다. 어떤 의미에서 인체공학적 설계를 처음으로 적용한 목사리, 즉 말의 해부학적 구조에 적합한 이런 목사리가 중국에서는 5세기쯤에 개발되었지만 유럽에서는 1100년대에야 널리 보급되었다. 과거 부적절한 마구가 채워졌을 때보다, 목사리 덕분에 말은 3배나 많은 견인력을 발휘하며 온 힘을 다 쏟을 수 있었다. 따라서 말이 끄는 쟁기가 중심이 되어 중세 농업을 혁명적으로 바꿔놓았다.[10]

가축의 견인력과 차량을 결합해놓은 모습은 괴상하기 짝이 없을 것이다. 버려진 승용차나 트럭에서 떼어낸 움직이는 부분, 즉 뒷차축과 바퀴는 수레의 기본 틀을 만드는 데 쓰일 수 있을 것이다. 더 단순한 형태로는 승용차를 앞뒤로 쪼갠 후에 작동하지 않는 엔진에 장착된 앞부분은 버리고, 뒷좌석과 뒷바퀴 부분만을 고대 경주용 전차처럼 사용하는 방법도 생각해볼 수 있다. 비계용 파이프를 양쪽에 하나씩 덧붙여서, 당나귀

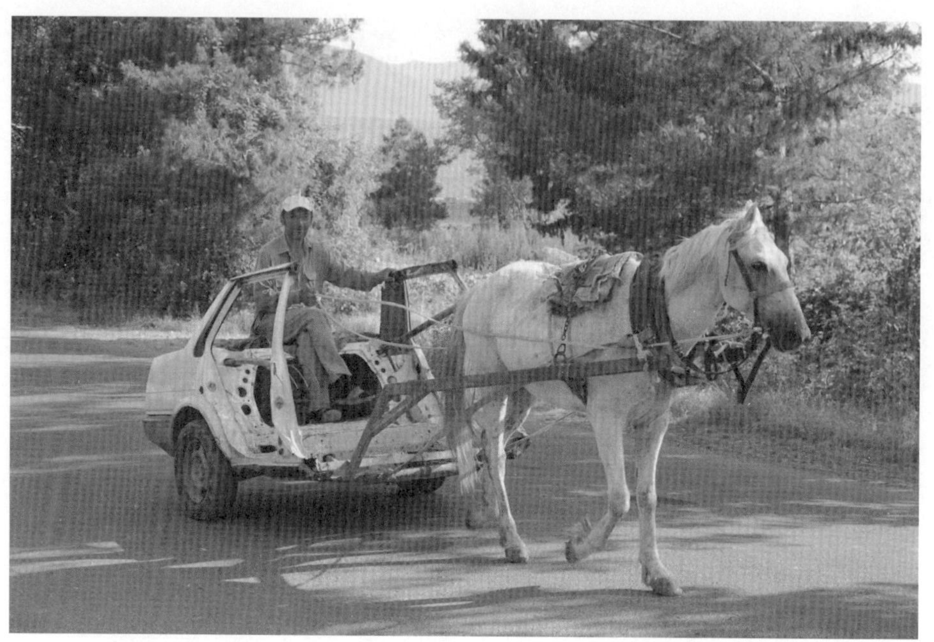

기계로 움직이는 운송 수단이 사라지면 이 사진처럼 말의 힘을 빌려 임시변통한 운송 수단이 흔해질 것이다.

나 황소에게 걸음을 재촉하기 위한 팔로 사용할 수 있을 것이다. 기계로 움직이는 운송 수단이 사라지면 이처럼 임시방편으로 만든 운송 수단이 흔해질 것이다.

하지만 가축의 힘을 이용하는 사회로 다시 돌아가려면, 적잖은 농산물을 가축의 식량으로 전용해야 할 것이다. 실제로 이동식 증기기관이 개발된 지 50년이 지나고, 휘발유를 동력으로 사용하는 트랙터가 이미 존재한 1915년경에 영국과 미국에서 농경에 말을 한창 사용하던 때 경작지의 3분의 1이 말을 먹이는 데 할애되었다.• [11]

• 최근에도 기계화의 붕괴에서 비롯된 테크놀로지의 후퇴 때문에 화급하게 가축의 견인력을 되살려낸 사례가 있었다. 쿠바는 카스트로 혁명과 더불어 소련의 위성국으로 전락한 이후, 1960년대 초부터 농경 방식을 소련과 동유럽 국가들이 제공한 영농기계에

농기구와 육상 운송에 동력을 공급하는 동시에, 바다를 정복하는 것도 어업과 무역을 재개하기 위해서는 반드시 필요하다. 기계를 유지하는 힘을 상실하면, 돛단배에 의존하는 수밖에 없을 것이다.

마당 빨랫줄에 널은 침대 시트가 바람에 부풀어 오르는 걸 눈여겨본 사람이라면, 가장 기본적인 형태의 돛은 직관적으로 만들어낼 수 있을 것이다. 배의 중앙에 기둥을 돛대로 똑바로 세우고, 역시 기둥 하나를 활대로 삼아 선체와 직각이 되도록 수평으로 놓고 돛대의 위에서부터 늘어뜨린다. 활대에 커다란 캔버스 천을 매달고 배의 바닥에 밧줄로 단단히 묶어둔다. 이렇게 하면, 역사적으로 여러 문화권에서 독자적으로 발명된 단순한 가로돛, 즉 활대를 돛대에 좌우 대칭이 되게 수평으로 걸어서 편 직사각형의 돛을 단 배를 갖게 된다. 돛은 뒤에서부터 불어오는 바람을 받아들이는 역할을 한다. 따라서 원시적인 배도 바람을 등지면 상당히 빠른 속도로 전진할 수 있다. 그러나 가로돛의 경우에는 바람이 불어오는 쪽으로 뱃머리를 60도 이상 돌리며 바람을 비스듬히 받을 수 없다. 따라서 변덕스런 바람 앞에서 속수무책으로 표류하는 수밖에 없다.[12]

가로돛의 단점을 보완하여 한층 정교해진 돛이 삼각돛이다. 세로돛이라고도 일컬어진다. 세로돛은 배와 직각을 이루지 않고, 선체와 같은 방

의존할 수밖에 없었다. 하지만 1989년 소련이 붕괴되자, 쿠바에 공급되던 화석연료와 장비가 갑자기 끊어졌고, 운송과 기계화 영농이 완전히 중단되는 지경에 이르렀다. 비료와 살충제를 생산할 여력마저 없었다. 결국 4만 대의 트랙터를 대신할 축력을 대대적으로 키워낼 수밖에 없었던 까닭에, 가축을 번식하고 훈련하는 프로그램을 시작했다. 그로부터 10년 후, 쿠바는 농사에 투입할 황소를 40만 마리까지 키워내고 말의 개체 수도 회복했다.[13]

향으로 설치된 상태에서, 비스듬히 기운 활대나 한쪽 끝이 돛대에 고정된 밧줄에 의해 대각선 방향으로 놓인다. 세로돛이 설치된 배는 가로돛에 비해 방향을 조종하기가 훨씬 쉽고, 바람의 방향에 따라 계속 침로를 바꿀 수도 있다. 예컨대 요즘 요트는 맞바람을 20도까지 받으며 항해할 수 있다. 하지만 대형 범선은 가로돛과 세로돛을 함께 사용하는 경우가 많다. 세로돛은 지중해를 항해하던 로마 시대까지 거슬러 올라가지만, 15세기에 시작된 발견의 시대Age of Discovery에 그 진가를 인정받았다. 포르투갈과 스페인은 세로돛을 설치한 탐험선을 끌고 거대한 바다들을 가로질러 멀리 떨어진 새로운 땅을 만났고, 장거리 무역을 개척했다.

세로돛을 달고 바람을 비스듬히 맞으면서 항해하면 완전히 새로운 효과를 경험하게 된다. 바람이 돛을 꽉 채우면 돛은 바깥쪽으로 불룩해지며 비행기의 날개를 수직으로 자른 단면처럼 기능한다. 달리 말하면, 곡선의 표면 위로 밀려온 공기가 방향을 바꾸며 돛 앞에서 저압부를 형성한다. 가로돛은 공기저항을 만들어내며 그 힘으로 물살을 헤치며 나아가지만, 세로돛은 그런 공기역학적 양력에 빨려 들어간다. 페르디난드 마젤란Ferdinand Magellan(1480년~1521년)은 세로돛의 물리학적 원리를 완전히 이해하지는 못했지만, 항공기의 날개와 반동 터빈에 관련된 공기역학을 이용해서 1522년 세로돛을 설치한 범선으로 세계를 일주한 최초의 항해자가 되었다.

하지만 세로돛을 이용해 옆에서 불어오는 바람을 받아들이면 안정성의 문제가 제기되고, 자칫하면 배가 옆으로 넘어가 뒤집힐 위험이 있다. 배의 아래쪽에 바닥짐을 놓고, 상어 지느러미를 뒤집어놓은 듯한 모양의 용골을 선체 바닥의 중앙에 설치함으로써, 돛에 의해 기울어지더라도 배가 자동으로 균형을 되찾도록 하면 그 문제는 해결된다. 당신이 이런 힘들을 자유자재로 다루고, 삭구를 조정해서 세로돛이 최적의 형태로 바람을 받게 할 수 있다면, 세로돛이 돛 자체를 때리는 바람보다 더 빠른 속도로 항해할 수 있다는 것이 날개의 양력 효과에 감추어진 놀라운 물리학적 비밀이다.

종말 후에 쓸 만한 선체를 구할 수 없다면 직접 짓는 수밖에 없다. 전통적인 배 짓기에 따르면, 틀에 판자들을 세로로 놓고, 소나무 송진 같은 식물섬유로 틈새를 막아 물이 스며들지 않도록 한다. 한편 연철판이나 강철판을 충분히 구하거나 제련해낼 수 있다면, 그런 철판들을 리벳으로 연결하면 된다. 돛은 기본적으로 큼직한 천이어야 한다.(직조법에 대해서는 4장 참조.) 돛을 만들 때는 평직물을 이용하는 편이 낫다. 또한 씨실이 날실보다 일직선을 띠기 때문에 직물은 씨실 방향으로 당겨질 때 더 강하다는 걸 알아야 한다. 당신이 지금 입고 있는 셔츠의 귀퉁이 부분으로 직접 실험해보면 알겠지만, 직물은 사선 방향으로 당겨질 때 쉽게 뒤틀리고 훼손된다. 모든 삭구를 묶는 데 사용되는 밧줄도 마찬가지이다. 섬유를 뽑아 실을 만들고, 실을 꼬아 가닥으로, 다시 가닥을 꼬아 밧줄이 만들어진다. 게다가 필요한 경우에는 밧줄을 꼬아 더 굵은 케이블을 만든다. 돛을 조종하는 데 필요한 도르래와 도르래 바퀴는 요즘 건축 현장에서 비계 위에 무거운 짐을 들어 올리는 데 사용되는 것들과 똑같다.

종말이 닥치고 오랜 시간이 지나지 않아, 재건을 시작한 사회가 금속 가공과 공작기계를 다시 만들기 시작한다면 천만다행이 아닐 수 없다. 원동기가 없는 세상에서 인간의 이동에 도움을 줄 수 있는 가장 간단한 기계장치는 자전거일 것이다. 페달을 움직여 동력을 얻는 자전거의 심장은, 인간이 다리로 행하는 왕복운동을 바퀴에 필요한 회전운동으로 전환하는 크랭크이다. 그러나 이 경우에도 해결해야 할 공학적인 문제가 있다. 어린아이의 세발자전거처럼 페달이 차축에 고정되어 있을 경우에는 페달을 밟는 행위가 곧바로 바퀴에 전달되지 않기 때문에, 그런대로 속도를 내려면 귀신에 홀린 듯이 페달을 밟아야 한다.

따라서 가장 단순한 해결책은 앞바퀴를 크게 하는 것이다. 그럼 작은 회전으로도 큰 원둘레로 인해 괜찮은 속도를 얻을 수 있기 때문이다. 앞바퀴의 둘레가 1.2미터에 달해 우스꽝스럽게 보였던 페니파딩penny-farthing이란 초창기 자전거는 이런 아이디어가 적용된 사례였다. 요즘 우리에게는 당연하게 여겨지지만 한 자전거 제작자가 1885년에야 훨씬 더 나은 해결책을 고안해냈다. 고대의 기계 시스템인 톱니바퀴 장치를 체인으로 연결하는 방법이었다. 크기가 다른 두 개의 스프로킷sprocket을 롤러 체인에 기계적으로 연결해서, 종동차driven wheel가 페달 크랭크보다 더 빠른 속도로 회전하게 하는 원리이다.(그런데 롤러 체인은 레오나르도 다빈치가 16세기에 그린 설계와 무척 유사하다.) 또한 바퀴의 중심과 핸들을 연결하는 앞부분을 약간 뒤쪽으로 기울게 해서 앞바퀴로 자전거가 어느 쪽으로든 자연스레 넘어지도록 함으로써 자전거의 내재적인 안정성을 더한 것도 중요한 개선이었다.• 14

• 일반적인 생각과 달리, 자전거의 안정성은 회전하는 바퀴, 특히 느린 속도로 회전하는 바퀴의 자이로스코프 작용gyroscopic effect과 별다른 관계가 없다.

동력원을 사용하는 운송기구를 다시 만들어내려면

재건을 시도하는 문명도 어느 시점에 이르면 야금학과 공학으로 엔진 제작을 모색할 수 있는 수준에 올라설 것이다. 사회가 역축役畜과 돛에 의존하는 단계까지 떨어진 상황에서, 어떻게 하면 잔존하는 견본을 참조하지 않고도 내연기관을 다시 만들어낼 수 있을까? 자동차의 보닛 아래에서 벌떡이는 심장의 내부는 어떻게 생겼을까?

내연기관은 복잡한 기계도 결국에는 기본적인 기계 부품의 결합체에 불과하다는 걸 보여주는 좋은 예이다. 달리 말하면, 당면한 문제를 해결하기 위해서 조상에게 물려받은 많은 유산을 새로운 방식으로 배열하고 조합한 것이다. 예컨대 승용차를 하나의 유기체로 생각하며 금속 껍데기를 벗겨내고 해부하면, 무수한 기계장치들이 인체의 다양한 기관이나 조직처럼 상호작용한다는 걸 확인할 수 있을 것이다.[15]

그럼 자동차의 기능에 관련된 핵심적인 원리는 무엇이고, 어떻게 하면 밑바닥에서부터 자동차를 다시 설계해낼 수 있을까?

8장에서 우리는 외연기관이 작동되는 원리에 대해 살펴보았다. 증기기관은 연료를 태워서 보일러를 가열하고, 그렇게 얻은 증기를 강제로 실린더로 보내는 방식으로 작동한다. 연료에 함유된 화학 에너지를 훨씬 효과적으로 이용하려면, 중간 단계를 없애는 것이다. 요컨대 연소 자체에서 비롯되는 고압가스의 압력을 이용해서 기계장치를 움직이는 것이다. 이렇게 하면 적은 양의 연료를 좁은 공간에 넣고 점화하면, 그로부터 비롯된 고압가스가 폭발적으로 팽창하며 피스톤을 밀어낸다. 초당 이런 행위를 몇 번이고 되풀이하면 일정하게 동력을 확실히 전달하는 수단을

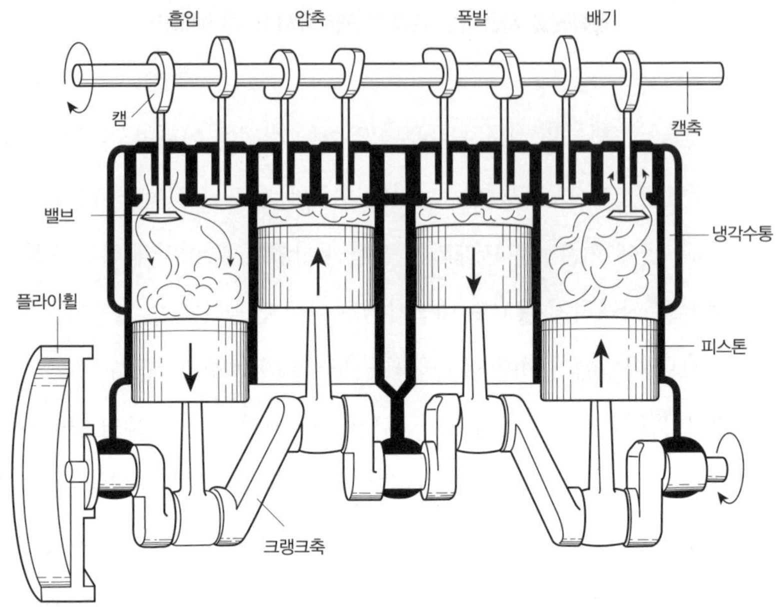

사행정 내연기관. 실린더와 피스톤, 동력을 플라이휠에 전달하는 크랭크축, 밸브를 열고 닫는 캠축으로 이루어진다.

얻게 된다. 연속적인 폭발을 위해 실린더를 재조정하고, 밸브를 열고 주사기처럼 피스톤을 올리며 배기가스를 밀어낸다. 다시 피스톤을 내리며 다른 밸브를 통해 산소를 함유한 공기와 연료를 받아들인다. 이 혼합물을 압축해서 밀도와 압력을 높인 후에 다시 점화한다. 이처럼 '흡입-압축-폭발-배기'라는 사행정이 내연기관에서 신속하게 벌떡이는 심장이다.

연료가 실린더 안에 들어가면, 연료를 연소시키는 데는 두 가지 방법이 있고, 그 차이에 따라 휘발유 엔진과 디젤 엔진이 구분된다. 에탄올(혹은 휘발유)처럼 휘발성 액체는 기화기에서 공기와 혼합된 후에 실린더에 들어가 기화되면 전기 점화 플러그로도 점화될 수 있다. 반면에 디젤처럼 무거운 탄화수소 분자 혼합물은 압축행정이 끝난 후에 옅은 안개처럼 실린더 안에서 뿜어지면, 공기의 극단적인 가압에 따른 온도의 급격한 상승으로 자연스럽게 기화되고 점화된다.(자전거 타이어에 바람을 채운 후에 발로 밟는 수동 공기 펌프의 노즐을 살짝 만져보면, 공기 압축으로도 노즐이 무척 뜨거워진다는 걸 직접 경험할 수 있을 것이다.) 혹은 이 장의 앞부분에서 보았듯이, 실린더에 직접 가스를 주입하는 방식으로 엔진에 연료를 공급할 수도 있다.

자동차를 작동시키려 할 때 가장 까다로운 문제는 실린더의 왕복운동을 매끄러운 회전운동으로 변환하는 것이다. 바퀴나 프로펠러를 돌리려면 회전운동이 필요하기 때문이다. 자전거에서 보았듯이, 운동의 유형을 바꿔주는 기계장치가 크랭크이다. 크랭크는 왕복하는 부품과 회전하는 축을 이어주며 균형을 잡아주는 연결봉으로, 기계장치에서 흔히 사용된다.(자전거의 경우에는 당신의 다리도 페달 크랭크에 연결되는 연결봉이 된다.) 인류의 역사에서 최초의 크랭크는 기원후 3세기 로마의 수차에서 등장한 듯하다. 이 수차에서, 크랭크는 강물에서 얻은 회전력을 큰 톱의 왕복운동으로 바꾸는 역할을 해냈다.

다수의 실린더가 폭발하는 힘을 종합적으로 이용하는 요즘의 엔진에서는 크랭크를 약간 개선한 크랭크축이 사용된다. 꺾인 손잡이처럼 생긴 장치들이 일정한 간격으로 피스톤처럼 연결되어 왕복운동하며 회전시키는 축이다. 실린더들이 엇갈린 순서로 점화하더라도 크랭크축을 돌리는 폭발력은 들쑥날쑥하기 십상이다. 따라서 회전운동을 안정되게 유지하는 방법이 필요하다. 이 문제의 해결책은 과거의 도자기 제작법에서 찾아진다. 크랭크축의 끝에 플라이휠을 장착하는 방법이다. 플라이휠은 회전력을 유지하는 동시에 회전 속도를 고르게 한다는 점에서, 녹로 위에 올려진 무거운 돌판과 똑같은 기능을 한다.

엔진이 가동되는 동안 실린더에 연료를 받아들이는 밸브, 또 실린더에서 가스를 배출하는 밸브를 조절하는 데도 과거의 기계 부품이 필요하다. 캠은 중심점이 한쪽으로 치우친 길쭉한 모양이기 때문에 축을 따라 회전하며, 밸브가 연결된 봉을 규칙적으로 오르내리는 데 사용된다. 과거에 캠은 기계 해머에 사용되었다. 수차의 힘을 이용해서 캠이 무거운 기계 해머의 뒷부분을 누를 때와 지나갈 때, 기계 해머를 올렸다가 내리며 충격을 가하는 방법이었다. 캠은 고대 그리스 시대부터 알려진 테크놀로지였고, 14세기 중세의 기계장치에서도 다시 쓰였다. 현대 내연기관에서는 캠들이 주된 크랭크축에서 동력을 공급받기 때문에, 흡입밸브와 배기밸브가 피스톤의 움직임에 따라 완벽하게 열리고 닫히는 걸 조정할 수 있다.[16]

만약 여러분이 단순히 보트의 스크루를 돌리기 위해서가 아니라 자동차에 동력을 공급하려고 엔진을 사용하려 한다면, 기술적으로 까다로운 몇 가지 문제들을 더 해결해야 한다. 엔진의 핵심 설계가 해결되면, 다음 단계로 해결해야 할 기계적인 문제는 바퀴에 구동력을 전달하는 것이다. 자동차 엔진에서 직관적으로 이해할 수 있는 부품 중 하나는 변속기이다. 본질적으로 변속기는 운전자에게 맞물리는 톱니바퀴의 짝을 바꾸게 해주고, 기원전 3세기까지 거슬러 올라가는 전동체인gear chain과 같은 원리로 작동하는 상자에 불과하다. 내연기관은 무척 빠른 속도로 회전한다. 따라서 구동축이 상대적으로 작은 톱니바퀴에 맞물리는 저속 기어에서는 회전속도를 회전력과 맞바꾼다. 특히 가속하거나 언덕을 올라갈 때는 상대적으로 큰 회전력이 필요하다.

클러치는 기어의 전환을 용이하게 해주는 장치이다. 많은 자동차에서 클러치는 플라이휠과 단단히 접촉하는 거친 원판을 통해 엔진 출력을 지탱한다. 얄궂게도 자동차가 매끄럽게 운행되는 이유는 원판과 플라이휠의 마찰에 있다. 원판과 플라이휠이 떨어지면 엔진과 구동축도 분리된다. 이와 유사한 기계 시스템이 초창기의 목공 도구에서 사용되었다. 기계장치를 동력원으로부터 떼어놓을 수 있던 목공 선반이 대표적인 예이다.

최초의 자동차는 자전거의 원리를 응용해서, 체인과 스프로킷으로 뒷차축에 동력을 전달했다. 회전하는 구동축을 사용하면 엔진 출력을 더 효율적으로 전달할 수 있지만, 운행 과정에서 충격에 부러지는 걸 방지하려면 구동축이 어느 정도의 탄력성을 지녀야 한다. 어떻게 하면 딱딱한 막대가 동력을 전달하면서도 어떤 방향으로든 탄력적으로 구부러지게 할 수 있을까? 이 문제는 두 개의 유니버설 조인트universal joint를 구동축에 적절하게 배치하면 해결된다. 유니버설 조인트는 한 쌍의 이음장치로 구성되는데, 1545년에 처음 등장한 개념이다.

자동차가 거리를 쌩쌩 달리는 방법을 알아냈다면, 다음 단계로 화급히 해결해야 할 문제는 운전석에 앉아 자동차의 방향을 편하게 조종하는 장치를 고안해내는 것이다. 초기의 자동차들이 사용한 방향제어장치는 해양공학에서 배의 방향을 조종하는 장치tiller에서 직접적으로 빌려온 것이었다. 그러나 조금 더 깊이 생각한 끝에 훨씬 나은 해결책을 찾아냈는데, 이번에는 기원전 270년경까지 거슬러 올라가는 고대 물시계에서 처음 사용된 테크놀로지를 응용한 방법이었다. 톱니가 맞물리는 피니언 톱니바퀴와 톱니막대를 결합한 '랙과 피니언rack and pinion'이란 기계장치이다.

자동차의 조향 핸들steering handle은 피니언을 돌리는 축과 연결되고, 피니언은 랙 위를 좌우로 움직이며 앞바퀴를 비스듬히 움직인다.

하나의 차축에 두 바퀴를 연결할 때 제기되는 공학적인 문제도 해결해야 한다. 자동차가 모퉁이를 돌 때 바깥쪽 바퀴가 안쪽 바퀴보다 약간 더 빨리 돌아야 한다. 두 바퀴가 똑같은 속도로 회전하면 두 바퀴가 미끄러지거나 끌려가기 마련이기 때문에 방향을 조종하기가 어렵고 타이어가 훼손된다. 차동장치differential로 알려진 시스템, 즉 정확히 네 개의 톱니바퀴로 이루어진 기계장치 덕분에 두 바퀴는 하나의 엔진으로부터 동력을 받으면서도 다른 속도로 회전할 수 있다. 이 기발한 장치는 유럽에서는 1720년부터 사용되었지만 중국에서는 기원전 1000년경에 발명된 것으로 추정된다.

따라서 현대 테크놀로지의 정수로 여겨지는 최신형 스포츠카의 껍질을 벗겨보면, 시간을 거슬러 올라가 먼 옛날에 고안된 기계장치, 예컨대 도공의 녹로, 로마 시대의 제재용 큰 톱, 기계 해머, 목공 선반과 물시계 등에서 빌려온 개념들이 범벅되어 있음을 확인할 수 있다.

내연기관은 연료에 잠재된 화학 에너지를 매끄러운 운동으로 전환시킬 수 있는 경이로운 기계장치로, 항공기에 사용되는 제트엔진과 대형 선박에 사용된 증기 터빈과 더불어 오늘날 많은 운송도구의 기초를 이룬다. 이런 엔진들에 공급되는 가스 연료와 액체 연료를 만들어내는 방법에 대해서는 앞에서 이미 살펴보았다. 연료탱크를 가득 채우면 단번에 장거리를 여행할 수 있어 연료탱크는 엄청난 양의 에너지 저장고로 여겨질 정도이다. 따라서 종말 후에 다시 일어선 사회가 성숙기에 들어서면 내연기관은 육상과 해상의 장거리 운송에서 다시 중요한 역할을 하게 될 것이다. 하지만 안타깝게도 종말 후의 문명은 원유에 쉽게 접근할 수 없어 연료 공급원에서 제한을 받을 수밖에 없을 것이다. 정유공장들이 저렴한 가격에 휘발유를 쏟아낸 까닭에, 1920년대 이후로 자동차가 폭발적으로 증가했기 때문이다. 그럼, 밑바닥부터 다시 시작하려는 사회가 교통 기반시설을 발전시켜나갈 수 있는 방법은 무엇일까?

농작물을 재배해서 생산물의 일부만을 선택해서 바이오디젤로 가공하거나 발효시켜 에탄올로 만드는 방법보다는, 수확물 전부를 연료로 사용하는 게 더 간단할 수 있다. 보일러를 가열해서 증기 터빈에 동력을 공급하고 전기를 생산하면, 지팡이풀이나 억새처럼 빨리 자라는 작물이나 벌채되는 삼림이 포획한 태양에너지 총량을 훨씬 더 효율적으로 사용한 것이 된다. 풍력과 수력만이 아니라 환경을 파괴하지 않는 바이오연료가 지속적으로 생산하는 전기는 우리 머리 위의 전선을 따라 이동해서, 고정된 선로를 따라 운행되는 기차와 전차에 동력을 공급할 수 있고, 소형 자동차용 전지를 충전할 수 있다. 전기 자동차는 바이오연료를 가득 채운 내연기관보다 단위면적당 생산된 작물로 더 먼 거리를 여행할 수 있다. 게다가 증기 터빈을 가동하는 보일러는 바이오연료를 합성하는 데 필요한 식물보다 질적으로 훨씬 떨어지는 식물로도 가열될 수 있다. 또한 열병합 발전으로 전기를 생산하면 폐열을 활용해서 인근 지역 건물들의 실내 온도를 높일 수 있다. 에너지가 제한된 사회에서는 연료 소비의 효율성을 극대화하기 위해서라도 종합적인 사고joined-up thinking가 필요할 것이다. 따라서 종말 후의 문명에서는 도시 교통수단에서 전기가 대세일 가능성이 크다.

놀랍겠지만 전기 자동차가 대세였던 때가 과거에도 이미 있었다. 20세기 초, 근본에서 완전히 다른 세 유형의 자동차 테크놀로지가 주도권을 다투었고, 전기 자동차가 조용한 데다 연기를 내뿜지도 않고 기계적으로도 훨씬 간단하고 믿음직해서 증기나 휘발유에서 동력을 얻는 경쟁 차종들과의 경쟁에서 뒤지지 않았다. 더구나 시카고에서는 전기 자동차가 자동차 시장을 지배하기도 했다. 따라서 전기 자동차 생산이 최고조에 달했던 1912년에는 약 3만 대가 소리 없이 미국의 도로를 굴러다녔고, 유럽에서는 약 4만 대가 조용히 돌아다녔다. 1918년에는 베를린에서 운행된 택시의 5분의 1이 전기 자동차였다.

전기 자동차는 동력원인 전지를 차체에 직접 싣고 다녀야 한다는 결함이 있다. 이런 점에서 선로 위를 달리는 송전선으로부터 동력을 계속 공급받는 기차나 전차와 다르다. 그런데 과거에는 엄청나게 크고 무거운 전지에도 많은 양의 에너지를 축적할 수 없었고, 전지가 방전되면 충전하는 데도 오랜 시간이 걸렸다. 초기 전기 자동차가 한 번의 충전으로 운행할 수 있는 최대 거리는 약 160킬로미터였다.• 물론 말이 한 번에 달릴 수 있는 거리보다 길고, 도시 상황에서는 충분한 거리일 수 있다. 따라서 해결책은 전지를 직접 충전하지 않고 미리 충전된 전지를 일종의 교환소에서 교체하는 것이다. 실제로 맨해튼에는 1900년에 방전된 전지를 충전된 전지로 신속하게 교환해주는 중앙 교환소가 있어 이런 방식이 성공적으로 운영되었다.[17]

• 얄궂게도 요즘의 전기 자동차도 최대 운행거리가 약 160킬로미터에 불과하다. 축전지와 전동기가 과학기술적으로 향상되었지만, 자동차의 크기와 중량이 증가함으로써 그 효과가 상쇄된 셈이다. 게다가 전기 자동차의 운전자가 느끼는 '감전 불안감charge anxiety'도 무시할 수 없다.

따라서 종말 후에 재건을 시도하는 사회는, 바이오연료를 사용하는 내연기관과 전기 자동차를 이용한다면, 지금의 우리처럼 석유의 풍부한 혜택은 누리지 못하더라도 운송에 필요한 조건들을 갖추어나갈 수 있을 것이다. 이번에는 사람과 물건의 운송에서 벗어나, 생각과 아이디어의 운송으로 눈을 돌려보자. 다시 말하면, 다음 장에서는 커뮤니케이션 테크놀로지에 대해 살펴볼 것이다.

10

커뮤니케이션

나는 고대의 땅에서 온 한 여행자를 만났네.
그는 이렇게 전해주었네. 몸뚱이도 없는 거대한 두 돌다리만이
사막에 우뚝 서 있다고. 그 부근 모래밭에는
깨진 얼굴이 반쯤 묻혀 있는데 그 얼굴의 찌푸린 표정과
일그러진 입술 및 냉혹한 명령을 띤 냉소는
조각가가 그 안에 담긴 열정을 잘 읽어낸 까닭에
생명 없는 물체에 새겨져서 그 열정을 흉내 내던 손과
그 열정을 불어넣던 심장보다 더 오랫동안 살아 남겨졌으며
또 받침돌에는 이런 말이 새겨져 있다고 전해주었네.
"내 이름은 오지만디아스, 왕 중의 왕.
그대 강한 자들아, 내 업적들을 보라, 그리고 절망하라!"
주변에 아무것도 남아 있지 않았고,
붕괴된 웅대한 잔해 주변으로는 평평한 모래만이
외롭게 끝없이 황량하게 펼쳐져 있었다고.

_ 퍼시 비시 셸리, 〈오지만디아스〉[1]

요즘에는 어디에서나 무선 네트워크가 쉽게 연결되는 덕분에 손안의 인터넷인 스마트폰으로 전 세계의 누구와도 힘들이지 않고 즉각적인 커뮤니케이션이 가능하다. 우리는 이메일, 스카이프, 트위터를 매개로 끊임없이 연락을 주고받고, 무수한 웹사이트에서 새로운 소식과 정보를 퍼뜨린다. 그 덕분에 우리는 손바닥 안의 작은 장치를 통해 엄청난 지식 창고에 접근할 수 있다. 그러나 종말 후의 세계에서는 전통적인 커뮤니케이션 테크놀로지로 되돌아가야 한다.

문자

문자가 발명되기 전에는 인간 세상에 순환되던 지식은 순전히 입말을 통해서만 전달되었다. 물론 구전으로도 많은 자료와 역사가 저장될 수 있지만, 관련된 사람들이 모두 죽으면 그들의 생각마저 영원히 사라지는 위험이 있다. 하지만 물리적인 매개체가 개입되면 많은 생각이 충실하게 저장되어 오랜 시간이 지난 후에도 되살려낼 수 있다. 따라서 민족의 집단 기억에 의존했던 문화에 비교할 때, 문자를 지닌 문화는 훨씬 많은 지식을 축적할 수 있다.

문자는 문명의 존재를 가능하게 해주는 기본적인 테크놀로지 중 하나이며, 입말을 일련의 구체적인 형상으로 변환하겠다는 개념적 도약의 산물이다. 예컨대 해당 언어의 소리 하나하나를 임의적인 문자(예: 영어의 음소)로 표현하거나, 특정한 개념이나 대상을 특정한 기호(예: 중국어의 형태소)로 상징하는 것이다. 기본적인 문자라도 장사에 관련된 협상, 토지임

대차, 법규 등을 기록해서 영원히 저장할 수 있다. 그러나 지식을 축적할 때 그 사회가 문화와 과학 및 테크놀로지에서 성장해 나아갈 수 있다.

현대 세계를 살아가는 우리는 볼펜과 종이 같은 문명의 필수품을 당연하게 여기며, 뒷장에 쇼핑 목록을 끄적거린 봉투를 찾아낼 수 없거나 조금 전까지 사용하던 볼펜이 감쪽같이 사라져서 당혹감에 빠질 때에서야 그런 문명의 이기가 얼마나 소중한 것인지 깨닫는다. 종말이 닥친 직후에는 우리 문명이 남긴 종이가 넘치도록 많겠지만 종이는 상하기 쉬운 물질인 데다 죽은 도시를 휩쓰는 들불에도 쉽게 타버리고 습기와 홍수에도 썩어 문드러질 것이다. 그럼 어떻게 해야 종이를 대량생산하고, 과거에 사용하던 파피루스나 양피지처럼 시간이 많이 소모되는 단계를 뛰어넘을 수 있을까?

종이는 기원후 100년경 중국에서 발명되었지만 유럽까지 전해지는 데는 1,000년 이상의 시간이 걸렸다. 하지만 나무 펄프로 만든 종이는 놀랍게도 근대에 탄생한 혁신의 산물이다. 19세기 말까지 종이는 주로 누더기가 된 아마포 조각을 재활용해서 만들어졌다. 아마포는 아마의 섬유질로 만들어진 직물이며(4장 참조), 원칙적으로는 삼과 쐐기풀과 골풀 등과 같이 섬유질이 많은 식물로 종이를 만들 수 있다. 그러나 앞에서도 언급했듯이 인쇄기의 발명으로 책과 신문을 대량으로 찍어내며 수요가 급증하자, 종이를 만들 만한 다른 섬유조직을 찾지 않을 수 없었다.[2] 나무는 종이를 만들기에 적합한 양질의 섬유원이다. 그런데 허리가 부러지도록 힘겹게 일하지 않으면서 두껍고 단단한 나무줄기를 분해해서 부드럽고 걸쭉하며 고운 곤죽으로 만들어낼 수 있는 방법이 무엇일까?

가볍지만 질긴 종이를 만드는 섬유조직은 셀룰로오스로 이루어진다.

화학적으로 셀룰로오스는 모든 식물에서, 특히 식물의 줄기와 옆가지에서 세포들을 연결하는 주된 구조 분자로 기능하는 긴 사슬 화합물이다. 예컨대 셀러리를 우적우적 씹을 때 이빨 사이에 끼는 것이 셀룰로오스의 고갱이 가닥이다. 그런데 나무와 떨기나무의 튼튼한 줄기에서는 목질소lignin라는 또 다른 구조 분자가 더해지며 셀룰로오스 섬유가 강화된다. 목질소가 셀룰로오스 가닥과 결합되어 나무를 형성하기 때문이다. 결국 목질소가 강하고 무거운 무게를 견디는 중앙 기둥인 줄기와, 사방으로 뻗어나가 태양 앞에서 잎들을 활짝 펴는 가지들을 만들어내기 이상적인 재료를 나무에 제공하지만, 이런 목질소 때문에 우리가 셀룰로오스 섬유에 쉽게 접근할 수 없는 것이다.

전통적으로 식물섬유를 추출하는 방법을 개략적으로 설명해보겠다. 줄기를 으깬 후에 수주 동안 물에 담가둔다. 물이 줄기에 스며들어 미생물이 구조를 분해하기 시작하면 줄기가 한층 부드러워지고, 그렇게 부드러워진 줄기를 격렬하게 때려서 셀룰로오스 섬유를 분리해낸다. 하지만 종말 후에도 훨씬 효과적인 방법으로 곧장 넘어갈 수 있다면 시간과 노력을 크게 절약할 수 있다.

나무에서 셀룰로오스와 목질소를 결합하는 연결 고리는 가수분해라는 화학적 분해 과정에 약하다. 가수분해는 비누를 만드는 동안 비누화 반응에서 일어나는 분자 작용과 똑같다. 따라서 비누화와 똑같은 방법으로, 즉 알칼리를 촉매로 사용해서 가수분해를 가속화할 수 있다. 종이를 만들려고 할 때 나무와 식물에서 사용하기에 가장 적합한 부분은 줄기와 가지이다. 잎과 뿌리에는 셀룰로오스 섬유가 많이 함유되어 있지 않다. 줄기와 가지를 작은 조각으로 잘라 최대한 많은 면적이 용해액과 접촉하게 한다. 그렇게 잘게 자른 조각들을 알칼리 용액이 담긴 통에 넣고 서너 시간 동안 삶는다. 이 과정에서 고분자 화합물의 화학결합이 분해되며, 식물의 구조가 부드러워지고 허물어진다. 부식성을 띤 용액이 셀룰로오스와 목질소 둘 모두를 공격하지만, 목질소의 가수분해가 더 빨리 진행되며 목질소가 분해되고 용해되는 과정에서 종이를 만드는 데 쓰이는 소중한 섬유소가 분리된다. 목질소가 녹아 갈색을 띤 탁한 용액 위쪽에 짤막하고 하얀 셀룰로오스 섬유가 떠오른다.[3]

5장에서 언급한 알칼리성 물질, 예컨대 칼리와 소다와 석회 중 어느 것을 사용해도 효과가 있지만, 인류의 역사에서 가장 흔히 사용된 알칼리성 물질은 소석회(수산화칼슘)였다. 칼리(탄산칼륨)는 만들어내려면 나뭇재를 용액에 담가야 하는 노동집약적인 화합물인 반면, 소석회는 석회석을 구워서 대량을 만들어낼 수 있기 때문이다. 그러나 11장에서 다시 보겠지만 소다를 인공적으로 합성할 수 있다면, 화학적으로 펄프를 만들어내는 최선의 방법은 가수분해를 강력하게 촉진하는 가성소다(수산화나트륨)를 사용하는 것이다. 펄프를 만들어내는 통에서 소석회와 소다를 혼합함으로써 곧바로 가성소다를 만들어낼 수도 있다.

용액 위에 떠오른 셀룰로오스 섬유를 체로 걸러낸 후에 지저분한 목질소 색이 없어질 때까지 헹군다. 완성된 종이의 색조를 깨끗하고 하얗게 하려면, 이 단계에서 펄프를 표백제에 담가야 한다. 차아염소산칼슘과 하이포아염소산나트륨은 둘 모두 효과적인 표백제이며, 염소가스를 차례로 소석회와 가성소다에 반응시킴으로써 만들어낼 수 있다. 염소가스는 뒤에서 다시 보겠지만 바닷물을 전기분해해서 분리해낼 수 있다. 이런 표백효과의 화학적 원리는 산화이다. 요컨대 채색된 화합물의 결합력에 해체되며 분자를 파괴하거나, 분자를 무색의 형태로 변환하는 것이다. 표백은 종이 제작에도 중요하지만 직물 생산에도 중요하기 때문에, 종말 후의 사회가 재건을 시도할 때 화학산업을 확대하는 핵심적인 원동력이 될 것이다.[4]

이처럼 질척한 셀룰로오스 액을 사방이 틀로 막힌 촘촘한 철망이나 직물에 골고루 붓는다. 물이 빠져나가면 섬유조직이 엉성하게 펼쳐진다. 섬유조직을 힘껏 눌러 남은 물기를 짜내고 잘 말리면, 평평하고 매끄러운 종이가 탄생한다.

붕괴된 문명에서 쓰레기통을 세심하게 뒤지면 소량의 종이를 훨씬 쉽게 생산해낼 수 있는 물건들을 찾아낼 수 있을 것이다. 예컨대 톱밥 제조기가 가장 좋겠지만, 발전기로 작동되는 커다란 조리용 믹서를 이용하면, 식물을 분쇄해서 걸쭉한 액체로 만드는 과정을 한층 쉽게 해낼 수 있을 것이다. 또 풍차나 수차를 이용하면 종이 재료를 기계 해머로 두드릴 수 있는 힘을 얻어낼 수 있을 것이다.

하지만 깨끗하고 매끄러운 종이를 얻는 것은, 커뮤니케이션을 위해 글을 쓰고 지식을 영원히 저장하기 위해 기록하는 수준에 이르는 목표까지 겨우 절반을 완성한 것일 뿐이다. 모든 볼펜이 마르거나 사라지면, 글을 써서 기록하는 데 필요한 잉크를 만들 수 있어야 한다.

원칙적으로, 당신의 면 셔츠에 얼룩을 남기는 것은 무엇이든 임시변통으로 잉크로 사용할 수 있다. 예컨대 잘 익어 짙은 색깔을 띤 장과류 열매를 으깨서 과즙을 내고, 으깬 과육을 체로 걸러내서 남은 과즙에 약간의 소금을 녹이면 잉크를 만들 수 있다. 하지만 이런 식물에서 추출한 잉크의 주된 문제는 영구적이지 않다는 것이다.[5] 생존자가 자신의 기록을 남기고, 종말 후의 사회에서 새롭게 축적한 지식을 영원히 간직하려면, 종이에서 쉽게 지워지지 않고 햇빛에 희미해지지 않는 잉크가 필요할 것이다. 이 문제를 해결하기 위해서 중세 유럽에 등장한 잉크가 '몰식자 잉크iron gall ink'이다. 실제로 서구 문명의 역사도 몰식자 잉크로 쓰였다. 레오나르도 다 빈치도 이 잉크로 자신의 공책들을 채웠다. 요한 제바스티안 바흐Johann Sebastian Bach(1685년~1750년)도 이 잉크를 사용해서 협주곡과 모음곡을 작곡했으며, 빈센트 반 고흐와 렘브란트도 이 잉크로 스케치했다. 미합중국 헌법도 이 잉크로 쓰여 후손에게 전해졌다. 원조 몰식자 잉크와 무척 유사한 잉크가 아직도 영국에서는 널리 사용되고 있다. 등기소 직원이 출생증명서와 사망증명서, 결혼증명서 등과 같은 법률문서를 작성하는 데 사용하는 잉크가 중세시대에 사용하던 몰식자 잉크와 화학적 성분이 거의 똑같다.

잉크 이름에서 짐작할 수 있듯이, 몰식자 잉크를 제조할 때는 두 가지 주성분이 사용된다. 하나는 철화합물이고, 다른 하나는 몰식자에서 추출한 염료이다. 몰식자는 떡갈나무 같은 나무들의 가지에 생기는 벌레집이다. 정확히 말하면, 기생 말벌이 잎눈에 알을 낳고 나무를 자극하면 나무는 그 주변에 혹 같은 벌레집을 형성한다. 이 벌레집에는 황산철에 반응하는 몰식자산과 타닌산이 풍부하다.(철을 황산으로 녹이면 황산철이 만들어진다.) 몰식자 잉크는 처음에 혼합되면 실질적으로 무색이다. 따라서 다른 식물 염료가 더해지지 않으면 어디에서 어떤 글을 쓰고 있는지 파악하기 어렵다. 그러나 공기에 노출되면 철화합물이 산화되고, 잉크로 쓴 글이 마르면 오랫동안 지속되는 검디검은 색이 드러난다.[6]

가장 기본적인 펜도 옛날 방식으로 만들 수 있다. 새의 깃털 하나(역사적으로 거위나 오리 깃털이 주로 사용)를 뜨거운 물에 담가 깃촉에서 깃털을 뽑는다. 끝부분을 돌려가며 깎아내서 뾰족하게 다듬고, 전통적인 펜촉 모양으로 아랫면을 약간 굴곡지게 잘라낸다. 뾰족하게 다듬은 끝부분 쪽으로 좁고 길게 틈새를 내면, 글을 쓰며 잉크를 보충하려고 펜촉을 잉크병에 다시 담글 때까지 펜촉이 작은 잉크통 역할을 할 수 있다.

인쇄

문자가 생각을 영구적으로 저장하고 축적하게 해준 중대한 발명품이라면, 인쇄기는 인간의 생각을 신속하게 복제해서 널리 전파하는 기계이다. 오늘날 선진국은 100퍼센트에 가까운 문해율을 자랑하고, 매일 45조 페이지가 서적과 신문, 잡지와 팸플릿 등의 형태로 인쇄되고 있다.

인쇄기가 없다면, 어떤 문서 하나를 복제하려고 해도 헌신적인 필경사들이 수주 동안 손가락이 부르틀 정도로 힘들게 옮겨 써야 할 것이다. 따라서 권력자와 부자만이 이런 프로젝트를 진행할 수 있을 것이다. 달리 말하면, 그들에게 괜찮다고 인정받은 문서만이 복제된다는 뜻이다. 하지만 인쇄기가 발명되고 발전함으로써 지식이 민주화되었다. 사회 구성원이면 누구나 학습할 수 있게 되었고, 누구나 새로운 과학 이론부터 급진적인 정치 이념까지 자신의 생각을 신속하게 전파하며 논쟁을 불러일으키고 변화의 바람을 자극할 수 있다.[7]

인쇄의 기본적인 원리는 한 페이지의 글을 직사각형의 틀 안에 좌우상하로 정돈된 활자로 재현하는 것이다. 윗면에 문자가 돋을새김된 입방체인 활자에 잉크를 묻혀 종이에 압착한다. 틀이 식자되면 똑같은 페이지의 글이 신속하게 복제된다. 그 작업이 끝나면 활자들은 재배열되어 다른 페이지의 글로 식자된다. 원시적인 인쇄기도 한 명의 필경사보다 수백 배나 빠른 속도로 문서를 복제해낼 수 있다.

요하네스 구텐베르크Johannes Gutenberg(1398년~1468년)가 15세기 독일에서 발명한 활판 인쇄기를 되살려내려면 세 가지 주된 문제를 해결해야 한다.• 첫째로는 활자들을 똑같은 크기로 쉽게 제작하는 방법을 찾아내야 한다. 둘째, 식자된 활자판을 종이에 골고루 힘껏 압착할 수 있는 기계장치를 고안해내야 한다. 셋째, 섬세한 선까지 정확히 찍어낼 수 있도록 펜촉에서 흘러내리지 않고 활자에 잘 묻는 새로운 잉크를 개발해내야 한다.

첫 번째 문제부터 해결해보자. 어떤 재료로 활자를 만들어야 할까? 나무는 쉽게 조각되지만, 모든 활자—소문자와 대문자, 숫자와 구두점 및 흔히 사용되는 부호들로, 약 80개—를 일일이 손으로 깎아야 하고, 그 후에는 각 활자를 똑같은 모양으로 많이 만들어야 하기 때문에 숙련공들이 부지런히 작업해야 한다. 또한 글꼴의 크기와 서체까지 고려한다면

• 중국인들이 유럽보다 거의 1,000년이나 앞서 종이를 발명하고 목판 인쇄를 사용해서 많은 책을 제작했음에도 구텐베르크처럼 활판 인쇄로 큰 도약을 이루지 못한 이유는 무엇일까? 그 이유는 유럽 언어의 알파벳과 중국어 문자 간의 근본적인 차이에 있는 듯하다. 서구의 언어는 소수의 문자로 이루어지고, 그 문자들이 결합되어 많은 단어를 만들어내는 반면에 중국어는 하나하나가 특정한 대상이나 개념을 뜻하는 방대한 수의 복잡하고 복합적인 부호로 이루어진다. 결국 문자들을 재배열하는 언어적 특징이 활판 인쇄 발명에 도움을 주었다.[8]

목판 활자는 하나의 세트를 마련하기도 힘들다.

따라서 서적을 대량생산하려면 먼저 인쇄도구인 활자를 대량생산해야 한다. 활자 주조typecasting, 즉 쇳물로 똑같은 형태의 문자들을 주조하는 것이다. 옆면이 매끄럽고 완전히 직각을 이루어 빈틈없이 완벽하게 일렬로 끼워지는 활자를 만들려면, 안쪽에 빈 공간이 있는 금형으로 활자들을 주조해야 하고, 구텐베르크는 이런 생각을 실현해냈다. 금형 아래쪽에서 주형을 교체하는 방법을 사용하면, 주형을 교체할 때마다 특정한 문자의 모양이 활자의 단면에 깔끔하게 형성된다. 주형으로는 구리처럼 부드러운 연질 금속을 사용하고, 단단한 강철 막대의 한쪽 끝에 문자와

활자 주조를 위한 금형. 문자 모양이 정밀하게 찍힌 주형은 중앙의 구멍 아래에 놓인다.

숫자 및 기호를 조각한다.(이렇게 조각된 강철 막대는 '펀치'가 된다.) 결국 펀치로 주형을 만들고, 주형을 금형에 끼워 넣고 쇳물을 부으면 어렵지 않게 똑같은 모양의 활자를 얼마든지 찍어낼 수 있다.

서구 언어의 문자에서 제기되는 마지막 문제는 현저하게 다른 둘레의 크기이다. 예컨대 통통한 O나 위쪽이 널찍한 W에 비하면 i와 l은 날씬하고 호리호리하다. 쉽고 분명하게 읽히려면 문자들은 옹송그리며 모여 있어야 하고, 상대적으로 가느다란 문자와 숫자 옆의 공간이 지나치게 넓어서도 안 된다. 또한 모든 문자가 종이 위에서 각각 폭을 조절하면서도 높이는 똑같이 균등하게 인쇄되도록 활자를 주조할 수 있어야 한다.

인쇄에 필요한 활자를 대량생산할 수 있는 방법을 고심하던 구텐베르크는 번뜩이는 영감을 얻어 기발한 해결책을 생각해냈다. L 자 모양의 두 짝이 마주 보며 그 사이에 직육면체의 공간을 형성하도록, 경상鏡像 모양의 두 짝으로 금형을 만드는 방법이었다. 이 공간의 내벽들은 좁혀지거나 넓혀지며 주형의 폭을 자연스레 조절할 수 있지만 높이나 깊이에는 어떤 변화도 주지 않는다.(이 시스템이 어떻게 작동하는지에 대해서는 엄지와 검지로 직접 실험해보라.) 따라서 문자가 찍힌 주형을 금형의 아래쪽에 놓고 폭을 조절한 후에 쇳물을 붓는다. 쇳물이 굳은 후에 L 자 모양의 절반을 떼어내면 활자가 완성된다. 이처럼 이제는 완전한 형태를 갖춘 활자를 주조하는 게 그다지 어려운 작업이 아니다.

조판된 활자판에 잉크를 묻혀 종이가 있는 곳으로 옮겨 인쇄한다. 활자판을 종이에 누르는 힘을 강화할 수 있는 기계장치는 다양하다. 대표적인 예가 지렛대와 도르래이며, 둘 모두 종이를 생산할 때 역사적으로 물기를 짜내기 위해 사용된 도구이기도 하다. 구텐베르크는 독일에서도 포도를 재배해서 포도주를 양조하는 지역에서 자란 덕분에, 이에 관련된 과거의 기계장치에서 실마리를 얻어 획기적인 발명품을 만들어냈다. 스크루프레스screw press는 기원후 1세기경 로마 시대에 발명된 테크놀로지로, 지금도 포도나 올리브를 압착해서 즙을 짜낼 때 광범위하게 사용된다. 스크루프레스는 두 판, 즉 잉크를 묻힌 활자판을 종이에 누르며 강하고 균일한 압력을 가하기에 안성맞춤인 기계장치이기도 하다. 인쇄에서 이 핵심적인 부분을 뜻하는 '프레스'라는 단어는 오늘날까지도 신문을 통칭하는 명칭, 더 나아가 신문에 글을 쓰는 기자들까지 포괄하는 명칭으로 남아 있다.•

인쇄기는 송아지 가죽으로 만든 양피지에도 적용되기 때문에 종이의 확보가 인쇄기의 선결 조건은 아니다.(하지만 잘 부서지는 파피루스에는 인쇄가 되지 않는다.) 그러나 종이를 대량생산할 수 없었다면 활자본이 일반 대중을 대상으로 저렴한 값으로 만들어질 수 없었을 것이고, 따라서 대중의 사회혁명적인 잠재력이 어쩌면 지금까지도 발휘되지 못했을 것이다. 지금 당신의 손에 쥐인 이 책이 《구텐베르크 성경》과 똑같은 판형으로 양피지에 인쇄되었더라면, 책 한 권을 제작하는 데 약 48마리의 송아지가

• 똑같은 텍스트를 향후에도 다시 인쇄하려면, 예컨대 중요한 논문을 다시 인쇄하려는 경우, 지형紙型, page configuration을 보관해두면 또다시 수천 개의 문자를 조판하는 번거로움을 피할 수 있다. 활자 자체는 너무 비싸서 활자판에 그대로 남겨둘 수 없지만, 회반죽에 활자판의 본을 뜨고 그 본을 거푸집처럼 사용해서 인쇄용 금속판을 주조하면 된다. 이렇게 만들어진 인쇄판은 연판stereotype이란 본뜻이 있다. 연판은 '클리셰cliché'라고도 칭해지며, 클리셰라는 단어는 주조하는 동안 들리는 소리를 흉내 낸 단어인 듯하다. 'use a cliché'라는 표현은 많이 인쇄된 책에 쓰인 표현, 즉 '상투적인 표현을 되풀이하다'라는 뜻으로 쓰인다.

필요했을 것이다.

인쇄의 성공 여부는 전적으로 잉크에 달려 있다. 몰식자 잉크처럼 손글씨 용으로 개발된 수성 잉크는 인쇄에는 전혀 적합하지 않다. 각 문자를 명확히 인쇄해내기 위해서는 활자의 금속 성분에 잘 달라붙고 종이에 번지거나 흐르지 않고 깔끔하게 옮겨지는 점성 잉크가 필요하다. 구텐베르크는 르네상스 화가들 사이에서 유행하기 시작했던 방법에서, 즉 유화물감에서 해결책을 찾아냈다.

고대 이집트와 고대 중국은 거의 같은 시기, 대략 4,500년 전에 그을음을 주원료로 사용해 검은 잉크를 만들어냈다. 그을음의 작은 탄소 입자는 수지樹脂나 젤라틴(동물성 접착제, 5장 참조) 같은 점도증진제와 물과 함께 혼합되면 완벽한 검은 색소가 된다. '인도 잉크'라 일컬어지는 먹물의 주성분도 그을음이다. 먹물은 그 명칭에도 불구하고 중국에서 처음 개발되었고 인도에는 무역으로 전해진 것이지만, 요즘에도 많은 화가들이 먹물을 즐겨 사용하고 있다. 카본블랙 안료 입자가 분산된 현탁액suspension은 복사기와 레이저프린터에서 사용하는 토너의 기초 원료가 된다. 그을음 입자는 기름을 태울 때 생기는 탄소 가루인 유연油煙, lampblack에서는 물론이고, 나무나 뼈 혹은 타르 같은 유기물을 까맣게 태워서도 얻을 수 있다.

카본블랙 안료는 오래전부터 사용되었지만, 점성을 높이려고 접착제나 수지를 사용한 먹물은 인쇄에 적합하지 않다. 완전히 다른 점도와 건조력을 지닌 잉크가 필요하다. 이런 이유에서 구텐베르크는 르네상스 화가들이 시작한 유화에서 해결책을 찾아냈다. 아마유나 호두유에 섞인 유연은 잘 마르고, 수성 잉크보다 금속 활자에 훨씬 잘 달라붙는다.(하지만 아마유는 가공해서 사용해야 한다. 구체적으로 말하면, 아마유를 끓이면 위쪽에 뜨는 끈적한 물질을 제거한 후에 유연을 섞어야 한다.) 잉크의 점도는 테레빈유와 송진을 사용해서 조절할 수 있다. 테레빈유는 유화 물감을 희석하는 데 사용되는 용제이며, 소나무를 비롯한 구과식물로 채취한 송진을 증류해서 얻는 기름이다.(158쪽 참조.) 증류 과정에서 휘발성 화합물들이 날아간 후에 남은 단단히 굳은 송진이 테레빈유를 걸쭉하게 만든다. 요컨대 테레빈유와 송진이란 두 상반된 성분을 균형 있게 조절함으로써 잉크의 점도를 다듬고, 호두유와 아마유의 비율을 조정함으로써 잉크의 건조력을 인쇄에 적합하도록 맞추어갈 수 있다.

종말 후의 문명은 인쇄를 통해 지식을 신속하게 복제할 수 있을 것이고, 글로 쓰인 메시지를 전달하는 방식으로 장거리 커뮤니케이션도 그럭저럭 해낼 수 있을 것이다. 그러나 전기를 사용해서 사방팔방으로 커뮤니케이션하며, 메시지를 물리적으로 전달하는 번거로움에서 벗어날 수 있는 방법은 없을까?

전기통신

전기는 경이로운 물질이다. 조작 스위치로부터 이른바 전선을 타고 표적까지 거의 순간적으로 날아가 뚜렷한 결과를 내놓는다. 이를테면 다른 방의 전구를 환히 밝힌다. 하지만 전구에 동력을 전달하는 회로를 확장한다고 이 건물에서 저 건물로, 이 도시에서 저 도시로, 또 이 대륙에서 저 대륙으로 메시지를 전달할 수는 없다. 에너지를 갉아 먹는 저항이 걸림돌이기 때문이다. 게다가 아득히 멀리 떨어진 곳의 전구를 밝힐 수 있을 정도로 높은 전압은 없을 것이다. 하지만 8장에서 살펴보았듯이 전자석은 약한 전류로도 상당한 자기장을 발생시킨다. 이런 전자석의 한쪽 끝에 가벼운 금속 막대를 지렛대처럼 설치해, 민감하게 반응하는 스위치로 사용할 수 있다. 예컨대 금속 막대가 전자석과 접촉하고, 전자석에 전류가 흐를 때마다 버저 소리가 들린다고 생각해보라. 이런 원리를 적용해서, 긴 전선의 양쪽 끝에 계전기식으로 작동하는 버저를 설치하면, 운영자들은 서로 멀리 떨어져 있지만 상대가 전류를 보낼 때마다 버저 소리를 들을 수 있을 것이다.

각 문자를 길거나 짧은 전류음, 즉 선과 점의 조합으로 미리 약속해두면, 한 번에 한 문자씩 메시지를 보낼 수 있다. 따라서 종말 후의 생존자가 가장 먼저 해야 할 일은 전신 케이블의 반대편에 있는 사람과 알파벳의 각 문자를 어떤 식으로 표현할 것인지 합의하는 것이다. 그런 합의가 있어야, 종말 후로 첫 전보를 보낼 수 있다. 어떤 식으로 조직하느냐는 그다지 중요하지 않지만, 쌍방이 신속하고 확실하게 이해할 수 있는 부호 체계에 대해 조금만 깊이 생각해보면, 모스부호와 유사한 부호 체계를 다시 만들어낼 수 있을 것이다. 모스부호에서는 영어 알파벳의 빈도를 기준으로 형태를 결정했다. 예컨대 E는 점 하나, T는 선 하나, A는 점-선, I는 점-점으로 이루어진다.

일정한 간격을 두고 중계국을 세우면, 중계국 사이로 전선에 흐르는 전류를 다시 승압할 수 있어 전 세계를 포괄하는 전신망을 구축하는 게 가능하다. 그러나 대륙과 해저를 넘나드는 전선을 설치하고 유지하며 관리하기는 무척 어렵다. 그럼, 더 나은 방법이 있을까? 전기를 사용하더라도 전류를 운반하는 성가신 전선 없이 커뮤니케이션할 수 있을까?

전기와 자기의 음양 관계를 면밀히 분석해보자. 전기장이 변하면 자기장을 만들어내고, 자기장이 변하면 역시 전기장을 유도한다. 따라서 이 둘의 변화를 유도하면 서로 도움을 주고받는 에너지파를 만들어낼 수 있을 것이다. 이런 전자기파는 완전한 진공까지도 방해받지 않고 통과한다. 이런 점에서 전자기파는 음파나 물결과 다르다. 요컨대 전기와 자기는 결합해서 우주를 유령처럼 여행할 수 있다.

당신의 창문을 통해 들어오는 황금빛 햇살은 전기장과 자기장의 결합체에 불과하다. 엑스선 기계와 자외선 일광욕 침대, 적외선 야간 투시 카메라와 전자레인지부터 레이더 및 라디오와 텔레비전 방송까지, 심지어 현대인의 삶에 빼놓을 수 없어 내가 노트북을 들고 찾아다니는 무료 와이파이 구역까지 모든 것이 다양한 형태로 변조된 빛에 기반을 두고 있다. 전자기 스펙트럼electomagnetic spectrum은 전기장과 자기장의 진동에 의해서 생겨난 다양한 주파수를 지닌 파장들로 이루어진 널찍한 띠로, 위험할 정도로 역동적인 방사선인 감마선은 파장이 짧고 전파는 파장이 길지만, 모든 파장이 빛의 속도로 이동한다.

그런데 우리가 여기에서 관심을 갖는 것은 무선 전파radio wave이다. 무선 전파는 만들고 포착하기가 상대적으로 쉽기도 하지만, 정보를 싣고 멀리까지 이동할 수도 있다. 종말 후의 생존자들이 화급히 되찾아야 할 장거리 커뮤니케이션 수단도 이런 무선 송신기와 수신기이다.[9]

상대적으로 쉬운 무선 수신기를 제작하는 작업부터 시작해보자. 나무에 긴 전선을 매달고, 전선 아래쪽 끝부분의 절연체를 벗겨내고 땅에 박아 묻는다. 이 전선이 안테나 역할을 한다. 지나가는 무선파가 즉각적으로 빚어내는 전자기장으로 인해 금속 전선 내의 전자가 전선을 따라 이동한다. 이런 이동에서 교류 전류가 유도된다. 그러나 이어폰을 귀에 꽂고 어떤 음이든 들어내려면 파동에서 양의 부분이나 음의 부분 중 하나를 선택하고 나머지 부분을 버리는 방법을 찾아내야 한다.

전기가 오로지 한 방향으로 흐르도록 허용하고 반대 방향으로 흐르는 걸 차단하는 물질이 이러한 역할을 해낸다. 교류를 일련의 직류 펄스로 '정류整流'하는 것이다. 다행히 많은 종류의 결정체가 이런 유용한 속성을 보여준다. 유사한 겉모습 때문에 '바보의 황금'이란 이름으로도 알려진 이황화철iron disulphide(황철석)이 좋은 예이며, 찾아내기도 쉽다. 또 다른 광물, 방연석(황화납)도 광석 라디오crystal radio에서 흔히 사용된다. 주된 납광석인 방연석은 세계 전역에서 대량으로 발견되며, 인류의 역사에서 꾸준히 채굴되어 파이프와 교회 지붕, 머스킷총 탄환, 재충전되는 납축전지 등을 만드는 데 쓰였다.

방연석을 금속꽂이에 끼워 넣는 방식으로 안테나와 이어폰을 잇는 회로에 연결하고, '고양이수염cat's-whisker'이라 불리는 가느다란 전선을 사용해서 다시 한 번 연결한다. 방연석과 점접점point contact이 연결될 때 정류가 일어나지만, 그 결과를 파악하기 힘들기 때문에 시행착오를 거쳐 가장 좋은 소리를 들을 수 있는 곳을 찾아내려면 인내심이 필요하다. 하지만 종말 후에 인간의 방송을 듣지 못하더라도, 이 기초적인 라디오 수신장치를 이용해서 생존자는 번개를 동반한 폭풍 같은 자연현상에서 방출되는 무선파를 포착할 수 있다. 실제로 원시적인 무선 송신기, 즉 불꽃갭 발생기spark gap generator는 인위적인 번개를 연이어 방전하는 방식으로 작동한다.

불꽃갭 발생기는 고압 전류가 흐르는 회로에 좁은 간격을 두기 때문에 불꽃이 그 간격을 반복해서 넘나든다. 불꽃이 발생할 때마다 안테나를 따라 전자들이 폭발적으로 방출되며 순간적으로 무선 전파를 방출한다. 송신기 회로가 초당 수천 번씩 불꽃을 일으키며 짧은 시간에 큰 진폭의 무선파를 잇달아 방출한다면 윙윙거리는 소리가 수신장치의 이어폰에서 들릴 것이다. 따라서 송신기 회로에 전류를 공급해 무선파를 송출할 때 불꽃갭에 동력을 공급하는 변압기의 저압부에 스위치를 설치하고, 상대에게 전하려는 메시지를 점과 선으로 부호화해서 전송한다.

이상적인 경우라면, 무선파에 소리를 얹어 송출함으로써 무전기를 조작하는 사람들끼리 대화를 나누거나, 많은 청취자에게 뉴스를 전달할 수 있을 것이다. 모스부호는 무선 전파를 연결하거나 완전히 끊는 행위의 반복이라 할 수 있다. 하지만 소리를 전달하려면 반송파carrier wave의 변조라고 불리는 한층 정교한 조작이 필요하다. 가장 간단한 방법은 '진폭 변조amplitude modulation, AM'이다. 진폭 변조에 의해 반송파의 진폭이 양극단 사이에서 한층 부드럽게 변한다. 달리 말하면, 무선 전파의 광적인 파동 위에 음파의 완만한 윤곽이 덧씌워진다. 다행히 고양이수염 광석 검파기도 수신기에서 신호를 '복조複調'하는 데 놀라운 효능을 발휘한다. 광석의 일방향적인 속성에 축전기capacitor의 평활작용이 결합되어 고주파 반송파를 지워내고, 방송인의 목소리나 음악만이 남겨진다.

만약 주변에 출력이 큰 송신기가 하나만 있는 게 아니라면, 초보적인 무선 수신기를 통해 당신이 듣는 신호는 여러 곳에 보낸 신호들이 혼란스럽게 뒤죽박죽된 신호일 것이다. 안테나가 여러 주파수의 반송파를 띤 다양한 송신음을 포착해서, 모든 신호음을 당신의 이어폰에 전달하기 때문이다. 이런 경우에는 송수신장치에 몇몇 부품을 추가로 덧붙이면 무선 장치를 주파수에 동조同調시킬 수 있다. 동조는 방송 에너지를 좁은 범위의 무선 주파수대로 집약함으로써 무선 송신기의 효율성을 높여주고, 동조된 수신기는 뒤죽박죽된 무선 주파수대에서 당신이 관심을 두는 전송 주파수만을 뽑아낸다.

앞에서 보았듯이, 무선 전파는 기본적으로 진동이다. 무선 전파를 구성하는 자기장과 전기장은 좌우로 흔들리는 시계추처럼 특정한 주파수나 주기에 맞추어 교대로 나타난다. 따라서 무선 송신기나 수신기를 동조시키려면, 전기적으로 특정한 주파수에 맞추어 진동하며 다른 비슷한 주파수들에는 저항하는 회로가 있어야 한다. 달리 말하면, 공진共振의 힘을 활용할 수 있어야 한다.

공진이란 무엇일까? 이런 식으로 생각해보자. 그네를 타는 아이는 특정한 빈도로 앞뒤로 진동한다. 이런 점에서 진자振子와 크게 다르지 않다. 그런데 적절한 순간에 조금의 힘을 가해 조금씩 밀면 아이는 앞뒤로 점점 더 높이 올라간다. 그러나 이런 공진 주파수resonant frequency(공명 주파수)와 다른 리듬으로 민다면 아무런 도움이 되지 않는다.

축전기와 유도기를 연결하면 일정한 리듬에 따라 진동하는 기본적인 발진기 회로를 만들 수 있다. 축전기는 서로 마주 보는 두 개의 금속판으로 이루어지며, 그 사이에는 절연판이 끼워져 있다. 축전기에 전압이 걸리면, 전압의 크기에 상관없이 전압이 전자들을 한쪽 판으로 이동시킨다. 그 판이 음전하가 되어 더 이상 전자를 받아들일 수 없을 때까지 이동은 계속된다. 축전지는 전하의 저장고로 기능하며, 카메라의 플래시전구처럼 순간적으로 전하를 방출할 수 있다. 유도 코일은 기본적으로 전자석이지만, 유도기가 전자석보다 금속을 훨씬 강력하게 끌어당긴다. 저항은 전류의 흐름을 방해하는 반면에 유도는 전류의 흐름에서 일어나는 변화를 방해한다. 따라서 축전기와 유도기는 둘 모두 다시 채워지는 전기 에너지 창고 역할을 한다. 충전기는 서로 마주 보는 금속판 사이에 형성되는 전기장의 형태로 전기 에너지를 저장하고, 유도기는 코일 주변에 형성되는 자기장의 형태로 전기 에너지를 저장한다. 축전기와 유도기를 마주 놓고 전선으로 연결하면, 그 간단한 회로가 기적처럼 살아서 움직인다.

전자로 가득한 축전기의 한 금속판이 저장된 전하를 쏟아내면, 전류가 회로에 흐르고 유도기를 지나며 자기장을 형성한다. 축전기의 두 금속판이 균등하게 될 때까지 전하의 흐름은 계속된다. 전류의 흐름이 중단되면 유도기 주변에 형성된 자기장이 붕괴되기 시작한다. 그런데 줄어드는 자기장선이 코일로 밀려오며 전선에 전류를 유도하고(발전기 효과), 축전기의 맞은편 금속판으로 전자를 밀어낸다. 그럼 놀랍게도, 붕괴하던 자기장이 애초에 자신을 만들어냈던 전류 자체를 일시적으로 유지할 수 있다. 유도기의 자기장이 완전히 사라지면, 축전기 맞은편의 금속판이 완전히 전하로 채워져서 이제부터는 다시 반대 방향으로 전류를 밀어내면 코일을 통과하게 될 거라는 뜻이다.

이런 식으로 에너지는 무선 주파수에서 축전기와 유도기 사이를 왕래하며 전기장과 자기장으로 반복해서 전환된다. 초당 수천 번씩 좌우나 앞뒤로 진동하는 진자와 다를 바가 없다.

이처럼 단순하기 이를 데 없는 진동회로는, 자체의 주파수에서만 똑딱거리며 소리 내는 반면에 다른 주파수에는 반응하지 않는다는 장점이 있다. 축전기와 유도기, 둘 중 하나의 속성에 변화를 주면 진동회로의 공진 주파수가 바뀌고, 따라서 송신기나 수신기를 재조정해야 한다. 축전기가 조절하기가 더 쉽다. 예컨대 D 자 모양의 두 금속판을 회전시켜 중첩되는 부분에 변화를 주면, 저장될 수 있는 전하도 변한다. 따라서 옛날 라디오에서 주파수를 맞추는 동그란 꼭지를 진동회로의 축전기에 연결하면 편할 것이다. 요즘의 송신기와 수신기는 무척 정교하게 조절될 수 있기 때문에 무선 주파수대가 고급 식품점의 햄처럼 얇게 쪼개져서 상업 라디오와 텔레비전 방송국, GPS Global Positioning System 신호와 비상용 통신, 항공교통관제, 휴대폰, 근거리 와이파이와 블루투스, 무선으로 조종되는 장난감 등 무수히 많은 분야에 응용되고 있다. 불꽃갭 송신기는 이처럼 정제된 전파원이 아니어서, 무선 주파수대 어디에서나 전파를 방출하며 검증되지 않는 정보를 무차별적으로 살포할 수 있기 때문에 현재는 불법으로 규정되어 있다.

라디오 방송에서 또 다른 중요한 요소는 송신회로에서 음파를 전압 변동으로 전환하는 마이크와, 받아들인 전기 신호를 다시 소리로 바꾸는 이어폰이나 스피커이다. 엄격히 말하면, 마이크와 이어폰은 기본적으로 동일한 장치이다. 진동해서 음파를 만들어내거나 음파에 반응하며, 자석 위에서 움직이는 코일에 연결된 진동판이 있고, 전동기와 발전기로서 가역전자기효과reversible electromagnetic effect를 이용한다는 점에서 마이크와 이어폰은 똑같다.

압전 결정체piezoelectric crystal를 사용하면 훨씬 더 예민한 송수신기를 만들 수 있다. 압전 결정체는 굽어지면 전압을 발생시키는 흥미로운 속성을 지니기 때문이다. 고양이수염 무선 검파기로부터 희미하게 흘러나오는 출력음을 들어내려면 이처럼 예민한 크리스털 이어폰이 필요하다. 타타르산酸 칼륨나트륨(혹은 17세기에 이 물질을 처음 만들어낸 약제상의 고향 이름을 따서 로셸염이라고도 불림)이 여기에서 훌륭한 역할을 해낸다. 로셸염은 탄산나트륨과 중타타르산칼륨(타타르 크림으로도 알려짐)을 혼합해서 얻어지며, 중타타르산칼륨은 포도주 발효통에서 형성되는 결정체에서 얻을 수 있다.

분명히 말하지만, 종말 후의 문명은 복잡한 전자기 방정식을 계산하거나 정밀한 전자 부품들을 제작하는 역량을 갖추지 못하더라도 기본적인 지식만을 바탕으로 무선 통신을 신속하게 되살려낼 수 있다. 이런 확신은 최근의 역사에서도 뒷받침된다.

제2차 세계대전 동안, 전선의 참호에 몸을 감춘 군인들만이 아니라 포로수용소에 감금된 군인들도 임시방편으로 무선 수신기를 만들어 음악을 듣거나 전쟁 상황과 관련된 소식을 들었다. 이런 기발한 장치에서 확인되듯이, 종말 후에도 이런저런 잡동사니를 긁어모아 제대로 작동되는 무선통신장치를 만들어낼 수 있을 것이다. 안테나가 빨랫줄처럼 위장되어 나무들 사이에 걸렸고, 때로는 철조망 울타리가 안테나로 도용되기도 했다. 또 포로들의 숙소에 들어오는 냉수용 파이프에 회로를 연결해서 접지선을 확보했고, 유도기는 두루마리 화장지의 심에 코일을 감아 만들었다. 껍질이 벗겨진 전선은 밀랍초로 절연했다. 일본군 포로수용소에서는 밀가루를 야자유로 반죽한 것을 그런 전선에 발라 절연했던 것으로 전해진다. '동조회로tuning circuit'를 위한 축전기는 은박지나 담뱃갑 속지와 절연을 위한 신문지를 교대로 배치해서 즉석에서 만들었고, 이렇게 만들어진 평평하고 납작한 축전지를 스위스 롤빵처럼 돌돌 말아 작은 부품으로 변모시켰다.

이어폰은 만들기가 좀 까다로운 편인데, 망가진 자동차를 뒤져서 적절한 부품을 구해야 한다. 하지만 철 못을 전선으로 감고 한쪽 끝에 자석을 매단 후에, 코일 위에 깡통 뚜껑을 살짝 띄워놓고 신호를 수신할 때마다 조금씩 흔들리게 하면, 이어폰의 기초적인 대안으로 쓸 만하다.

하지만 제2차 세계대전 당시, 반송파로부터 음성 신호를 검파하는 데 필요한 정류기를 만들어낼 때 가장 기발한 임기응변이 발휘되었다. 예컨대 황철광이나 방연석 같은 광물 결정은 전쟁터에서 구하기 쉽지 않았지만, 녹슨 면도날과 부식된 구리 동전은 어렵지 않게 구할 수 있었다. 면도날을 나무판에 고정시킨 후에 직각으로 구부린 안전핀 옆에 놓았고, 뾰족하게 다듬은 흑연 연필심을 안전핀의 바늘 끝에 단단히 연결했다.(여분의 전선으로 꽁꽁 묶었다.) 탄력성을 띤 안전핀을 고양이수염처럼 사용해서 흑연 연필심을 산화된 면도날 표면 위에서 조금씩 조정하며 정류 접합점rectifying junction을 찾아냈다.[10]

녹슨 면도날과 흑연 연필심을 이용한 검파기만이 아니라 광석 라디오는 단순하다는 장점 외에, 전원에 연결되어 있지 않아도 수신한 무선 전파로부터 동력을 유도할 수 있다는 장점이 있다. 그러나 안전핀을 이용한 고양이수염 정류기는 완벽하게 작동하지 않고, 광석 라디오의 음향 출력이 무척 낮다. 이 문제를 해결하는 동시에 더 높은 단계로의 도약을 위한 관문 테크놀로지는 진공관을 만드는 것이다. 진공관은 현대문명의 또 다른 특징이라 할 수 있는 전구와 밀접한 관계가 있는 장치이다.

전구와 마찬가지로 진공관은 유리 방울 내에서 뜨겁게 가열되는 금속 필라멘트로 이루어지지만, 필라멘트 주변에 금속판 하나가 있다는 게 다

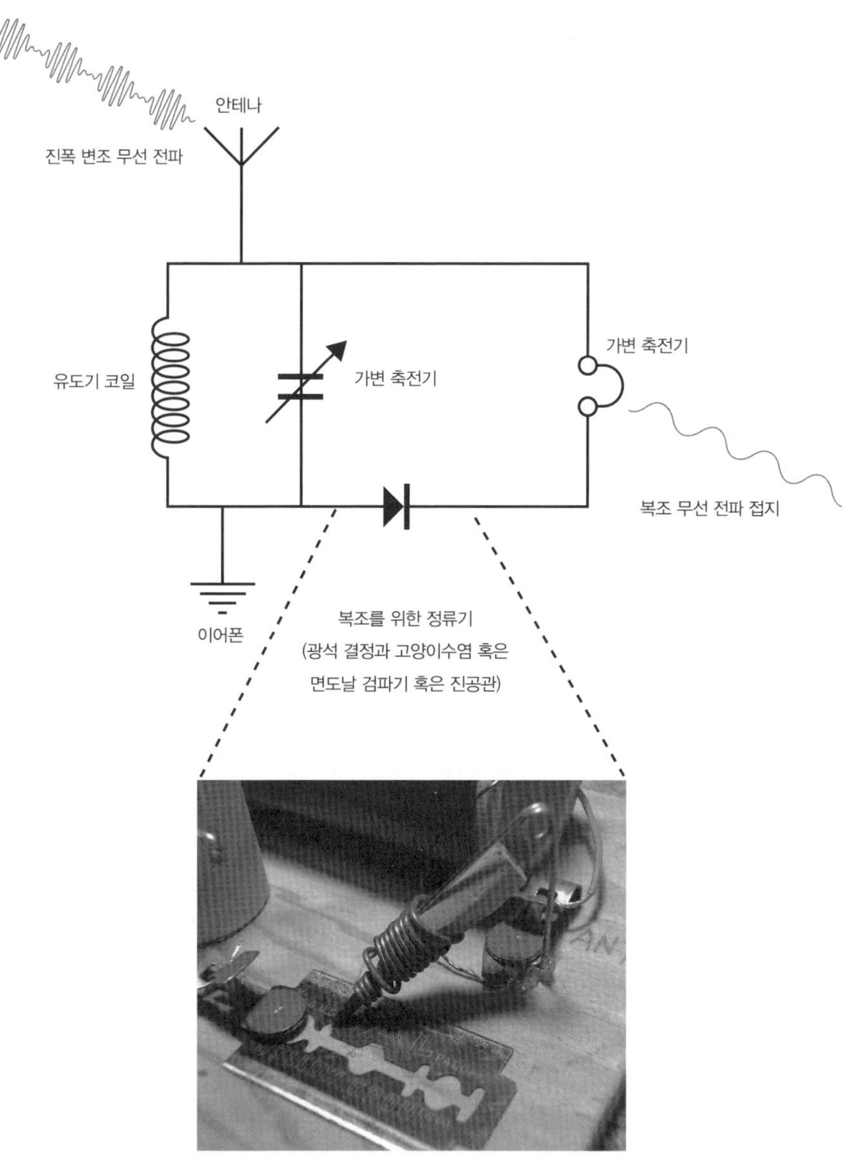

간단한 무선 수신기의 배선도(위)와 포로수용소에서 흔하게 볼 수 있던 면도날 정류기(아래).

르다. 또한 진공관 내부의 압력은 무척 낮은 수준으로 만들어진다. 필라멘트가 백열 상태로 가열되면 전자가 금속에서 분출해서 전선 주변에 전하 구름을 형성한다. 열전자 방출thermionic emission이라고 알려진 현상으로, 엑스선 기계와 형광등, 과거의 텔레비전과 컴퓨터 모니터가 이 현상을 응용해서 만들어졌다. 금속판이 필라멘트보다 양성으로 하전되면, 방출된 전자들은 필라멘트에 끌려가고, 전류는 필라멘트를 통과해서 흐른다. 그러나 금속판은 전자를 방출할 정도로 가열되지 않기 때문에 전류는 결코 반대 방향으로 흐르지 못한다. 따라서 이처럼 두 금속 접촉면이나 전극을 지닌 '다이오드'는 밸브처럼 기능하며 전류가 오직 한 방향으로만 흐르도록 조절한다. 결국 열전자관은 무척 다른 물리학적 속성을 활용하면서도 광석 검파기와 동일한 기능을 보여주기 때문에 무선 수신기의 정류기로 즉시 사용될 수 있다. 그러나 무선 장치에 완전히 새로운 역량을 더해주는 중대한 혁신이 다이오드에 단순한 것을 덧붙이는 시도에서 시작된다.

일반적인 이극 진공관에서 열 필라멘트와 금속판 사이에 나선형 철선이나 철망을 덧붙이면 환상적인 결과를 얻을 수 있다. 이런 세 요소로 이루어진 장치는 삼극진공관triode이라 불리며, 철망에 가해지는 전압에 변화를 주면 진공관에 흐르는 전류에 영향을 미칠 수 있다. 필라멘트와 금속판 사이의 격자control-grid에 약한 음전압을 가하면 전자가 필라멘트에서 방출되어 금속판으로 흐르는 걸 억제하기 시작한다. 음전압의 정도가 증가하면 전자의 흐름도 더욱더 억제된다. 빨대를 눌러서 물이 흘러 올라오는 양을 조절한 것과 비슷하다고 생각하면 된다. 삼극진공관의 장점은 한쪽의 전압을 이용해서 다른 전압을 조절할 수 있다는 것이다. 게다가 세 요소의 배열을 기발하게 응용하면, 격자에 가해지는 전압에 약간만 변화를 주더라도 입력 신호를 증폭해서 출력 전압은 크게 달라지게 할 수 있다.

광석 수신기에서는 이런 기능을 기대할 수 없다. 따라서 스피커에 동력을 공급해서 출력음으로 공간을 가득 채우려면 약한 수신음을 증폭하는 기능을 이용할 수 있어야 한다. 이 기능을 활용하면, 협대역 반송파에 딱 맞는 순수한 주파수 전기 진동을 만들어내서 그 반송파에 적절히 음성을 새길 수 있다. 지금까지 살펴본 모든 것이 일반적인 무선통신을 응용한 사례이지만, 진공관을 일종의 스위치처럼 사용하면 어떤 기계적인 장치보다 전류의 흐름을 신속하게 조절할 수 있다. 이런 진공관들을 서로 제어하도록 거대한 규모로 연결하면, 수학적 계산을 해낼 수 있고, 더 나아가 완전히 프로그램된 전자계산기까지 만들어낼 수 있다.•

• 현대 전자공학은 전력을 엄청나게 소비하는 진공관의 한계를 넘어서서 이제는 반도체의 속성을 활용하는 단계에 들어섰다. 따라서 열전자관 정류기가 반도체를 이용한 다이오드로 교체되고, 전압을 조절하던 삼극진공관의 역할을 실리콘 트랜지스터에 넘겨주었다. 하나의 덩어리로 소형화되어 우리 호주머니에 들어가는 스마트폰에는 트랜지스터가 무려 수조 개나 들어 있으며, 하나하나가 열을 받으면 환히 빛나던 진공관과 기능적으로 똑같은 역할을 한다.

11

고급 화학

소비문화가 하룻밤 사이에 사라져도 괜찮을 것 같아. 그럼 우리 모두가 같은 처지가 되고, 닭처럼 우리에 갇힌 봉건적인 삶에서 조금씩 벗어나서 삶 자체도 그다지 나쁘지는 않을 것 같아. 하지만 우리 모두가 밑바닥까지 떨어져 누더기를 걸치고 버려진 베스킨라빈스 매장에서 돼지를 키우는데, 내가 우연히라도 고개를 들어 하늘을 보다가 제트기라도 본다면…… 미쳐버리고 말 거야. 여하튼 모두가 암흑시대로 떨어지거나 누구도 그런 지경에 떨어지지 않아야 해.

_ 더글러스 코플런드, 《샴푸 행성》[1]

지금까지 우리는 어떤 물질을 다른 물질로 간단히 전환하는 여러 방법들에 대해 살펴보았다. 이처럼 겉모습이 완전히 달라지는 물질로의 변화는 처음에는 신기하게 여겨지지만, 조금만 노력하면 여러 화학물질의 속성을 이해하고 그런 물질이 상호작용하는 패턴을 파악해서 어떤 현상이 반응으로 일어날 것인지 예측까지 할 수 있다. 게다가 궁극적으로는 그런 지식의 힘을 활용해서, 복잡한 반응들을 제어하고 통제함으로써 우리가 원하는 결과를 정확히 끌어낼 수도 있다.

이 장 뒷부분에서는 종말이 있고 여러 세대가 지난 후에, 안정된 교두보를 확보한 문명이 자체의 요구를 충족하기 위해서 어떻게 한층 복잡한 산업 공정을 사용해야 하는지에 대해서도 살펴볼 것이다. 예컨대 앞에서 다루었던 소다를 만드는 기초적인 방법으로는 성장의 한계에 부딪힐 수밖에 없다. 하지만 먼저 전기가 문명을 재건하는 데 반드시 필요한 물질을 추출하는 데 어떻게 활용되고, 또 화학세계의 기저에 존재하는 놀라운 질서를 탐구하는 데 어떤 도움을 줄 수 있는지 살펴보자.

전기분해와 주기율표

앞에서 보았듯이, 전기를 생산하고 분배하는 능력을 확보하면 재건을 꿈꾸는 문명의 다양한 분야에 환상적인 동력원을 제공하는 동시에 장거리 커뮤니케이션도 가능해진다. 그러나 인류의 역사에서 전기가 실제로 처음 활용된 경우처럼, 재건을 시도하는 초기에도 전기는 화합물을 분해해서 구성성분들을 추출하는 전기분해electrolysis에 사용될 것이다.

예컨대 소금물(염화나트륨 용액)에 전류를 흘려보내면 물 분자의 분해로 인해 음극에서는 수소가스, 양극에서는 염소가스를 얻을 수 있다. 수소는 비행선을 채우는 데 사용될 수 있고, 하버보슈법으로 암모니아를 합성하는 데 반드시 필요한 원료이다. 반면에 염소는 종이와 직물을 제조하는 데 필요한 표백제를 만들 때 무척 중요한 원료이다.(4장 참조.) 전기분해 과정에서 조금만 머리를 쓰면, 전해질 용액에 형성된 수산화나트륨

(가성소다)을 추출할 수도 있다. 앞에서 이미 언급했듯이, 수산화나트륨은 무척 유용한 알칼리성 물질이다. 또 순수한 물을 전기분해하면 산소와 수소를 얻을 수 있다.(순수한 물에 약간의 수산화나트륨을 더하면 전기의 전도가 용이해진다.)[2]

원광석을 전기분해해서 알루미늄도 추출할 수 있다. 알루미늄은 열에 지나치게 민감하게 반응하기 때문에 숯이나 코크스를 사용해서 제련할 수 없다. 알루미늄은 지각地殼에서 가장 풍부한 금속이며, 인류가 역사적으로 가장 먼저 사용한 재료인 점토의 주된 구성 성분 중 하나이다. 하지만 1880년대 말 원광석을 효과적으로 녹이고 전기분해하는 방법이 개발되기 전까지는 알루미늄은 엄두를 내기 힘들 정도로 값비싼 물질이었다.•[3]

종말 후에 재건을 시도하는 사회가 운이 좋다면, 알루미늄을 곧바로 다시 제련할 필요는 없을 것이다. 알루미늄은 부식되지 않기 때문에 수세기 동안 녹슬지 않아, 상대적으로 낮은 온도인 섭씨 660도에서 녹여 재활용할 수 있을 것이다. 이 정도의 열을 만들어낼 수 있는 기초적인 용광로에 대해서는 앞에서 이미 살펴보았다.(180쪽 참조.)

전기분해를 활용하면, 종말 후의 문명에 유용한 여러 물질을 합성할

• 19세기 후반, 프랑스 황제 나폴레옹 3세가 베푼 연회에 은 식기류 대신 알루미늄으로 제작한 식기류가 등장해서 손님들에게 큰 인상을 남겨주었다. 이상하게도 당시만 해도 알루미늄은 지상에서 가장 흔한 금속인 동시에 가장 값비싼 금속이었다. 그러나 적절한 용제가 개발되고, 전기분해가 대량생산에 활용되면서 알루미늄은 왕실의 식탁을 장식하던 명망 있는 지위를 잃고, 매일 수백만 개씩 버려지는 음료수 캔의 신세로 전락하고 말았다.

수도 있고, 인류의 역사에서 오랫동안 사용된 비효율적인 화학적 방법들을 무시하고 넘어갈 수도 있다. 게다가 전기분해는 주변 세계를 과학적으로 탐구하는 데도 도움을 준다. 달리 말하면, 전기분해로는 화합물을 분해해서 모든 물질의 순수한 구성 성분, 즉 원소element를 추출해낼 수 있다. 예컨대 1800년에 물이 하나의 원소가 아니라 수소와 산소의 화합물이라고 결정적으로 입증해낸 것도 전기분해를 통해서였다. 그 이후로 8년 동안 전기분해를 통해 칼륨과 나트륨, 칼슘과 붕소, 바륨과 스트론튬과 마그네슘이란 일곱 개의 원소가 다시 분리되었다. 특히 칼륨과 나트륨과 칼슘은 전기를 이용해서 흔하디흔한 화합물, 즉 이 책에서도 빈번하게 다루었던 칼리와 가성소다와 생석회를 차례로 분해함으로써 발견되었다. 전기분해는 과거에는 알려지지 않은 원소들을 분리해내는 중요한 기법이지만, 화합물 내에서 원자들을 묶는 결합력이 실제로는 전자기라는 걸 증명하는 공정이기도 하다.[4]

여러 원소의 상호작용을 연구하면, 다시 말해서 원소들이 서로 어떻게 반응하는지 살펴보면, "원소는 단독으로 존재하지 않고 유사한 속성을 지닌 원소들과 무리를 짓는 '성향'을 띤다"라는 하나의 확실한 진리를 알게 된다. 살아 있는 유기체의 형태론적 유사성을 확인해서 동족 관계를 밝혀냄으로써 생물학의 세계를 정리할 수 있듯이, 화학적 속성에서 유사한 패턴을 찾아내면 화학의 세계를 구조화할 수 있다. 예컨대 나트륨과 칼륨은 격렬하게 반응하는 금속 원소로 가성소다와 칼리 같은 알칼리 화합물을 형성하며, 전기분해로 분리될 수 있다. 한편 염소와 브롬과 요오드는 모두 금속들과 반응해서 염鹽을 형성한다. 이렇게 기존에 알려진 원소들을 순서대로 배열하고, 유사한 속성을 지닌 원소들을 동일한 족族으

로 분류하면, 이른바 원소 주기율표가 완성된다.[5]

현재의 주기율표는 피라미드를 비롯한 세계의 불가사의로 여겨지는 기념물들에 버금가는 인류의 위대한 성과물이다. 주기율표에 따르면, 화학자들이 지금까지 확인한 원소들의 포괄적인 목록보다 훨씬 많은 원소가 존재한다. 주기율표는 현재까지 알아낸 지식을 조직화하는 한 방법이므로, 아직 발견되지 않은 원소의 속성을 예측할 수 있게 해준다.

예컨대 러시아 화학자 드미트리 멘델레예프는 1869년 당시까지 알려진 60개 남짓한 원소들로 주기율표를 벽돌쌓기처럼 작성하자 빈칸이 생긴다는 걸 알아냈다. 아직 발견되지 않은 물질과 관련된 위치였다. 그러나 이런 주기율표를 근거로 멘델레예프는 빈칸을 차지할 원소가 어떤 속성일지 정확히 예측해낼 수 있었다. 예컨대 주기율표에서 알루미늄 바로 밑의 빈칸을 차지할 가상적인 물질, 에카알루미늄은 지금까지 발견된 적도 없었고 접촉된 적도 없었지만, 주기율표에서 차지할 위치만으로 추정할 때 특정한 밀도에서 반짝거리는 연성 금속이며, 상온에서는 고체이지만 금속치고는 상당히 낮은 온도에서 녹는 물질일 거라고 예측할 수 있었다. 실제로 수년 후, 프랑스 화학자가 원광석에서 새로운 원소를 발견하고는 자신의 고향 이름을 따서 갈륨이라 명명했다. 이 갈륨이 멘델레예프가 예측한 에카알루미늄이며, 이 금속의 용융점에 대한 그의 예측도 정확했다는 게 밝혀지는 데는 오랜 시간이 걸리지 않았다. 실제로 갈륨은 섭씨 30도의 온도에도 고체에서 액체로 변한다. 그야말로 우리 손 안에서도 녹는 금속이다.•

• 1930년대 이후로 우리는 꾸준히 한 걸음씩 전진해서 주기율표의 아랫부분에, 자연 상

이처럼 주기율표를 바탕으로 원소들에 내재하는 속성에 대한 예측이 맞다면, 각 물질이 어떻게 구성되는지 조사하고, 자연계에 존재하는 물질이 제공하는 다양한 속성을 최선의 방향으로 활용하는 방법을 연구하는 데도 도움을 받을 수 있을 것이다. 이번에는 5장과 6장에서 배운 지식을 응용해서, 약간 더 까다롭지만 무척 유용한 두 가지 화학물질, 즉 폭발물과 사진을 만드는 법에 대해 살펴보자.

폭발물

종말 후에 최대한 오랫동안 평화로운 공존을 이어가려면, 폭발물은 문명의 재건을 위한 안내서에서 생략해야 하는 테크놀로지라고 생각할 사람도 있을 것이다. 폭약이 전쟁광의 수단으로 돌변할 가능성이 있는 건 부인할 수 없는 사실이다. 그리고 폭발물에 관련된 화학이 대포와 총기류에서 안전하게 사용할 수 있도록 폭발을 억제하고 유도하는 데 필요한 야금학과 나란히 발달해온 것도 사실이다. 그러나 재건을

태에서는 존재하지 않지만 테크놀로지를 동원해서 만들어낼 수 있는 원소들을 추가했다. 그 원소들은 원자핵 내에서 양성자와 중성자가 지나치게 증가해서 불안정하기 이를 데 없어 한바탕 방사능을 뿜어낸 직후에 다시 붕괴되는 원자들을 가리킨다. 따라서 역사적으로 우리는 새로운 물질—예컨대 유리 같은 세라믹이나, 강철 합금 같은 금속 혼합물—이나 플라스틱 유기 중합체처럼 전에는 존재하지 않던 분자를 만들어내기도 했지만, 원소 자체를 변화시키는 방법까지 알아내며 연금술사의 꿈을 이루어냈다. 따라서 훗날 어떤 문명이 우리의 발자취를 그대로 따른다면, 이와 똑같은 성과를 성취해 낼 수 있을 것이다.

시도하는 문명에서는 평화롭게 폭발물을 사용하는 게 무척 중요하다. 사냥용 엽총을 위한 탄약을 제조하고, 채석과 채굴을 위해 바위를 깨뜨려야 할 때, 또 굴이나 운하를 팔 때도 폭발물은 엄청난 도움을 줄 수 있다. 어쩌면 종말 후의 세계에서 가장 중요한 과제는 위험하게 허물어진 건물을 아예 무너뜨리고 쓸 만한 건축자재를 재활용하고, 문명이 다시 발달하기 위한 땅을 확보하기 위해 오랫동안 방치된 구역을 정비하는 행위일 것이다. 여하튼 과학적 지식 자체는 중립적이다. 요컨대 과학적 지식이 어떤 목적에 사용되느냐에 따라 선악이 결정된다.

귀청을 때리고 암벽을 산산조각 내며 건물을 허물어뜨리는 파동인 폭발을 일으키려면, 좁은 공간에서 공기를 극단적으로 찰나에 압축할 수 있어야 한다. 이런 수준에 이르는 가장 확실한 방법은 일진광풍 같은 화학반응으로 고체 물질을 고압가스로 전환시키는 것이다. 그럼, 고압가스가 훨씬 넓은 공간을 차지하며 반작용점에서부터 급속히 외부로 확장된다. 예를 들어 설명하면, 요즘의 라이플총에는 탄환 뒤쪽에 대략 각설탕 크기 정도의 화약이 적재되어 있다. 그런데 방아쇠가 당겨지면 거의 순간적으로 화약이 반응하며 파티용 풍선 크기만 한 가스 덩어리를 만들어낸다. 그 가스가 좁디좁은 총열에서 순식간에 확장하려고 하기 때문에 거의 소리의 속도로 탄환을 밀어내는 강력한 힘을 발휘한다.

고체 연료를 폭약으로 만드는 방법은 단순한 편이다. 연료를 미세한 가루로 빻아 공기가 더 많은 표면에 접촉해서 연소하도록 가속화하면 된다. 실제로 석탄 가루와 밀가루는 무섭게 불에 탄다.(따라서 커스타드 공장에서도 폭발 사건이 심심찮게 일어날 수 있다.) 하지만 공기 중에서 산소를 공급 받을 필요성 자체를 제거하고, 애초부터 연료 옆에 충분한 산소 원자를 공급해서 연소가 빨리 되도록 하는 방법이 훨씬 더 낫다. 일반적으로 산소 원자를 공급하는 화학물질—더 일반적으로 말하면 다른 화학물질들로부터 전자를 받아들이려고 학수고대하는 화학물질—은 산화제oxidizing agent, oxidant라고 불린다.

얄궂게도 인류의 역사에서 최초의 폭발물은 불로장생의 묘약을 찾던 9세기 중국의 화학자들에 의해 탄생한 흑색 화약black powder이었다.[6] 화약의 주원료는 목탄—연료 혹은 환원제—과 요즘에는 질산칼륨이라 불리는 초석—산화제—을 빻아 혼합한 것이다. 이 혼합물에 노란 원소 황을 약간 뿌리면, 완성품의 반발력이 달라진다. 다시 말하면, 훨씬 큰 에너지가 충격적인 폭발을 위해 남겨진다는 뜻이다. 최상의 화약을 제조하는 비결은 질산칼륨과 황과 숯을 3:3:6의 비율로 섞어 언제든 폭발할 수 있는 잠재된 에너지로 가득한 화합물을 만드는 것이다.

화약의 한 성분인 질산염nitrate에는 약간의 화학적 조작이 필요하다. 역사적으로 폭발물과 비료를 만드는 데 필요하던 질산염의 공급원은 무척 지저분했다. 잘 썩은 두엄 더미였다. 두엄 더미에 숨어 있는 세균들이 질소를 포함한 분자들을 질산염으로 전환시킨다. 따라서 유사한 속성을 지닌 화합물들이 물에 녹는점은 제각각이란 사실을 이용하면 질산염을 추출할 수 있다. 모든 질산염은 물에 쉽게 녹는 반면에 수산화물은 물에 녹지 않는 화합물이 적지 않다. 따라서 두엄 더미를 몇 양동이의 석회수(수산화칼슘, 5장 참조)로 흠뻑 적시면, 대부분의 무기물은 불용성 수산화물로서 두엄 내에 머물지만, 칼슘은 질산 이온을 획득해서 용액의 형태로 배출된다. 이 용액을 수거해서 탄산칼륨을 넣고 섞는다. 칼륨과 칼슘은 서로 짝을 교환해서 탄산칼슘과 질산칼륨을 형성한다. 탄산칼슘은 석회석과 백악의 주성분을 이루는 화합물로 물에 녹지 않지만, 질산칼륨은 물에 녹는다.(도버의 새하얀 백악 절벽은 매서운 파도에도 사라지지 않을 것이다.) 따라서 하얀 백악 침전물을 걸러낸 후에 수분을 증발시키면 질산칼륨 결정체를 얻을 수 있다. 질산칼륨의 분리가 성공했는지 확인하려면, 길쭉한 종이를 용액에 푹 적신 후 말린다. 질산칼륨이 그 용액에 녹아 있었다면 종이가 쉬익 하는 소리와 함께 불꽃을 일으키며 탄다.

질산칼륨을 추출하는 화학적 방식은 그다지 복잡하지 않은 편이다. 하지만 문명을 회복하는 과정에서 질산칼륨에 대한 수요가 증가할 때 원료로 사용할 질산염의 공급원을 충분히 확보하는 데 어려움이 있을 것이다. 질산염이 함유된 광물이 묻힌 광상은 남아메리카 칠레 북부의 아타카마 사막처럼 매우 건조한 환경에만 존재한다.(질산칼륨이 쉽게 용해되어 쉽게 씻겨 내려가기 때문이다.) 바닷새의 배설물에도 질산염이 풍부하다. 질산염이 비료와 폭발물을 제조하는 데 사용된다는 것은, 이미 19세기 말부터 질산염이 중요한 원자재였음을 시사한다. 따라서 바닷새의 배설물을 차지하려고 코딱지만 한 척박한 섬을 두고 전쟁이 벌어지기도 했다. 종말 후의 문명이 질소 기아nitrogen starvation에서 비롯된 제약에서 해방될 수 있는 방법은 뒤에서 살펴보기로 하자.

화약이 연료와 환원제 가루를 적절하게 혼합해서 연소의 속도를 가속화하지만, 훨씬 더 격렬한 반응을 불러일으킴으로써 더욱 강력한 폭발을 유도하는 훨씬 나은 방법이 있다. 연료와 산화제를 결합해서 동일한 분자로 만드는 방법이다. 질산과 황산의 혼합액을 유기물의 분자와 반응시키면, 유기물의 분자가 산화되며 질산염계 물질이 연료의 분자에 더해진다. 예컨대 셀룰로오스를 질산으로 산화시키면 인화성이 높은 니트로셀룰로오스가 만들어진다. 따라서 식물 셀룰로오스 섬유가 주원료인 종이나 면직물을 질산으로 산화시켜 마술에서 주로 사용되는 플래시 페이퍼나 솜화약을 만들 수 있다.

화약보다 강력한 또 하나의 폭발물은 니트로글리세린이다. 기름기를 띤 맑은 액체인 니트로글리세린은 글리세린에 질산염을 반응시켜 얻지만, 위험할 정도로 불안정해서 조금만 부주의하면 엄청난 비극을 초래할 수도 있다. 알프레드 노벨Alfred Nobel(1833년~1896년)이 니트로글리세린의 파괴적인 위험성을 안정시키는 해결책을 찾아냈다. 충격에 민감하게 반응하는 니트로글리세린을 톱밥이나 점토 같은 흡수성 물질 뭉치에 충분히 적시는 방법으로, 이렇게 해서 탄생한 것이 다이너마이트였다.(노벨은 다이너마이트로 벌어들인 재산을 투자해서, 과학과 문학과 평화 등의 분야에서 기여한 사람들에게 보상하는 유명한 상을 창설했다.)[7]

산화제로서 질산을 어떻게 활용하는가, 이 부분이 강력한 폭발물을 만들어내는 열쇠를 쥐고 있다. 한편 질산은 사진에서도 빛을 포착하는 데 중요한 역할을 한다.

사진

사진은 빛을 이용해서 이미지를 기록하는 방법으로, 순간을 포착해 그 순간을 영원히 보존한다는 점에서 경이로운 과학기술이다. 휴일의 사진은 수십 년이 지난 후에도 당시를 생생히 기억나게 해주고, 어떤 기억장치보다 충실하게 세상을 기록할 수 있다. 하지만 지난 200년 동안 사진이 입증해 보인 비할 데 없는 가치는 흥겨운 파티의 순간순간, 가족이 모두 함께한 모습, 숨 막힐 듯 멋진 풍경을 넘어 인간의 눈에는 보이지 않는 장면을 포착해낸 것이었다. 사진은 지금도 많은 과학 분야를 가능하게 해주는 핵심적인 테크놀로지이지만, 종말 후 문명의 재건을 가속화하는 데도 반드시 필요하다. 사진을 통해 과학자들은 희미하기 짝이 없는 과정, 우리가 인지하지 못할 정도로 신속하게 혹은 느릿하게 진행되는 사건이나 공정, 혹은 인간의 눈에는 보이지 않는 파장까지 기록할 수 있다. 예컨대 사진은 빛에 노출되는 시간을 늘려서 인간의 눈보다 훨씬 오랫동안 희미한 빛을 포착할 수 있기 때문에, 천문학자들은 무수히 많은 흐릿한 별들을 연구해서 자욱한 얼룩을 은하수와 성운으로 구분해낼 수 있다.* 사진의 감광 재료를 만드는 데 쓰이는 유제photographic emulsion는 엑스선에도 민감하게 반응하기 때문에 몸의 내부를 조사하기

* 영겁의 시간이 흐른 후에도, 테크놀로지에서 상당한 수준에 이르렀던 문명이 존재했다는 걸 후세에 전달하는 수단으로도 카메라가 이용될 수 있을 것이다. 천구의 적도 부근에서 1~2분 정도의 노출로 밤하늘을 찍은 사진을 보면, 지구의 자전 때문에 모든 별들의 윤곽이 흐릿하게 번져서 굽은 줄무늬처럼 나타난다. 하지만 때때로 무척 흥미로운 장면이 포착된다. 전혀 번지지 않은 광점들이 또렷하게 나타나는 경우이다. 따라서 얼핏 생각하면 이것들은 하늘에서 일정한 위치에 있는 것처럼 보이지만 실제로는 우리 지구와 정확히 똑같은 속도로 회전하는 것들이다. 지구 위의 그 자리에 계획적으로 쏘아 올린 인공위성이며, 적도 상공에서 정확히 하루의 궤도 주기로 공전하는 정지위성geostationary satellite이다. 이 위성들은 지구에서 보면 언제나 똑같은 위치에 고정되어 있기 때문에 훌륭하게 통신 중계국 역할을 해낸다. 또한 이 위성들은 안정된 궤도를 공전하기 때문에, 도시와 인공물이 허물어져서 먼지로 변하고 땅속에 파묻힌 후에도 우주에서 우리 테크놀로지 문명을 상징하는 기념물로 오랫동안 존재할 것이다. 따라서 관찰하는 방법만 알아내면 언제라도 쉽게 찾아낼 수 있는 과거 문명의 증거가 될 것이다.

위한 의학적 영상을 빚어낼 수 있다.[8]

사진에 관련된 화학은 무척 간단한다. 일부 은화합물은 햇빛을 받으면 어둑해지므로, 이미지를 흑백으로 기록하는 방법이 바로 사진이다. 문제는 은을 가용성 물질로 만들어 얇은 막에 평평하게 바른 후에, 사진 매체의 표면에 접착되면 씻겨나가지 않는 불용성 염류鹽類로 전환하는 것이다.[9]

첫째, 가용성 염류가 함유된 달걀흰자(알부민)를 종이에 바르고 말린다. 이번에는 은을 질산에 녹인다. 은은 질산에 산화되어 가용성 질산은으로 변한다.•• 이 용액을 준비한 종이에 골고루 바른다. 염화나트륨이 반응하며 빛에 민감하면서도 액체에 녹지 않는 염화은이 형성되고, 달걀흰자가 차단막 역할을 하며 사진유제가 종이의 섬유에 스며드는 걸 막아준다. 순은 한 티스푼에는 약 1,500번의 인화를 해낼 수 있는 순수한 원소가 포함되어 있다.

이렇게 감광된 종이를 때리는 빛의 에너지에 감광지의 입자에서 전자가 방출되며 염화은이 금속은으로 환원된다. 잘 닦인 은접시처럼 커다란 은 덩어리에는 광택이 있지만, 작은 금속 결정체는 빛을 분산시키기 때문에 검게 보인다. 반면에 감광지에서 빛에 노출되지 않은 곳은 흰색을 그대로 유지한다. 결국 빛에 노출된 후에는 광화학 반응을 중단시키고

•• 은에 관련된 화학에서 언급하지 않을 수 없는 또 하나의 중요한 속성은 거울을 만들어내는 속성이다. 이제 거울은 단순한 허영심을 넘어, 고배율의 망원경이나 항해용 육분의를 제작할 때 반드시 필요한 부품이 되었다. 알칼리성을 띤 암모니아 용액에 약간의 설탕을 넣고 질산은과 섞어 혼합한 후에 깨끗한 유리의 뒷면에 붓는다. 설탕에 의해 질산은이 다시 순수한 금속으로 환원되며, 유리면에 반짝이는 얇은 층을 형성한다.

포착한 어둠을 안정시키는 게 중요하다. 티오황산나트륨은 오늘날에도 여전히 정착제로 사용되며, 만들기도 상대적으로 쉬운 편이다. 소다액이나 가성소다액에서 아황산가스를 날려 보낸 후에 황가루를 첨가해 가열하고 건조시키면 보통 '하이포hypo'라 일컬어지는 티오황산나트륨 결정체를 얻을 수 있다.

빛이 통하지 않는 상자 안에서 렌즈를 이용해 뒷벽의 감광지에 어떤 영상을 투영하는 것이 사진기의 원리이다. 하지만 환한 햇살을 받더라도 기초적인 은 화학으로 사진 한 장을 찍으려면 오랜 시간이 걸릴 수 있다. 현상액을 사용하면, 즉 부분적으로 노출된 입자들을 철저하게 변화시키고, 염화은을 완전히 금속은으로 환원시키는 화학적 처리를 시도하면 카메라의 감광성을 크게 높일 수 있다. 현상액으로는 황산철이 안성맞춤이며, 황산철은 황산에 철을 용해하는 방식으로 쉽게 합성된다. 종말 후의 사회에서 화학에 대한 지식이 상당한 수준까지 올라가면, 염소염chlorine salt을 요오드나 브롬으로 대체할 수 있다. 요오드와 브롬은 염소와 같은 할로겐족에 속하지만 감광성이 훨씬 뛰어난 사진유제의 재료이다.

하지만 감광지에서 빛에 노출된 부분은 은에 포함된 감광성 입자 때문에 검게 변하는 반면에 빛에 노출되지 않아 어둑한 부분은 엷게 유지된다. 그러니까, 색조에서 사진은 우리 눈에 보이는 모습과 정반대로 나타난다는 뜻이다. 결국 우리는 사진에서 음화陰畫, negative를 얻는 셈이다. 햇빛에 신속하게 반응해서 항구적인 양화陽畫를 만들어내는 화학반응은 없다. 달리 말하면, 처음에는 검은색을 띠다가 햇빛을 받으면 신속하게 하얗게 변하는 물질은 없다. 따라서 사진은 거추장스럽더라도 이런 음화 단계를 거친다. 이쯤에서 개념적 도약이 필요하다. 음화가 실제의 모습과 반대라면 카메라에서는 투명체로 나타날 것이므로, 음화를 인화지에 올려놓고 일종의 가면으로 사용해서 인화하면 밝은 부분과 어둔 부분이 다시 뒤집어져서 정상으로 돌아온다는 것이다. 습판사진기법wet collodion process은 에테르와 에탄올의 혼합액에 녹인 솜화약을 사용해서 만들어낸 끈적하고 투명한 유체를 사용한다. 이 유체는 유리판에 광화학물질을 바른 후에 영상을 찍고 현상하기에 안성맞춤이며, 마르면 물이 스며들지 않는 막을 형성한다. 반면에 5장에서 보았듯이 동물의 뼈를 가열해서 얻은 젤라틴을 사용하면, 감광성도 훨씬 뛰어나고 노출 시간도 훨씬 길게 허용하는 건판dry plate을 만들어낼 수 있다.

사진은 기존에 존재하는 여러 테크놀로지를 새로운 방식으로 융합해서 만들어낸 환상적인 작품이며, 사용된 원료와 물질도 상대적으로 구하기 쉬운 편이다. 내화점토를 안에 바른 가마를 짓고, 소다회를 용제로 사용해서 규사나 석영을 녹여 유리를 직접 만든다. 한 덩이는 갈아 집속렌즈를 만들고, 다른 한 덩이는 직사각형의 판유리로 납작하게 다듬어 음판으로 사용한다. 또 앞에서 배운 종이 만드는 기술을 활용해서 매끄러운 인화지를 만든다. 사진에 관련된 화학은 이 책에서 거듭해서 언급하며 만들었던 산酸과 용제를 사용한다. 구체적으로 말하면, 한 스푼의 은과 배설물 및 일반 소금에서 유도해낸 물질을 사용해서 원시적인 사진을 찍어낼 수 있다. 예컨대 타임머신을 타고 1500년대로 되돌아가더라도 기초적인 카메라를 제작하는 데 필요한 모든 화학물질과 광학적 부품을 어렵지 않게 구할 수 있을 것이고, 따라서 화가 한스 홀바인Hans Holbein에게 헨리 8세의 초상화를 유화로 그리지 않고 사진으로 찍는 법을 가르쳐 줄 수 있을 것이다.

종말 후에 문명의 재건을 위해서는 원소 주기율표의 빈칸을 채우고, 폭발물과 사진을 재발견의 도구로 활용하는 게 무엇보다 중요할 것이다. 그러나 사회가 재건되고 번영하기 시작하면, 이 책에서 지금까지 다루었던 물질들에 대한 수요가 엄청나게 증가할 것이다. 이런 수요를 충족시키려면 문명은 '화학의 산업화'라는, 한층 발달한 단계에 올라서야 할 것이다.

화학의 산업화

인간의 수고를 크게 덜어준 기발한 기계장치의 발명과 산업혁명으로 발전의 속도가 크게 빨라지며 18세기 사회가 달라졌다는 이야기는 귀에 딱지가 앉을 정도로 들었다. 그러나 선진 문명으로의 변천은 자동화된 방직기와 방적기 및 쿵쾅대는 증기기관의 발명 덕분에 가능했지만, 사회를 운영하는 데 필요한 산성과 알칼리성 용제 및 많은 물질을 대량으로 합성해내는 화학공정을 생각해내지 못했더라면 문명의 도약도 불가능했을 것이다.[10]

이 책에서 다룬 중요한 물질들은 주변 환경에서 수거한 원재료에 거의 똑같은 시약을 사용해서 우리에게 필요한 물품들로 바꾼 것이다. 종말 후에 재건을 시도하며 여러 세대가 지나면 인구가 증가할 것이다. 따라서 지금까지 살펴본 기초적인 방법을 사용해서는 중요한 물질들에 대한 수요를 맞출 수 없을 것이고, 결국에는 더 큰 발전마저 포기할 수밖에 없을 것이다.

서구의 역사에서 한때 발전을 가로막는 장애물이었던 두 물질이 어떻게 대량생산될 수 있었는지에 대해 집중적으로 살펴보고자 한다. 하나는 1700년대 말의 소다이고, 다른 하나는 1800년대 말의 질산염이다. 종말 후의 사회에서도 소다와 질산염은 반드시 적절하게 공급되어야 한다. 종말 후에 회복을 시도하는 사회가 재에서 소다를 구하고, 거름 더미에서 질산염을 구해야 하는 제약으로부터 벗어날 수 있는 방법이 무엇일까? 인류의 역사에서 산업화된 화학의 첫출발을 알렸던 소다의 대량 합성부터 시작해보자.

앞에서도 말했듯이, 소다회(탄산나트륨)는 사회의 다양한 분야에서 사용되는 무척 중요한 화합물이다. 모래를 녹여 유리를 만드는 용제로서 소다회는 필수품이다.(오늘날 세계 전역에서 생산되는 탄산나트륨의 절반 이상이 유리 제작에 사용된다.) 소다회가 주원료인 가성소다(수산화나트륨)는 비누를 만들고, 종이를 만드는 데 필요한 식물 섬유를 분리하는 화학반응을 유도할 수 있는 최적의 물질이다. 유리와 비누와 종이는 문명을 떠받치는 주된 기둥이다. 따라서 중세시대 이후로는 우리는 세 물건을 생산하는 데 필요한 알칼리를 싼값으로 끊임없이 공급하려고 애써왔다.[11]

전통적으로 알칼리는 나무를 태워 얻은 칼리에서 구했다. 따라서 대대적인 삼림파괴로 18세기쯤에 유럽의 많은 지역이 황폐화되자 북아메리카와 러시아 및 스칸디나비아로부터 칼리를 수입할 수밖에 없었다. 하지만 스코틀랜드와 아일랜드 해안지역이나 스페인에서 생산된 소다회가 많은 영역에서 선호되었는데(소다회로 만든 가성소다는 가성칼리보다 훨씬 강력한 가수분해 촉진제이다), 스페인에서는 토종 솔장다리를 태워 소다회를 만들었고, 스코틀랜드와 아일랜드에서는 폭풍에 해안으로 떠밀려온 켈프로 소다회를 만들었다. 탄산나트륨은 이집트의 건호乾湖(사막 지방에서 우기나 장마가 진 다음에만 얕은 호수가 되는 넓은 지역—옮긴이) 바닥에 퇴적된 천연탄산소다를 채굴해서 얻기도 했다. 그러나 18세기 후반, 서구에서 인구가 증가하고 경제가 성장하자 소다에 대한 수요가 자연 공급원으로부터 구할 수 있는 수준을 넘어서기 시작했다. 종말 후에 재건을 시도하는 사회도 필연적으로 똑같은 상황을 맞이하게 될 것이다. 일반 천일염과 소다회는 화학적으로 사촌이다.• 그럼 어떻게 해야, 이론적으로 어마어마하게 존재하는 천일염을 경제적으로 중요한 물질로 전환할 수 있을까?

18세기 프랑스 화학자 니콜라 르블랑Nicolas LeBlanc(1742년~1806년)이 이 문제를 해결할 수 있는 두 단계 방법을 개발해냈다. 먼저 소금을 황산에 반응시킨 후, 그 산물을 으깬 석회석과 숯이나 석탄과 함께 용광로에 넣고 섭씨 1,000도로 가열한다. 그럼 검은색을 띤 재 같은 물질이 생성된다. 탄산나트륨은 물에 녹기 때문에, 해조회로부터 탄산나트륨을 추출할 때와 똑같은 기법을 사용해서, 이 물질을 물에 담가 탄산나트륨을 추출할 수 있다. 하지만 르블랑의 이런 방법은 식물을 태우고 적절한 퇴적물을 찾아내야 하는 제약을 받지 않는 데다 소금을 소다로 손쉽게 바꿀 수 있지만, 효율성이 끔찍이 낮았고 유해한 폐기물을 잔뜩 쏟아냈다.•• 따

• 요즘의 명명법에 따르면, 일반 천일염(염화나트륨)과 소다회(탄산나트륨)는 같은 염기(전통적으로 가성소다로 알려진 수산화나트륨)를 지닌 화학 소금이라 할 수 있다.

•• 19세기 초에 르블랑 방법으로 탄산나트륨을 생산하고 남은 폐기물은 무작정 버려졌다. 따라서 소다 공장 주변의 밭에는 물에 녹지 않는 거무튀튀한 황화칼슘 더미가 산처럼 쌓였고, 높은 굴뚝에서는 염화수소가 구름처럼 피어오르며 주변의 식물들에게 치명적인 손상을 가했다. 결국 1863년 영국 의회는 염화수소의 배출을 금지하는 '알칼리 법Alkali Act'—대기오염을 규제한 최초의 법안—을 통과시켰다. 즉각적으로 소다

라서 이상적인 경우라면, 종말을 딛고 다시 일어서는 사회는, 쉽지만 유해한 르블랑 방식을 건너뛰고 곧바로 한층 효율적인 방법을 찾아가야 할 것이다.

솔베이법은 약간 더 복잡하지만 교묘하게 암모니아를 사용해서 르블랑법의 단점을 보완했다. 구체적으로 말하면, 솔베이법에서는 시약을 시스템 내에서 재활용함으로써 유해한 부산물의 생성을 최소화한다. 따라서 오염물질의 발생도 당연히 최소화된다. 솔베이법에서 사용되는 핵심적인 화학반응은 다음과 같다. 중탄산암모니아ammonium bicarbonate라는 혼합물이 짙은 소금물에 더해지면 중탄산 이온이 나트륨으로 변하며, 중탄산나트륨을 생성하고(중탄산나트륨은 빵을 만들 때 반죽을 부풀리는 팽창제로도 사용된다), 중탄산나트륨을 가열하면 소다회로 변한다. 솔베이법의 첫 단계에서는 짙은 소금물이 두 탑을 통과하며 중탄산암모니아를 만드는 것이다. 암모니아 가스와 이산화탄소가 차례로 두 탑에서 소금물에 용해되며 혼합되어 중탄산암모니아를 생성한다. 교환 반응이 소금과 함께 일어나며 형성되는 중탄산나트륨은 물에 녹지 않으며 바닥에 가라앉는다. 따라서 일종의 침전물 형태로 수거하면 된다. 암모니아는 소금물의 알칼리성을 유지시키고 소다의 중탄산염이 물에 녹지 않도록 억제한다. 따라서 이 단계에서 암모니아가 소금물과 중탄산나트륨을 분명하게 분리하는 중요한 역할을 하는 셈이다.

첫 단계에서 필요한 이산화탄소는 용광로에서 석회석을 구워 얻는

공장들은 굴뚝 안쪽에 물을 뿌려 염화수소를 녹였고, 그로 인해 생성된 염화수소산, 즉 염산을 근처의 강에 방류했다. 한마디로, 공기 대신에 수질을 오염시키는 식으로 법규를 교묘하게 회피한 셈이었다.

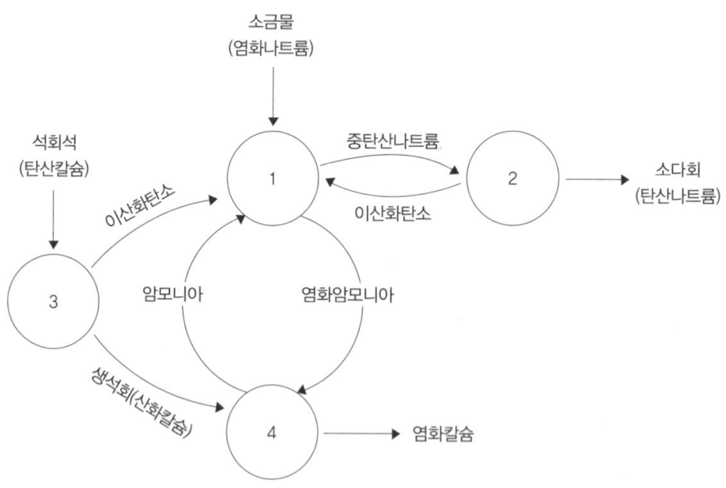

19세기 말 솔베이 프로세스사의 뉴욕 소다 공장(위)과 소다를 인공적으로 합성하는 솔베이법의 네 단계(아래). 암모니아의 재활용이 솔베이법의 핵심이다.

다.(5장에서 모르타르와 콘크리트를 만들려고 석회를 태울 때 사용한 방법과 조금도 다르지 않다.) 소다가 추출된 후의 소금물에 석회석을 구울 때 남겨진 생석회가 더해지면, 처음에 만들어진 암모니아를 되살려내며 다시 사용한다. 전체적으로 솔베이법은 염화나트륨(식염)과 석회석만을 사용해서, 소중한 소다만이 아니라 염화칼슘을 부산물로 생성한다. 염화칼슘은 겨울에 눈에 덮인 도로에 살포해서 얼음을 제거하는 소금으로 사용된다. 가장 핵심적인 원료인 암모니아를 재사용하고, 상당히 기초적인 화학적 공정만을 이용하는 자족적인 시스템인 솔베이법은 요즘에도 세계 전역에서 소다의 주된 제조법으로 활용되고 있다.(1930년대에 와이오밍에서 대규모 중탄산소다석 매장층이 발견된 미국은 예외다.) 따라서 종말 후의 문명도 솔베이법을 사용한다면, 효율적이지도 않고 유독한 폐기물까지 남기는 르블랑법을 건너뛰고 중요한 소다를 생산해낼 수 있을 것이다.[12]

솔베이법은 나트륨 원소를 잔뜩 함유한 물질(식염)을 알칼리 화합물인 소다로 바꾼다. 그러나 종말 후의 문명은 다시 시작된 뒤 오랜 시간이 지나지 않아, 또 하나의 중요한 물질에서도 공급 부족이란 문제에 부딪히게 된다. 오늘날을 살아가는 우리 모두에게도 가장 중요한 화학 과정에는 질소라는 원소와, 흔하디흔한 기초적인 물질을 지극히 중요한 물질로 바꿔놓는 공정이 개입된다.

일상의 삶에서 영향을 받는 사람의 수로 계산할 때, 20세기에 이루어진 가장 위대한 테크놀로지는 비행기나 항생제, 전자계산기나 핵발전소의 발명이 아니라, 보잘것없는 데다 고약한 냄새까지 풍기는 화학물질, 즉 암모니아를 합성하는 방법이다. 이 책의 곳곳에서 보았듯이, 암모니아 그리고 이와 관련된(화학적으로 호환성을 지닌) 질소 화합물인 질산과 질산염은 문명을 떠받치는 화학의 주춧돌이다. 질산염은 비료와 폭발물을 제조하는 데 반드시 필요하지만, 19세기가 저물어갈 즈음 산업화된 세계는 공급 부족에 시달렸다. 수요가 공급을 초과하기 시작하자, 미국과 유럽 국가들이 탄약과 포탄의 생산을 염려했을 뿐 아니라 국민에게 안정된 식량을 공급하는 문제까지 걱정해야 했다.

수천 년 동안, 인간은 경작지를 확대하면서 인구 증가라는 문제를 쉽게 해결할 수 있었다. 하지만 경작지로 변경할 땅이 한계에 부딪히자, 증가하는 인구를 먹여 살리려면 동일한 면적의 경작지에서 수확량을 늘릴 수밖에 없었다. 3장에서 보았듯이, 거름을 땅에 되돌리고 콩과식물을 심는 방법은 효과가 있었다. 하지만 인구가 일정한 한계에 도달하면, 문명은 피할 수 없는 문제에 부딪힌다. 우선 가축도 땅에서 자라는 풀을 먹고 생명을 유지하기 때문에 가축으로부터 얻는 거름에는 한계가 있을 수밖에 없다. 게다가 콩과식물을 더 많이 심으면 인간을 위한 작물을 심을 농경지가 줄어든다. 결국 유기농법으로 기대할 수 있는 환경용량carrying capacity의 한계치에 이른다.

이런 상황에서 벗어날 수 있는 유일한 구원책은 외부에서 농업의 순환 고리에 질소를 투입하는 것이다. 19세기에 서구 농업은 칠레 사막에서 채굴한 초석과 수입한 구아노(바닷새의 배설물로 조분석이라고도 한다—옮긴이)에 크게 의존했다. 하지만 두 공급원이 급속히 고갈되자, 영국 과학진흥원 원장 윌리엄 크룩스William Crookes(1832년~1919년)는 1898년에 "우리는 지구의 자본을 사용하고 있다. 이렇게 써대면 그 자본이 조만간 바닥나고 말 것이다"라고 경고했다.(지금도 우리가 귀담아들어야 할 충고이다. 우리 문명은 원유를 비롯한 천연자원을 금방이라도 바닥낼 듯이 게걸스레 써대고 있지 않은가.)[13]

우리 뒤에 남겨지는 세계에는 자연에 매장된 질산염이 거의 사라지고 없을 것이다. 따라서 종말 후에 재건을 모색하는 사회는 곧 질산의 공급 부족이란 벽에 부딪힐 것이다.

지구의 대기에는 질소 가스가 풍부하다. 우리가 들이마시는 숨의 거의 80퍼센트를 질소가 차지하지만, 질소는 완강하게 화학반응을 거부한다. 질소는 두 개의 원자가 3중 결합으로 단단하게 결속되어 있는 까닭에, 현재까지 알려진 바에 따르면 가장 화학반응을 유도하기 힘든 이원자 물질이다.[14] 따라서 질소를 이용 가능한 형태로 전환하는 것, 즉 질소를 '고정'하는 것도 어렵다. 하지만 19세기 말, 문명의 지속적인 발전을 위해서는 질소를 고정하는 법을 알아내는 게 중요한 문제로 대두되었다.

1909년에 발견되었는데 오늘날에도 여전히 사용되는 해결책이 하버보슈법이다. 표면상으로 하버보슈법은 무척 단순해 보인다. 질소는 지구의 대기에서 가장 흔한 기체이고, 수소는 우주 전체에서 가장 풍부한 원소이다. 질소와 수소를 원료로 삼아, 이 둘을 1 대 3의 비율로 화학 반응기에 넣고 결합하면 암모니아NH_3가 합성된다. 질소는 공기 중에서 얻을 수 있고, 수소는 요즘에 메탄으로 만들지만 물을 전기분해해서 추출할 수도 있다. 질소를 공기 중에서 분리하려면 쌍둥이처럼 달라붙어 있는 두 원자를 우선적으로 떼어내야 하고, 질소와 수소를 결합시키려면 촉매가 필요하다. 이런 화학반응을 재촉하는 촉매로는 다공성 물질인 철이 제격이며, 조촉매, 즉 활성화제로 수산화칼륨(가성칼리, 153쪽 참조)을 더하면 효율성이 배가된다. 이 화학반응은 결코 완료되지 않기 때문에, 두 기체를 냉각해서 둘의 화합물인 암모니아가 응결되어 액체 상태로 배출되어 저장되게 한다. 한편 아직 반응하지 않은 기체들은 반응기에서 반복해서 재사용되며, 실질적으로 기체들 전부가 성공적으로 변형될 때까지 이 과정이 계속된다. 하지만 많은 경우에 그렇듯이 악마는 사소한 것에 있고, 하버보슈법은 실제로 실행하기가 상당히 까다로운 편이다.

많은 화학반응이 한 방향으로 진행되는 게 원칙이다. 달리 말하면, 반응물질들이 한 방향으로 결합되어 결과물을 만들어낸다. 예를 들어 설명해보자. 초를 태울 때 밀랍 형태를 띤 탄화수소 분자들이 연소되며 물과 이산화탄소로 산화되지만, 반대로의 변화는 결코 자연발생적으로 일어나지 않는다. 하지만 화학반응이 양방향으로 동시에 진행되는 가역반응도 존재한다. 반응물질들이 결과물이 되고, 동시에 반응물질들로 되돌아가는 현상을 뜻한다. 질소-수소의 혼합물과 암모니아 간의 전환은 가역반응의 한 예이다. 이런 균형 상태를 원하는 결과로 끌어가기 위해서는 반응기 내의 조건을 신중하게 조절해야 한다. 예컨대 암모니아를 최종적으로 생성하려면, 반응기를 고온(섭씨 약 450도)과 고압(약 200기압)에 놓아야 한다. 이처럼 반응기와 배관을 극단적인 상황에 놓아야 하기 때문에 하버보슈법을 실행하기 어려운 것이다. 우리가 지금까지 살펴보았던 다른 중요한 과정들, 예컨대 유리를 만들거나 금속을 녹이는 과정처럼 용광로의 뜨거운 열이 필요한 다른 화학 과정들에 비교할 때, 질소 고정은 훨씬 차원 높은 공학기술이다. 종말 후의 사회가 질소 고정에 적합한 반응기를 구하지 못할 경우를 대비해서, 산업용 압력솥을 만드는 법을 알아둘 필요가 있다.

질소와 수소를 결합해서 암모니아를 합성하는 작업은 첫 단계에 불과하다. 고정된 질소를 한층 더 유용한 화학물질, 즉 질산으로 변형하는 작업이 필요하다. 암모니아는 고온 변환기에서 산화된다. 고온 변환기는 용광로인 동시에, 백금로듐합금을 촉매로 사용하며 암모니아 가스 자체를 연료로 삼아 태우는 용기이다. 백금로듐합금은 자동차에서 공해물질 배출을 줄이려고 배기관에 설치된 촉매장치에 사용되는 합금이기도 하다. 따라서 백금로듐합금은 종말 후에도 상대적으로 구하기 쉬운 부품이다. 암모니아를 산화해서 얻은 이산화질소를 물에 녹이면 질산이 생성된다.

농작물의 성장을 촉진하려고 암모니아와 질산을 곧바로 밭에 뿌릴 수는 없다. 암모니아는 알칼리성이 너무 강하고, 질산은 산성이 지나치게 강하기 때문이다. 그러나 둘을 섞으면 중화되어 질산암모늄이 생성된다. 질산암모늄은 두 배의 질소를 지니기 때문에, 훌륭한 비료의 재료가 된다. 7장에서 보았듯이, 질산암모늄은 분해될 때 마취력을 지닌 아산화질소를 배출하기 때문에 의학에서도 유용하게 사용된다. 질산암모늄은 강력한 산화제이기도 하다. 따라서 폭발물을 제조할 때도 사용된다.• 종말 후의 사회가 산업화 단계로 넘어갈 때 하버보슈법을 활용하면, 소중한 질산염을 확보하기 위해 가축이나 바닷새의 배설물을 수거하거나 나뭇재를 적시고 초석광산을 채굴하는 수고에서 벗어나, 공기 중에서 무한히 존재하는 질소를 추출해낼 수 있을 것이다.[15]

오늘날 우리는 매년 하버보슈법으로 약 1억 톤의 합성 암모니아를 만들어내며, 그 합성 암모니아로 만든 비료가 세계 인구의 3분의 1을 먹여

• 티머시 맥베이Timothy McVeigh가 1995년 오클라호마 연방건물을 폭파했을 때 2톤이 넘는 질산암모늄 비료를 트럭 적재함에 싣고 있었다. 1947년 2,000톤이 넘는 질산암모늄을 실은 선박에 화재가 일어나 텍사스시티 항구를 불바다로 만든 사건은, 핵폭탄을 쓰지 않은 폭발 사건 중 가장 큰 사건이었다.

살리고 있다. 쉽게 말하면, 약 23억 명이 암모니아 합성법이란 화학작용 덕분에 배를 채운다는 뜻이다. 우리가 섭취하는 식량의 원료가 우리 세포로 동화되기 때문에, 결국 우리 몸속에 존재하는 단백질의 절반가량이 인공의 고정 질소로 만들어지는 셈이다. 그러므로 우리는 어느 정도 화학적으로 제조된 존재라 할 수 있다.

12

시간과 공간

한 세대가 가고, 또 한 세대가 오지만, 세상은 언제나 그대로다.

_〈전도서〉, 1장 4절

폐허는 나에게 원대한 생각을 불러일으킨다. 모든 것이 거품처럼 사라지고, 모든 것이 소멸하며, 모든 것이 덧없이 지나가지만, 세상만은 그대로 남아 있고 시간만은 그대로 지속된다는 것이다.

_ 드니 디드로, 《1767년 살롱》[1]

종말 후에 급성장의 가도에 들어선 사회의 요구를 충족시키려면 화학의 산업화가 필연적이다. 그래서 우리는 앞 장에서 화학의 산업화를 위한 첫걸음에 대해 살펴보았다. 이쯤에서 나는 다시 기본으로 돌아가고 싶다. 완전히 밑바닥에서 "지금 몇 시인가?"와 "나는 어디에 있는가?"라는 두 가지 본질적인 질문에 정확히 대답하려면, 생존자는 어떻게 해야 하는가? 결코 장난삼아 던지는 질문이 아니다. 두 질문에 대답하려면 시간과 공간에서 자신의 위치를 추적할 수 있어야 한다. 하루 동안 시간의 경과를 측정할 수 있어야 첫 번째 질문에 정확히 대답할 수 있을 것이고,

더 나아가 하루하루를 추적하고 계절까지 계산해 성공적으로 농업을 경영할 수 있을 것이다. 따라서 달력을 정확히 복원해내기 위해서, 또 먼 미래에 '올해가 몇 년도인가?'(시간여행이 주제인 영화에서 주인공이 어김없이 묻는 질문)라는 질문에 답해내려면 무엇을 관찰해야 하는지에 대해 살펴보기로 하자. 두 번째 질문도 대답할 수 있어야 하는 이유는 눈에 띄는 지형지물이 없더라도 우리가 현재 차지하는 위치를 알아낼 수 있어야 하기 때문이다. 그래야 현재의 위치와 목표로 하는 위치를 파악해서 무역이나 탐험을 위해 이동하는 게 가능하지 않겠는가.

먼저 시간에 대해 살펴보자.

지금 몇 시인가?

어떤 문명에서나 계절의 흐름을 파악해서 씨를 뿌리고 수확할 최적의 때를 알아내는 능력은 필수적이다. 그래야 혹독한 겨울이나 물이 부족한 건조기를 미리 대비할 수 있을 것이기 때문이다. 종말 후의 사회가 점점 복잡해지고 일과가 엄격히 구조화되면, 하루에서 시간 파악이 한층 중요해지기 마련이다. 다양한 활동의 시간을 조절하고, 시민생활을 조화롭게 운영하기 위해서는 반드시 시계가 필요하다. 장사꾼들이 일하는 시간부터 시장이 문을 열고 닫는 시간까지, 또 종교적인 사회에서는 사람들이 예배 장소에 모이는 때가 시간이란 단위에 맞추어진다.

원칙적으로 우리는 일정한 속도로 진행되는 어떤 과정을 기준으로 활용해서 시간을 계량화할 수 있다. 시간을 측정하려는 많은 방법이 역사적으로 시도되었고, 종말 후에 시계가 하나도 남아 있지 않는다면 문명 초기 단계에서는 그 방법들이 무척 유용할 것이다. 저수통이나 물그릇의 한쪽에 일정한 간격으로 눈금을 그려놓고 규칙적으로 떨어지는 물방울의 양으로 시간을 측정했던 물시계가 대표적인 예이다. 모래나 작은 알갱이가 좁은 구멍을 통과하게 만든 모래시계, 램프에 남은 기름의 양, 기다란 초의 한쪽에 새긴 눈금 등도 시간을 측정하는 방법으로 쓰였다.

물시계와 모래시계는 중력의 원리를 이용한다는 점에서 유사하지만, 물시계의 경우에는 압력이 물에 작용하는 반면에 모래시계는 남은 모래양에 거의 영향을 받지 않는다.[2] 이런 이유에서 14세기부터는 모래시계가 상대적으로 흔해졌다. 그러나 모래시계는 기간을 측정하지만 현재의 시각을 우리에게 말해주지는 못한다.(동이 튼 때부터 모래시계를 몇 번이나 뒤집었는지 헤아리는 장치가 갖추어지지 않는 경우.) 그럼, 어떻게 해야 현재의 시각을 알아낼 수 있을까?

오늘날 정신없이 돌아가는 현대인의 삶은 벽시계와 작업 일지로 짜이지만, 우리가 땅을 딛고 살아가는 지구라는 행성의 원초적인 리듬을 형식화한 것에 불과하다. 촘촘하게 짜인 일과표에 비교하면, 지구의 자연스런 변화는 무척 느린 편이어서 대부분의 사람은 기껏해야 밤과 낮의 규칙적인 변화, 계절의 점진적인 순환을 의식할 뿐이다. 예컨대 시계 눈금판을 돌리면, 지구의 주기적 변화가 더욱 분명하게 드러날 정도로 시간의 흐름이 빨라진다고 상상해보자.(아래에 언급한 현상은 관찰자의 시점이 북반구에 있는 경우이지만, 관찰자가 남반구에 있더라도 원칙적인 면들은 달라지지 않는다.)

태양이 하늘에서 지금보다 더 빠른 속도로 움직이면, 지상에 드리워진 그림자가 물체를 중심으로 휙휙 돌아간다. 태양이 서쪽으로 달려가 순식간에 시야에서 사라지면, 다시 말해서 석양을 즐길 틈도 없이 태양이 서쪽으로 넘어가면 하늘에서 남색이 사라지고 칠흑 같은 어둠이 곧바로 내린다. 거대한 밤하늘에 점점이 박힌 별들은 지금 우리에게 익숙한 정지된 점들이 아니라, 둥근 창공을 따라 회전하는 가느다란 광선들로 보인다. 다시 말하면 별들이 차례로 껴안긴 동심원을 그리며, 정중앙, 즉 천구의 북극에서는 어떤 움직임도 식별되지 않는다. 이 한복판을 차지한 별이 바로 '폴라리스'라고도 하는 북극성이고, 새벽과 더불어 하늘이 다시 밝아지기 전까지 다른 별들은 북극성을 중심으로 회전하는 것처럼 보인다.

태양이 하늘에 남기는 붉은 궤적이 똑같은 모양을 그리며 한참 동안 유지되지는 않는다. 활모양의 궤적이 조금씩 위아래로 움직인다. 여름에는 태양의 고도가 가장 높아 낮이 길고 더운 반면에, 겨울에는 태양이 지름길을 택한 듯 지평선 위에 간신히 올라섰다가 다시 떨어지며 시야에서 사라지는 듯하다. 이런 변화에서 가장 높은 지점과 가장 낮은 지점은 지점至點, solstice(라틴어 어원은 '태양의 정지'를 뜻한다)이라 불리며, 태양의 궤도는 이 지점에서 서서히 멈추었다가 반대쪽으로 돌아가는 것처럼 보인다. 동지점(남반구에서는 하지점과 일치)에는 연중 낮의 길이가 가장 짧고, 태양이 지평선의 최남단 지점에서 떠오른다. 스톤헨지처럼 고대에 천문을 관측하던 곳에는 이런 특별한 날들에 태양이 떠오르는 지점과 일직선을 이루는 기념물들이 세워져 있다.•

• 격자무늬인 맨해튼의 도로망에서 평행을 이룬 도로들은 천구의 북극에서 동쪽으로 30도쯤 기울어진 방향을 향하고 있다. 따라서 1년에 두 번(5월 말과 7월 중순), 맨해튼은 현대판 스톤헨지가 되어 태양이 협곡 같은 도로의 중앙선에 정확히 내려앉는다.[3]

이런 자연의 변화와 주기를 어떻게 이용하면 시간을 측정할 수 있을까?

가장 기본적인 차원에서 생각하면, 지구는 자전하기 때문에 태양이 하늘에서 차지하는 위치, 더 나아가 그림자의 위치가 하루의 시각을 가리킨다.• 해변에서 파라솔이나 나무의 그림자를 벗어나지 않으려고 안간힘을 쏟아본 사람이라면, 그림자가 어떻게 이동하는지 잘 알고 있을 것이다. 따라서 막대기를 땅에 똑바로 세우면, 그림자의 회전이 시간의 흐름을 나타낸다. 물론 이것이 해시계의 기본 원리이다. 그림자가 가장 짧은 때가 정오, 즉 한낮이다. 더 정확한 결과를 얻으려면, 막대기를 천구의 북극, 즉 북극성이 가리키는 방향으로 기울여야 한다.

막대기의 아래쪽에 반구형의 통이나 반원형의 활을 놓은 후에 일정한 간격으로 시간선을 그려 넣으면 간이 해시계, 정확히 말하면 천구가 해시계의 굽은 표면에 곧장 투사되는 모양의 해시계가 된다.[4] 물론 반원형의 납작한 해시계를 만들기가 훨씬 더 쉽지만, 그림자가 아침이나 저녁보다 한낮 부근에 더 천천히 움직이기 때문에 시간선을 표시하기가 상대적으로 어려워진다. 하루는 몇 등분하든 상관없다. 우리가 하루를 12등분하는 관습은 바빌로니아에서 비롯된 것이고, 이 관습은 황도대를 12개의 별자리로 분할한 것과 관계가 있는 듯하다.(황도대는 별자리들로 이루

• 태양이 하늘을 가로지르고, 별들로 뒤덮인 밤하늘이 회전하는 것처럼 보이는 이유는 지구의 자전 때문이라는 건 어렵지 않게 증명할 수 있다. 기다란 실의 끝에 묵직한 추를 매달고, 추가 정확히 좌우로만 흔들리며, 다른 방향으로 흔들리지 않게 해보라. 이 '푸코의 진자Foucault's pendulum'는 하루의 흐름에 맞추어 땅 주위를 회전하는 것처럼 보인다. 그러나 진자는 공중에 매달려 있고, 흔들림에 변화를 줄 만한 힘이 전혀 가해지지 않는다. 따라서 진자가 줄곧 동일한 방향으로 흔들리는 이유는 지구 자체가 진자 아래에서 회전하기 때문이다.

어진 띠로, 태양을 비롯한 태양계 행성들의 궤도는 이 띠를 따라 형성된다.)

하지만 인류 역사에서 시간을 측정하고 기록하는 결정적인 혁명은 기계적인 '시계태엽'을 사용한 시계의 발명으로 시작되었고, 신대륙을 발견하는 목표를 앞당기려는 테크놀로지였다.•• 시계는 인간의 심장처럼 규칙적인 박자에 맞추어 재깍거리는 경이로운 기계장치이다. 동력원과 진동자, 제어기와 태엽장치라는 4개의 핵심적인 부품이 이 역할을 완벽하게 수행한다.[5]

시계에서 일차적으로 가장 중요한 부품은 동력원이다. 시계에 동력을 가장 간단하게 전달하는 수단은 축과 연결된 끈에 매달린 추이다. 추는 중력에 의해 아래로 향하고, 그 힘에 의해 축은 회전한다. 이처럼 단순한 장치의 문제는, 추가 무작정 아래로 떨어지는 걸 방치하지 않고 추에 저장된 에너지를 적절하게 활용해서 태엽장치를 천천히 움직이게 하는 것이다. 이 역할을 하는 장치가 '탈진기escapement'인데, 이에 대해서 잠시 후에 자세히 살펴보기로 하자.

기계시계mechanical clock에서 일정한 간격으로 재깍거리며 규칙적으로 시간을 알리는 장치는 진동자이다. 테크놀로지 수준이 낮은 단계에서 진동자를 대신하는 이상적인 수단은 진자振子, 즉 단단한 막대에 매달려 좌

•• 시계태엽을 이용한 시계는 13세기 말 수도원에 처음 등장했고, 수사들에게 기도 시간을 알리는 차임벨 소리를 내는 데 사용되었다. 실제로 시계의 중요한 기계장치들은 문자판과 바늘보다 한 세기 이상 먼저 만들어졌다.(특히 분침은 시침보다 300년 후에야 등장했다.) 따라서 최초의 시계는 시간을 나타내기 위한 장치가 아니라, 일정한 간격으로 종소리를 자동으로 내기 위한 정교한 장치였다. '시계clock'란 단어가 '종(소리)'을 뜻하는 켈트어에서 파생된 이유도 여기에 있다.

우로 흔들리는 물체이다. 여기에서는 진자의 길이에 의해 진자의 주기—진자가 일정한 각도로 움직이고 원래의 자리로 되돌아올 때까지 걸리는 시간—가 결정된다는 물리학적 원칙이 이용된다. 마찰과 공기 저항으로 진폭이 점진적으로 줄어들더라도 진자는 정확히 똑같은 박자로 흔들린다. 이런 규칙성 덕분에 진자는 시계에서 빼놓을 수 없는 부품이 된다. 세 번째 부품, 즉 제어기는 진동자의 기능을 이용해서 동력원을 조절하는 중요한 역할을 한다. 진자 탈진기는 이가 들쑥날쑥한 톱니바퀴로, 진자의 움직임에 따라 움직이는 양쪽으로 갈라진 집게 모양의 지렛대에 물렸다 풀렸다를 반복한다. 진자가 가장 위쪽까지 올라갈 때마다 탈진기가 풀리며 구동추의 제어로부터 벗어나 한 톱니씩 옮겨가고, 톱니의 각도가 한쪽으로 치우쳐 있어 진자가 한쪽 방향으로 계속 움직이는 걸 제어하는 역할을 한다. 이처럼 시계를 구성하는 핵심적인 부품들을 정교하게 배치하면 추가 흔들거릴 때마다 저장된 에너지를 배출하며 한 번씩 재깍거린다. 진자는 길어야 하고 추는 높은 곳에서 떨어져야 한다는 두 가지 조건 때문에 시계의 설계에 제약을 받아, 대부분의 시계가 길쭉한 괘종시계의 모양을 띤다.

다음 단계로, 시계 문자판에서 시침은 12시간마다 한 바퀴를 완전히 회전시키고 시침에 연결된 분침은 60 대 1의 속도로 회전시키는 피동바퀴에 탈진기의 점진적인 회전을 맞추는 톱니바퀴 시스템을 설계하는 건 상대적으로 쉬운 편이다. 기본적으로 수학적 계산만 제대로 해내면 충분하기 때문이다. 한 시간을 60분으로 분할하고, 다시 1분을 60초로 분할하는 것도 고대 바빌로니아의 유산이다. '분minute'이란 단어는 라틴어에서 '첫 번째 작은 부분'을 뜻하는 'partes minutiae primae'에서 파생되

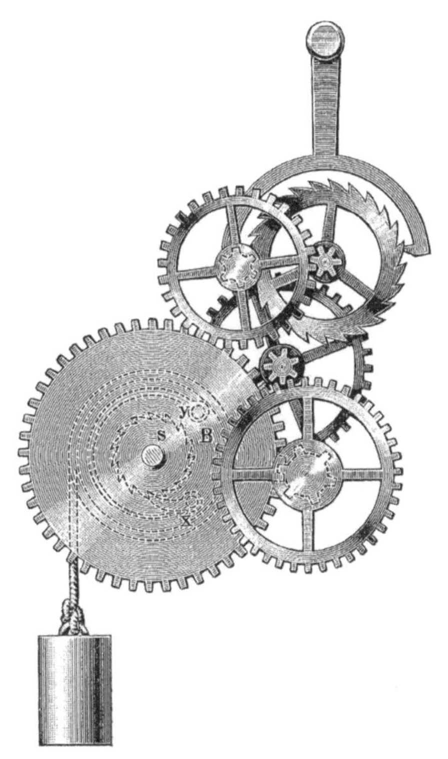

기계시계의 핵심적인 부품들. 추(왼쪽 아래)가 아래로 내려가면 기어 체인이 작동된다. 탈진기(위)가 좌우로 움직이며 톱니바퀴를 놓을 때마다 한 번에 한 톱니씩 회전시킨다. 탈진기는 진자(그림에는 없음)의 규칙적인 움직임과 짝지어진다.

었고, '초second'도 역시 라틴어에서 '두 번째 작은 부분'을 뜻하는 'partes minutiae secondae'에서 파생되었다.[6] 진자시계는 자연의 흐름만이 아니라 실험 결과도 정확히 측정할 수 있는 도구인 까닭에, 인류의 역사에서 과학혁명Scientific Revolution 시대에 연구자들의 연구 방법에 크게 기여한 혁신적인 발명이었다.•

• 기본적으로 모든 시계는 어떤 규칙적인 과정의 반복적인 움직임을 헤아려서 그 결과를 보여주는 장치라 할 수 있다. 요즘의 시계도 원칙적인 면에서 다르지 않아, 다양한 물리 현상들을 훨씬 빠른 속도로 훨씬 정밀하게 이용하는 것일 뿐이다. 예컨대 디지털

해시계에서 이동하는 그림자가 가리키는 시간의 길이는 1년 내내 다르다. 예컨대 겨울의 한 시간은 여름의 한 시간보다 짧다. 연중 이틀만 그림자로 표현되는 시간의 길이가 똑같다. 태양이 지나는 길인 황도가 천구의 적도와 만나는 때로 '분점equinox'이라 일컬어지며, 문자 그대로 해석하면 '똑같은 밤'이란 뜻이다. 이때 낮과 밤이 똑같이 12시간이기 때문이다.** 이 특별한 날은 봄과 가을에 각각 한 번씩 존재한다. 만약 당신이 이날 정오에 적도 위에 서 있다면 태양이 바로 머리 위를 지나가기 때문에 그림자가 발밑에 감추어져 보이지 않을 것이다. 춘분이나 추분에는 아침에 태양이 정동(천구의 극에서 직각을 이루는 지점)에서 뜨기 때문에 세계 어디에서나 쉽게 알아낼 수 있다. 기계시계는 이 표준적인 분점시를 받아들이도록 설정되어 있다. 분점시는 춘분이나 추분에 해시계로 측정한 1시간인데, 비교를 위해 모래시계로 계산된다. 해시계가 가리키는 시태양시視太陽時, apparent solar time는, 기계시계가 일정한 분점시로 기록하는 평균 태양시와 16분까지 편차가 생길 수 있다. 하지만 기계시계가 널리 확산되면서 혼란을 유발할 가능성까지 높아졌다. 요컨대 "기계장치에 따른 획일적인 시간과 일출 이후로 얼마나 많은 시간이 흘렀는지를 계산하는 태양시 중에 무엇이 시간을 뜻하는가?"라는 혼란이었다. 따라서 14세기부터는 예컨대 3시three o'clock라며 시간을 '시계의 시간of the clock'이라고 분명히 명시해야만 했다.[7]

시계에서는 수정 진동자의 전자 진동을 헤아리고, 원자시계에서는 세슘 원자의 마이크로파 진동을 헤아린다.

** 햇볕이 지구의 대기권에서 굴절되며 아침과 저녁에 여명과 황혼의 시간을 허용하기 때문에 실제로는 낮 시간이 약간 더 길다.

벽에 매달린 요즘의 괘종시계와 고대의 해시계 사이에는 훨씬 깊은 역사적 관계가 있다. 시침이 문자판 위를 움직이며 시각을 알려주는 기계시계는 해시계인데, 그림자 선을 읽는 데 익숙한 사람이면 직관적으로 이해할 수 있도록 설계되었다. 기계시계, 즉 괘종시계는 중세의 도시들에 처음 등장했고, 그노몬gnomon이라 일컬어지는 해시계 바늘의 그림자는 북반구에서 항상 괘종시계 바늘과 같은 방향으로 회전한다. 여기에서 '~방향으로'라는 뜻을 지닌 접미어 '~wise'가 더해진 'clockwise'(시곗바늘 방향으로)라는 단어가 파생되었다. 종말 후에 재건을 시도할 때 남반구에서 기계 문명이 발달하여 시계를 다시 발명한다면, 시곗바늘들은 지금 우리에게는 시곗바늘 반대 방향으로 여겨지는 쪽으로 회전할 가능성이 크다.

하루의 시간에 대해서는 이 정도로 마무리해두자. 더 나아가 기본에서부터 시작하여 계절의 맥박을 느끼고 달력을 복원한다 치자. 그러면 하루보다 더 긴 주기의 시간을 추적하기 위해 우리는 무엇을 어떻게 해야 할까?

달력의 재구성

땅바닥에 꽂은 막대기로 다시 돌아가자. 하루 동안 그림자의 길이를 추적하고 관찰해서 정오라는 시간을 찾아내는 방법에 대해서는 이미 앞에서 살펴보았다. 정오의 그림자 길이를 연이어 관찰해서 기록하면, 다시 말해서 태양의 최대 고도高度를 계속해서 기록하면, 지구가

태양 주위를 공전하기 때문에 계절에 따른 주기성을 확인할 수 있다.•

잠자리에 드는 걸 조금 늦추고 태양의 움직임보다 밤하늘을 관찰하면, 밤하늘에서 한 해를 분할하고 계절의 변화를 추적할 만한 랜드마크들을 훨씬 더 많이 찾아낼 수 있다. 어떤 특정한 지점에서 관찰되는 별자리들은 계절에 따라 변한다. 예컨대 우리에게 친숙한 오리온자리는 천구의 적도에 걸쳐 있기 때문에 북반구에서는 겨울에만 보인다. 더 정확히 말하면, 개개의 별은 특정한 날에 나타났다가 사라진다.(이런 주기를 계산하면 1년이 365일이 된다.) 밤하늘에서 일어나는 이런 변화들은 매년 특정한 날, 예컨대 하지점과 동지점, 춘분점과 추분점과 관련지어질 수 있다. 따라서 이런 변화에 주목해서 한 해의 흐름을 추적하면 계절의 변화까지 예측해낼 수 있다. 예컨대 고대 이집트인들은 밤하늘에서 가장 밝은 별인 시리우스가 처음 출현하는 날을 기준으로 나일 강의 홍수와 토양의 회춘을 예측했다. 요즘의 달력으로 말하면, 6월 28일경이다.[8]

따라서 몇몇 기초적인 현상으로 면밀히 관찰하면, 1년 365일을 재구

• 지구가 태양의 주위를 회전하는 것이지, 태양이 지구의 궤도를 공전하는 게 아니라는 걸 어떻게 증명할 수 있을까? 다시 말해서, 우리가 태양계에서 중심을 차지하는 명예로운 위치에 있는 게 아니라는 걸 어떻게 증명할 수 있을까? 적당히 정밀한 시계 하나만 있으면 충분하다. 어떤 특정한 별을 며칠 밤 연속해서 관찰하면 매일 정확히 4분가량 늦게 뜬다는 걸 확인할 수 있을 것이다. 이때 관련된 운동이 지구가 팽이처럼 축을 중심으로 회전하는 게 전부라면, 어떤 별이든 매일 밤 정확히 똑같은 시간에 눈에 들어와야 할 것이다. 그러나 실제로는 지구의 위치가 조금 이동하기 때문에, 지구가 동일한 속도로 자전하더라도 어젯밤에 보았던 똑같은 밤하늘이 시야에 들어오려면 약간의 시간이 더 걸린다. 4분이면 24시간(1,440분)의 365분의 1이다. 즉, 지구가 꼬박 1년이 걸리는 공전에서 하루만큼 앞으로 전진한 것이다.

성하고 일지에 분점과 지점을 써넣을 수 있다.•• 지점과 분점은 1년을 고르게 4등분한 시점으로, 농업에서 주목해야 할 계절의 변화를 가리키는 시간의 기념물이라 할 수 있다. 시계의 시간을 결정하는 데 활용했던 추분점과 춘분점은 (북반구에서) 각각 9월 22일경과 3월 20일경에 찾아오고, 동지점과 하지점은 각각 12월 21일경과 6월 21일경이다. 따라서 종말 후의 사회가 한없이 추락해서 누구도 역사를 기록하지 않는 세상이 와서 역사의 끈이 끊어지더라도, 생존자들은 천체의 움직임을 잠시 동안 관찰하면 그날이 계절적으로 어느 때인지 알아낼 수 있을 것이다. 게다가 원하면 1월부터 12월까지 지금의 우리에게 익숙한 열두 달로 짜인 그레고리력을 되살려내고, 특별한 날들에도 표시를 해둘 수 있을 것이다.[9]

그러나 누구도 일지에 기록하지 않은 채 수세대를 보낸 후에 그해가 어느 해인지 계산해낼 수 있을까? 우리 문명이 갑작스레 재앙을 맞아 몰락한 후에 암흑시대가 얼마나 흘렀는지 어떻게 알 수 있을까? 이 의문의 답을 찾아내는 좋은 방법 중 하나는, 밤하늘을 수놓은 별들을 통해 알아낸 놀라운 사실에 있다.

•• 종말 후에 재건을 시도하는 사회가 수십 년 동안 밤하늘을 기록한 결과를 나중에 보면, 365일로 짜인 달력에서 밤하늘의 변화가 조금씩 늦춰지는 걸 확인하게 될 것이다. 1년의 길이가 정확히는 365일이 아니라 조금 더 길다는 뜻이다.(또한 태양 주위를 회전하는 지구의 궤도가 자체의 축을 중심으로 회전하는 데 걸리는 시간의 정확한 배수여야 한다고 생각할 필요도 없다.) 1년을 365일로 계산하면 1,460년을 주기로 1년에 가까운 오차가 생긴다. 따라서 천구를 기준으로 할 때, 지구는 1,460년마다 365일을 추가로 더 회전한 셈이다. 결국 달력을 작성할 때 매년 4분의 1일을 추가로 고려해야 한다는 뜻이다. 그렇지 않으면 달력이 곤혹스러울 정도로 계절과 엇박자를 이루게 된다. 이런 이유에서 기원전 46년 율리우스 카이사르는 날짜의 재조정을 명령하며, 계절과 달력이 확실히 보조를 맞출 수 있도록 윤년을 도입했다.

밤이 흐르는 동안 별들이 움직이는 하늘은, 바늘구멍이 무수히 뚫린 거대한 둥근 천장이 우리 머리 위에서 급회전하는 것처럼 보인다. 또한 각 광점은 다른 광점들과 비교할 때 고정된 위치를 유지하며, 이른바 별자리의 모양을 만들어낸다. 믿기지 않겠지만, 인간의 수명보다 훨씬 긴 간격을 두고 모든 별은 실제로 서로 교차해 지나간다. 앞에서 그랬듯이 시간의 흐름이 빨라진다고 상상해보자. 그런데 이번에는 지구의 자전에 따른 회전을 상쇄하는 방향으로 시간의 흐름이 빨라지면, 별들이 하늘에서 서로 뒤섞이고 소용돌이치며 검은 바다 위의 거품들처럼 보일 것이다. '고유운동proper motion'이라 알려진 현상으로, 자체의 궤도를 따라 은하 중심을 회전하는 다른 항성들에 의한 현상이다.

가까운 미래의 어느 시점에 해당되는 해를 알아내려 할 때 가장 주목해야 할 표적은 바너드별Barnard's Star이다. 바너드별은 지구에 가장 가까운 별들 중 하나이지만, 붉고 희미하게 빛나는 오래된 작은 항성이다. 따라서 지구로부터 가까이 있지만 육안으로는 보이지 않는다. 하지만 직경 10센티미터가량의 렌즈나 거울로 만든 변변찮은 망원경으로도 바너드별은 쉽게 찾아낼 수 있다. 요컨대 이 별은 엄청난 재주가 있어야 관찰되는 것은 아니지만 하늘에서 자연의 시간 표지자 역할을 해낼 수 있다. 바너드별은 350년에 1도씩, 즉 매년 1000분의 3도씩 움직인다. 대단한 것처럼 들리지 않겠지만, 주변의 모든 별과 비교하면 엄청나게 빠른 속도이다. 다른 식으로 말하면, 인간의 평균수명이란 기간 동안 바너드별은 보름달 직경의 거의 절반을 이동한다. 따라서 종말 후의 사회에서 미래의 어떤 시점에 해당되는 해를 알아내고 싶다면 다음에 그려진 하늘의 모습을 찾아내서 바너드별의 당시 위치를 확인한 후에 연대표에서 관련

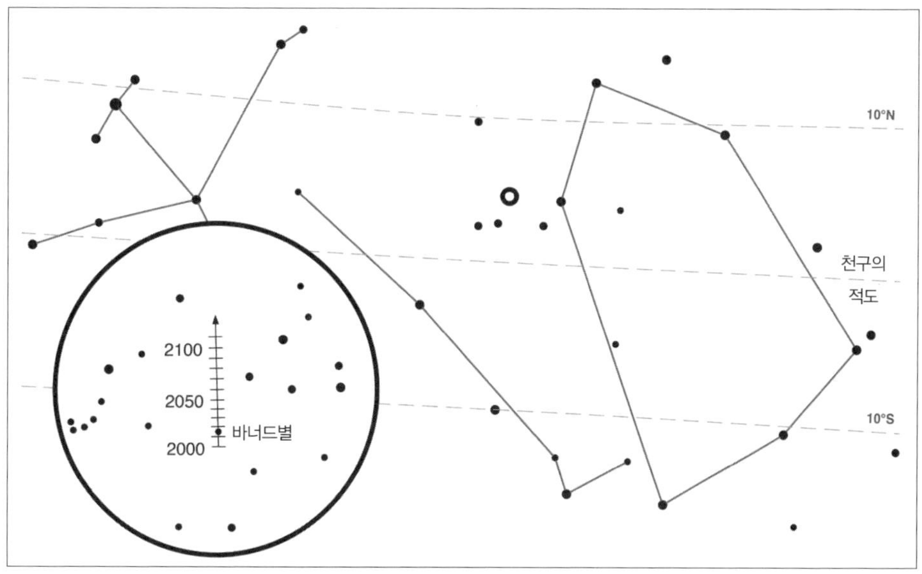

바너드별은 밤하늘에서 고유운동의 속도가 가장 빠른 별이다. 역사의 기록이 단절된 후에 어떤 시점의 해를 복원하기 위해서는 바너드별을 관측하면 된다.

된 햇수를 읽어내면 된다.

훨씬 긴 시간이 지난 후에는 지구 자전축의 세차운동을 이용하면 된다. 팽이처럼, 시간이 흐름에 따라 지구의 회전축도 원을 그리며 서서히 넘어진다. 폴라리스, 즉 북극성은 공교롭게도 지구 회전축의 방향을 일직선으로 연결한 선상에 위치하므로, 하늘에서 움직이지 않는 것처럼 보이는 유일한 점일 뿐이다. 현재로서는 지구의 축이 남쪽 하늘의 황량한 지역을 통과하기 때문에 남쪽에는 북극성에 해당하는 '남극성'이 없다. 새로운 천년 시대가 끝난 후에도 북극성은 다른 별들에 접근하려고 빈 하늘을 헤매고 다닐 것이며, 기원후 25700년이 되어서야 완전한 일주를 끝내고 그리스도가 태어난 해의 위치로 되돌아갈 것이다.(이런 미세한 이동의 결과로, 태양의 행로가 천구의 적도와 교차하는 점들, 즉 춘분점과 추분점도 하늘에서 조금씩 이동하는 것으로 보이며, 이런 현상은 분점의 세차precession of the equinoxes라 일

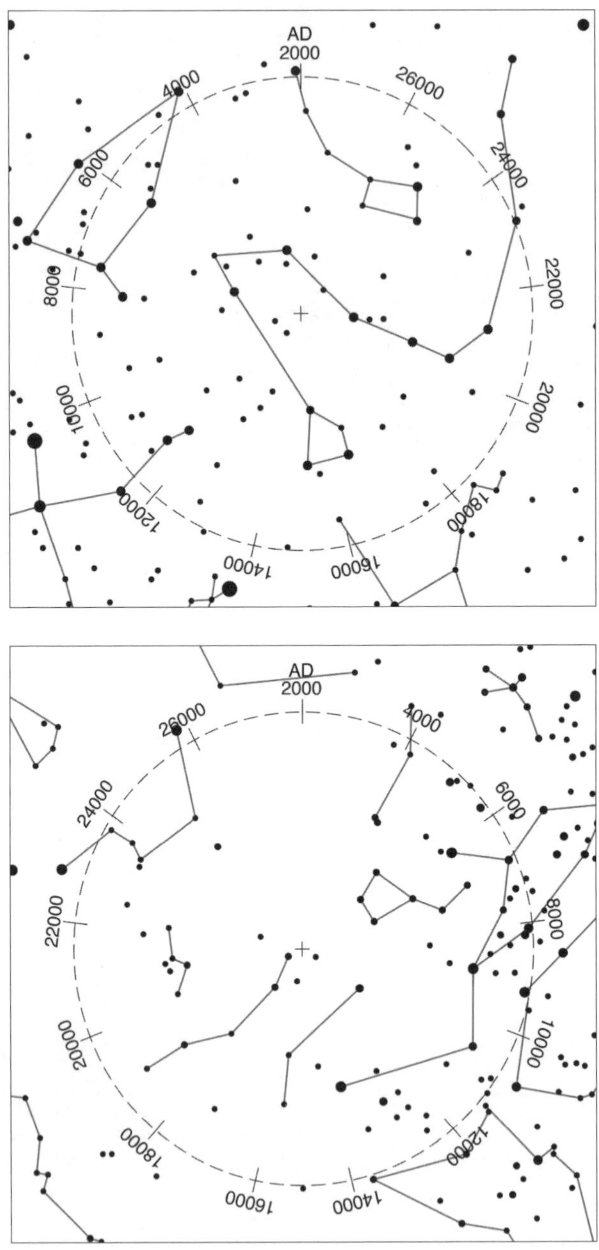

지구의 자전축이 향후 26,000년 동안 세차운동으로 이동할 때 천구의 북극(위)과 남극(아래)이 선회하는 모습.

컬어진다.) 북극성이 현재 어디에 있는지 관찰하기는 상대적으로 쉬운 편이다. 특히 기본적인 사진술을 복원해서 카메라 셔터를 15분가량 열어 놓고 북극성을 촬영하여 지구의 회전에 의해 나타나는 별자국star trail을 필름에 찍어낼 수 있다면 북극성은 훨씬 쉽게 찾아진다. 이렇게 찾아낸 북극성의 위치를 앞 쪽에 소개된 별지도와 비교해서, 북극성을 관찰하는 시점에 해당되는 해를 읽어내면 된다.

지구의 여러 운동을 관찰해서 기록하면 지금이 언제인지 알아내고, 효율적인 농경을 위해 계절의 변화를 예측하는 달력을 복원해낼 수 있다. 그러면 우리가 지금 지구에서 어느 위치에 있는지를, 더 나아가 두 지점 사이를 효과적으로 이동하는 방법을 어떻게 하면 알아낼 수 있을까?

지금 나는 어디에 있는가

눈에 익은 랜드마크들 사이를 육로로 이동하거나, 배를 타고 해안선을 따라 이동하기는 그다지 어렵지 않다. 그러나 마음에 위안을 주는 표지로부터 멀어져서, 예컨대 어떤 기준점도 찾을 수 없는 망망대해를 항해할 때 당신이 올바른 방향으로 향하고 있다는 걸 어떻게 확신할 수 있을까? 중국 뱃사람들은 11세기에 자철석을 사용해서 방향을 탐지했다. 자철석lodestone은 방향을 찾는 뛰어난 속성을 지녀 중세 영어에서는 '인도하는 돌leading stone'을 뜻했다. 자성을 띤 철바늘을 이용한 나침반은 그 후에 등장했다. 나침반 바늘, 즉 자침磁針은 자기장의 방향과 평행하게 놓이려고 회전하며, 결국에는 양극과 똑바로 놓이게 된다. 이런 이유에서 자침의 끝은 항상 북쪽을 가리킨다. 따라서 나침반을 이용하면 다른 외적인 표지가 없어도 일정한 방향을 유지할 수 있을 뿐 아니라, 여기에 둘 이상의 뚜렷한 랜드마크가 시야에 들어오면 나침반을 이용해서 두 랜드마크의 방위각을 알아낸 후에 삼각법으로 지도상에서 당신의 위치를 정확히 결정할 수 있다. 맑은 밤하늘에서는 항상 남쪽이나 북쪽을 찾아낼 수 있지만, 나침반은 구름이 잔뜩 낀 날에도 방향을 가늠하게 해주는 멋진 도구이다. 하지만 지구의 자전축에서 만들어지는 천극天極과, 철이 풍부한 지구의 중심핵에 영향을 받는 자극磁極이 완벽하게 일치하는 것은 아니라는 점을 잊어서는 안 된다. 적도에서는 편차가 몇 도에 불과하지만, 극을 향해 다가갈수록 나침반 오차compass error는 걷잡을 수 없이 커진다.

종말 후에 철저하게 기본으로 돌아가 자석을 어디에서도 발견할 수 없다면, 언제라도 전기를 사용해서 일시적으로 자기장을 만들어낼 수 있다. 두 종류의 금속을 교대로 쌓아 기초적인 전지를 만드는 법에 대해서는 이미 8장에서 살펴보았고, 이런 전지에서 만들어진 전류가 코일 형태로 감긴 구리선을 따라 흐르게 하여 전자석을 만들어낼 수 있다. 철로 된 물질에 전류를 공급해서 항구적으로 자성을 띠게 하는 데도 이 방법이 사용된다. 나침반의 지침으로 적당한 가느다란 바늘의 경우도 마찬가지이다.(철저하게 밑바닥부터 시작해야 한다면 금속을 제련하는 방법을 다룬 6장을 참조하기 바란다.)

나침반은 우리에게 방위를 알려주지만, 앞에서 언급한 대로 랜드마크들이 표시된 지도와 함께 활용하면 우리의 현재 위치까지 알려줄 수 있다. 그러나 지구의 어느 곳에서나 우리가 현재 위치하는 곳을 알아낼 수 있는 일반적인 방법은 없을까? 이 의문에 대한 답을 추적해보면, 여기에서 다루는 두 가지 기본적인 문제—"지금 몇 시인가?"와 "나는 어디에 있는가?"—의 해답이 훨씬 밀접하게 연결되어 있다는 게 밝혀진다.

현재 위치를 알아내기 위해 해결해야 할 첫 번째 과제는 지구의 모든 지점을 어떤 지점과도 혼동되지 않게 표기하는 시스템을 고안하는 것이다. 예컨대 어떤 호수가 도심에서 남서쪽으로 5킬로미터 떨어진 곳에 있다고 표현하는 방법이 나쁠 것은 없다. 하지만 새롭게 발견된 섬이나 주변에 아무것도 없는 망망대해에서 당신의 현재 위치는 어떻게 표현해야 할까? 비법은 지구에 적합한 자연좌표시스템natural coordinate system을 찾아내는 것이다.

뉴욕처럼 격자무늬로 도로망이 정비된 도시에서 길을 찾는 건 상대적으로 쉬운 편이다. '애비뉴'는 대략 북동쪽으로 달리고, '스트리트'는 애비뉴와 직각을 이룬다. 또한 대부분의 도로에 번호가 차례로 매겨져 있다. 따라서 맨해튼에서는 어느 곳이든 쉽게 찾아갈 수 있다. 예컨대 '애비뉴'를 따라 걷다 보면 당신이 가려는 스트리트와 교차하는 곳에 이르게 되고, 그곳에서부터 스트리트를 따라 걸으면 목적지에 닿게 된다. 맨해튼 중간지대에 있는 장소의 주소는 무척 간단해서 '23번 스트리트'와 '7번 애비뉴'라고 교차하는 두 도로의 이름을 나열하면 그만이다. 한편 스트리트 번호를 먼저 말하고 애비뉴 번호를 나중에 말하는 관습을 모두가 받아들인다면, (23, 7) 혹은 (4, 브로드웨이)라고 짝지어놓는 것으로도 충분할 것이다. 여기에서 주소는 단순히 이름표가 아니다. 뉴욕이란 도시 내에서 어떤 지점을 정확히 가리키고 특정하는 좌표이다. 격자형 도시에서 교차점에 세워진 표지판을 보고 현재의 위치를 알아내면, 몇 개의 블록을 따라가고 몇 개의 블록을 가로질러야 목적지에 도착하는지 금세 알아낼 수 있을 것이다.

이와 유사한 좌표 시스템이 지구에도 적용된다. 지구는 공처럼 거의 완벽하게 둥글며, 지구의 자전축은 북극과 남극을 잇고, 적도는 지구의 중앙을 달리는 둥근 선이다. 구면기하학spherical geometry의 특징을 고려하면, 이상적인 격자형 도시의 경우처럼 일정한 간격이 아니라 일정한 각으로 면적을 분할하는 게 합리적이다. 따라서 북극에 서서 정남쪽으로 줄을 쏘아 지구를 완전히 둘러싸며 남극까지 잇는다고 상상해보자. 다음에는 왼쪽으로든 오른쪽으로든 10도씩 돌며, 한 바퀴를 완전히 돌 때까지 정남쪽으로 줄을 쏘아 남극까지 잇는다고 해보자. 적도에서도 비슷한 방법으로 분할을 시작할 수 있다. 양극의 중간에서 지구의 둘레를 이루는 선이 적도라면, 10도 간격으로 남쪽과 북쪽을 향해 극점까지 올라가며 원을 그린다. 원둘레는 10도를 올라갈 때마다 줄어들기 마련이다.

양극 사이를 남북으로 잇는 선들은 경선(혹은 경도선)이라 불리며, 지구를 적도에서부터 남극과 북극까지 동서로 둘러싸는 선은 위선(혹은 위도선)이라 불린다. 위선들은 서로 평행한 반면에, 경선은 위선과 직각으로 교차한다. 지구의 허리띠 부근에서 경도-위도 좌표는 평평한 맨해튼의 스트리트-애비뉴 좌표와 무척 유사하겠지만, 지구는 구체이기 때문에 격자무늬는 극을 향해 다가갈수록 더 심하게 찌그러진다. 여하튼 맨해튼의 경우와 마찬가지로, 지구의 경우에도 좌표를 숫자로 표현하려면 출발점을 설정해야 한다. 위도의 경우에는 적도가 당연히 0도가 되겠지만, 경도는 마땅히 0도로 결정할 곳이 없다. 런던의 그리니치를 '본초 자오선prime meridian'으로 사용하는 건 순전히 역사적 관습에 불과하다.

지구의 어느 곳에 있더라도 이런 보편적인 주소 표기법을 활용해서 현재의 위치를 나타내려면, 적도로부터 남쪽이나 북쪽으로 몇 도(위도), 본초 자오선으로부터 동쪽이나 서쪽으로 몇 도(경도)인 곳에 있는지 말할 수 있어야 한다. 내 현재 위치를 스마트폰으로 확인하면 51.56°N, 0.09°W이다. 달리 말하면, 지금 나는 그리니치에서 멀지 않은 북런던에 있다.

따라서 애초에 제기된 문제—알려진 두 지점 사이를 어떻게 항해하는가?—는 결국 두 개의 의문으로 나뉜다. 하나는 '내가 지금 위치한 곳의 위도는 어떻게 알 수 있을까?'이고, 다른 하나는 '내가 지금 위치한 곳의 경도는 어떻게 알 수 있을까?'이다.

위도를 알아내는 건 그다지 어렵지 않다. 눈에 익은 밤하늘의 별자리들에서 충분한 정보를 얻고도 남는다. 별자국 사진에서 한복판을 차지한 북극성은 북극 바로 위에서 꼼짝하지 않고 있기 때문에, 관찰자로부터 북극성과 적도에 이르는 두 직선이 이루는 각거리angular distance는 북극과 지평선 사이의 각도와 같다는 건 당연하다. 따라서 관찰자가 위치한 곳의 위도를 알아내는 문제는, 결국 별들의 고도를 측정하는 문제가 된다.

이 문제를 해결하는 가장 간단하는 방법은 항해용 사분의四分儀를 제작하는 것이다. 판지나 얇은 나무판에 원의 4분의 1을 그리고, 둥그렇게 굽은 쪽을 0도부터 90도까지 눈금을 나눈다. 두 직선면 중 하나를 선택해 양쪽 끝에 표식을 하고, 두 표식을 연장한 선에 목표물이 놓이도록 한다. 또 모서리에 다림줄을 고정해서 다림줄이 똑바로 늘어뜨려지며 눈금표에서 앙각仰角을 가리키도록 한다. 이 기본적인 장치는 정교하지는 않지만 북극성을 기준선에 맞추면 관찰자의 위도를 10도 이내의 오차로 알아낼 수 있다. 달리 말하면, 관찰자가 적도로부터 북쪽으로 얼마나 떨어져

있는지 수백 킬로미터의 오차 범위 내에서 알아낼 수 있다는 뜻이다.[10]

1750년대에 사분의보다 훨씬 정교하고 정밀한 기구가 개발되었고, 그 기구는 지금도 GPS에 공급되는 전원이 끊어지거나 GPS 자체가 없는 경우에 보조용 항해 장치로 널리 사용되고 있다. 원둘레의 6분의 1로 부채꼴 모양이기 때문에 육분의sextant라고 불리는데, 과거의 사분의와 팔분의도 마찬가지였다. 육분의는 임의로 선택한 두 물체 간의 각도를 측정할 수 있다. 항해에서 무엇보다 유용하게 사용되는 육분의는 지평선 위에 있는 태양이나 북극성, 더 나아가 모든 별의 앙각을 정확히 측정할 수 있다. 육분의는 이처럼 유용하면서도 본떠 만들기도 무척 쉽다. 따라서 종말 후에 재건을 시작한 문명이 금속을 제련하고 렌즈를 갈며 유리에 은합금을 칠해 거울을 만드는 기본적인 역량을 회복하면 육분의를 제작하는 데 필요한 전제적인 테크놀로지를 확보한 것이다.

육분의의 프레임은 원에서 60도만큼 떼어낸 쐐기처럼 생겼다. 더 구체적으로 말하면, 뾰족한 부분을 쥐고 수직으로 늘어뜨린 피자 조각과 무척 유사하다. 뾰족한 끝을 중심으로 회전하는 지표막대는 굽은 테두리를 따라 움직이는 눈금자를 가리킨다. 육분의에서 핵심적인 부품은 앞쪽 마구리에 조립된 반도금거울(수평거울)이다. 절반만 거울이고, 나머지 절반은 투명 유리여서 관찰자는 이 거울을 통해 앞쪽을 볼 수도 있다. 지표막대의 중심축에 부착된 지표경index mirror은 아래쪽을 향할 때 받아들인 영상을 반도금거울에 반사하기 때문에 관찰자의 눈에는 두 영상이 겹쳐 보이게 된다.

육분의를 사용하려면 작은 조준 망원경으로 앞쪽을 보며 반도금거울을 통과해 수평선과 일렬이 되도록 기구를 미세하게 조절한다. 태양이나

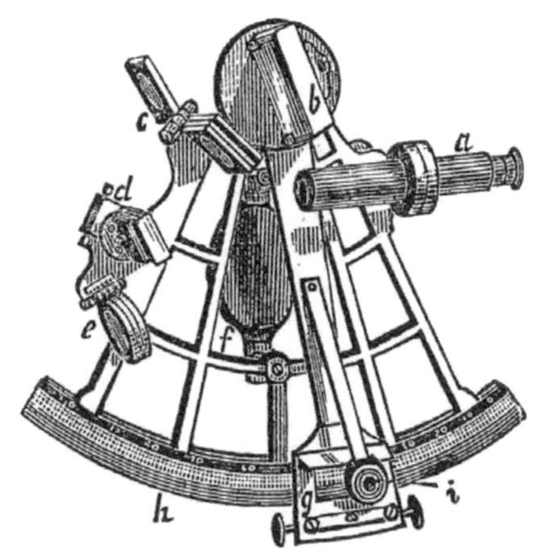

육분의. 조준 망원경(a), 반도금거울(d), 눈금자(h) 등이 부착되어 있다.

목표로 한 별의 반사된 영상이 천천히 내려와 수평선 바로 위에 앉아 있는 것처럼 보일 때 지표막대를 돌린다.(강렬한 햇빛의 강도를 안전한 수준까지 줄이기 위해서 거울들 사이에 검게 칠한 차광 유리를 끼워도 상관없다.) 눈금자에서 지표막대가 멈춘 곳에 표시된 각도가 앙각이다.

밤하늘에서 반복되는 별자리 모양들을 다시 읽고, 날짜와 시간에 따라 유난히 밝게 빛나는 별들의 위치를 기록해두면, 북극성이 명확히 보이지 않더라도 그런 기록과 경험을 바탕으로 현재 위치의 위도를 알아낼 수 있다. 또한 날짜와 위도에 따라 달라지는 태양의 한낮 높이를 표로 작성해두면, 육분의와 달력을 사용해서 낮에 이동하면서도 현재 위치의 위도를 알아낼 수 있다. 이처럼 하늘을 읽어 위도를 파악하는 법을 알고 나면 하늘이 나침반과 시계가 결합된 환상적인 도구로 변한다.

현재 위치를 정확히 찾아내는 데 필요한 좌표의 나머지 절반인 경도는 안타깝게도 위도처럼 고분고분하지 않다. 하늘을 관찰해서, 현재 위치가 본초 자오선에서 동쪽으로 얼마나 떨어진 곳에 있는지 알아내기는 무척 어렵다. 지구가 자전하며 관찰자까지 끊임없이 같은 방향으로 돌리기 때문이다. 뉴욕 도로망에 비유해서 설명하면, 17세기 뱃사람은 자신이 어느 스트리트에 있는지는 쉽게 알아낼 수는 있었어도 어느 애비뉴에 있는지를 알아내기는 거의 불가능했다. 그들은 이른바 '추측항법dead reckoning' —미지의 해류에 의해 항로 밖으로 크게 밀려나지 않기를 기대하며, 추정한 방위와 속도로 항해하는 방법—에 의존해서, 목표를 지나치지 않았다고 확신할 수 있는 지점이 있는 위도까지 항해한 후에 그 위도를 따라 정동이나 정서로 항해하며 최종 목적지에 도착하기를 바라는 수밖에 없었다.

지구는 동쪽으로 자전하기 때문에 태양이 하늘을 가로지르는 것처럼 보이고, 밤에는 별들이 회전하는 것처럼 보인다. 우리는 태양의 위치로 낮의 시간을 결정한다.(해시계를 다룬 부분을 참조할 것.) 따라서 현재 위치의 경도를 알아내는 문제는 결국 기준선에서서 얼마나 멀리 떨어져 있느냐는 문제이므로, 같은 순간에 기준선과 현재 위치의 시간 차이로 귀결된다. 지구는 24시간에 360도 자전하므로, 한 시간의 차이로 정오를 맞는다는 것은 경도가 15도 차이가 난다는 뜻이다. 따라서 현재 위치의 경도를 알아내는 작업은 시간을 공간으로 전환해서 측정하는 작업이다. 실제로 많은 사람이 경도 문제의 해결책을 직접 몸으로 절실하게 느낀 적이 한두 번이 아닐 것이다. 항공 교통의 발달로 우리는 먼 곳까지 순식간에 날아가며 상당한 차이가 나는 현지 시간을 맞닥뜨린다. 몸이 적응하지 못해 시차증에 시달린다. GPS가 등장하기 전에, 항해사들은 시차증에 관련된 원리와 똑같은 원리를 활용했다.

따라서 육분의를 사용해서 현재 위치의 시간을 알아낸 후에 그 시간을 본초 자오선의 현재 시간과 비교하면, 좌표의 두 번째 변수를 찾아내서 현재 위치를 정확히 알아낼 수 있다. 하지만 문제는 본초 자오선의 시간을 멀리 떨어진 곳까지 어떻게 전달하느냐는 것이다.[11]

경도 문제는 결국 적절한 시계—드넓은 공해에서 선박의 심한 요동에도 영향을 받지 않고 수개월에서 수년까지 오랜 항해에도 정확성을 유지하는 시계—가 발명되면서 완벽하게 해결되었다. 진자와 추를 이용한 시계는 항해용 시계로 적합하지 않지만, 용수철은 진자와 추의 기능을 동시에 해낸다. 항해용으로 적합한 진동자가 유사遊絲, balance spring(앞뒤로 획 획 움직이는 무거운 고리의 축을 나선형으로 감은 가느다란 쇠줄)로 만들어진다. 유사의 기능은 진자의 가능과 유사하지만, 진동이 끝에 이를 때마다 중력 대신에 팽팽하게 감기는 나선형 용수철로 인해 에너지가 다시 회복된다. 나선형 용수철은 단단하게 감기면 에너지를 축적하기 때문에 시계의 태엽장치에 동력을 제공할 수도 있다. 나선형 용수철이 일반적인 추보다 훨씬 간편하고 작은 동력원인 것은 분명하지만, 이런 식으로 사용된 용수철은 새로운 문제를 제기하며, 그 문제를 해결하려면 또 다른 발명이 필요하다. 구체적으로 말하면, 용수철이 풀릴 때 발산되는 힘이 일정하지 않다는 것이 문제이다. 바싹 당겨진 장력이 풀리는 순간에 가장 큰 에너지가 발산되며, 그 후에는 힘이 점점 약해진다. 이 힘을 골고루 분산시키는 방법, 결국 시계의 진행 속도를 일정하게 조절하는 방법이 있다. 코일처럼 감긴 용수철의 한쪽 끝을 퓨지fusee라고 불리는 원뿔 모양의 통에 감긴 사슬에 연결하는 것이다. 이렇게 하면, 용수철이 풀릴 때 퓨지에서 굵은 쪽부터 에너지를 발산하기 때문에 지렛대효과leverage effect로 힘의 감소를 상쇄할 수 있게 된다.[12]

윤활유의 농도와 용수철의 강도에 영향을 미치는 습도와 온도에 따른 진동의 변화 및 그 밖의 변수들을 자동적으로 바로잡는 기계장치를 갖춘 시계는 복잡하지만 경이로운 장치이다. 비유해서 말하면, 램프 속의 요정처럼 시간을 완벽하게 보호하고 지켜주는 마법 상자와 다를 바 없다.• 종말 뒤 문명을 재건하는 과정에서 이 수준까지 곧장 건너뛰지 못한다면, 그것은 문제의 해결책을 아는 것만으로는 때때로 충분하지 않기 때문이다. 악마가 때로는 지극히 사소한 곳에 있는 데다, 문명의 재건 과정에서 그런 도약을 허용하는 지름길이나 기회가 항상 있는 것도 아니다. 강박관념에 사로잡힌 편집광적 시계 제작자 존 해리슨John Harrison조차 정밀한 항해용 시계를 설계하고 제작하는 데 거의 평생을 보냈고, 그 과정에서 마찰을 크게 줄여주는 케이지드 롤러 베어링caged roller bearing과 온도 변화에 의한 팽창을 억제하기 위한 바이메탈 스트립bimetallic strip을 비롯해 많은 새로운 기계장치를 발명해야 했다.

그럼 이런 문제를 피해갈 수 있는 다른 방법이 있을까? 물론 믿을 만한 탁상시계나 디지털시계가 종말 후에도 남겨진다면, 어떤 지점에서 출발할 때 그곳의 현지 시간에 맞춘 시계를 여행하는 내내 주머니에 넣고 다니다가, 육분의로 알아낸 현지 시간과 비교하면 현재 위치의 경도를 확인할 수 있다. 하지만 유물로 남겨진 시계가 없는 경우에는 어떻게 해야 할까?

• 과거에 대형 측량선은 서너 개의 크로노미터(항해용 정밀시계)를 갖고 다니며, 오차의 평균값을 구해 사용했다. 예컨대 '비글 호'는 1831년 출항할 때 낯선 땅의 위치를 정확히 측정할 목적에서 무려 22개의 크로노미터를 준비했다.(훗날 진화론을 발표한 찰스 다윈이 야생생물을 관찰한 갈라파고스 섬도 그런 관측 지점 중 하나였다.)[13]

18세기 초에는 현재 위치의 시간을 알아내는 건 별문제가 아니었지만 그리니치의 현지 시간을 알아낼 방법이 없었다. 해리슨이 최종적으로 고안해낸 해결책은 그리니치에 있는 사람에게 현지 시간을 전해 듣는 방법이었다. 그러나 이 방법은 그리니치가 세계 전역을 떠도는 선박들에 어떤 식으로든 현지 시간을 전달할 수 있어야 효과가 있었다. 그래서 망망대해 한복판에 닻을 내린 선박들로 신호용 네트워크를 구성해서 런던의 정오를 대포 소리로 중계하자는 무모한 제안도 있었다. 그러나 이제 우리는 신호를 먼 거리까지 훨씬 효과적으로 전달할 수 있는 막강한 수단인 무선 통신에 대해 알고 있다.

종말 후의 문명이 다른 행로로 과학적 발견과 테크놀로지를 발전시킨다면 항해에서도 다른 해결책을 모색할지도 모른다. 예컨대 복잡한 기능과 기계장치가 필요한 정밀한 시계를 다시 만들어내는 방향보다, 기초적인 무선장치(10장 참조)를 설치하는 방향을 택할 가능성이 더 크다.(그러나 이런 선택은 종말 후에 어떤 테크놀로지가 먼저 회복되느냐에 달려 있다. 지극히 작은 태엽장치와 전자부품의 상대적 복잡성을 어떻게 비교할 수 있겠는가?) 무선을 이용하면, 경도의 기준으로 어느 곳이 본초 자오선으로 선택되더라도 그곳에서 규칙적으로 알리는 시간이 지상국이나 다른 선박을 통해 멀리 떨어진 지역까지 전달될 수 있다. 이렇게 하면, 종말 후에 재건을 시도한 초기의 풍경은 돛을 단 목선들이 바다를 항해해서 '대항해 시대Age of Sail'와 비슷한 모습이겠지만, 큰 돛대에 금속선이 안테나로 매달려 있다는 점이 다를 것이다.

현대 산업화된 문명에서 도시의 밝은 조명과 빛이 만들어내는 공해로 말미암아 우리는 밤하늘과의 친밀한 관계를 상실하고 말았다. 그러나 종말 후에는 하늘의 특징과 다시 친해져야 하고, 계절의 변화에 따른 자연과의 관계도 되찾아야 한다. 그렇다고 난해하고 불가사의한 천문학을 속속들이 알아야 한다는 뜻은 아니다. 하늘의 특징과 변화를 읽어낼 때, 우리는 경작 과정을 미리 계획할 수 있어 굶어 죽는 비극을 예방하고, 황야에서 길을 잃는 불행을 피할 수 있을 것이다.

13

가장 위대한 발명

우리는 탐험을 멈추지 않으리라

그리고 우리의 모든 탐험이 끝나는 날에야

우리가 출발했던 곳에 도착해서

그곳이 어디인지 처음으로 알게 되리라.

_ T.S. 엘리엇, 《네 개의 사중주》 중에서[1]

지금까지 우리는 종말 후 사회에서 재건을 시도하려면 반드시 필요한 부문들, 예컨대 지속가능한 농업과 건축자재만이 아니라, 대참사를 겪고 여러 세대가 지난 후 상당한 수준에 이른 사회에 필요한 테크놀로지까지, 어떤 형태의 문명에서나 중요한 위치를 차지하는 많은 항목을 다루었다. 또한 복잡하게 뒤얽힌 지식의 그물망에서 지름길을 택해 어떤 관문 테크놀로지를 목표로 삼아야 하는지도 보았다. 중간 단계를 생략하고 곧바로 성취 가능한 상위의 해결책으로 건너뛰는 방법도 살펴보았다.

물론 이 책에서 많은 중요한 지식을 제시하고 소개했지만, 새로운 사회가 지금처럼 발달한 테크놀로지 수준에 다시 도달할 거라는 확신은 없다. 역사의 교훈에 따르면, 많은 위대한 사회들이 번창해서 깊고 넓은 지식과 뛰어난 테크놀로지를 자랑하며 한때는 세계에서 손꼽히는 보석으로 여겨졌지만, 어떤 수준에 이르면 발전을 멈추고 더 이상 앞으로 나가지 못한 채 정체 상태에 머물거나 완전히 붕괴되어버렸다. 이런 점에서, 현재의 문명이 여전히 꾸준히 발전하는 상황은 역사적으로 볼 때 비정상적인 현상이라 할 수 있다. 유럽 사회는 르네상스, 농업혁명과 과학혁명, 계몽 시대와 산업혁명을 차례로 거친 후에 기계화되고 전기로 움직이며 구석구석까지 긴밀하게 연결된 지금의 사회에 이르렀다. 그러나 과학 발전이나 테크놀로지 혁신의 과정에서 필연은 없다. 그런 까닭에 지금은 생동감 넘치는 사회라도 추동력을 잃고 더는 앞으로 나가지 못할 수 있다.

이에 대한 대표적인 예를 중국이 보여주었다. 과거 오랫동안 중국은 세계 어느 곳의 문명보다 테크놀로지적으로 월등하게 앞섰다. 중국에서 가장 먼저 발명된 말의 목줄, 외바퀴 손수레, 종이와 목판 인쇄, 항해용 나침반과 화약 등은 한결같이 세상을 뒤바꿔놓은 발명이었다. 또 중국의 방직공들은 하나의 동력원으로 다수의 정방기精紡機(굵기가 일정하고 질기면서 탄력이 있는 실로 만들기 위해 잡아당겨 늘이면서 꼬임을 주는 기계—옮긴이)를 돌려 실을 뽑아냈고, 정교한 기계식 조면기와 직기를 이용해서 천을 짰다. 중국인들은 석탄을 코크스로 전환하는 방법을 일찌감치 알아냈을 뿐 아니라 대형 수직형 수차와 기계 해머를 세계에서 가장 먼저 발명했다. 게다가 중국은 용광로를 이용해서 주철을 만들어내고, 다시 주철을 연철로 제련하는 방법을 유럽보다 무려 1,500년이나 먼저 알아냈다. 유럽이 1700년대에야 도달한 테크놀로지 수준에 중국은 14세기 말에 이미 도달해서 자체의 산업혁명을 금방이라도 시작할 듯한 태세였다.[2]

그러나 유럽이 오랜 암흑시대에서 벗어나 르네상스에 접어들기 시작했을 때 놀랍게도 중국은 휘청거리며 결국에는 발전을 멈춰버리고 말았다. 중국 경제는 주로 국내 거래로 지속적으로 성장했고 인구 증가에도 불구하고 대다수 국민이 상당한 수준의 생활을 꾸준히 누렸지만, 의미 있는 테크놀로지의 발전이 더 이상 일어나지 않았다. 엄격히 말하면, 혁신 자체가 없었다. 따라서 350년 후에는 유럽이 중국을 따라잡았고, 영국은 실질적으로 산업혁명을 이루어냈다.

그럼 산업혁명이란 변화 과정이 18세기 영국에서는 일어났지만, 당시 유럽의 다른 국가들이나 14세기의 중국에서는 일어나지 못한 이유는 무엇일까? 다시 말하면, 왜 하필이면 영국이고, 왜 하필이면 18세기였을까?

산업혁명으로 섬유 생산의 효율성이 높아졌다. 요컨대 방직과 방적이 기계화됨으로써 소규모 가내수공업으로 여겨지던 전통적인 행위가 대규모 방적 공장으로 옮겨갔다. 게다가 철을 만들고 증기력을 이용하는 수준도 높아졌다. 산업화가 시작되자 그 과정이 꼬리를 물고 이어지며, 거의 전 분야에서 산업의 변화가 가속화되었다. 예컨대 석탄을 태워 동력을 얻은 증기기관이 탄광에 투입되자 더 많은 석탄을 채굴할 수 있었고, 그렇게 채굴된 석탄은 용광로를 가열해서 더 많은 철강을 생산해냈고, 철강은 다시 증기기관을 비롯해 다양한 기계를 만들어내는 재료로 사용되었다. 그러나 이 모든 것을 가능하게 해주었던 조건은 상당히 특별한 것이었다. 물론 인간의 수고를 덜어주는 기계를 제작하기 위해서는 공학과 금속에 대한 상당한 수준의 지식이 필요했다. 그런데 산업혁명을 이끈 핵심 요인은 지식이 아니라, 특별한 사회경제적인 환경이었다.[3]

복잡한 만큼 비용이 많이 드는 기계를 제작하거나, 사람들이 전통적인 방식으로 만들어내고 있는 것을 대량으로 찍어내는 공장을 세우려면 그에 따른 어떤 이익이 있어야 한다. 특이하게도 18세기 영국은 산업화에 필요한 자극과 추동력을 제공하는 요인들을 모두 갖추고 있었다. 당시 영국에는 풍부한 에너지(석탄)와 대형 프로젝트를 진행하기에 충분한 돈을 싼값에 빌려줄 수 있는 자본이 있었지만 노동력은 비쌌다(고임금). 자본과 에너지로 노동을 대체하려는 분위기가 조성될 수밖에 없는 환경이었다. 따라서 자동화된 방적기와 방직기 같은 기계가 노동자들을 대체했다. 영국의 경제 환경은 초기 기업가들에게 엄청난 이익을 안겨줄 가능성이 충분했다. 이런 가능성은 막대한 자본을 기계에 투자하도록 기업가들을 유도하기에 충분한 유인책이었다. 반면 14세기 말 중국에도 탄광, 코크스를 연료로 사용한 용광로, 기계화된 직조기가 있었지만, 산업혁명을 추진하고 유도할 만한 경제적 조건이 갖추어져 있지 않았다. 당시 중국 노동자의 임금은 무척 낮았기 때문에, 기업가들이 효율성을 높인 혁신으로부터 기대할 수 있는 이익이 거의 없었다.

따라서 과학적 지식과 테크놀로지적 역량이 문명의 발전을 위해 필요한 것은 사실이지만, 그 자체로 항상 충분한 것은 아니다. 종말 후의 사회가 목가적인 환경으로 되돌아간다면, 이 책에서 다룬 중요한 지식들을 동원해서 궁극적으로 산업혁명 2.0을 시도할 것이란 보장은 없다. 과학적 탐구가 번성하고 혁신이 채택되더라도 결국 산업혁명 2.0을 결정하는 것은 사회경제적인 요인이다. 따라서 이 책은 종말 후의 생존자들이 우리와 마찬가지로 산업화된 삶을 살기 위해 노력할 거라는 기본적인 전제하에 쓰인 것이다. 테크놀로지의 발달이 정말로 사람들을 더 행복하게 해주는가에 대한 문제로 논쟁을 벌이고 싶지는 않다. 다만 기본적인 보건 혜택밖에 누리지 못한 채 불편하고 힘겨운 삶을 살아가며 생존을 위해 발버둥치는 공동체라면, 생활수준을 높일 수 있는 과학적 원리의 응용을 적극적으로 반길 거라고 난 확신한다. 그러나 테크놀로지적으로 발전하는 문명도 결국에는 발전된 만큼의 수준 향상을 기대할 수 없는 수확체감diminishing returns을 경험하게 되는 정점에 이르기 마련이다. 그 정점이 어떤 수준일까? 어떤 문명이든 안정된 경제와 적절한 인구 규모 및 천연자원을 지속가능하게 활용하는 능력을 갖춘 후에야 테크놀로지 수준이 더 이상 발전하지도 않고 퇴보하지도 않는 평형 상태에 도달하게 될 것이다.

과학적 방법 1

물론 이 책은 종말 후에 밑바닥에서부터 문명을 재건하는 데 필요한 모든 정보가 완벽하게 망라된 전서全書가 아니다. 많은 중요한 정보들이 배제될 수밖에 없었다. 예컨대 유기 분자들을 합성하거나 변형하는 유기화학보다, 농업용 비료와 산업용 시약을 만드는 데 유용한 무기화학을 주로 다루었다. 하지만 20세기에는 유기화학이 점점 중요한 위치를 차지하게 되었다. 예컨대 원유를 분별 증류하고, 천연 약물을 정제해서 더욱 강력한 약물로 변형하며, 안정된 식량 공급을 위해 제초제와 살충제를 합성하고, 플라스틱처럼 자연에 존재하지 않는 완전히 새로운 물질을 만들어내는 과정 등은 모두 유기화학에 속한다.

또 일부 동물과 식물을 인위적으로 키워서 식량으로 삼고, 미생물을 관리해서 건강을 지키는 방법에 관련한 생물학에 대해서도 다루었다. 그러나 생명체가 분자의 차원에서 어떻게 기능하는지에 대해서, 예컨대 우리는 산소를 들이마시고 이산화탄소를 내뱉는 반면에 식물은 태양에너지를 이용해서 정반대의 화학과정을 거치는 이유에 대해서는 자세히 다루지 않았다.

재료과학과 공학적 원리에 대해서도 건너뛰고, 어떤 물질에서 기본적으로 존재하는 원자의 구조와 자연계에 존재하는 네 가지 기본적인 힘을 주마간산하듯 대충 훑어보았다. 모든 원자가 안정적인 것은 아니어서, 방사능은 파괴적인 무기로 발전할 가능성도 있지만 평화로운 목적을 위해서도 유용하게 쓰일 수 있다. 게다가 방사능을 이용해서 지구의 연령을 알아낼 수도 있다. 지구과학에서는 거대한 대륙들이 바람에 출렁이는 연못에 떨어진 나뭇잎들처럼 지구의 표면을 가로질러 움직이다가, 때때로 서로 만나 포개며 불쑥 융기해서는 산맥 전체를 형성한다는 흥미진진한 개념인 판구조론plate tectonics theory은 언급조차 하지 않았다. 또 과거에는 세상이 지금과 같은 모습이 아니었고, 지구가 엄청나게 늙은 행성이라는 걸 완전히 깨달으려면 세대가 거듭할 때마다 조금씩 변하는 진화론을 이해해야 한다. 종말 후의 사회가 직접적인 연구를 통해 이런 핵심적인 지식들을 재탐구하고 알아낼 때, 이 책에서 소개한 실용적인 정보들 사이의 간극을 채움으로써 오늘날 우리가 알고 있는 무궁무진한 지식들을 궁극적으로 재구성할 수 있을 것이다.•

• 많은 독자가 이 책을 읽고는 자신의 생각에 중요한 주제들이 가볍게 다루어진 것을 못

그럼 어떻게 해야 종말 후에 필요한 지식들을 독자적으로 알아낼 수 있을까? 세상을 다시 학습하기 위해서 우리에게 정말 필요한 도구가 무엇일까? 앞 장에서 보았듯이 기본으로 돌아가는 접근법에 충실해서, 새로운 지식을 직접 습득하고 만들어가는 가장 효과적인 전략인 '과학적 방법론scientific method'에 대해 살펴보자.

우주는 기본적으로 기계적인 성격을 띠기 때문에 우주를 구성하는 요소들도 변덕스런 신들의 의지가 아니라 보편적인 법칙들에 따라 질서 있게 상호작용한다는 걸 인정하자. 모든 과학적 탐구는 여기서부터 시작된다. 보편적이고 근원적인 법칙들은 어떻게 찾아낼 수 있을까? 직접 경험과 관찰에 근거한 합리적인 추론이 전제되어야 한다. 무엇보다 과학은 경험에 의한 실증적인 것이므로, 모든 것이 독립적으로 검증되고 확인되어야 한다. 따라서 순전히 논리적인 추론에 근거해서만 결론을 도출할 수는 없으며, 과거나 현재의 권위자가 주장한 것이란 이유로 그 주장을 무작정 받아들이고 인정할 수도 없다.(이 책에 쓰인 내용도 마찬가지이다.) 따라서 주변 세계를 당신에게 유리한 방향으로 끌어가고 싶다면, 또 인공물이나 테크놀로지를 새로 만들어서 거기에 잠재된 특별한 효과를 활용하고 싶다면, 자연법칙들을 먼저 깊이 이해할 수 있어야 한다. 자연법칙에

마땅하게 생각할지도 모르겠다. 그래도 종말 후에 다시 시작하는 사회에 반드시 필요하다고 생각되는 것을 최대한 포함시키려고 애썼다. 인간의 진화 과정이나 태양계 행성들에 대한 지식이 없어도 테크놀로지에서 기능적인 문명을 재건할 수 있지만, 밭의 생산력을 효과적으로 유지하고 화학적으로 알칼리성 물질을 생성하는 데 필요한 지식이 없다면 테크놀로지적인 문명을 재건할 수 없을 것이다. 하지만 문명의 재건 속도를 조금이라도 앞당기는 데 필요하다고 각자가 생각하는 지식과 그 이유들에 대해서는 웹사이트 The-Knowledge.org를 통해 많은 독자 여러분들의 의견을 받고 싶다.

대한 이해는 주변 세계를 면밀히 관찰해서 반복되는 행동 패턴을 찾아내는 것으로 시작된다. 예상한 패턴과 다른 결과, 예컨대 전선 옆에서 흔들거리는 나침반 바늘이나 박테리아가 없는 곰팡이 주변의 둥근 띠처럼 비정상적이고 변칙적인 자연현상에도 주목해야 한다. 결국 자연법칙을 이해하려면, 사물들을 정확히 측정하고 평가하는 능력이 필요하다. 요컨대 예상되는 현상들을 구분해서 비교하는 동시에 시간의 흐름에 따라 어떻게 변하는지에 대해서도 추적해서 관찰할 수 있어야 한다.

따라서 정확히 측정하기 위한 도구를 정교하게 설계해서 제작할 수 있는 능력만이 아니라, 측정을 위한 기본 단위를 설정하는 것이 과학에는 절대적으로 필요하다. 예컨대 일정한 간격으로 눈금이 그려진 똑바른 막대, 즉 길이를 측정하는 자는 가장 단순한 유형의 도구이다. 그러나 당신이 6칸으로 측정한 어떤 사물의 크기를 멀리 떨어진 사람에게 전달하려면, 당신이 어떤 기본 단위를 사용하는지 그 사람이 알아야 한다. 말하자면, 한 칸의 간격이 어느 정도인지 알아야 한다. 따라서 과학을 밑바닥에서부터 재건하는 과정에서 핵심적인 열쇠는 모두가 받아들이는 일련의 계량단위를 설정하는 데 있다. 당연히 종말 후의 사회에서도 어떤 형태로든 도량형법system of measurement이 있어야 한다. 문명사회가 제대로 기능하려면, 도로 건설과 여행에 필요한 거리를 측정하고, 거래하려는 물건이 고체이면 무게를 측정하고 유체이면 부피를 측정하는 방법, 또 농경지를 행정적으로 관리하고 과세하는 방법, 낮 시간에 행해지는 다양한 활동에 필요한 시간을 결정할 수 있어야 한다. 우리는 길이–부피–무게–시간이란 이런 기본적인 속성들을 감각적으로 경험하기 때문에 어렵지 않게 계량화할 수 있다. 한편 열과 전류의 크기 같은 다른 속성들도 감각적으로 인지되지만, 이런 속성들을 측정하려면 정교하게 고안되고 설계된 도구들이 필요하다.

과학에 필요한 도구들

역사적으로 대부분의 사회는 거리와 부피와 무게를 측정하는 고유한 방법을 고안해냈다. 이때 채택되는 단위들은 일상적인 삶과 관련되는 경우가 대부분이다. 예컨대 파운드(무게)는 한 줌의 밀이나 곡물을 대신하고, 초는 대체로 심장박동과 일치하는 시간 단위이다. 예부터 사용된 많은 전통적인 단위가 몸의 크기에 근거해서 결정된 게 사실이다. 피트는 발, 인치는 엄지, 큐빗은 손가락 끝에서 팔꿈치까지의 아래팔, 마일은 로마인의 1,000보步에서 비롯되었다. 하지만 이런 단위들은 사람마다 다른 데다 다른 단위로 전환하기가 까다롭기 그지없다는 게 문제이다. 예컨대 1마일은 1,760야드, 5,280피트, 63,360인치에 해당된다. 따라서 도량형을 편리한 단위로 계층화되는 방식으로 만드는 게 이상적일 것이다.

요즘 세계 전역의 과학계 및 각국의 행정부와 상업 활동에서 거의 보편적으로 사용되는 도량형법은 프랑스 대혁명이 한창 진행 중이던 1790년대에 고안된 미터법이다.•

• 미터법을 지금까지도 완전히 받아들이지 않는 국가는 미국과 영국에 불과하다. 미국과 영국은 지금도 낡은 도량형법을 여전히 사용해서 도로표지판과 자동차 속도계에는 마일, 식당과 술집에서는 파인트가 사용된다. 그 역사적인 이유는 1798년 나폴레옹이

이 국제단위계(SI, 프랑스어 Système international d'unités의 두문자)는 길이와 질량, 시간과 온도를 포함한 7개의 기본 단위만을 규정한다. 그 밖의 다른 측량 단위들은 기본 단위들의 조합에서 자연스레 도출된다. 핵심 단위의 크고 작은 배수는 십진법으로 한정되며, 합의된 접두 부호로 표현된다. 예컨대 미터는 길이의 표준 단위이기 때문에 1미터보다 작은 물체들은 센티미터(100분의 1미터), 밀리미터(1000분의 1미터)처럼 분수로, 1미터보다 긴 거리는 킬로미터(1000미터)처럼 배수로 표현된다.

미터와 어깨를 나란히 하는 두 번째 기본 단위는 시간의 표준 단위인 초秒이다. 미터와 초라는 두 표준 단위만을 이러저런 방식으로 결합해서 다른 많은 단위를 유도해낼 수 있다. 두 길이(예컨대 직사각형 밭의 길이와 폭)를 곱하면 면적을 측정할 수 있다. 따라서 면적 단위는 언제나 길이 단위를 제곱한 값이 된다. 한편 삼차원 물체의 각 변을 곱하면 부피가 측정된다. 부피 단위는 길이 단위를 세제곱한 값이 된다. 어떤 양을 시간으로 나누면 그 양이 얼마나 빨리 변하는지 알 수 있다. 쉽게 말하면, 변화율이 구해진다. 또 어떤 거리를 시간으로 나누면 단위 속도(예: 시속)가 구해진다. 그렇게 구한 단위 속도를 다시 시간으로 나누면 속도가 얼마나 더 빨라지거나 줄어드는지 알아낼 수 있다(가속도와 감속도). 이처럼 단위들은 서로 결합되어 더 복잡한 물리적 속성을 표현할 수 있다. 예컨대 킬로그램은 질량의 표준 단위인 반면에, 어떤 물체가 물에 뜨는지 가라앉는지 판단하는 기준인 밀도는 질량을 부피로 나눌 때 구해진다. 또한 질량과

새로운 미터법의 채택을 독려하려는 국제회의를 소집하면서 영어권 세계를 배제했기 때문이다. 당시 영국 해군이 아부키르만 해전Battle of Aboukir Bay(나일 해전이라고도 일컬어짐)에서 프랑스 함대를 침몰시킨 직후여서 영국은 그 회의에 초대받지 못했다.[4]

속도를 곱하면, 움직이는 물체의 운동량과 에너지가 구해진다.

만약 종말 후에 눈금이 그려진 계량컵이나 저울, 정확히 작동되는 시계나 온도계가 어디에서도 구해지지 않는다면, 기본 원칙들로부터 이런 표준 단위와 측량법을 어떻게 복원해낼 수 있을까?

미터를 기본적인 표준 단위로 삼으면, 미터로부터 많은 다른 단위들을 유도해낼 수 있다. 각 변이 정확히 10센티미터(당신이 정한 1미터의 10분의 1)인 정육면체 모양의 상자를 만든다. 이 상자의 체적은 1,000세제곱센티미터, 즉 1리터이다. 얼음처럼 찬 증류수로 이 상자를 채우면, 그 물의 질량은 정확히 1킬로그램이 된다. 중심점에 딱딱하고 곧은 막대기를 매달아서라도 제대로 만든 저울이 있으면, 1리터의 물과 중심점 사이의 거리를 바꿔가며 리터보다 작은 단위나 큰 단위를 만들어낼 수 있다. 시간이란 단위를 쪼개거나 확대하려면 앞 장에서 다룬 진자를 이용한다. 정확히 1초에 한 방향(즉 반주기)을 이동하는 진자의 길이는 99.4센티미터이다. 따라서 1미터 길이의 진자를 사용하더라도 0.003초—눈을 한 번 깜빡이는 시간보다 100배나 짧은 시간—라는 오차 범위 내에서 정확할 것이다.* 결국 1미터만을 사용해서도 체적(리터)과 질량(킬로그램)과 시간(초)에 해당되는 미터법 단위를 다시 복원해낼 수 있다.

그러나 종말 후의 생존자들은 어떻게 1미터라는 길이를 규정해서, 그

---

* 역사적으로는 정반대의 주장이 있다. 정확히 1초를 반주기로 갖는 진자의 길이로 1미터를 규정하자는 제안이 17세기에 있었다. 이런 이유에서 '미터meter'는 음악에서는 박자, 시에서는 운율이란 의미를 갖게 되었다. 하지만 지역에 따라 중력의 크기가 다르고 이런 차이가 진자의 운동에 영향을 미치기 때문에 지구의 크기에 근거한 대안이 선택되면서, 이 제안은 폐기되었다.

를 근거로 모든 단위를 도출해낼 수 있을까? 아래에 그어진 선은 정확히 10센티미터이다. 이 선을 바탕으로 다른 모든 단위를 다시 복원해낼 수 있다.

지금까지 다루어진 모든 양은 눈금자나 저울 같은 가장 기초적인 도구로도 측정될 수 있다. 하지만 아무것도 없는 밑바닥에서 정확한 계량기와 측정기, 예컨대 압력이나 온도처럼 물리적으로 눈에 띄지 않는 속성들을 측정하는 도구는 어떻게 만들어낼 수 있을까? 새로운 측정 기구를 설계하는 데 필요한 일반 원칙들은 보이지 않은 곳에서 일어나는 현상을 과학적으로 정밀하게 탐구할 때, 특히 뜻밖의 새로운 현상을 맞닥뜨린 후에 그 현상을 올바로 이해하려고 할 때 반드시 필요하다.

종말 후의 생존자들이 우선적으로 발명해야 할 과학기구 중 하나는, 8장에서도 언급했듯이 깊이가 10미터 이상인 우물에서는 빨펌프가 물을 끌어올릴 수 없다는 미스터리한 관찰과 밀접한 관계가 있다. 긴 관을 물로 채우고 양쪽 끝을 밀폐한 후에 꼭대기에 매단다. 아래쪽 끝을 우물에 담그고 밀봉을 제거한다. 중력 때문에 물이 관을 빠져나가지만 전부 빠져나가지는 않는다. 게다가 어떤 식으로 실험하더라도 남는 물기둥은 항상 10.5미터 안팎이라는 걸 확인할 수 있을 것이다.(희한하게도 10.5미터는 빨펌프가 우물에서 물을 끌어올릴 수 있는 최고 높이와 같다.) 그런데 물이 빠져나가면 관의 윗부분에 깨끗한 공간이 남겨지는 게 눈에 들어온다. 그 공간에는 공기가 다시 들어갈 수 없어 진공 상태로 유지된다. 물기둥의 무게는 고압적인 공기, 즉 대기가 아래쪽에서 가하는 힘에 의해 떠받쳐진다. 주변 압력이 변하면 물기둥의 높낮이가 달라진다. 따라서 물기둥이 압력계로 작용하는 셈이다. 물보다 밀도가 높은 유체를 사용하면 한층 실용적인 기압계가 된다. 예컨대 대기압은 10미터 높이의 물기둥이나 76센티미터의 수은이 내리누르는 힘과 똑같다.

이런 기압계는 유리관을 이용해서 만들 수 있다. 유리관의 직경이 달라지더라도 기압은 변하지 않기 때문에, 유리관을 따라 올라오는 수은의 높이는 언제나 똑같다. 수은 기둥이 굵어지면 더 많은 무게가 수은 기둥을 내리누르지만, 수은 기둥을 밀어 올리려는 대기압의 증가로 상쇄되기 때문이다. 요컨대 어떤 형태로 만들더라도 수은 기둥을 이용한 기압계는 언제나 똑같은 기압을 가리킨다.

새로운 측정 도구는 전례 없는 방법으로 세상을 조사하고 분석하는 방법을 제공한다. 그래서 새로운 발견이 폭발적으로 일어난다. 예컨대 대기압이 고도에 따라 어떻게 변하는지 연구하려고 새롭게 발명한 기압계를 갖고 산을 올라가거나, 현재 위치에서 미세하게 변하는 기압과 기후의 상관관계를 조사해보라. 요즘에도 많은 의사가 수은 기둥의 높이를 단위로 사용해서 혈압을 읽어낸다. 예컨대 80mmHg이면 심장박동 간의 정상치이다.

온도를 측정하려면 약간 더 정교한 장치가 필요하다. 어떤 대상의 온도는 우리에게 감각으로 전해지기 때문에, 우리는 어떤 물체가 뜨겁다고 혹은 차갑다고 느낄 수 있다. 그러나 이런 주관적인 느낌을 정확히 측정해서 객관적인 수치로 표현하는 기구를 만들려면 어떻게 해야 할까? 개인적인 경험과 밀접한 관계가 있는 물리적 현상을 주변에서 찾아내는 게 비결이다. 예컨대 어떤 물질은 뜨거워지면 팽창한다. 이런 물리적 현상을 활용해서 온도를 객관적으로 표현해낼 수 있는 기구를 만들어내면 어떨까? 열을 감지하는 간단한 장치는 가늘고 긴 유리관에 유체를 부분적으로 채우고 양끝을 밀폐하면 완성된다. 이런 장치는 팽창 효과를 확연하게 드러내 보여준다. 유리관에 눈금 표시를 하면, 유체 기둥이 올라간 높이가 주변 온도를 가리킨다. 이런 유리관을 사용하면, 주관적인 인식과 상관없이 물체들 간의 상대적인 온도를 측정할 수 있다.[5]

그러나 특정한 유체를 사용한 기구로 다양한 온도에서 측정한 유체의 높이, 즉 온도의 측정값은 기구를 어떤 크기로 어떻게 만드느냐에 따라 달라진다.(이런 점에서 기압계와 다르다.) 따라서 당신이 측정한 결과를 다른 사람의 측정값과 비교해서 잘잘못을 평가할 수 없다. 결국 누구라도 도출해서 자신이 만든 기구에 표시할 수 있는 표준화된 잣눈이 필요하고, 이를 위해서는 고정점fixed point을 알아내야 한다. 예컨대 정확히 같은 온도에서 항상 일어나는 어떤 사건이나 상태를 온도계의 기준점으로 삼는 것이다. 이런 이유에서 온도계의 눈금 기준을 물로 삼은 것은 당연한 듯하다. 물은 추운 겨울 아침의 하얀 입김부터 냄비의 증기까지 일상생활에서도 다양한 모습으로 변하지 않는가. 여하튼 온도계에서 상하의 고정점을 찾아내면, 그 사이를 유의미하게 분할해서 온도 눈금으로 나누는 건 그다지 어려운 작업이 아니다. 섭씨 눈금은 물의 어는점과 끓는점을 고정점으로 삼아 눈금을 분할한 것이며, 어는점과 끓는점이 각각 0도와 100도로 정의된다.• 하지만 수은이 물보다 훨씬 더 균일하게 팽창하기

• 엄격히 말하면 끓는 과정은 용기의 거친 표면 등 여러 요인에도 영향을 받기 때문에, 대기권에서는 포화 증기의 온도가 더 일관되고 믿을 만하다.

때문에 물보다 수은을 유체로 사용하면 더 정확한 온도계를 만들 수 있다. 수은의 끓는점 이상의 온도에서도 작동하는 온도계, 예컨대 용광로나 가마에서 사용되는 온도계를 만들려면 다른 물리 현상을 이용해야 한다. 이를테면 전기를 연구하면, 전선의 저항이 온도에 비례해서 증가한다는 게 확인된다.

과학적 방법 2

어떤 현상의 속성을 믿음직하게 측정할 수 있는 수단을 고안해내는 과정은 과학적이어야 한다. 종말 후에 재건을 시도하는 문명이 새롭고 낯선 자연 현상을 발견하면, 새롭게 연구해야 할 과학 분야가 자연스레 떠오른다. 이 현상의 특징들을 따로 떼어내서 객관적으로 측정할 수 있는 것으로 변환하는 수단이 고안된 후에야 그 특성들이 제대로 이해되어 테크놀로지의 발전에 응용될 수 있다. 예를 들어 설명해보자. 전기가 처음 우연히 발견되었을 때 연구자들은 자신들이 받은 충격의 강도를 주관적으로 평가함으로써 그 새로운 현상의 속성을 계량화하려고 애썼다. 그러나 전기라는 현상을 집요하게 연구하자, 측정하는 데 사용할 만한 똑같은 결과가 반복해서 나타났다. 예컨대 전류계의 눈금판에서 움직이는 바늘은 전동기의 원리를 응용한 것이었다. 이런 과학적 기구들은 실험실의 전유물이 아니다. 온도계는 사랑하는 자식의 체온을 측정하고, 계량기는 집에 들어오는 전기의 흐름을 감시하며, 지진계는 엄청난 지진의 공격을 미리 알려주는 보초병 역할을 하고, 질량분석기로는 혈액검사로 종양표지자를 검출해낼 수 있다.

이처럼 세상을 측정하는 기구들과, 이 기구들에서 사용하는 표준화된 단위들이 과학의 기본적인 도구들이다. 세상에 대한 지식은 세상을 면밀히 조사하고 연구해야만 얻어지며, 인위적으로 신중하게 꾸민 환경에서 특정한 현상을 자세히 연구하면 더 깊은 지식을 얻을 수 있다. 실험의 본질이 여기에 있다.

몇몇 속성의 행태만을 면밀하게 집중적으로 살펴보기 위해서 방해되거나 복잡한 요인들을 제거하며, 어떤 상황을 인위적으로 강요하는 실험 방법이다. 실험은 어떤 현상에 대해 명확히 의문을 제기하고, 그 현상이 어떻게 반응하는지 치밀하게 지켜보는 것이다. 과학적으로 실험한다는 것은, 자연이 무심코 우리에게 드러내는 현상을 마뜩잖게 생각하고, 다양한 관점에서 그 현상에 접근해서 명확한 얼굴을 알아내는 작업이다. 복잡한 요인들을 모두 통제하며 하나만을 분리할 수 있는 수준에 이르면, 그 요인들을 하나씩 점검하면서도 시스템 자체에 체계적으로 의문을 제기함으로써 부분들이 어떻게 조화를 이루는지 깊이 있게 이해해갈 수 있다.

인간의 감각 능력을 확장하고 다양한 형태의 실험 결과를 측정하는 기구들—온도계, 현미경, 자력계—에는 물론이고, 특정한 실험을 위해 세심하게 짜인 계획에도 새로운 장치들이 필요하다. 달리 말하면, 당신이 연구하려는 특정한 조건을 인위적으로 조성할 목적으로 설계하고 특별히 제작한 과학적 설비가 필요하다. 게다가 실험을 관찰한 결과를 계수적으로 기록하는 것도 못지않게 중요하므로, 실험 결과의 정성적定性的인 서술에 객관적으로 측정된 계수를 덧붙일 수 있어야 한다. 그러나 수학적 표현은 단순히 결과들을 정확히 비교하려는 나열의 수준을 넘어서, 자연의 행태와 패턴만이 아니라 부분들 간의 상호관계까지 정밀하게 표현하는 강력한 도구로 쓰일 수도 있다. 방정식은 어떤 복잡한 실태를 핵심적으로 보여주는 진수眞髓라 할 수 있다. 따라서 전에는 보지 못한 새로운 상황에서도 예상되는 결과를 계산해낼 수 있다. 즉, 정확한 예측이 가능하다.•

신중한 관찰과 복잡한 실험 및 응축된 방정식을 적극적으로 활용하더라도, 어느 설명이 올바른 설명일 가능성이 더 큰가를 정하는 메커니즘을 제공하는 데 과학의 핵심적인 가치가 있다. 조금이라도 상상력을 지닌 사람이라면, 비가 어디에서 찾아오고 뭔가가 태워질 때 어떤 일이 일어나며, 표범에 왜 점이 생겼는지 등 세상사의 이치를 그럴듯하게 설명하는 이야기를 꾸밀 수 있다. 하지만 이런 이야기들은 현재의 상태를 그럴듯하게 설명하지만 옳고 그름을 입증할 수도 없고 어느 이야기가 옳은 것인지 확실하게 선택하는 방법도 없는 까닭에 재미로 받아들일 수밖에 없는 심심풀이에 불과하다.

과학자들은 가정으로 받아들여지는 것과 기존의 지식에 근거해서 최선의 이야기를 추정하고, 그 이야기에서 예상되는 다양한 가능성을 검증하기 위한 실험을 설계한다. 물론 가정이 올바른 것인지 검증하고, 상충되는 여러 의견 중 하나를 선택하기 위해 가정을 조직적으로 분석하기도 한다. 가정이 실험과 관찰이란 검증을 수차례 통과하고 부족한 데가 없

• 수학은 이 책에서 깊이 다루지 않은 주제 중 하나이다. 계산은 공학적 설계에서도 무척 중요하며, 수학은 물리 법칙들을 표현하는 한 수단이다. 그러나 수학 자체가 이 책의 범위에서 다룬 원칙들을 설명하는 데 도움을 주지는 않는다.

는 것으로 밝혀지면, 그 가정은 근거가 충분한 이론이 된다. 그때부터 우리는 그 가정(이론)을 자신 있게 활용하여 아직 밝혀지지 않은 현상을 설명하려 시도할 수 있다. 그렇지만 어떤 이론도 절대적이지는 않다. 나중에 그 이론으로는 설명되지 않는 새로운 현상이 발견되어 그 이론은 완전히 무너지고, 새로운 현상을 적절하게 설명하는 새로운 이론으로 대체될 수 있다. 결국 과학의 본질은 현재의 이론이 틀렸다는 것을 인정하고 한층 더 포괄적인 새로운 모델을 받아들이는 반복적인 과정에 있다. 요컨대 일반적인 신앙 체계와 달리, 과학은 시간의 흐름과 더불어 현상에 대한 이야기를 점점 더 정확하게 다듬어가는 과정이라 할 수 있다.

그러니 과학은 '우리가 지금 알고 있는 것'의 나열이 아니라, '어떻게 우리가 알게 되는가'에 대한 이야기이다. 과학은 결과물이 아니라 과정이며, 관찰과 이론 간의 끝없는 왕래이며, 어느 설명이 맞고 어느 설명이 틀리는가를 결정하는 가장 효과적인 방법이다. 이런 까닭에 과학은 세상의 이치를 이해하기 위한 유용한 시스템이고, 지식을 만들어내는 강력한 기계라 할 수 있다. 과학적 방법이 인류의 역사에서 가장 위대한 발명인 이유도 여기에 있다.[6]

하지만 종말 후의 세계에서 생존자들은 당장 눈앞의 곤경에 시달리며 지식의 축적 자체에는 별다른 관심이 없을 것이다. 오히려 당면한 상황을 개선하는 데 지식을 어떻게 활용하느냐가 그들에게는 더 큰 관심사일 것이다.

과학과 테크놀로지

과학적 이해를 실용적인 관점에서 응용하려는 자세가 테크놀로지의 출발점이다. 어떤 테크놀로지에서나 운영 원리는 특정한 자연 현상을 이용한다. 예컨대 시계의 경우에는 특정한 길이의 진자는 항상 똑같은 박자로 흔들린다는 관찰 결과를 이용하며, 이 믿을 만한 규칙성을 시간을 계량하는 데 사용하였다. 또 백열전구는 전기저항 때문에 전선이 뜨거워지며, 뜨겁게 가열된 물체는 빛을 발산한다는 관찰 결과를 이용한 것이다. 실제로 지극히 단순한 테크놀로지를 제외하면, 거의 모든 테크놀로지가 다양한 현상들을 종합적으로 이용하고 있으며, 여러 현상을 적절하게 통제하고 조절해서 원하는 결과를 끌어낸 것이다. 새로운 테크놀로지는 예외 없이 과거의 테크놀로지를 기반으로 탄생하며, 이전에 개발된 해법들을 규격에 맞는 부품처럼 빌려와 새로운 상황에 적용한 것이다. 인쇄기와 내연기관이란 두 사례에서 자세히 살펴보았듯이, 새로운 테크놀로지는 기존의 부품들을 교묘하게 재조합해서 탄생시킨 새로운 발명품에 불과하다. 새로운 테크놀로지가 탄생할 때마다 전에는 없던 참신한 기능과 이점을 우리에게 제공하며, 이런 기능은 또 다른 혁신을 낳는다. 쉽게 말하면, 테크놀로지가 또 다른 테크놀로지로 이어지며 혁신이 더 큰 혁신을 낳는다.

이 책의 곳곳에서 언급했듯이, 역사는 과학과 테크놀로지의 긴밀한 상호작용을 꾸준히 목격해온 증인이다. 연구자들은 기존에 알려진 현상으로는 설명되지 않은 현상, 즉 전에는 알려지지 않은 새로운 현상을 발견하면, 그 현상에서 비롯되는 다양한 효과를 분석하고, 그 현상을 극대화하거나 통제하는 방법을 알아내려 애쓴다. 이 과정에서 얻는 성과와 원리를 활용해서 우리는 인간의 수고를 덜어주거나 일상의 삶을 풍요롭게 해주는 새로운 도구나 발명품을 만들어낼 수 있다. 이처럼 특이한 것을 일반적인 것으로 바꿔가는 과정에서 얻게 되는 새로운 원리를 이용해서 새로운 과학 도구들을 만들어내면, 예전과는 다른 방식으로 자연을 조사하고 측정하는 실험을 시도해서 훨씬 더 근본적인 자연현상을 발견하고 밝혀낼 수도 있다. 과학과 테크놀로지가 밀접한 공생관계에 있어, 과학적 발견이 테크놀로지의 발전을 부추기고, 테크놀로지의 발전은 과학에 관련된 지식을 더욱 깊게 해준다.[7]

물론 모든 혁신이 당시의 과학적 발견에 직접적으로 영향을 받았던 것은 아니다. 예컨대 물레는 실용주의적 관점에서 문제를 해결하려던 열망의 산물이었다. 산업혁명의 대표 선수라 할 수 있는 증기기관도 처음에는 이론적인 사색보다 공학자들의 실용주의적인 직관과 경험을 통해 얻은 지식을 통해 주로 발달했다. 발명가는 자신의 발명품에 감춰진 과학적 원리를 올바로 이해하지 못했지만, 발명품 자체는 원활하게 작동되었던 사례는 인류의 역사에서 얼마든지 찾아낼 수 있다. 예컨대 식품 보존을 위한 통조림 작업은 미생물에 의한 부패를 알아내고 세균설을 받아들이기 훨씬 이전에 개발되었다.

관련된 현상을 과학적으로 정확히 이해하더라도 일상생활에 도움을 주는 발명품을 만들어내려면 상상력과 창의력 이상의 것이 필요하다. 어떤 혁신적인 테크놀로지도 믿음직하게 작동하고 널리 인정받는 성공을 거두려면, 설계의 오류를 찾아내서 제거하고 조금씩 교정해가는 오랜 잉태 기간을 거쳐야 한다. 이 기간이 바로 미국 발명가 토머스 에디슨이

1퍼센트의 영감 후에 뒤따라야 한다고 말했던 99퍼센트의 땀이다. 과학을 끌어가는 엄격하고 체계적인 연구 과정이 테크놀로지의 개발에서도 똑같이 적용되는 셈이다. 과학처럼 자연세계를 분석하는 게 아니라, 기존 테크놀로지의 단점을 파악해서 효율성을 높이기 위한 실험을 거듭하며 발명품이란 인공적인 구조물을 분석하는 게 다를 뿐이다.

종말 후의 생존자들은 기존의 테크놀로지를 최대한 오랫동안 유지하기 위해서라도 과학적 이해와 비판적 분석의 중요성을 인식해야 할 것이다. 그러나 오랜 시간이 지나면, 사회는 합리성을 잃어가게 되며 미신과 마법의 세계로 추락하지 않을 자구책을 마련해야 한다. 달리 말하면, 테크놀로지적 역량을 신속히 달성하기 위해서 탐구적이고 분석적이며 증거에 기반한 사고방식을 키워야 한다. 이런 사고방식은 생존자들이 결코 꺼뜨려서는 안 되는 불꽃이다. 우리 조상은 합리적으로 생각한 까닭에 농작물을 재배할 때 생산성을 크게 향상시킬 수 있었고, 막대기와 부싯돌을 넘어 다른 재료들을 개발할 수 있었으며, 완력을 월등하게 넘어서는 동력원을 이용하고 두 발로는 엄두조차 낼 수 없는 먼 곳까지 우리를 데려다주는 운송도구를 만들어낼 수 있었다. 요컨대 과학이 지금의 세계를 이루어냈듯이, 종말 후에 새로운 세계를 다시 일으켜 세울 때도 과학은 반드시 필요하다.

맺음말

이 책에서는 현재의 과학적 지식과 테크놀로지로 짜인 거대한 구조물을 주마간산식으로 얼핏 살펴보았을 뿐이다. 그러나 여기에서 다룬 주제들은 새로 시작하는 문화가 한층 신속하게 발전하게끔 모색하는 동시에, 다른 모든 것을 다시 배울 수 있게 해주는 가장 중요한 것들이다. 내가 이 책을 쓰기 위해 자료를 수집하는 동안 그랬던 것처럼, 문명사회가 기본적인 지식들을 어떻게 수집하고 깨닫는가를 알아가는 과정에서 당신도 우리가 현재의 삶에서 당연히 여기는 것들, 예컨대 풍요롭고 다양한 식품들, 놀라울 정도로 효과적인 의약품, 힘들이지 않고 편하게 할 수 있는 여행, 풍부한 에너지 등에 감사하는 마음을 갖게 되기를 바란다.

호모 사피엔스가 약 1만여 년 전 지구에 미친 뚜렷한 영향 때문인지, 당시 세계에 존재하던 대형 포유동물종의 절반가량이 갑자기 사라졌다. 첨단 사냥용 테크놀로지인 돌도끼와 날카로운 창으로 무장하고 팀워크까지 발휘해서 그런 멸종을 부추긴 유력한 용의자가 바로 우리다. 그 후로 1만 년 동안 지중해 주변과 북유럽에 사람들이 정착하고 경작지를 개간하며 꾸준히 삼림을 파괴해갔다. 더구나 300년 전부터는 인구가 급속히 증가하기 시작한 탓에, 농경에 적합한 땅이면 어김없이 개간되었다.

그 결과로 자연의 풍경만이 변한 것은 아니었다. 수억 년 동안 지하에 축적된 탄소가 채굴되어 무서운 속도로 대기권에 스며들며 지구 전체의 화학적 성질까지 크게 변했다. 대기에 포함된 이산화탄소의 수치가 높아지자 세계의 기후가 영향을 받아 지구 온난화가 촉발되었다. 해수면이 높아지고 바다가 산성화되는 현상도 무시할 수 없을 정도이다. 또한 도로가 리본처럼 곳곳으로 뻗어가며 대도시 주변을 둥그렇게 감싸고, 입체교차로로 복잡하면서도 멋들어지게 이어진 덕분에, 과거에는 흩어져 있던 도시들이 세균 집락처럼 확장되며 합쳐졌다. 금속으로 만든 항공기들은 벌떼처럼 땅과 바다 위를 부지런히 오가며 하늘을 헤집고 다녔고, 심지어 대기권 밖으로 날아간 비행체도 많았다. 밤마다 우주에서 보면 인간들의 끝없는 활동에 대륙들은 거미줄처럼 얽히고설킨 인공 불빛으로 반짝거렸다.

그런데 갑자기 모든 것이 잠든다.

전 세계를 연결하던 교통망이 갑자기 멈추고, 거미줄처럼 얽힌 불빛이 사그라지며 꺼진다. 그리고 도시들도 녹슬고 허물어진다.

문명을 재건하는 데 얼마나 많은 시간이 걸릴까? 세계적인 재앙이 닥친 후, 테크놀로지 사회를 얼마나 빨리 회복할 수 있을까? 문명의 재건을 위한 열쇠는 이 책 안에 있을지도 모른다.

이 책의 저자로 내 이름만이 적혀 있지만, 이 책을 쓰는 과정에서 많은 전문가의 노력과 조언이 없었더라면 이 책은 결코 존재하지 못했을 것이라고는 새삼스레 강조할 필요도 없을 것이다. 저작권 대리인 윌 프랜시스가 모든 일의 시작이었다. 내가 2007년에 발표한 《우주의 생명체》를 읽고 이듬해에 내게 접촉을 시도한 이후로 끊임없이 용기를 북돋워주며 글쓰기 방향을 일깨워준 윌 프랜시스에게 고맙다는 말을 전하고 싶다. 솔직히 말하면, 나에게 머릿속에서만 생각을 굴리지 말고 실제로 몸을 움직이며 글을 쓰라고 무지막지하게 들볶았던 윌 프랜시스가 없었더라면, 이 책은 실로 탄생할 수 없었을 것이다. 얀클로 앤드 네스빗 에이전시 런던 사무소의 커스티 코든, 레베카 폴랜드, 제시 보터릴, 그리고 뉴욕 사무소의 피제이 마크와 마이클 스티커에게도 감사의 말을 전하고 싶다.

영국 보들리 헤드 출판사의 스튜어트 윌리엄스와 미국 펭귄 출판사의 콜린 디커먼에게도 고맙다고 말하고 싶다. 그들은 '종말 후의 생존'이란 아이디어에 열렬한 지지를 보내며, 내가 이 야심찬 프로젝트를 완벽하게 해낼 거라는 믿음을 잃지 않았다. 내 글을 뛰어난 솜씨로 쉽게 읽히도록 교열해준 콜린 디커먼, 특히 외르그 헨스겐(보들리 헤드 출판사)에게 많은 빚은 진 기분이다. 그들이 장인다운 솜씨를 발휘해서, 아무렇게나 쪼아놓은 듯한 내 초고를 멋진 조각으로 탈바꿈시킨 덕분에 이 책이 매끄럽게 읽힐 수 있게 되었다. 아키프 사이피와 맬리 앤더슨의 도움, 콜린 디커먼에게서 교열 작업을 인계 받은 스콧 모이어스(펭귄)에게도 깊이 감사드린다. 삽화로 적합한 사진과 그림을 찾아내서 글맛까지 살려낸 캐서린 에일스(보들리 헤드), 책의 홍보와 마케팅을 지원한 마리아 가벗 루세로와 윌스미스(보들리 헤드), 서만사 초이 파크와 세라 허드슨과 트레이스 로크(펭귄)에게도 고맙게 생각한다.

이 책에서 다룬 주제는 무척 다양해서, 나 자신도 학문적으로 공부한 범위를 넘어 시야를 넓힐 수밖에 없었다. 따라서 조사를 진행하는 과정에서 나는 무척 다양한 분야의 전문가를 만났고, 생면부지인 사람에게도 기꺼이 시간과 지식을 나눠주려는 사람들에게 따뜻한 환대를 받았다. 그들의 도움은 말로 표현하기 힘들 정도로 값진 것이었다. 느닷없는 이메일 질문에도 유용한 정보를 가득 담아 답해주었고, 어린아이처럼 왜, 어떻게, 무엇을 꼬치꼬치 캐묻는 나에게 그들의 지식을 기꺼이 나눠주며 달리 조사해야 할 분야까지 귀띔해주었다. 게다가 내 초고를 꼼꼼히 읽으며 어이없는 실수를 찾아내서 교정해주었고, 너그럽게도 몇 시간이고 나와 마주 보고 앉아 자신의 전공 분야를 천천히 반복해서 설명하는 수고를 아끼지 않았다. 그들 모두에게 진심으로 깊은 감사의 뜻을 전하고 싶다.

폴 에이블, 존 에이거, 리처드 앨스턴, 스티븐 백스터, 앨리스 벨, 존 빙엄, 존 블레어, 키스 브래니건, 앨런 브라운, 마이크 벌리번트, 도널 케이시, 앤드루 체이플, 조너선 코위, 토머스 크럼프, 샘 데이비, 존 데이비스, 올리버 디 페이어, 클라우스 도즈, 줄리언 에반스, 벤 필즈, 스티브 핀치, 크레이그 거셰터, 빈스 진저리, 비나이 굽타, 릭 해밀턴, 빈센트 햄린, 콜린 하딩, 앤디 하트, 레베카 히지트, 팀 헌킨, 알렉스 카랄리스 아이삭, 리처드 존스, 제이슨 킴, 제임스 닐, 로저 니본, 모니카 코퍼스카, 낸시 코먼, 폴 램버트, 사이먼 랭, 마르코 랑브룩, 피트 로런스, 앤드루 메이슨, 고든 매스터슨, 리치 메이너드, 스티브 밀러, 마크 미오도닉, 존 미첼, 지니 무어, 테리 무어, 프란시스코 모르시요, 제임스 머셀, 제니 오스먼, 샘 피니, 데이비드 프라이어, 앤서니 카렐, 노아 라포드, 피터 랜섬, 캐롤 리브스, 앨비 레이드, 알렉산더 로즈, 스티븐 로즈, 앤드루 러셀, 팀 새먼스, 안드레어 셀라, 애니타 세야니, 제임스 셔윈 스미스, 토니 사이저, 윌리엄 슬래턴, 사이먼 스몰우드, 프랭크 스웨인, 슈테판 슈첼쿤, 이언 손턴, 토머스 스웨이츠, 피로즈 바수니아, 알렉스 웨이크포드, 마이크 웨어, 사이먼 왓슨, 앤드루 웨어, 캐시 웰런 모스, 소피 윌렛, 엠마 윌리엄스, 앤드루 윌슨, 피터 윌슨, 로프티 와이즈먼 그리고 마레크 지바트.

우리 문명이 결딴난다면, 나는 종말 후에 꾸릴 내 생존 팀에 여러분을 초대하는 기회를 갖게 될지도 모르겠다.

내가 이 책을 작업하는 동안 함께했던 음악을 만들어준 리히터, 아르보 패르트, 갓스피드 유 블랙 엠퍼러, M83, 톰 웨이츠, 케이트 러스비, 존 보든에게 감사의 말을 전하고 싶다. 특히 존 보든의 두 번째 앨범 〈범람원에서 들려오는 노래들Songs from the Floodplain〉은 종말 후의 세상을 묘사한 최고의 앨범이라 할 만하다. 또한 모카커피를 앞에 두고 글을 쓴다는 이유로 입술을 잘근잘근 씹어대며 몇 시간이고 죽치고 앉아 지내던 나를 말없이 견뎌준 카페 'Nor and Fat Cat'에도 감사의 말을 전하고 싶다. 그 카페의 삼겹살 샌드위치는 문명화된 사회의 정수라 할 만하다.

저녁 식탁에 앉아서는 종말 후의 문제를 화제로 던지는 나에게 언제나 미소로 화답하며 기분 좋게 맞장구쳐준 가족과 친구들에게도 고맙다고 말하고 싶다. 물론 가장 고마운 사람은 누가 뭐라 해도 사랑하는 아내 비키이다. 이 프로젝트가 진행되는 내내 비키는 나를 냉정하게 지원해주었고, 컴퓨터 앞에 웅크리고 앉아 투덜대는 남편 때문에 많은 주말을 잃어버려도 말없이 견뎌주었으며, 을씨년스런 종말 영화와 소설에서 종말 후의 상황을 혼자 조사한 후에 귀가한 내 기분을 어렵지 않게 알아채주었다.

내일 종말이 닥친다면

조만간 종말이 닥칠 것이란 조짐이 보이면 당신은 무엇을 준비하겠는가? 스피노자처럼 고상하게 한 그루의 사과나무를 심겠다는 대답을 기대하는 것은 아니다. 핵재앙으로 그 사과나무마저 새까맣게 타버리면 무슨 소용이겠는가? 여하튼 당신은 살아남을 것이란 전제하에서 무엇을 준비할 것인지 생각해보라.

실제로 종말에 대비한 삶을 준비하는 사람들이 있으며, '프레퍼Prepper'라고 불린다. 이런 점에서 이 책은 그런 이들을 위한 안내서라 할 수 있다. 단기간 살아남는 것은 그다지 어렵지 않을 수 있다. 쉽게 생각해서 이마트나 롯데마트 같은 대형 슈퍼마켓 한 곳을 차지하면 된다. 하지만 문명의 주역으로서 새로운 문명사회를 재건하려 한다면 무엇을 준비해야 할까? 이렇게 생각하면 준비해야 할 것이 완전히 달라진다.

이때 필요한 것이 합리적인 생각이다. 저자는 현대 사회에서 우리에게 편안함을 안겨주는 것들, 예컨대 전기와 물, 연료와 동력, 금속과 재료 및 식량 생산에 관련된 기본적인 것에 집중한다. 한마디로 요약하면, 우리 삶을 지탱해주는 것들의 기저에 깔려 있는 '지식'이다. 핵심적으로 요약하면, 화학과 기계에 대한 기초적인 지식이다. 기초적인 지식만으로 밑바닥까지 떨어진 문명을 어떻게 재건할 수 있을까? 지금 우리가 사용하는 첨단 테크놀로지는 결국 과학의 산물이고, 과거에 존재한 테크놀로지들이 새롭게 결합되고 발전한 것이다. 이런 응용이 어떻게 가능할 수 있을까? 여기에서 필요한 것이 기본적인 지식과 관찰을 바탕으로 새로운 지식을 직접 습득하고 만들어가는 가장 효과적인 전략이다. 이 전략이 바로 '과학적 방법'이며, 이런 이유에서 과학적 방법은 저자의 표현대로 '인류가 이루어낸 가장 위대한 발명'일 수 있다.

이 책은 종말 후 우리에게 필요한 단순 흥밋거리를 모아놓은 책은 결코 아니다. 오히려 과학과 테크놀로지의 역사를 다룬 책처럼 읽히기도 한다. 개인적으로는 어렸을 때 단순한 재료들로 라디오를 조립하고, 전기를 만들어 꼬마전구를 밝히던 기억을 되살려주는 책이었다. 달리 말하면, 이론만 나열해놓은 책이 아니라 실제로 주변에서 얼마든지 구할 수 있는 재료들로 우리 삶에 응용할 수 있는 물건을 직접 만드는 방법까지 설명한 책이다. 과장해서 말하면, 우리가 상상할 수 있는 무엇이든 만들어낼 수 있는 방법이 설명된 책이다. 물론 이 책에서는 기초만 다루었기 때문에 과학적 방법을 적용해서 확대하는 능력이 필요하겠지만.

덤으로 하나를 덧붙이면, 종말 후의 문명은 어쩔 수 없이 '녹색 문명'이 될 수밖에 없을 것이라는 점이다. 누군가에게 반가운 소식일지도 모르겠다.

충주에서

강주헌

추천도서와 미주

이 책의 곳곳에서 입증되었듯이, 과학과 테크놀로지의 발전사를 다룬 책들 중에는 반드시 읽어야 필독서가 적지 않다. 특히 이 책에서 다룬 주제와 관련해서 읽어야 할 책들을 추천하면 다음과 같다.

W. Brian Arthur, *The Nature of Technology: What It Is and How It Evolves*.
George Basalla, *The Evolution of Technology*.
Peter J. Bowler and Iwan Rhys Moru, *Making Modern Science: A Historical Survey*.
Thomas Crump, *A Brief History of Science: As seen throughout the development of scientific instruments*.
Patricia Fara, *Science: A Four Thousand Year History*.
John Gribbin, *Science: A History 1543–2001*.
John Henry, *The Scientific Revolution and the Origins of Modern Science*.
Richard Holmes, *The Age of Wonder: How the Romantic Generation discovered the beauty and terror of science*.
Steven Johnson, *Where Good Ideas Come From: The Natural History of Innovation*.
Joel Mokyr, *The Lever of Riches: Technological Creativity and Economic Progress*.
Abbott Payson Usher, *A History of Mechanical Inventions*.

종말 후의 세계에 닥칠 상황과 원시적인 도구로 재건을 시도해야 하는 상황 등, 이 책에서 다룬 주제 중 많은 것이 이미 소설의 형태로 시도되었다. 따라서 이 책을 선택한 독자들도 읽어볼 만한 소설이 적지 않다. 대니얼 디포의 《로빈슨 크루소》와 요한 다피트 비스Johann David Wyss의 《로빈슨 가족의 모험》은 조난당해 원시적인 상태로 떨어진 주인공들의 기발한 생존기이다. 마크 트웨인Mark Twain의 《아서 왕 궁전의 코네티컷 양키》는 우연한 시간여행자의 모험을 다룬 소설이며, 스티븐 마이클 스털링Stephen Michael Stirling은 *Island in the Sea of Time*(1998년)에서 미스터리한 사건에 의해 청동기시대로 되돌아간 한 섬의 주민들이 어떻게 살아가고 번창하는가를 다루었다. George R. Stewart의 *Earth Abides*는 역병에 의해 종말을 맞은 공동체가 회복되어가는 과정을 추적한 공상과학소설인 반면, John Christopher는 *The Death of Grass*에서 인간에게는 직접적으로 악영향을 끼치지 않지만 모든 풀을 멸살하는 질병에 의해 닥친 종말적 상황을 다루었다. 한편 코맥 매카시의 《로드》는 대재앙의 여파로 무법천지가 된 세상에서 살아남으려고 발버둥치는 아버지와 아들의 잔혹한 이야기이며, Algis Budrys의 *Some Will Not Die*와 David Brin의 *The Postman*은 문명이 붕괴된 후의 권력 다툼을 다루었다. 리처드 매드슨의 《나는 전설이다》는 마지막 생존자에 대한 이야기이다. Pat Frank는 *Alas, Babylon*에서, Nevil Shute는 *On the Beach*에서 핵전쟁 직후의 상황을 묘사하였고, 월터 M. 밀러 주니어는 《리보위츠를 위한 찬송》에서 핵재앙이 있고 오랜 시간이 지난 후에 대두된 지식의 보존이란 문제를 다루었다. Russell Hoban의 *Riddley Walker*도 종말적 사건이 있고 여러 세대가 지난 후의 사회, 정확히 말하면 유목적 상황으로 되돌아간 사회의 모습을 다루었다. 마거릿 애투드의 두 종말 소설, 《인간 종말 리포트》와 《홍수》, Jack McDevitt의 *Eternity Road*와 킴 스탠리 로빈슨Kim Stanley Robinson의 *The Wild Shore*도 종말 후의 세계에 닥친 삶의 모습을 흥미진진하게 묘사했다. 종말을 주제로 한 소설들을 묶어 편찬한 책들로는 *Ruins of Earth*(Thomas M. Disch 편집), 《종말문학 걸작선》(존 조지프 애덤스 편집), *The Mammoth Book of Apocalyptic SF*(Mike Ashley 편집)가 읽을 만하다.

이 책의 1장에서 다루었던 주제로 폐허로 변해가는 도시 공간, 즉 폐허의 매혹적인 아름다움을 집중적으로 조명한 사진집도 상당히 많다. 최근에 발표된 것으로는 Andrew Moore의 *Detroit Disassembled*, Sylvain Margaine의 *Forbidden Places*, Romany WG의 *Beauty in Decay*가 추천할 만하다.

각 장에서 다룬 주제와 밀접한 관계가 있는 일반적인 문헌과 특정한 내용과 관련된 참고 자료를 아래에 명기해두었다. 여기에서 언급되는 책들 중 다수는 '적정기술도서Appropriate Technology Library, ATL'에도 속하며, 참고문헌에서는 관련 서적의 제목 뒤에 ATL 조회번호까지 괄호 안에 표기해두었다. ATL은 혼자 힘으로 준비할 수 있는 실용적인 정보와 기초적인 기술을 다룬 것으로 선정된 1,000여 권의 책 목록으로 이루어졌다. 모든 책이 디지털화된 덕분에 빌리지 어스(Village Earth: http://villageearth.org/appropriate-technology)에서 DVD나 CD로 구할 수 있다. 여기에서 언급되는 책의 자세한 서지사항은 참고문헌에서 확인하기 바라며, 관련된 문헌에 곧바로 연결하고 싶으면 웹사이트 The Knowledge(The-Knowledge.org)를 이용하기 바란다.

서문

Nick Bostrom and Milan Cirkovic(eds.), *Global Catastrophic Risks*.

Jared Diamond, *Collapse: How Societies Chose to Fail or Survive*.

Paul and Anne Ehrlich, "Can a collapse of global civilisation be avoided?"

John Greer, *The Long Descent*.

Bob Holmes, "Starting over: Rebuilding civilisation from scratch."
Debora MacKenzie, "Why the demise of civilisation may be inevitable."
Jeffrey Nekola, et al., "The Malthusian Darwinian dynamic and the trajectory of civilization."
Glenn Schwartz and John Nichols(eds), *After Collapse: The Regeneration of Complex Societies*.
Joseph Tainter, *The Collapse of Complex Societies*.

1. 몰도바에 대해서는 Connolly(2001).
2. Read(1958), Ashton(2013)도 참조할 것.
3. 토스터 프로젝트, Thwaites(2011).
4. Lovelock(1998). 러브록의 제안에 대한 반박으로는 Greer(2006)를 참조할 것. 또한 중요한 지식들을 수집해서 보존하자는 제안에 대해서는 Kelly(2006), Raford(2009), Rose(2010), Kelly(2011) 및 시간여행자들에게 필요한 핵심 개념들로 재밌게 꾸민 티셔츠(www.topatoco.com/bestshirtever)를 참조해볼 것.
5. Yeo(2001).
6. 아폴로 우주계획에 대해서는 http://www.nasa.gov/centers/langley/news/factsheets/Apollo.html을 참조할 것.
7. Shirky(2010).
8. 《파인먼의 물리학 강의*The Feynman Lectures on Physics*》(1964), 1권 1장. Atoms in Motion, http://www.feynmanlectures.caltech.edu에서 무료로 읽을 수 있다.
9. "이런 조각들로 나는 나의 붕괴를 지탱해왔다." T. S. Eliot, *The Waste Land*, 1922.
10. 《로빈슨 크루소》와 《로빈슨 가족의 모험》 이외에도 맨손으로 다시 시작하는 데 필요한 중요한 지식을 주제로 다룬 소설이 적지 않다. 마크 트웨인이 우연한 시간여행자의 모험을 다룬 1889년의 소설 《아서 왕 궁전의 코네티컷 양키》, H. G. 웰스가 1895년에 발표한 소설 《타임머신》, 한 마을이 통째로 현대 사회에서 청동기 시대로 이동한 사건을 다룬 S. M. Stirling의 *Island in the Sea of Time*(1998)이 대표적인 예이다.
11. Lewis(1994).
12. Davison et al.(2000), Economist(2006), Economist(2008 a, b), McDermott(2010).
13. Mason(1997).
14. Rybczynski(1980), Carr(1985).
15. Edgerton(2007).

01 우리가 지금 알고 있는 세상의 종말

Bruce D. Clayton, *Life After Doomsday: Survivalist Guide to Nuclear War and Other Major Disasters*.

Aton Edwards, *Preparedness Now!(An Emergency Survival Guide)*.

Dan Martin, *Apocalypse: How to Survive a Global Crisis*.

James Wesley Rawles, *How To Survive The End Of The World As We Know It: Tactics, Techniques And Technologies For Uncertain Times*.

Laura Spinney, "Return to paradise: If the people flee, what will happen to the seemingly indestructible?".

Matthew R. Stein, *When Technology Fails: A Manual for Self-Reliance, Sustainability and Surviving the Long Emergency*.

Neil Strauss, *Emergency: One Man's Story of a Dangerous World and How to Stay Alive in it*.

United States Army, *Survival(Field Manual 3-05.70)*.

Alan Weisman, *The World Without Us*.

John 'Lofty' Wiseman, *SAS Survival Handbook: The ultimate guide to surviving anywhere*.

Jan Zalasiewicz, *The Earth After Us: What Legacy Will Humans Leave in the Rocks*?(하지만 앞에서 제시한 종말 후의 생존 가이드들 중 일부에 담긴 내용은 그다지 훌륭한 조언이 아니라는 점에 분명히 밝혀두고 싶다. 특히 의학 분야에 대한 조언이 적잖게 부족하다.)

1. 드니 디드로의 《백과전서*Encyclopédie, ou dictionnaire raisonnée des sciences, des arts et des méetiers*》에서 '백과사전'에 대한 정의를 인용한 것이다. Jacques Barzun과 Ralph Bowen이 영어로 번역한 *Rameau's Nephew and Other Works*(Hackett, 2001, p.290)에서 Yeo(2001)가 인용한 것을 Hackett Publishing의 허락을 얻어 재인용한 것이다.
2. Richard Matheson, *I Am Legend*(1954).
3. Sherman(2006), Martin(2007).
4. Murray–McIntosh et al.(1998), Hey(2005).
5. Spinney(1996), Weisman(2008), Zalasiewicz(2008).
6. Stern(2006), Vuuren(2008), Solomon(2009), Cowie(2013).

02 유예기간

Godfrey Boyle and Peter Harper, *Radical Technology*.

Jim Leckie et al., *More Other Homes and Garbage: Designs for Self-sufficient Living*.

Alexis Madrigal, *Powering the Dream: The History and Promise of Green Technology*.

Nick Rosen, *How to Live Off-grid*.

John Seymour, *The New Complete Book of Self-sufficiency*.

Dick and James Strawbridge, *Practical Self Sufficiency*.

Jon Vogler, *Work from Waste: Recycling Waste to Create Employment*.

1. 대니얼 디포의 《로빈슨 크루소》에서 인용. 원문은 http://www.gutenberg.org/ebooks/521에서 찾아 읽을 수 있다.
2. Clayton(1980), Edwards(2009), Martin(2011), Rawles(2009), Stein(2008), Strauss(2009), United States Army(2002).
3. Huisman(1974), VITA(1977), Conant(2005).
4. DEFRA(2010), DEFRA(2012)를 참조할 것.
5. GPS 정확성의 추락에 대해서는 USCG(미국 연안경비대) Navigation Center와 나눈 개인적인 대화를 참조했다.
6. Cohen(2000), Pomerantz(2004).
7. Clews(1973), Leckie(1981), Rosen(2007), Madrigal(2011).
8. Sacco(2000).
9. 플라스틱의 기초적인 재활용에 대해서는 Vogler(1984)를 참조할 것.

03 농업

Mauro Ambrosoli, *The Wild and the Sown: Botany and Agriculture in Western Europe, 1350–1850*.

Percy Blandford, *Old Farm Tools and Machinery: An Illustrated History*.

Felipe Fernandez-Armesto, *Food: A History*.

John Seymour, *The New Complete Book of Self-sufficiency*.

Tom Standage, *An Edible History of Humanity*.

1. John Wyndham이 종말 후의 세상이라며 1951년에 발표한 소설, *Day of the Triffids*(Penguin, 2001)에서 인용.
2. 흙의 구성 성분에 대해서는 Stern(1979), Wood(1981)를 참조할 것.
3. 농기구에 대해서는 Blandford(1976), FAO(1976), Hurt(1985)를 참조할 것.
4. 황소에 농기구를 채우는 행위부터 쟁기까지는 Starkey(1985)를 참조할 것.
5. FAO(1977).
6. 이런 의존관계에서 비롯될 수 있는 결과는 John Christopher의 소설, *The Death of Grass*에서 설득력 있게 그려졌다. 이 소설에 따르면 종말의 원인은 인류를 병들게 하는 바이러스가 아니라, 식물을 완전히 말살하는 식물 병원균이다.
7. 퇴비를 만드는 방법에 대해서는 Gotaas(1976), Dalzell(1981), Shuval(1981), Decker(2010a)

를 참조할 것.

8. 생물가스에 대해서는 House(1978), Goodall(2008), Strawbridge(2010)를 참조할 것.
9. Pearce(2013).
10. 딜로 더트에 대해서는 http://austintexas.gov/dillodirt를 참조할 것.
11. 런던에 세워진 과인산석회 비료 공장에 대해서는 Weisman(2008)을 참조할 것.
12. Mokyr(1990).
13. 식량생산의 덫에 대해서는 Standage(2010)를 참조할 것.

04 식량과 옷

Agromisa Foundation, *Preservation of Foods*.

Felipe Fernandez–Armesto, *Food: A History*.

Joan Koster, *Handloom Construction: A Practical Guide for the Non-Expert*.

Michael Pollan, *Cooked: A Natural History of Transformation*.

John Seymour, *The New Complete Book of Self-sufficiency*.

Tom Standage, *An Edible History of Humanity*.

Carol Hupping Stoner, *Stocking Up: How to Preserve the Foods you Grow Naturally*.

Abbott Payson Usher, *A History of Mechanical Inventions*.

1. 폐허로 변한 로마 유적을 한탄한 익명의 색슨족 작가가 쓴 엑서터 북(Exeter Book)에 수록된 8세기의 시, 〈The Ruin〉에서 인용. Tainter(1988)의 번역을 참조했다.
2. 식량 보존에 대해서는 Agromisa Foundation(1990), The British Nutrition Foundation(1999), Stoner(1973)를 참조할 것.
3. 임시방편으로 세운 훈제장에 대해서는 Stoner(1973)를 참조할 것.
4. 닉스타말화에 대해서는 Fernandez–Armesto(2001)를 참조.
5. UNIFEM(1988).
6. 사워도우를 만드는 방법에 대해서는 Avery(2001a, b), Lang(2003)을 참조할 것.
7. 몽골 유목민의 증류기에 대해서는 Sella(2012)를 참조할 것.
8. Löfström(2011).
9. 아인슈타인의 냉동기에 대해서는 Silverman(2001), Jha(2008)를 참조할 것.
10. 냉동기의 압축기와 흡수식 설계에 대해서는 Cowan(1985), Bell(2011)을 참조할 것.
11. 물레에 대해서는 Wigginton(1973)을 참조할 것.
12. 간단한 직조 방법에 대해서는 Koster(1979)를 참조할 것.
13. 단추에 대해서는 Mokyr(1990), Mortimer(2008)를 참조할 것.
14. 방적과 방직의 기계화에 대해서는 Usher(1982), Mokyr(1990), Allen(2009)을 참조할 것.

05 화학물질

Alan P. Dalton, *Chemicals from Biological Resources*.

William B. Dick, *Dick's Encyclopedia of Practical Receipts and Processes*.

Kevin M. Dunn, *Caveman Chemistry: 28 Projects, from the Creation of Fire to the Production of Plastics*.

1. 마거릿 애투드가 종말 후의 세계를 소재로 2003년에 발표한 소설《인간 종말 리포트》에서 인용한 구절이다.
2. 인류의 역사에서 열에너지가 차지한 위치에 대해서는 Decker(2011a)를 참조할 것.
3. 산업혁명에 코크스가 미친 영향에 대해서는 Allen(2009)을 참조할 것.
4. 나무의 윗부분을 잘라내서 땔감을 마련하는 방법은 Stanford(1976)를 참조.
5. 숯에 대해서는 Goodall(2008)을 참조할 것.
6. 철강 생산에 숯을 사용하는 브라질, Kato(2005)를 참조.
7. 보관해두어야 할 테크놀로지에 대해서는 Edgerton(2008)을 참조.
8. 석회의 가열에 대해서는 Wingate(1985)를 참조.
9. 손 씻기와 소화기 질환의 감소에 대해서는 Bloomfield(2009)를 참조.
10. 인류의 역사에서 알칼리가 차지한 중요성에 대해서는 Deighton(1907), Reilly(1951)를 참조.
11. 나무의 열분해에 대해서는 Dumesny(1908), Dalton(1973), Boyle(1976), McClure(2000)를 참조.
12. 제1차 세계대전 당시 아세톤의 부족에 대해서는 David(2012)를 참조.
13. 황산에 대해서는 McKee(1924), Karpenko(2002)를 참조할 것.

06 건축자재

Kevin M. Dunn, *Caveman Chemistry: 28 Projects, from the Creation of Fire to the Production of Plastics*.

Albert Jackson and David Day, *Tools and How to Use Them: An Illustrated Encyclopedia*.

Carl G. Johnson and William R. *Weeks, Metallurgy*.

Richard Shelton Kirby et al., *Engineering in History*.

1. Walter M. Miller가 핵전쟁 이후의 상황을 묘사한 1960년 소설, *A Canticle for Leibowitz*에서 인용.
2. 산림청, 임산연구소(Forest Service Forest Products Laboratory, 1974).
3. 기본적인 건축법에 대해서는 Leckie(1981), Stern 1983), Lengen(2008)을 참조.
4. 로마의 화산회 시멘트에 대해서는 Oleson(2008)을 참조.

5. 철근 콘크리트에 대해서는 Stern(1983)을 참조.
6. Weygers(1974), Winden(1990).
7. 담금질과 뜨임에 대해서는 Gentry(1980)를 참조.
8. 산소 아세틸렌 토치, Parkin(1969).
9. 아크 용접에 대해서는 링컨 전기회사(Lincoln Electric Company, 1973)를 참조.
10. Gingery(2000a, b, c, d & e).
11. 연장의 제작과 사용, Weygers(1973), Jackson(1978).
12. Aspin(1975).
13. 철의 제련에 대해서는 Johnson(1977), Allen(2009)을 참조.
14. 중국의 고로에 대해서는 Mokyr(1990)를 참조.
15. 베서머 제강법에 대해서는 Mokyr(1990)를 참조.
16. 유리가 생성되는 과정에 대해서는 Whitby(1983)를 참조.
17. 리드 크리스털 유리에 대해서는 MacLeod(1987)를 참조.
18. 과학에서 유리의 중요한 역할에 대해서는 Macfarlane(2002)을 참조.

07 의학과 의약품

Murray Dickson, *Where There Is No Dentist*.

Roy Porter, *Blood and Guts: A Short History of Medicine*.

Anne Rooney, *The Story of Medicine*.

David Werner, *Where There Is No Doctor*.

1. Jared Diamond(2005)가 인용한 John Lloyd Stephens의 글.
2. 동물이 인간에게 옮긴 질병에 대해서는 Porter(2002), Rooney(2009)를 참조.
3. 위생의 중요성에 대해서는 Mann(1982), Conant(2005), Solomon(2011)을 참조.
4. 콜레라에 대해서는 Clark(2010)를 참조.
5. 경구수분공급치료법에 대해서는 Conant(2005)를 참조.
6. 비밀로 간직된 겸자에 대해서는 Porter(2002)를 참조.
7. 자동차 부품으로 만든 인큐베이터, Johnson(2010), http://designthatmatters.org/portfolio/projects/incubator/.
8. 엑스선의 우연한 발견에 대해서는 Gribbin(2002), Osman(2011), Kean(2010)을 참조.
9. 버드나무 껍질과 아스피린에 대해서는 Mokyr(1990), Pollard(2010)를 참조.
10. 괴혈병과 최초의 임상실험에 대해서는 Osman(2011)을 참조.
11. 수술의 원칙에 대해서는 Cook(1988)을 참조.
12. 마취제에 대해서는 Dobson(1988)을 참조할 것.

13. 아산화질소에 대해서는 Gribbin(2002), Holmes(2008)를 참조.
14. 원시적인 현미경을 만드는 법에 대해서는 Casselman(2011)을 참조.
15. 안토니 판 레이우엔훅에 대해서는 Crump(2001), Macfarlane(2002), Gribbin(2002), Sherman (2006)을 참조할 것.
16. 마르쿠스 테렌티우스 바로에 대해서는 Rooney(2009)를 참조.
17. 항생제의 뜻하지 않은 발견에 대해서는 Lax(2005), Kelly(2010), Winston(2010), Pollard(2010)를 참조.
18. 페니실린의 추출과 대량생산에 대해서는 Lax(2005)를 참조.

08 동력과 전력

Godfrey Boyle and Peter Harper, *Radical Technology*.
Alexis Madrigal, *Powering the Dream: The History and Promise of Green Technology*.
Abbott Payson Usher, *A History of Mechanical Inventions*.

1. Pat Frank가 핵전쟁 이후의 상황을 묘사한 1959년에 발표한 소설, *Alas, Babylon*(〈요한계시록〉 18장 10절에서 끌어온 제목)에서 인용.
2. 로마의 수차에 대해서는 Usher(1982), Oleson(2008)을 참조.
3. 암흑시대의 핵심적인 혁신에게 대해서는 Fara(2009)를 참조.
4. 풍차에 대해서는 McGuigan(1978a), Mokyr(1990), Hills(1996), Decker(2009)를 참조.
5. 운동 방향을 바꾸는 기계장치에 대해서는 Hiscox(2007), Brown(2008)을 참조.
6. 수차와 풍차의 중요성에 대해서는 Basalla(1988)를 참조.
7. 수차와 풍차의 다양한 활용에 대해서는 Usher(1982), Solomon(2011)을 참조.
8. 빨펌프에 대해서는 Fraenkel(1997)을 참조.
9. 증기기관에 대해서는 Usher(1982), Mokyr(1990), Crump(2001), Allen(2009)을 참조.
10. 볼타전지에 대해서는 Gribbin(2002)을 참조.
11. 바그다드 전지에서 대해서는 Schlesinger(2010), Osman(2011)을 참조.
12. 전자기의 발견에 대해서는 Crump(2001), Gribbin(2002), Hamilton(2003), Fara(2009), Schlesinger(2010), Ball(2012)을 참조.
13. 4개의 날개를 사용한 전통적인 풍차의 부품을 교체해 사용하는 경우에 대해서는 Watson (2005)을 참조.
14. Charles Brush의 발전용 풍차에 대해서는 Hills(1996), Winston(2010), Krouse(2011)를 참조.
15. 수력 터빈에 대해서는 McGuigan(1978b), Usher(1982), Holland(1986), Mokyr(1990), Eisenring(1991)을 참조할 것.

09 운송

1. Roald Dahl이 1975년에 발표한 아동 소설 *Danny, the Champion of the World*에서 인용.
2. Rudolf Diesel을 인용한 글은 Goodall(2008)을 참조.
3. 바이오에탄올에 대해서는 태양에너지연구소(Solar Energy Research Institute, 1980), Goodall(2008)을 참조할 것.
4. 바이오디젤에 대해서는 Rosen(2007), Strawbridge(2010)를 참조.
5. 가스통을 설치한 자동차에 대해서는 House(1978), Decker(2011b)를 참조.
6. 나무의 가스화에 대해서는 유엔식량농업기구삼림국(FAO Forestry Department, 1986), LaFontaine (1989), Decker(2010b)를 참조.
7. 나무를 연료로 삼은 티거 탱크에 대해서는 Krammer(1978)를 참조.
8. 과율에 대해서는 국립과학아카데미(National Academy of Sciences, 1977)를 참조.
9. 황소의 멍에에 대해서는 Starkey(1985)를 참조.
10. 목과 뱃대끈 마구와 말의 목사리에 대해서는 Mokyr(1990)를 참조.
11. 말이 농경에 한창 사용되던 때에 대해서는 Edgerton(2008)을 참조.
12. 돛에 관련해서는 Farndon(2010)을 참조.
13. 가축을 농경에 재사용한 쿠바에 대해서는 Edgerton(2008)을 참조.
14. 페니파딩 자전거와 요즘 자전거의 안정성에 대해서는 Broers(2005)를 참조.
15. 자동차를 기존에 존재하는 기계적 해결책의 결합체로 해석하는 방법에 대해서는 Mokyr(1990), Arthur(2009), Kelly(2010)를 참조.
16. 내연기관과 자동차의 메커니즘에 대해서는 미국 해군인사국(Bureau of Naval Personnel, 1971), Hillier(1981), Usher(1982)를 참조.
17. 전기 자동차 역사에 대해서는 Crump(2001), Edgerton(2008), Brooks(2009), Decker(2010c), Madrigal(2011)을 참조.

10 커뮤니케이션

J. P. Davidson, *Planet Word*.

1. Percy Bysshe Shelley의 소네트 〈Ozymandias〉(1818)에서 인용.
2. 종이의 역사에 대해서는 Mokyr(1990)를 참조.
3. 셀룰로오스 섬유의 화학적 분리에 대해서는 Dunn(2003)을 참조.
4. 종이 만들기에 대해서는 Vigneault(2007), Seymour(2009)를 참조.
5. 장과류로부터 추출하는 잉크에 대해서는 HowToons(2007)를 참조.
6. 오배자 잉크에 대해서는 Finlay(2002), Fruen(2002), Smith(2009)를 참조.
7. 인쇄기가 사회에 미친 영향에 대해서는 Broers(2005), Farndon(2010)을 참조.

8. 인쇄기의 발달에 대해서는 Usher(1982), Mokyr(1990), Finlay(2002), Johnson(2010)을 참조.
9. 기초적인 무선 송신기와 수신기에 대해서는 Crump(2001), Field(2002), Parker(2006)를 참조.
10. 참호와 포로수용소의 무선 수신기에 대해서는 Wells, Ross(2005), Carusella(2008)를 참조하고, 전쟁포로들이 만들어낸 한층 기발한 장치에 대해서는 Gillies(2011)를 참조.

11 고급 화학

Kevin M. Dunn, *Caveman Chemistry: 28 Projects, from the Creation of Fire to the Production of Plastics*.
Sam Kean, *The Disappearing Spoon: and other true tales from the Periodic Table*.
Joel Mokyr, *The Lever of Riches: Technological Creativity and Economic Progress*.

1. Douglas Coupland의 1992년 소설 *Shampoo Planet*에서 인용.
2. 물의 전기분해에 대해서는 Abdel-Aal(2010)을 참조.
3. 알루미늄에 대해서는 Johnson(1977), Kean(2010)을 참조.
4. 전기분해와 새로운 원소의 발견에 대해서는 Gribbin(2002), Holmes(2008)를 참조.
5. 주기율표에 대해서는 Fara(2009), Kean(2010)을 참조.
6. 불로장생의 묘약, 흑색 화약에 대해서는 Winston(2010)을 참조.
7. 니트로글리세린과 다이너마이트에 대해서는 Mokyr(1990)를 참조.
8. 사진의 응용에 대해서는 Gribbin(2002), Osman(2011)을 참조.
9. 기초적인 사진에 대해서는 Sutton(1986), Ware(1997), Crump(2001), Ware(2002), Ware(2004)를 참조.
10. 공업화학에 대해서는 Mokyr(1990)를 참조.
11. 소다에 대한 수요에 대해서는 Deighton(1907), Reilly(1951)를 참조.
12. 르블랑법, 초기 산업 공해, 솔베이법에 대해서는 Deighton(1907), Reilly(1951), Mokyr(1990)를 참조.
13. William Crookes의 인용, Standage(2010).
14. Schrock(2006).
15. 하버보슈법에 대해서는 Standage(2010), Kean(2010), Perkins(1977), Edgerton(2008)을 참조.

12 시간과 공간

Eric Bruton, *The History of Clocks & Watches*.
Adam Frank, *About Time*.
Dava Sobel, *Longitude: The True Story of a Lone Genius Who Solved the Greatest Scientific Problem of His Time*.

1. Denis Diderot에서 인용, Goodman(1995)의 번역.
2. 물시계에 대한 모래시계의 비교우위에 대해서는 Bruton(2000)을 참조.
3. 스톤헨지로 변하는 맨해튼에 대해서는 2006년 7월 12일, 오늘의 천문 사진, http://apod.nasa.gov/apod/ap060712.html.
4. 해시계에 대해서는 Oleson(2008)을 참조.
5. 기계시계에 대해서는 Usher(1982), Bruton(2000), Gribbin(2002), Frank(2011)를 참조.
6. 60초, 60분, 24시간에 대해서는 Crump(2001), Frank(2011)를 참조.
7. Mortimer(2008).
8. 시리우스의 첫 출현에 대해서는 Schaefer(2000)를 참조.
9. 그레고리력의 부활. 열두 달이 아닌 다른 구조로 달력을 재구성하는 제안에 대해서는 Pappas(2011)를 참조.
10. 정확한 시계가 제작되기 전에 위도선을 따라 항해하던 방법에 대해서는 Usher(1982)를 참조.
11. 경도 문제의 해결에 대해서는 Sobel(1996)을 참조.
12. 용수철을 이용한 시계에 대해서는 Usher(1982), Bruton(2000)을 참조.
13. '비글호'에 실린 22개의 크로노미터에 대해서는 Sobel(1996)을 참조.

13 가장 위대한 발명

1. T. S. Eliot이 1943년에 발표한 *Four Quartets*에서 네 번째로 실린 〈Little Gidding〉에서 인용.
2. 중국의 테크놀로지 역사에 대해서는 Mokyr(1990)를 참조할 것.
3. 18세기 영국의 산업혁명에 대해서는 Allen(2009)을 참조.
4. 미터법 및 미국과 영국이 미터법을 채택하지 않은 이유에 대해서는 Crump(2001)를 참조.
5. 기압계와 온도계의 발명에 대해서는 Crump(2001), Chang(2004)을 참조할 것.
6. '과학은 어떻게 행해지는가'라는 문제에 대해서는 Shapin(1996), Kuhn(1996), Bowler(2005), Henry(2008), Ball(2012)을 참조.
7. 과학과 테크놀로지의 공생에 대해서는 Basalla(1988), Mokyr(1990), Bowler(2005), Arthur(2009), Johnson(2010)을 참조.

참고문헌

Abdel-Aal, H. K., K. M. Zohdy and M. Abdel Kareem, "Hydrogen Production Using Sea Water Electrolysis," *The Open Fuel Cells Journal*, 3:1–7, 2010.

Adams, John Joseph (ed.), *Wastelands: Stories of the Apocalypse*, Night Shade Books, 2008.

Agromisa Foundation Human Nutrition and Food Processing Group, *Preservation of Foods(ATL 07–289)*, Agromisa Foundation, 1990.

Ahuja, Rajeev, Andreas Blomqvist, Peter Lorrson et al., "Relativity and the lead-acid battery," *Physical Review Letters*, 106(1), 2011.

Allen, Robert C., *The British Industrial Revolution in Global Perspective*, Cambridge University Press, 2009.

Ambrosoli, Mauro, *The Wild and the Sown: Botany and Agriculture in Western Europe*, 1350–1850, Cambridge University Press, 2009.

Arthur, W. Brian, *The Nature of Technology: What It Is and How It Evolves*, Penguin, 2009.

Ashton, Kevin, "What Coke Contains," 2013, from https://medium.com/the-ingredients-2/221d449929ef.

Aspin, B. Terry, *Foundrywork for the Amateur(ATL 04–94)*, Model and Allied Publications, 1975.

Avery, Mike, "What is sourdough?," 2001a, from http://www.sourdoughhome.com/index.php?content=whatissourdough

———, "Starting a Starter," 2001b, from http://www.sourdoughhome.com/index.php?content=startermyway2.

Ball, Philip, *Curiosity: How Science Became Interested in Everything*, The Bodley Head, 2012.

Basalla, George, *The Evolution of Technology*, Cambridge University Press, 1988.

Bell, Alice, "How the Refrigerator Got its Hum," 2011, from http://alicerosebell.wordpress.com/2011/09/19/how-the-refrigerator-gotits-hum/.

Blandford, Percy, *Old Farm Tools and Machinery: An Illustrated History*, David & Charles, 1976.

Bloomfield, Sally F. and Kumar Jyoti Nath, *Use of ash and mud for handwashing in low income communities*, International Scientific Forum on Home Hygiene, 2009.

Bostrom, Nick and Milan M. □irkovi□ (eds), *Global Catastrophic Risks*, Oxford University Press, 2011.

Bowler, Peter J. and Iwan Rhys Morus, *Making Modern Science: A Historical Survey*, The University of Chicago Press, 2005.

Boyle, Godfrey and Peter Harper, *Radical Technology: Food, Shelter, Tools, Materials, Energy, Communication, Autonomy, Community(ATL 01–13)*, Undercurrent Books, 1976.

British Nutrition Foundation, Nutrition and Food Processing, 1999.

Broers, Alec, *The Triumph of Technology*(The BBC Reith Lectures 2005), Cambridge University Press, 2005.

Brooks, Michael, "Electric cars: Juiced up and ready to go," *New Scientist*, 2717, 20 July 2009.

Brown, Henry T., 507 *Mechanical Movements: Mechanisms and Devices*, 18th edn, BN Publishing, 2008. First published 1868.

Bruton, Eric, *The History of Clocks & Watches*, Little, Brown, 2000.

Bureau of Naval Personnel, *Basic Machines and How They Work(ATL 04–81)*, Dover Publications, 1971.

Carr, Marilyn (ed.), *AT Reader: Theory and Practice in Appropriate Technology(ATL 01–20)*, ITDG Publishing, 1985.

Carusella, Brian, "Foxhole and POW built radios: history and construction," 2008, from http://bizarrelabs.com/foxhole.htm.

Casselman, Anne, "Microscope, DIY, 3 Minutes," 2011, from http://www.lastwordonnothing.com/2011/09/05/guest-postmicroscope-diy/.

Chang, Hasok, *Inventing Temperature: Measurement and Scientific Progress*, Oxford University Press, 2004.

Clark, David P., *Germs, Genes & Civilization*, FT Press, 2010.

Clayton, Bruce D., *Life After Doomsday: Survivalist Guide to Nuclear War and Other Major Disasters*, Paladin Press, 1980.

Clews, Henry, *Electric Power from the Wind(ATL 21–466)*, Enertech Corporation, 1973.

Cohen, Laurie P., "Many Medicines Are Potent Years Past Expiration Dates," *Wall Street Journal*, 28 March 2000.

Collins, H. M., "The TEA Set: Tacit Knowledge and Scientific Networks," *Science Studies*, 4(2):165–186, 1974.

Conant, Jeff, *Sanitation and Cleanliness for a Healthy Environment*, Hesperian Foundation, 2005.

Connolly, Kate, "Human flesh on sale in land the Cold War left behind," Observer, 8 April 2001.

Cook, John, Balu Sankaran and Ambrose E. O. Wasunna (eds), *General Surgery at the District Hospital(ATL 27–721)*, World Health Organization, 1988.

Coupland, Douglas, *Shampoo Planet*, Simon & Schuster, 1992.

_____, *Girlfriend in a Coma*, Flamingo, 1998.

Cowan, Ruth Schwartz, "How the Refrigerator Got its Hum," in *The Social Shaping of Technology*, MacKenzie, Donald and Judy Wajcman (eds), Open University Press, 1985.

Cowie, Jonathan, *Climate Change: Biological and Human Aspects*, Cambridge University Press, 2013.

Crump, Thomas, *A Brief History of Science: As seen through the development of scientific instruments*, Constable & Robinson, 2001.

Dalton, Alan P., *Chemicals from Biological Resources*, Intermediate Technology Development Group, 1973.

Dalzell, Howard W., Kenneth R. Gray and A. J. Biddlestone, *Composting in Tropical Agriculture(ATL 05–165)*, International Institute of Biological Husbandry, 1981.

David, Saul, "How Germany lost the WWI arms race," 2012, from http://www.bbc.co.uk/news/magazine-17011607.

Davidson, J. P., *Planet Word*, Penguin, 2011.

Davison, Robert, Doug Vogel, Roger Harris and Noel Jones "Technology Leapfrogging in Developing Countries–An Inevitable Luxury?," *The Electronic Journal of Information Systems in Developing Countries*, 1(5):1–10, 2000.

Decker, Kris De, "Wind powered factories: history(And future) of industrial windmills," 2009, from http://www.lowtechmagazine.com/2009/10/history-of-industrial-windmills.html.

______, "Recycling animal and human dung is the key to sustainable farming," 2010a, from http://www.lowtechmagazine.308Bibliographycom/2010/09/recycling-animal-and-human-dung-is-the-key-tosustainable-farming.html.

Decker, Kris De, "Wood gas vehicles: firewood in the fuel tank," 2010b, from http://

www.lowtechmagazine.com/2010/01/wood-gas-cars.html.

———, "The status quo of electric cars: better batteries, same range," 2010c, from http://www.lowtechmagazine.com/2010/05/the-status-quo-of-electric-cars-better-batteries-same-range.html.

———, "Medieval smokestacks: fossil fuels in pre-industrial times," 2011a, from http://www.lowtechmagazine.com/2011/09/peatand-coal-fossil-fuels-in-pre-industrial-times.html.

———, "Gas Bag Vehicles," 2011b, from http://www.lowtechmagazine.com/2011/11/gas-bag-vehicles.html.

DEFRA, *UK Food Security Assessment: Detailed Analysis,* Department for Environment, Food and Rural Affairs, 2010.

———, *Food Statistics Pocketbook*, Department for Environment, Food and Rural Affairs, 2012.

Deighton, T. Howard, *The Struggle for Supremacy: Being a Series of Chapters in the History of the Leblanc Alkali Industry in Great Britain*, Gilbert G. Walmsley, 1907.

Department for Transport, *Vehicle Licensing Statistics*, 2013.

Diamond, Jared, *Collapse: How Societies Chose to Fail or Survive*, Penguin, 2005.

Dick, William B., *Dick's Encyclopedia of Practical Receipts and Processes(ATL 02–26)*, Dick & Fitzgerald, 1872.

Dickson, Murray, *Where There Is No Dentist,* Hesperian Health Guides, 2011.

Dobson, Michael B., *Anaesthesia at the District Hospital(ATL 27–720)*, World Health Organisation, 1988.

Dumesny, P. and J. Noyer, *Wood Products: Distillates and Extracts,* Scott Greenwood & Son, 1908.

Dunn, Kevin M., *Caveman Chemistry: 28 Projects, from the Creation of Fire to the Production of Plastics*, Universal Publishers, 2003.

Economist, "Behind the bleeding edge: Skipping over old technologies to adopt new ones offers opportunities–and a lesson," *The Economist*, 21 September 2006.

Economist, "Of internet cafés and power cuts: Emerging economies are better at adopting new technologies than at putting them into widespread use," *The Economist*, 7 February 2008.

Economist, "The limits of leapfrogging: The spread of new technologies often depends on the availability of older ones," *The Economist*, 7 February 2008.

Economist, "Doomsdays: Predicting the End of the World," *The Economist*, 20 December

2012.

Edgerton, David, *The Shock Of The Old: Technology and Global History since 1900*, Profile Books, 2006.

______, "Creole technologies and global histories: rethinking how things travel in space and time," *Journal of History of Science and Technology*, 1:75–112, 2007.

Edwards, Aton, *Preparedness Now!(An Emergency Survival Guide)*, Process Media, 2009.

Ehrlich, Paul R. and Anne H. Ehrlich, "Can a collapse of global civilisation be avoided?," *Proceedings of the Royal Society: B, 280:1–9*, 2013.

Eisenring, Markus, *Micro Pelton Turbines(ATL 22–543)*, SKAT, Swiss Center for Appropriate Technology, 1991.

FAO, *Farming with Animal Power(ATL05–150)*, Better Farming Series 14, Food and Agriculture Organization of the United Nations, 1976.

______, *Cereals(ATL 05–151)*, Better Farming Series 15, Food and Agriculture Organization of the United Nations, 1977.

______, Forestry Department, *Wood Gas as Engine Fuel*, Food and Agriculture Organisation of the United Nations, 1986.

Fara, Patricia, *Science: A Four Thousand Year History*, Oxford University Press, 2009.

Farndon, John, *The World's Greatest Idea: The Fifty Greatest Ideas That Have Changed Humanity*, Icon Books, 2010.

Ferguson, Niall, *Civilization: The West and the Rest*, Penguin, 2011.

Fernández-Armesto, *Felipe, Food: A History*, Macmillan, 2001.

Field, Simon Quellen, "Building a crystal radio out of household items," *Gonzo Gizmos: Projects and Devices to Channel Your Inner Geek*, Chicago Review Press, 2002.

Finlay, Victoria, *Colour: Travels Through the Paintbox*, Hodder and Stoughton, 2002.

Forest Service Forest Products Laboratory, *Wood Handbook: Wood as an Engineering Material(ATL 25–662)*, US Department of Agriculture, 1974.

Fraenkel, Peter, *Water-Pumping Devices: A Handbook for Users and Choosers(ATL 14–370)*, Intermediate Technology Publications, 1997.

Frank, Adam, *About Time: Cosmology and Culture at the Twilight of the Big Bang*, OneWorld, 2011.

Fruen, Lois, "The Real World of Chemistry: Iron Gall Ink," 2002, from http://www.realscience.breckschool.org/upper/fruen/files/Enrichmentarticles/files/IronGallInk/IronGallInk.html.

Gentry, George and Edgar T. Westbury, *Hardening and Tempering Engineers' Tools(ATL*

04–98), Model and Allied Publications, 1980.

Gillies, Midge, *The Barbed-wire University: The Real Lives of Prisoners of War in the Second World War*, Aurum, 2011.

Gingery, David J., *The Charcoal Foundry*, David J. Gingery Publishing LLC, 2000a.

———, *The Drill Press*, David J. Gingery Publishing LLC, 2000b.

———, *The Metal Lathe*, David J. Gingery Publishing LLC, 2000c.

———, *The Metal Shaper*, David J. Gingery Publishing LLC, 2000d.

———, *The Milling Machine*, David J. Gingery Publishing LLC, 2000e.

Goodall, Chris, *Ten Technologies To Fix Energy and Climate*, Profile Books, 2009.

Goodman, John (ed.), *Diderot on Art*, Yale University Press, 1995.

Gotaas, Harold B., *Composting: Sanitary Disposal and Reclamation of Organic Wastes(ATL 05–166)*, World Health Organization, 1976. First published 1956.

Greer, John Michael, "How Not To Save Science," 2006, from http://thearchdruidreport.blogspot.co.uk/2006/07/how-not-tosave-science.html.

———, *The Long Descent: A User's Guide to the End of the Industrial Age*, New Society Publishers, 2008.

Gribbin, John, *Science: A History 1543–2001*, Penguin, 2002.

Hamilton, James, *Faraday: The Life*, HarperCollins, 2003.

Henry, John, *The Scientific Revolution and the Origins of Modern Science*, 3rd edn, Palgrave Macmillan, 2008.

Hey, Jody, "On the Number of New World Founders: A Population Genetic Portrait of the Peopling of the Americas," *PLoS Biology*, 3(6):e193, 2005.

Hillier, V. A. W. and F. Pittuck, *Fundamentals of Motor Vehicle Technology*, 3rd edn, Hutchinson, 1981.

Hills, Richard L., *Power from Wind: A History of Windmill Technology*, Cambridge University Press, 1996.

Hiscox, Gardner Dexter, *1800 Mechanical Movements, Devices and Appliances*, Dover Publications, 2007.

Holland, Ray, *Micro Hydro Electric Power(ATL 22–531)*, Intermediate Technology Publications, 1986.

Holmes, Bob, "Starting over: Rebuilding Civilisation from Scratch," *New Scientist*, 2805, 28 March 2011.

Holmes, Richard, *The Age of Wonder: How the Romantic Generation discovered the beauty and terror of science*, HarperPress, 2008.

House, David, *The Biogas Handbook(ATL 24–568)*, Peace Press, 1978. Revised edition published by House Press in 2006.

HowToons, "Pen Pal," Craft, 5, November 2007, http://www.arvindguptatoys.com/arvindgupta/penpal.pdf.

Huisman, L. and W. E. Wood, *Slow Sand Filtration(ATL 16–376)*, World Health Organisation, 1974.

Hurt, R. Douglas, *American Farm Tools: From Hand-Power to Steam-Power(ATL 06–262)*, Sunflower University Press, 1982.

Jackson, Albert and David Day, *Tools and How to Use Them: An Illustrated Encyclopedia(ATL 04–122)*, Alfred A. Knopf, 1978.

Jha, Alok, "Einstein fridge design can help global cooling," *Observer*, 21 September 2008.

Johnson, Carl G. and William R. Weeks, *Metallurgy(ATL 04–106)*, 5th edn, American Technical Publishers, 1977.

Johnson, Steven, *Where Good Ideas Come From: The Natural History of Innovation*, Allen Lane, 2010.

Karpenko, Vladimir and John A. Norris, "Vitriol in the History of Chemistry," *Chemické Listy*, 96:997–1005, 2002.

Kato, M., D. M. DeMarini, A. B. Carvalho et al., "World at work: Charcoal Producing Industries in Northeastern Brazil," *Occupational and Environmental Medicine*, 62(2):128–132, 2005.

Kean, Sam, *The Disappearing Spoon: and other true tales from the Periodic Table*, Black Swan, 2010.

Kelly, Kevin, "The Forever Book," 2006, from http://www.kk.org/thetechnium/archives/2006/02/the_forever_book.php.

———, *What Technology Wants*, Viking, 2010.

———, "The Library of Utility," 2011, from http://blog.longnow.org/02011/04/25/the-library-of-utility/Kirby, Richard Shelton, Sidney Withington, Arthur Burr Darling and Frederick Gridley Kilgour, *Engineering in History*, Dover Publications, 1990.

Koster, Joan, *Handloom Construction: A Practical Guide for the Non-Expert(ATL 33*–778), Volunteers in Technical Assistance, 1979.

Krammer, Arnold, "Fueling the Third Reich," *Technology and Culture*, 19(3):394–422, 1978.

Krouse, Peter, "Charles Brush used wind power in house 120 years ago: Cleveland

Innovations," 2011, from http://blog.cleveland.com/metro/2011/08/charles_brush_used_wind_power.html.

Kuhn, Thomas S., *The Structure of Scientific Revolutions*, 3rd edn, University of Chicago Press, 1996.

LaFontaine, H. and F. P. Zimmerman, *Construction of a Simplified Wood Gas Generator for Fueling Internal Combustion Engines in a Petroleum Emergency*, Federal Emergency Management Agency, 1989.

Lang, Jack, "Sourdough Bread," 2003, from http://forums.egullet.org/topic/27634-sourdough-bread/.

Lax, Eric, *The Mould In Dr Florey's Coat: The Remarkable True Story of the Penicillin Miracle*, Abacus, 2005.

Leckie, Jim, Gil Masters, Harry Whitehouse and Lily Young, *More Other Homes and Garbage: Designs for Self-sufficient Living(ATL 02–47)*, Sierra Club Books, 1981.

Lengen, Johan van, *The Barefoot Architect: A Handbook for Green Building*, Shelter, 2008.

Lewis, M. J. T., "The Origins of the Wheelbarrow," *Technology and Culture*, 35 (3):453–475, July 1994.

Lincoln Electric Company, *The Procedure Handbook of Arc Welding(ATL 04–115)*, Lincoln Electric Company, 1973.

Lisboa, Maria Manuel, *The End of the World: Apocalypse and its Aftermath in Western Culture*, OpenBook Publishers, 2011.

Löfström, Johan, "Zeer pot refrigerator," 2011, from http://www.appropedia.org/Zeer_pot_refrigeratorLovelock, James, "A Book for All Seasons," *Science*, 280(5365):832–833, 1998.

Macfarlane, Alan and G*erry Martin, The Glass Bathyscaphe: How Glass Changed the World*, Profile Books, 2002.

MacGregor, Neil, *A History of the World in 100 Objects*, Penguin, 2011.

MacKenzie, Debora, "Why the demise of civilisation may be inevitable," *New Scientist*, 2650, 2 April 2008.

MacLeod, Christine, "Accident or Design? George Ravenscroft's Patent and the Invention of Lead-Crystal Glass," *Technology and Culture*, 28(4):776–803, 1987.

Madrigal, Alexis, *Powering the Dream: The History and Promise of Green Technology*, Da Capo Press, 2011.

Mann, Henry Thomas and David Williamson, *Water Treatment and Sanitation: Simple Methods for Rural Areas(ATL 16–381)*(revised edition), Intermediate Technology

Publications, 1982.

Margaine, Sylvain, *Forbidden Places: Exploring our abandoned heritage*, Jonglez, 2009.

Martin, Dan, *Apocalypse: How to Survive a Global Crisis*, Ecko House Publishing, 2011.

Martin, Felix, *Money: The Unauthorised Biography*, The Bodley Head, 2013.

Martin, Sean, *The Black Death*, Chartwell Books, 2007.

Mason, Richard and John Caiger, *A History of Japan*(revised edition), Tuttle Publishing, 1997.

McClure, David Courtney, "Kilkerran Pyroligneous Acid Works 1845 to 1945," 2000, from http://www.ayrshirehistory.org.uk/AcidWorks/acidworks.htm.

McDermott, Matthew, "Techo-Leapfrogging At Its Best: 2,000 Indian Villages Skip Fossil Fuels, Get First Electricity From Solar," 2010, from http://www.treehugger.com/natural-sciences/techoleapfrogging-at-its-best-2000-indian-villages-skip-fossil-fuelsget-first-electricity-from-solar.html.

McGuigan, Dermot, *Small Scale Wind Power*, Prism Press, 1978a.

———, *Harnessing Water Power for Home Energy(ATL 22–507)*, Garden Way Publishing Co., 1978b.

McKee, Ralph H. and Carroll M. Salk, "Sulfuryl Chloride: Principles of Manufacture from Sulfur Burner Gas," *Industrial and Engineering Chemistry*, 16(4):351–353, 1924.

Miller, Walter M., Jr, *A Canticle for Leibowitz*, Bantam Books, 2007. First published 1959.

Mokyr, Joel, *The Lever of Riches: Technological Creativity and Economic Progress*, Oxford University Press, 1990.

Moore, Andrew, *Detroit Disassembled*, Damiani, 2010.

Mortimer, Ian, *The Time Traveller's Guide to Medieval England*, The Bodley Head, 2008.

Murray-McIntosh, Rosalind P., Brian J. Scrimshaw, Peter J. Hatfield and David Penny, "Testing migration patterns and estimating founding population size in Polynesia by using human mtDNA sequences," *Proceedings of the National Academy of Sciences*, 95(15):9047–9052, 1998.

National Academy of Sciences, Guayule: An Alternative Source of Natural Rubber(ATL 05–183), 1977.

Nekola, Jeffrey C., Craig D. Allen, James H. Brown et al., "The Malthusian Darwinian dynamic and the trajectory of civilization," *Trends in Ecology & Evolution*, 28(3):127–130, 2013.

Office of Global Analysis, *Cuba's Food & Agriculture Situation Report, Foreign Agricultural Service*, United States Department of Agriculture, 2008.

Oleson, John Peter (ed.), *The Oxford Handbook of Engineering and Technology in the Classical World*, Oxford University Press, 2008.

Osman, Jheni, *100 Ideas That Changed the World*, BBC Books, 2011.

Pappas, Stephanie, "Is It Time to Overhaul the Calendar?," *Scientific American*, 29 December 2011.

Parker, Bev, "Early Transmitters and Receivers," 2006, from http://www.historywebsite.co.uk/Museum/Engineering/Electronics/history/earlytxrx.htm.

Parkin, N. and C. R. Flood, *Welding Craft Practices: Part 1, Volume 1 Oxy-acetylene Gas Welding and Related Studies(ATL 04–126)*, Pergamon Press, 1969.

Pearce, Fred, "Flushed with success: Human manure's fertile future," *New Scientist*, 2904, 21 February 2013.

Perkins, Dwight, *Rural Small-Scale Industry in the People's Republic of China(ATL 03–75)*, University of California Press, 1977.

Pollan, Michael, *Cooked: A Natural History of Transformation*, Penguin, 2013.

Pollard, Justin, *Boffinology: The Real Stories Behind Our Greatest Scientific Discoveries*, John Murray, 2010.

Pomerantz, Jay M., "Recycling Expensive Medication: Why Not?," *MedGenMed*, 6(2):4, 2004.

Porter, Roy, *Blood and Guts: A Short History of Medicine*, Penguin, 2002.

Raford, Noah and Jason Bradford, "Reality Report: Interview with Noah Raford," July 17 2009, from http://www.resilience.org/stories/2009-07-17/reality-report-interview-noah-rafordRawles, James Wesley, *How To Survive The End Of The World As We Know It: Tactics, Techniques And Technologies For Uncertain Times*, Penguin, 2009.

Read, Leonard E., I, *Pencil: My Family Tree as told to Leonard E. Read, The Foundation for Economic Education*, 1958. Reprinted 1999.

Reilly, Desmond, "Salts, Acids & Alkalis in the 19th Century: A Comparison between Advances in France, England & Germany," *Isis*, 42(4):287–296, 1951.

RomanyWG, *Beauty in Decay: Urbex: The Art of Urban Exploration*, CarpetBombingCulture, 2010.

Rooney, Anne, *The Story of Medicine: From Early Healing to the Miracles of Modern Medicine*, Arcturus, 2009.

Rose, Alexander, "Manual for Civilization," 2010, from http://blog.longnow.org/02010/04/06/manual-for-civilization/.

Rosen, Nick, *How to Live Off-grid: Journeys Outside the System*, Bantam Books, 2007.

Ross, Bill, "Building a Radio in a P.O.W. Camp," 2005, from http://www.bbc.co.uk/history/ww2peopleswar/stories/70/a4127870.shtmlRybczynski, Witold, *Paper Heroes: A Review of Appropriate Technology(ATL 01–11)*, Anchor Press, 1980.

Sacco, Joe, *Safe Area Goražde: The War in Eastern Bosnia* 1992–1995, Fantagraphics, 2000.

Schaefer, Bradley E., "The heliacal rise of Sirius and ancient Egyptian chronology," *Journal for the History of Astronomy*, 31(2):149–155, 2000.

Schlesinger, Henry, *The Battery: How portable power sparked a technological revolution*, Smithsonian Books, 2010.

Schrock, Richard, "MIT Technology Review: Nitrogen Fix," 2006, from http://www.technologyreview.com/notebook/405750/nitrogen-fix/Schwartz, Glenn M. and John J. Nichols (eds), *After Collapse: The Regeneration of Complex Societies*, The University of Arizona Press, 2010.

Sella, Andrea, "Classic Kit–Kenneth Charles Devereux Hickman's Molecular Alembic," 2012, from http://solarsaddle.wordpress.com/2012/01/06/classic-kit-kenneth-charles-devereux-hickmansmolecular-alembic/.

Seymour, John, *The New Complete Book of Self-sufficiency*, Dorling Kindersley, 2009.

Shapin, Steven, *The Scientific Revolution*, The University of Chicago Press, 1996.

Sherman, Irwin W., *The Power of Plagues*, ASM Press, 2006.

Shirky, Clay, *Cognitive Surplus: Creativity and Generosity in a Connected Age*, Penguin, 2010.

Shuval, Hillel I., Charles G. Gunnerson and DeAnne S. Julius, *Appropriate Technology for Water Supply and Sanitation: Nightsoil Composting(ATL 17–389)*, The World Bank, 1981.

Silverman, Steve, *Einstein's Refrigerator: And Other Stories from the Flip Side of History*, Andrews McMeel Publishing, 2001.

Smith, Gerald, "The Chemistry of Historically Important Black Inks, Paints and Dyes," *Chemistry Eduction in New Zealand*, 2009.

Sobel, Dava, *Longitude: The True Story of a Lone Genius Who Solved the Greatest Scientific Problem of His Time*, Fourth Estate, 1996.

Solar Energy Research Institute, *Fuel from Farms: A Guide to Small-scale Ethanol Production(ATL 19–417)*, United States Department of Energy, 1980.

Solomon, Steven, *Water: The epic struggle for wealth, power and civilization*, Harper Perennial, 2011.

Solomon, Susan, Gian-Kasper Plattner et al., "Irreversible climate change due to carbon dioxide emissions," *Proceedings of the National Academy of Sciences*, 106(6):1704–1709, 2009.

Spinney, Laura, "Return to paradise – If the people flee, what will happen to the seemingly indestructible?," *New Scientist*, 2039, 20 July 1996.

Standage, Tom, *An Edible History of Humanity*, Atlantic Books, 2010. First published 2009.

Stanford, Geoffrey, *Short Rotation Forestry: As a Solar Energy Transducer and Storage System(ATL 08–301)*, Greenhills Foundation, 1976.

Starkey, Paul, *Harnessing and Implements for Animal Traction: An Animal Traction Resource Book for Africa(ATL 06–294)*, German Appropriate Technology Exchange (GATE) and Friedrich Vieweg & Sohn, 1985.

Stassen, Hubert E., *Small-Scale Biomass Gasifiers for Heat and Power: A Global Review, Energy Series*, World Bank Technical Paper Number 296, 1995.

Stein, Matthew R., *When Technology Fails: A Manual for Self-Reliance, Sustainability and Surviving the Long Emergency*, Chelsea Green Publishing, 2008.

Stern, Nicholas, *The Stern Review on the Economics of Climate Change*, HM Treasury, 2006.

Stern, Peter, *Small Scale Irrigation(ATL 05–217)*, Intermediate Technology Publications, 1979.

———, (ed.), *Field Engineering(ATL 02–71)*, Practical Action, 1983.

Stoner, Carol Hupping, *Stocking Up: How to Preserve the Foods you Grow, Naturally(ATL 07–292)*, Rodale Press, 1973.

Strauss, Neil, *Emergency: One Man's Story of a Dangerous World and How to Stay Alive in it*, Canongate Books, 2009.

Strawbridge, Dick and James Strawbridge, *Practical Self Sufficiency: The Complete Guide to Sustainable Living*, Dorling Kindersley, 2010.

Sutton, Christine, "The impossibility of photography," *New Scientist*, 25 December 1986.

Tainter, Joseph A., *The Collapse of Complex Societies*, Cambridge University Press, 1988.

Thwaites, Thomas, *The Toaster Project: Or a Heroic Attempt to Build a Simple Electric Appliance from Scratch*, Princeton Architectural Press, 2011.

UNIFEM, *Cereal Processing(ATL 06–299)*, United Nations Development Fund for Women, 1988.

United States Army, *Survival (Field Manual 3-05.70)*, US Army Publishing Directorate, 2002.

Usher, Abbott Payson, *A History of Mechanical Inventions*(revised edition), Dover Publications, 1982. First published 1929.

Vigneault, François, "Papermaking 101," *Craft*, *5*, November 2007.

VITA, *Using Water Resources(ATL 12–327)*, Volunteers in Technical Assistance, 1977.

Vogler, Jon, *Work from Waste: Recycling Wastes to Create Employment(ATL 33–804)*, ITDG Publishing, 1981.

———, *Small-Scale Recycling of Plastics(ATL 33–799)*, Intermediate Technology Publications, 1984.

Vuuren, D. P. van, M. Meinshausen et al., "Temperature increase of 21st century mitigation scenarios," *Proceedings of the National Academy of Sciences*, 105(40):15258–15262, 2008.

Ware, Mike, "On Proto-photography and the Shroud of Turin," *History of Photography*, 21(4):261–269, 1997.

———, "Luminescence and the Invention of Photography," *History of Photography: "A Vibration in The Phosphorous,"* 26(1):4–15, 2002.

———, "Alternative Photography," 2004, from http://www.mikeware.co.uk.

Watson, Simon and Murray Thomson, *Feasibility Study: Generating Electricity from Traditional Windmills*, Loughborough University, 2005.

Weisman, Alan, *The World Without Us*, Virgin Books, 2008.

Wells, Lieutenant Colonel R. G., "Construction of Radio Equipment in a Japanese POW Camp," from http://www.zerobeat.net/qrp/powradio.html.

Werner, David, *Where There Is No Doctor: A Village Healthcare Handbook*, Hesperian Health Guides, 2011.

Westh, H., J. O. Jarløv et al., "The Disappearance of Multiresistant Staphylococcus aureus in Denmark: Changes in Strains of the 83A Complex between 1969 and 1989," *Clinical Infectious Diseases*, 14(6):1186–1194, 1992.

Weygers, Alexander G., *The Making of Tools(ATL 04–103)*, Van Nostrand Reinhold Company, 1973.

———, *The Modern Blacksmith(ATL 04–108)*, Van Nostrand Reinhold Company, 1974.

Whitby, Garry, *Glassware Manufacture for Developing Countries(ATL 33–792)*, Intermediate Technology Publications, 1983.

Wigginton, Eliot (ed.), *Foxfire 2: Ghost Stories, Spring Wild Plant Foods, Spinning and Weaving, Midwifing, Burial Customs, Corn Shuckin's, Wagon Making and More Affairs of Plain Living(ATL 02–33)*, Anchor, 1973.

Winden, John van, General Metal Work, *Sheet Metal Work and Hand Pump Maintenance(ATL 04–134)*, TOOL Foundation, 1990.

Wingate, Michael, *Small-scale Lime-burning: A practical introduction(ATL 25–675)*, Practical Action, 1985.

Winston, Robert, *Bad Ideas? An arresting history of our inventions*, Bantam Books, 2010.

Wiseman, John "Lofty," *SAS Survival Handbook: The ultimate guide to surviving anywhere*(revised edition), Collins, 2009.

Wood, T. S., Simple *Assessment Techniques for Soil and Water(ATL 05–213)*, CODEL, Environment and Development Program, 1981.

Yeo, Richard, *Encyclopaedic Visions: Scientific Dictionaries and Enlightenment Culture*, Cambridge University Press, 2001.

Zalasiewicz, Jan, *The Earth After Us: What Legacy Will Humans Leave in the Rocks?*, Oxford University Press, 2008

그림과 사진 출처

p.41 Second floor reading room of the Camden N. J. Free Public Library © Camilo José Vergara 1997.

p.69 Hydroelectric generators in Goražde: photographer © Nigel Chandler/Sygma/Corbis.

p.78 Svalbard Global Seed Vault: photograph © Paul Nicklen/National Geographic Society/Corbis; map design by Darren Bennett, dkb creative.

p.85 Simple farming tools, illustration by Bill Donohoe.

p.87 Complex farming tools: plough from Lexikon der gesamten Technik by Herausgegeben von Otto Lueger; harrow, seed drill and plough action from Meyers Konversationslexikon(1905~1909) by Joseph Meyer. All reproduced courtesy of www.zeno.org.

p.92 Cereal crops from Meyers Konversationslexikon by Joseph Meyer, reproduced courtesy of www.zeno.org; page design by Bill Donohoe.

p.94 Mechanical reaper from Meyers Konversationslexikon by Joseph Meyer, reproduced courtesy of www.zeno.org.

p.131 Spinning wheel, from The Wonderful Story of Britain: The New Spinning Machine by Peter Jackson/Private Collection/©Look and Learn/The Bridgeman Art Library.

p.133 Loom © Science Museum/Science & Society Picture Library. All rights reserved.

p.156 The pyrolysis of wood: (top) drawing of retort for wood distillation taken from p.12 of Wood products: distillates and extracts by Dumesny and Noyer(1908); (bottom) diagram by author.

p.176 Rudimentary foundry, photographs reproduced by kind. permission of David J. Gingery Publishing, LLC.

p.177 Lathe © Science Museum / Science & Society Picture Library. All rights reserved.

p.180 Blast furnace, illustration by Bill Donohoe.

p.198 Birthing forceps, reproduced courtesy of Historical Collections & Services, Claude Moore Health Sciences Library, University of Virginia.

p.221 Overshot waterwheel, fig. 56 on p.109 from Flour for Man's Bread: A History of Milling by John Storck and Walter Dorwin Teague(UMP, 1952), copyright 1952 by the University of Minnesota, renewed 1980.

p.223 Self-orientating turret windmill from "Wind powered factories: history(And future) of industrial windmills" in Low-Tech magazine, article © Kris De Decker(edited by Vincent Grosjean).

p.226 Crank and cam, illustration by Bill Donohoe.

p.236 Charles Brush's electricity-generating windmill, reproduced courtesy of the Western Reserve Historical Society.

p.238 Pelton turbine reproduced courtesy of the A P Godber Collection, Alexander Turnbull Library.

p.250 Gas-bag bus © Scotsman Publications.

p.251 Wood gasifier car © Mike LaRosa.

p.256 Makeshift horse-drawn trap © Sean Caffrey/Getty images.

p.262 Internal combustion engine, illustration by Bill Donohoe.

p.281 Mould for type casting, author's photograph.

p.295 Simple radio receiver: wiring diagram (top) by Bill Donohoe; photograph (bottom) reproduced courtesy of Tim Sammons.

p.318 Soda plant: photo (top) Solvay Process Co.'s works, Syracuse, N. Y., from the Library of Congress; diagram (bottom) by author.

p.333 Mechanical clock from Meyers Konversationslexikon by Joseph Meyer, reproduced courtesy of www.zeno.org.

p.339 Barnard's star, diagram by author.

p.340 Shifting of the celestial North and South poles, diagram by author.

p.347 Sextant, from p.1932 of Webster's New International Dictionary of the English Language(1911 edn), reproduced courtesy of Oxford Union Library.

찾아보기

ㄱ

ㄴ

ㄷ

ㅂ

ㅅ

ㅇ

ㅈ

ㅊ

ㅍ